Gefahrgut und Gefahrstoffe in der Logistik

Uwe Arens

Gefahrgut und Gefahrstoffe in der Logistik

Brand- und Explosionsgefährdung

 Springer Vieweg

Uwe Arens
Hochschule Bremerhaven
Bremerhaven, Bremen, Deutschland

ISBN 978-3-662-72199-5   ISBN 978-3-662-72200-8   (eBook)
https://doi.org/10.1007/978-3-662-72200-8

Die Deutsche Nationalbibliothek verzeichnet diese Publikation in der Deutschen Nationalbibliografie; detaillierte bibliografische Daten sind im Internet über ▶ https://portal.dnb.de abrufbar.

Springer Vieweg ist ein Imprint der eingetragenen Gesellschaft Springer-Verlag GmbH, DE und ist ein Teil von Springer Nature.
Die Anschrift der Gesellschaft ist: Heidelberger Platz 3, 14197 Berlin, Germany

Wenn Sie dieses Produkt entsorgen, geben Sie das Papier bitte zum Recycling.

Vorwort

Es vergeht kaum ein Tag, an dem nicht irgendwo auf der Welt Menschenleben und Sachwerte durch Brände oder Explosionen zerstört werden. Die Prävention ist daher eine wichtige Aufgabe. Das gilt besonders für alle Unternehmen, die tagtäglich mit brennbaren Stoffen umgehen, wie es beispielsweise in der Gefahrgut- und Gefahrstoff-Logistik der Fall ist. Immerhin machen entzündbare Stoffe den Löwenanteil aller transportierten Stoffe aus.

Die Behandlung entzündbarer Eigenschaften gehört zu den Schwerpunkten im Gefahrgut- und Chemikalienrecht. Die Bandbreite der zugehörigen Stoffe ist groß und wird durch verschiedene Klassen abgebildet. Die Zuordnung erfolgt nach festgelegten Kriterien, zu denen sicherheitstechnische Kenngrößen gehören. Diese werden auch genutzt, um betriebliche Risiken abzuschätzen und Schutzmaßnahmen festzulegen. Von ihrer Kenntnis und Interpretation hängt damit auch die Qualität der Prävention ab.

Die Idee zu diesem Buch ist durch Diskussionen mit Fach- und Führungskräften aus der Gefahrgut- und Gefahrstoff-Logistik entstanden. Es gibt eine Vielzahl empfehlenswerter Literaturstellen, die das Thema aus verschiedenen Blickwinkeln betrachten. Aber es gibt keine Veröffentlichung aus Sicht der Gefahrgut- und Gefahrstoff-Logistik. Dieses Buch möchte diese Lücke schließen. Es richtet sich bevorzugt an Studierende logistischer Fachrichtungen, die in Zukunft Verantwortung für sichere Transporte und gefahrlose Verwendung gefährlicher Stoffe übernehmen. Aber auch für Anwender aus Wirtschaft und Verwaltung eignet sich das Buch, denn es liefert einen Überblick über das vielschichtige Thema.

Die Brand- und Explosionsgefährdung wird auf fünf Kapiteln behandelt. Es startet mit den Grundlagen zum Gefahrgut- und Chemikalienrecht und zur Brand- und Explosionsgefährdung. Daran schließen sich spezifische Ausführungen zu entzündbaren Stoffen, selbstbeschleunigenden Stoffsystemen und Explosivstoffen an. In jedem Kapitel werden sicherheitstechnische Kenngrößen und deren Bestimmungsmethoden vorgestellt und beispielhafte Schutzmaßnahmen abgeleitet. Eine Fragensammlung am Ende jedes Kapitels dient der Wiederholung und Überprüfung des eigenen Kenntnisstandes.

Dieses Buch wäre nicht ohne die Mithilfe und Unterstützung ganz vieler Menschen entstanden. Sie alle zu nennen, würde den Rahmen dieses Buches sprengen. Ihnen allen möchte ich für ihr Engagement und ihre Unterstützung danken. Stellvertretend geht mein Dank an Boris Zander, der als wissenschaftlich-technischer Mitarbeitender der Hochschule Bremerhaven viele Ideen eingebacht und durch seine Fragen maßgeblich zum Gelingen dieses Buches beigetragen hat. Ganz besonders danken möchte ich meiner Frau, die mich immer wieder aufgebaut und bestärkt hat, mein Vorhaben zu vollenden!

Ich hoffe, dieses Buch trägt nicht nur dazu bei, jungen Menschen den Einstieg in die spannende Welt der Gefahrgut- und Gefahrstofflogistik zu erleichtern, sondern hilft auch dabei, Menschenleben zu schützen und Unternehmenswerte zu bewahren. In jedem Fall hoffe ich, dass es die drängendsten Fragen beantwortet.

Das Buch ist mit großer Sorgfalt erarbeitet worden. Dennoch sind Fehler nicht auszuschließen. Sollte Ihnen bei der Lektüre etwas auffallen, dann freue ich mich über jeden Hinweis und jede Anmerkung. Vielen Dank!

Und nun viel Vergnügen bei der Lektüre!

Uwe Arens
Bremen
Im Juli 2025

Inhaltsverzeichnis

Rechtliche Grundlagen

Inhaltsverzeichnis

1

Übersicht

Stoffe bestimmen unsere Welt. Ihre Vielfalt scheint unerschöpflich. Das gilt auch für gefährliche Stoffe, die in der öffentlichen Berichterstattung wahlweise als Gefahrgut oder Gefahrstoff bezeichnet werden. Beide Begriffe repräsentieren jeweils ein eigenes Rechtsgebiet.

In diesem Kapitel geht es um die rechtlichen Grundlagen gefährlicher Stoffe. Zunächst dreht sich alles um das Gefahrgutrecht und seine historischen Wurzeln. Dabei werden grundlegende Inhalte dargelegt. Daran schließt sich das Chemikalienrecht an, das den Begriff der Gefahrstoffe prägt. Am Ende dieses Kapitels steht ein kriterienorientierter Vergleich beider Rechtsgebiete.

1.1 Einführung

Gefahrgut oder Gefahrstoff? Im täglichen Sprachgebrauch werden beide Begriffe selten streng voneinander getrennt. Für die Gefahrgut- und Gefahrstoff-Logistik ist die Unterscheidung jedoch wesentlich. Sie bestimmt nicht nur die einzusetzende Dienstleistung, sondern auch die erforderlichen Schutzmaßnahmen. Die Unterschiede zwischen Gefahrgut und Gefahrstoff sind nicht nur akademischer Natur, sondern rechtlicher. Als Gefahrgut gelten gefährliche Stoffe und Güter, wenn sie von einem Ort zum anderen befördert werden – auf der Straße, mit der Eisenbahn, auf Binnenwasserstraßen, auf See oder aber in der Luft. Gefahrstoffe dagegen sind gefährliche Stoffe, die in den Unternehmen verwendet werden. Die Verwendung umfasst alle betrieblichen Tätigkeiten vom innerbetrieblichen Transport über die Abfüllung bis zur Lagerung. Ebenfalls erfasst sind gefährliche Stoffe, die erst durch den Arbeitsprozess entstehen. Gefahrgut und Gefahrstoff bedeuten also nicht dasselbe, sondern repräsentieren unterschiedliche Rechtsgebiete: Gefahrgut steht für das Gefahrgutrecht und Gefahrstoffe für das Chemikalienrecht. Trotz der Unterscheidung gibt es zahlreiche Überschneidungen in der Praxis und in der Theorie.

Die Trennung der Rechtsgebiete hat historische Gründe. Das Gefahrgutrecht ist älter und hat das Chemikalienrecht beeinflusst. Ziele und Zahl und Art gefährlicher Eigenschaften weichen ab. In der Praxis ist es wichtig, die Schnittstellen beider Rechtsgebiete zu kennen. Kommt ein Gefahrgut in ein Unternehmen und wird dort abgefüllt, umgefüllt oder gelagert, so wird es ohne stoffliche Veränderung zum Gefahrstoff. Verlässt der Stoff das Unternehmen wird er wieder zum Gefahrgut. Dieses einfache Beispiel zeigt die Verbindung beider Rechtsgebiete.

Zentral für die Abgrenzung ist der Begriff der „Beförderung". Das „*Gesetz über die Beförderung gefährlicher Güter (Gefahrgutbeförderungsgesetz – GGBefG)*" definiert diesen begriff wie folgt:

» *„Die Beförderung […] umfasst nicht nur den Vorgang der Ortsveränderung, sondern auch die Übernahme und die Ablieferung des Gutes sowie zeitweilige Aufenthalte im Verlauf der Beförderung, Vorbereitungs- und Abschlusshandlungen (Verpacken und Auspacken der Güter, Be- und Entladen), Herstellen, Einführen und Inverkehrbringen von Verpackungen, Beförderungsmitteln und Fahrzeugen für die Beförderung gefährlicher Güter, auch wenn diese Handlungen nicht vom Beförderer ausgeführt werden."*
§ 2 Abs. 2 GGBefG

Vereinfacht ausgedrückt bezeichnet die Beförderung alle Aktivitäten, die im direkten Zusammenhang mit der Ortsveränderung stehen. „Verwenden" bedeutet nach dem *„Gesetz zum Schutz vor gefährlichen Stoffen (Chemikaliengesetz – ChemG)"*:

» *„Gebrauchen, Verbrauchen, Lagern, Aufbewahren, Be- und Verarbeiten, Abfüllen, Umfüllen, Mischen, Entfernen, Vernichten und innerbetriebliches Befördern"*
§ 3 Nr. 10 ChemG

Ergänzend definiert die *„Verordnung zum Schutz vor Gefahrstoffen (Gefahrstoffverordnung – GefStoffV)"* das Lagern. Dieses umfasst

» *„[…] das Aufbewahren zur späteren Verwendung sowie zur Abgabe an andere. Es schließt die Bereitstellung zur Beförderung ein, wenn die Beförderung nicht innerhalb von 24 h nach der Bereitstellung oder am darauffolgenden Werktag erfolgt. […]."*
§ 2 Abs. 6 GefStoffV

Die Schnittstelle zwischen Gefahrgut- und Chemikalienrecht veranschaulicht Abb. 1.1.

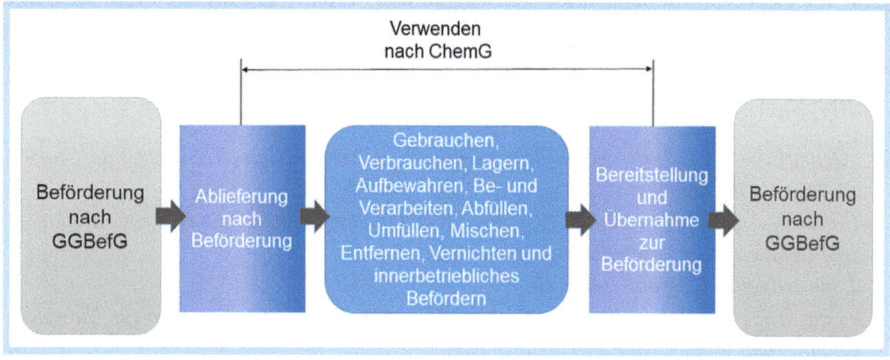

■ **Abb. 1.1** Schnittstelle zwischen Beförderung und Verwendung. (Quelle: modifiziert nach Arens 2021, S. 174)

1

Die Definitionen des Gefahrguts und des Gefahrstoffs unterscheiden sich voneinander. Im Gefahrgutbeförderungsgesetz findet sich für Gefahrgut folgende Definition:

» *„[…] Stoffe und Gegenstände, von denen aufgrund ihrer Natur, ihrer Eigenschaften oder ihres Zustandes im Zusammenhang mit der Beförderung Gefahren für die öffentliche Sicherheit oder Ordnung, insbesondere für die Allgemeinheit, für wichtige Gemeingüter, für Leben und Gesundheit von Menschen sowie für Tiere und Sachen ausgehen können."*
§ 2 Abs. 1 GGBefG

Stoffe umfassen alle Erscheinungsformen der Materie. Das bedeutet, bei allem, was wir sehen, riechen oder anfassen, handelt es sich um einen Stoff. In der Chemie ist es üblich, zwischen Reinstoffen und Gemischen zu unterscheiden. Zu den Reinstoffen zählen die Elemente des Periodensystems und chemische Verbindungen. Gemische bestehen aus zwei oder mehr Reinstoffen oder Verbindungen. Benzin ist beispielsweise ein Gemisch, das sich hauptsächlich aus Kohlenwasserstoffen zusammensetzt. Neben Stoffen und Gemischen können auch „Gegenstände" Gefahrgut sein. Typische Beispiele sind Lithium-Akkumulatoren (▶ Kap. 4) oder pyrotechnische Erzeugnisse (▶ Kap. 5).

Welche Stoffe, Gemische und Gegenstände als gefährlich gelten, beantworten die folgenden Rechtsverordnungen des Gefahrgutbeförderungsgesetzes:

- Verordnung über die innerstaatliche und grenzüberschreitende Beförderung gefährlicher Güter auf der Straße, mit Eisenbahnen und auf Binnengewässern (Gefahrgutverordnung Straße, Eisenbahn und Binnenschifffahrt – GGVSEB);
- Verordnung über die Beförderung gefährlicher Güter mit Seeschiffen (Gefahrgutverordnung See – GGVSee).

Beide Verordnungen verweisen auf internationale Übereinkommen (▶ Abschn. 1.2.1). Vereinfachend lässt sich sagen, dass Gefahrgut Stoffe, Gemische und Gegenstände sind, die in internationalen Übereinkommen als solche festgelegt sind.

Im ChemG heißt es:

» *„Gefährliche Stoffe oder gefährliche Gemische im Sinne dieses Gesetzes sind Stoffe oder Gemische, die*
1. die in […] der Verordnung (EG) Nr. 1272/2008 dargelegten Kriterien für physikalische Gefahren oder Gesundheitsgefahren erfüllen oder
2. umweltgefährlich sind, indem sie
a) die in […] der Verordnung (EG) Nr. 1272/2008 dargelegten Kriterien für Umweltgefahren und weitere Gefahren erfüllen oder
b) selbst oder deren Umwandlungsprodukte sonst geeignet sind, die Beschaffenheit des Naturhaushaltes, von Wasser, Boden oder Luft, Klima, Tieren, Pflanzen oder Mikroorganismen derart zu verändern, dass dadurch sofort oder später Gefahren für die Umwelt herbeigeführt werden können."
§ 3a Abs. 1 ChemG

Auch das Chemikalienrecht verweist damit auf andere Rechtsvorschriften. Spätestens an dieser Stelle wird deutlich, dass es notwendig ist, sich eingehender mit dem Aufbau und den Inhalten der beiden Rechtsgebiete zu befassen.

1.2 Gefahrgutrecht

Das Gefahrgutrecht basiert auf internationalen Regelungen. Das ist nachvollziehbar, denn angesichts der globalen Märkte besteht ein weltweites Interesse an einheitlichen Regelungen. Auf Initiative der Vereinten Nationen (UN) ist im Laufe der Zeit ein umfassendes Regelwerk entstanden, das den Grundstein für eine sichere Beförderung bildet.

In diesem Kapitel geht es um den Aufbau des Gefahrgutrechts und seine historische Entwicklung.

1.2.1 Rechtsrahmen

Das Gefahrgutrecht besteht aus internationalen Vereinbarungen, europäischen Rechtsakten und nationalen Vorschriften. Entstanden ist daraus ein enges Geflecht, das sich gegenseitig in Bezug nimmt und aufeinander verweist. Dieses Konstrukt macht es nicht einfach, inhaltliche Schwerpunkte zu erkennen. Die Vielfalt der beteiligten Instanzen zeigt aber auch, dass es ein weitreichendes Interesse an dem Thema gibt. Und das verwundert nicht angesichts der Risiken, die die Beförderung gefährlicher Güter für Mensch und Umwelt mit sich bringen. Allein auf deutschen Straßen registrierte die Bundesanstalt für Straßenwesen (BASt) in 2023 mehr als 24.000 Unfälle mit Personenschäden. 600 Menschen verloren dabei ihr Leben (BASt 2023).

Schon sehr früh gab es Bestrebungen, verbindliche Regelungen zur sicheren Beförderung gefährlicher Güter zu schaffen. Als Vorreiter gelten die Binnenschifffahrt und der Eisenbahnverkehr. Aufgrund ihrer grenzüberschreitenden Transporte hatten sie ein besonderes Interesse an einheitlichen Standards. Dabei ging es vor allem zunächst um sichere Munitionstransporte. Spürbare Schritte zur Vereinheitlichung wurden nach Ende des 2. Weltkriegs von der UN unternommen. Die Zunahme des weltweiten Handels und der wachsende technische Fortschritt ließ die Transportmengen gefährlicher Güter stetig steigen. Um den grenzüberschreitenden Warenaustausch zu fördern, war eine Harmonisierung dringend geboten. 1956 veröffentlichte der Wirtschafts- und Sozialausschuss der Vereinten Nationen (ECOSOC) die erste Fassung der „*Recommendations concerning the classification, listing and labelling of dangerous goods and shipping papers for such goods*" (Ridder 2015, S. 32). Damit war der Grundstein für ein internationales Regelwerk gelegt, das bis heute Bestand hat und als „Orange Book" bezeichnet wird (Ridder 2015, S. 33). Zu den wesentlichen Errungenschaften des Orange Book gehören:

— Gefahrklassen

Gefährliche Güter werden nach ihren gefährlichen Eigenschaften in Gefahrklassen unterteilt. Grundlage für die Zuordnung zur Gefahrklasse sind physikalisch-chemische Stoffeigenschaften und ihre Wirkung auf die menschliche Gesundheit und die Umwelt. Heute werden 13 Gefahrklassen unterschieden (◘ Tab. 1.1).

— Gefahrenkommunikation

Gefahrzettel machen auf die Risiken aufmerksam, die vom gefährlichen Gut ausgehen. Ihre Grundform besteht aus einem auf der Spitze stehenden Quadrat. Ein Symbol in der Mitte steht für die konkrete Gefahr. Die Verwendung der Gefahrzettel ermöglicht eine Gefahrenkommunikation unabhängig von der Sprache (◘ Tab. 1.1).

— Liste gefährlicher Güte

Bekannte, häufig beförderte gefährliche Güter werden durch eine UN-Nummer bezeichnet und in einer Liste aufgeführt. Die UN-Nummer ermöglicht eine eindeutige Identifizierung gefährlicher Güter über Länder- und Sprachgrenzen hinweg und wird von einer UN-Expertengruppe vergeben.

In der Ausgangsversion des „Orange Book" fehlten zunächst Regelungen zu den radioaktiven Stoffen, da die Internationale Atomenergie-Organisation (IAEO) mit „*Regulation for the Safe Transport of Radioactive Materials – Safety Series No. 6*" eigene Festlegungen getroffen hatte. Erst seit 1997 gehören radioaktive Stoffe zum festen Bestandteil der UN-Empfehlungen (Ridder 2015, S. 33).

Das „Orange Book" führt heute den Namen „*Recommendations on the Transport of Dangerous Goods Model Regulations*" (UN-Modellvorschriften). Es wird regelmäßig an den aktuellen Entwicklungsstand angepasst (UN I 2023, S. iii). Das „Orange Book" besteht aus sieben Teilen (◘ Tab. 1.2).

Die UN-Modellvorschriften schafften die Voraussetzungen für eine internationale Harmonisierung der Beförderungsbedingungen, aber letztlich war das nur der erste Schritt. Auf Initiative politischer Organisationen und durch das Engagement von Wirtschaftsverbänden entstanden in der Folge verkehrsträgerspezifische Übereinkommen. Das sind

— Übereinkommen über die internationale Beförderung gefährlicher Güter auf der Straße (ADR, engl.: *Agreement concerning the International Carriage of Dangerous Goods by Road*)

Das ADR konkretisiert die UN-Modellvorschriften für den Verkehrsträger Straße. Das Übereinkommen wird von der Wirtschaftskommission der Vereinten Nationen für Europa (UNECE), eine von fünf Regional-Kommissionen des Wirtschafts- und Sozialrats der Vereinten Nationen mit Sitz in Genf, federführend bearbeitet. Das ADR besteht aus zwei Anlagen, nämlich Anlage A und Anlage B.

Anlage A entspricht im Wesentlichen der Gliederung der UN-Modellvorschriften. Anlage B enthält straßenverkehrsspezifische Regelungen, die die Beförderungsausrüstung und -durchführung behandeln. Gegenwärtig sind 54 Staaten dem Übereinkommen beigetreten (UNECE 2025).

◼ Tab. 1.1 Gefahrklassen und Gefahrzettel (UN II 2023, S. 172 ff.)

Klasse/ Unterklasse	Bezeichnung	Gefahrzettel
1	Explosive Stoffe und Gegenstände mit Explosivstoff	
2	Gase	
3	Entzündbare flüssige Stoffe	
4.1	Entzündbare feste Stoffe, selbstzersetzliche Stoffe, polymerisierende Stoffe und desensibilisierte explosive feste Stoffe	
4.2	Selbstentzündliche Stoffe	
4.3	Stoffe, die in Berührung mit Wasser entzündbare Gase entwickeln	
5.1	Entzündend (oxidierend) wirkende Stoffe	
5.2	Organische Peroxide	
6.1	Giftige Stoffe	
6.2	Ansteckungsgefährliche Stoffe	

(Fortsetzung)

1

◘ **Tab. 1.1**   (Fortsetzung)

Klasse/ Unterklasse	Bezeichnung	Gefahrzettel
7	Radioaktive Stoffe	
8	Ätzende Stoffe	
9	Verschiedene gefährliche Stoffe und Gegenstände	

◘ **Tab. 1.2**   Gliederung der UN-Modellvorschriften (UN I 2023, UN II 2023)

Teil	Bezeichnung
1	General Provisions, Definitions, Training and Security (engl.: *Allgemeine Bestimmungen, Definitionen, Schulung und Sicherheit*)
2	Classification (engl.: *Klassifizierung*)
3	Dangerous Goods List, Spezial Provisions and Exceptions (engl.: *Gefahrgutliste, allgemeine Bestimmungen und Ausnahmen*)
4	Packing and Tank Provisions (engl.: *Verpackungs- und Tank-Vorschriften*)
5	Consignment Procedures (engl.: *Versandvorschriften*)
6	Requirements for the Construction and Testing of Packaging, Intermediate Bulk Containers (IBCs), Large Packagings, Portable Tanks, Multiple-Element Gas Containers (MEGCs) and Bulk Containers (engl.: *Anforderung an Bau und Prüfung von Verpackungen, Intermediate Bulk Container (IBCs), Großverpackungen, ortsveränderlicher Tanks, Multiple-ElementGas Container (MEGCs) und Schüttgut-Container*)
7	Provisions concerning Transport Operations (engl.: *Handhabungsvorschriften*)

— Ordnung für die internationale Eisenbahnbeförderung gefährlicher Güter (franz. *Règlement concernant le transport international ferroviare des marchandises dangereuses* – RID)

Für den grenzüberschreitenden Eisenbahnverkehr gab es schon sehr früh einheitliche Regelungen. So trat bereits 1890 das „Internationale Übereinkommen über den Eisenbahn-Frachtverkehr" in Kraft, dem bald darauf die Gründung einer zwischenstaatlichen Organisation folgte, zu deren Zielen die Erleichterung des internationalen Eisenbahnverkehrs gehörte (OTIF 2024). Diese Organisation besteht auch heute noch unter der Bezeichnung

„Zwischenstaatliche Organisation für den internationalen Eisenbahnverkehr (OTIF)" mit Sitz in Bern.

Zu den grundlegenden Regelungen der OTIF gehört das „COTIF 1999 Übereinkommen über den internationalen Eisenbahnverkehr" (OTIF 2024). Es besteht aus sieben Anhängen. Der Anhang C enthält die „Ordnung für die internationale Eisenbahnbeförderung gefährlicher Güter".

Ebenso wie das ADR geht der Anwendungsbereich des RID weit über die europäischen Grenzen hinaus. Gegenwärtig gibt es 45 RID Vertragsstaaten (RSEB 2023a, b, c)

- Europäisches Übereinkommen vom 26. Mai 2000 über die internationale Beförderung von gefährlichen Gütern auf Binnenwasserstraßen (ADN, frz.: *Accord européen relatif au transport international des marchandises dangereuses par voies de navigation intérieures*)

Das ADN bezeichnet die Übertragung der UN-Modellvorschriften auf die Binnenschifffahrt und löst damit die „Verordnung über die Beförderung gefährlicher Güter auf dem Rhein" ab. Es ist unter Mitwirkung der Zentralkommission für die Rheinschifffahrt (ZKR) entstanden. Zweck des ZKR mit Sitz in Straßburg ist die Sicherstellung einer freien Rheinschifffahrt. Die ZKR wurde 1815 auf dem Wiener Kongress gegründet und ist bis heute mit dieser Aufgabe betraut. Dem ZKR gehören mit Deutschland, Belgien, Frankreich, Niederlande und der Schweiz fünf Mitgliedsstaaten an.

Das ADN wurde gemeinsam vom ZKR und dem UNECE erarbeitet. Es besteht aus insgesamt sieben Teilen, deren Bezeichnungen weitestgehend mit denen des ADR übereinstimmen. Zum ADN gehören aktuell 18 Vertragsparteien (RSEB 2023).

- International Maritime Dangerous Good Code (IMDG Code)

Der Schutz des menschlichen Lebens steht im Mittelpunkt einer UN-Konvention, die unter dem Akronym SOLAS (engl.: *The International Convention for the Safety of Life at Sea*) bekannt ist. Das Übereinkommen wurde ursprünglich 1974 verabschiedet und zwischenzeitlich angepasst und ergänzt. SOLAS besteht aus einem Vertragstext und einem Anlagenteil. Kapitel VII des Anlagenteils enthält Festlegungen zur Beförderung gefährlicher Güter. Diese sind in fünf Themenbereiche unterteilt. Dazu gehören (IMO 2025):

- Teil A: Beförderung gefährlicher Güter in verpackter Form mit Verweis auf den IMDG Code.
- Teil A1: Beförderung gefährlicher Güter in fester Form als Massengut und Verweis auf *International Maritime Solid Bulk Cargoes Code (IMSBC Code)*.
- Teil B: Bauart und Ausrüstung von Schiffen zur Beförderung gefährlicher Flüssigkeiten als Massengut und Verweis auf den *International Bulk Chemical Code (IBC Code)*.
- Teil C: Bauart und Ausrüstung von Schiffen zur Beförderung verflüssigter Gase als Massengut und Verweis auf *International Gas Carrier Code (IGC Code)*
- Teil D: Besondere Vorschriften für die Beförderung verpackter bestrahlter Kernbrennstoffe, Plutonium und hochradioaktiven Abfällen auf See-

1

schiffen und Verweis auf den *International Code for the Safe Carriage of Packaged Irradiated Nuclear Fuel, Plutonium and High-Level Radioactive Wastes on Board Ships (INF Code)*.

Neben SOLAS beschäftigt sich MARPOL (engl.: *International Convention for the Prevention of Pollution from Ships*) mit der sicheren Beförderung gefährlicher Güter. MARPOL ist ein internationales Übereinkommen, das auf den Schutz der Meeresumwelt ausgerichtet ist und am 02. Oktober 1983 in Kraft trat. Ergänzend zum IMDG Code enthält es Regelungen zur Vermeidung von Meeresumweltverschmutzung durch Schadstoffe, die in verpackter Form auf Seeschiffen befördert werden.

Der IMDG Code wurde 1965 als Empfehlung von der International Maritime Organization (IMO) verabschiedet, einer Sonderorganisation der UN mit Sitz in London. Seit dem 01. Januar 2004 ist der IMDG Code bis auf wenige Ausnahmen bindend. Inhaltlich orientiert sich der IMDG Code an den UN-Modellvorschriften. Eine Anpassung erfolgt im regelmäßigen Turnus von zwei Jahren (IMO 2025a).

- International Civil Aviation Organization – Technical Instructions –(ICAO-TI)/ International Air Transport Association – Dangerous Goods Regulation (IATA-DGR)

Auch in der Luft werden gefährliche Güter befördert. Die Internationale Zivilluftfahrtorganisation *International Civil Aviation Organization (ICAO)*, eine UN-Sonderorganisation mit Sitz in Montreal, erarbeitete daher auf der Grundlage der UN-Modellvorschriften Regelungen für die sichere Beförderung gefährlicher Güter im Luftverkehr durch Luftfahrzeuge. Diese Regelungen sind als Annex 18 unter dem Titel „*Technical Instructions for the Safe Transport of Dangerous Goods*" (ICAO-TI) dem Übereinkommen für den internationalen Zivilluftverkehr (auch bekannt als „Chicagoer Konvention") beigefügt.

Parallel zu den Aktivitäten der ICAO beschäftigt sich auch die Internationale Luftverkehrs-Vereinigung IATA (engl.: *International Air Transport Association*) mit Regularien für die sichere Beförderung gefährlicher Güter. Dies führte zur Veröffentlichung der IATA Gefahrgutvorschriften (engl.: *IATA Dangerous Goods Regulation – IATA-DGR*), die sich weltweit zu den dominierenden Regelungen entwickelten. IATA übernimmt die Regelungen der ICAO und sieht im Einzelfall Ergänzungen vor, die in der Regel über die Anforderungen der ICAO-TI hinausgehen. Die IATA-Gefahrgutvorschriften werden jährlich angepasst (IATA 2025).

Neben den internationalen Institutionen und Organisationen ist die sichere Beförderung gefährlicher Güter auch Thema innerhalb der Europäischen Union (EU). Für die Mitgliedsstaaten gilt die Richtlinie *2008/68/EG des Europäischen Parlaments und des Rates vom 24. September 2008 über die Beförderung gefährlicher Güter im Binnenland* (EU 2008/68/EG). Sie befasst sich mit der sicheren Beförderung gefährlicher Güter auf der Straße, mit Eisenbahnen und auf Binnenschiffen, indem sie die inhaltliche Übernahme und Anwendung der internationalen Übereinkommen innerhalb der EU verbindlich vorschreibt.

Nationale Regelungen ergänzen die internationalen und europäischen Bestimmungen. In Deutschland sind das insbesondere

- Gefahrgutbeförderungsgesetz (GGBefG)

  Das „Gesetz über die Beförderung gefährlicher Güter" (GGBefG) bildet die rechtliche Grundlage für die Gefahrgutbeförderung in Deutschland. Es enthält Definitionen (z. B. gefährliche Güter, Beförderung), ermächtigt zum Erlass von Rechtsverordnungen (z. B. Gefahrgutverordnung Straße, Eisenbahn, Binnenschifffahrt) und regelt Einzelheiten zum Vollzug. Überdies stellt es heraus, wer die rechtliche Verantwortung für die sichere Beförderung übernimmt, nämlich alle Unternehmen, die (§ 9 Abs. 5 GGBefG):
  - verpacken, verladen, versenden,
  - entladen, empfangen, auspacken;
  - Verpackungen, Beförderungsbehältnisse und Fahrzeuge herstellen, einführen und in den Verkehr bringen.

  Welche spezifischen Pflichten die jeweiligen Unternehmensgruppen im Rahmen der Beförderung übernehmen, ist in der Gefahrgutverordnung Straße, Eisenbahn, Binnenschifffahrt bzw. der Gefahrgutverordnung See festgelegt.

- Gefahrgutverordnung Straße, Eisenbahn, Binnenschifffahrt (GGVSEB)

  Die „Verordnung über die innerstaatliche und grenzüberschreitende Beförderung gefährlicher Güter auf der Straße, mit Eisenbahnen und auf Binnengewässern" (GGVSEB) konkretisiert das Gefahrgutbeförderungsgesetz. Zu den Regelungsinhalten zählen:
  - Begriffsbestimmungen;
  - inhaltliche Umsetzung der Richtlinie 2008/68/EG;
  - Zuständigkeiten für die Wahrnehmung spezifischer Aufgaben nach ADR/ RID/ADN;
  - Festlegung der Pflichten aller an der Beförderung beteiligten Unternehmen;
  - Fahrwegbestimmung;
  - Ordnungswidrigkeiten.

  Die GGVSEB wird durch „Richtlinien zur Durchführung der Gefahrgutverordnung Straße, Eisenbahn und Binnenschifffahrt (GGVSEB) – RSEB ergänzt. Ziel der RSEB ist es, den einheitlichen Vollzug der Regelungen durch die jeweiligen Bundesländer sicherzustellen (BMDV 2023). Bei den RSEB handelt es sich um eine untergesetzliche Regelung im Status einer allgemeinen Verwaltungsvorschrift. Sie gilt u. a. für die o. g. Verordnungen im Anwendungsbereich des Straßen-, Eisenbahn- und Binnenschiffsverkehrs in Deutschland. Neben Erläuterungen enthält sie Formblätter und einen Ordnungswidrigkeitenkatalog.

- Gefahrgutverordnung See (GGV See)

  Die „Verordnung über die Beförderung gefährlicher Güter mit Seeschiffen" (GGVSee) entspricht in Ziel und Aufbau der GGVSEB. Sie setzt u. a. den IMDG Code ins nationale Recht um, regelt Zuständigkeiten und Pflichten für den Seetransport und benennt Ordnungswidrigkeiten.

- Gefahrgutbeauftragtenverordnung (GbV)

1

Die „Verordnung über die Bestellung von Gefahrgutbeauftragten in Unternehmen" (GbV) konkretisiert die Forderungen der internationalen Übereinkommen ADR, ADN, RID und IMDG Code im Hinblick auf den Sicherheitsberater. Neben Ausnahmen von der allgemeinen Bestellpflicht enthält die GbV Details zur Schulung und zu den Aufgaben des Gefahrgutbeauftragten.

Eine Sonderstellung innerhalb der verkehrsträgerspezifischen nationalen Regelungen zur Beförderung gefährlicher Güter hat die Luftfahrt. Zwar gilt das GGBefG auch für die Luftfahrt, aber konkretisierende Verordnungen fehlen. Stattdessen befasst sich das Luftverkehrsgesetz und die Luftverkehrs-Zulassungs-Ordnung mit dem Thema. Unter Bezug auf europäische Rechtsakte (z. B. Verordnung (EU) Nr. 965/2012) besteht für die Beförderung gefährlicher Güter einschließlich Waffen eine generelle Erlaubnispflicht. In Deutschland ist das Luftfahrt-Bundesamt für die Erlaubniserteilung zuständig. Als gefährlich gelten alle Güter, die in der Gefahrgutliste der ICAO-TI aufgeführt sind oder die den Klassifizierungskriterien entsprechen (Verordnung (EU) Nr. 965/2012 Anhang I Nr. 33). Voraussetzung für die Erteilung der Erlaubnis ist die Einhaltung der Bestimmungen der ICAO-TI (DFS 2019).
🔲 Abb. 1.2 gibt einen Überblick über das Regelwerk der Gefahrgutbeförderung.

1.2.2 Klassifizierung

Die Klassifizierung bezeichnet den Prozess, durch den gefährliche Güter einer der 13 Gefahrklassen zugeordnet werden (🔲 Tab. 1.1). Dazu wird ein System genutzt,

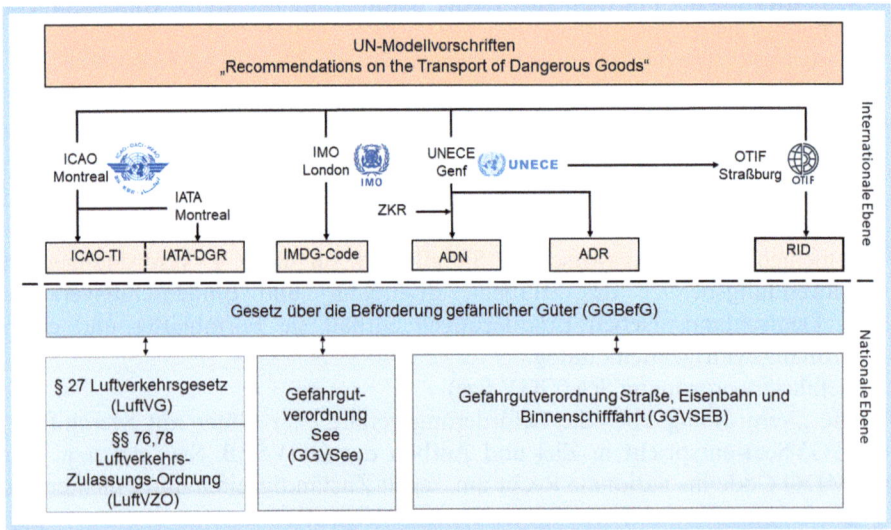

🔲 **Abb. 1.2**   Struktur der Gefahrgutregelungen. (Quelle: modifiziert nach Arens 2023, S. 9)

das physikalisch-chemische Eigenschaften mit toxikologischen und sicherheitstechnischen Erkenntnissen verbindet. Dieser Vorgang mag auf den ersten Blick wenig spektakulär erscheinen. Allerdings ist er von großer Bedeutung, denn erst durch die Klassifizierung wird ein Stoff zu einem gefährlichen Gut. Durch die Klassifizierung wird damit die Frage beantwortet, welche Stoffe, Gemische und Gegenstände als gefährlich gelten (▶ Abschn. 1.1).

Fast die Hälfte der Gefahrklassen beschäftigt sich mit der Entzündbarkeit. Auch in Klasse 2 und Klasse 9 ist diese Eigenschaft Thema. Damit bildet die Brand- und Explosionsgefährdung einen inhaltlichen Schwerpunkt innerhalb der Gruppe der Gefahrgüter.

In der Praxis kommt es vor, dass ein Gefahrgut nicht nur brand- und explosionsgefährlich ist, sondern auch eine Gesundheits- oder Umweltgefährdung von ihm ausgeht. Um eine Reduzierung der Informationen auszuschließen, sehen die Klassifizierungsregelungen die Möglichkeit vor, Nebengefahren zu benennen.

Eine weitere Differenzierung wird durch die Zuordnung zu einer „Verpackungsgruppe" möglich. Die Verpackungsgruppe trifft eine Aussage über die Höhe der Gefahr. Es werden folgende Verpackungsgruppen unterschieden (UN I 2023 Nr. 2.0.1.3):

— Verpackungsgruppe I: Stoffe mit hoher Gefahr;
— Verpackungsgruppe II: Stoffe mit mittlerer Gefahr;
— Verpackungsgruppe III: Stoffe mit geringer Gefahr.

Nicht für jede Klasse ist eine Unterteilung nach Verpackungsgruppen vorgesehen (◻ Tab. 1.3). Für Stoffe und Güter der Klasse 1 ist anstelle der Verpackungsgruppe eine Zuordnung zu einer Unterklasse vorgeschrieben.

Die Zuordnung gefährlicher Güter zu einer der Gefahrklassen und erforderlichenfalls zur Verpackungsgruppe erfolgt auf der Grundlage von Kriterien. Diese sind für jede Gefahrklasse festgelegt und bestehen aus physikalisch-chemischen Größen und toxikologischen und sicherheitstechnischen Erfahrungswerten.

Für die Festlegung der Brand- und Explosionseigenschaften werden sicherheitstechnische Kenngrößen genutzt. Sie erlauben quantitative oder qualitative Aussagen über die Stoffeigenschaften und werden im Rahmen spezifischer Experimente und Bestimmungsmethoden erhoben. Die Ergebnisse sind nur im Zusammenhang mit dem jeweiligen Erhebungsverfahren interpretierbar (DGUV 2016, S. 4, Brandes 2004, S. 271). Aus Gründen der Vergleichbarkeit wird eine Standardisierung der Bestimmungsmethoden angestrebt. Dazu werden vor allem Normen genutzt.

In Ergänzung zu den Klassifizierungskriterien liefert das „*Manual of Tests and Criteria*" (UN-Manual) weitergehende Informationen. Neben einer ausführlichen Beschreibung des Klassifizierungsverfahrens enthält es Bestimmungsmethoden und Bewertungsansätze. Das UN-Manual, erstmalig 1984 von ECOSOC veröffentlicht, ist als Unterstützung zur Klassifizierung gefährlicher Güter und damit als Ergänzung zu den UN-Modellvorschriften vorgesehen. Es wird in regelmäßigen Abständen den aktuellen Entwicklungen angepasst (UN 2023). Die siebte Fassung des UN-Manual liegt in deutscher Übersetzung durch die Bundes-

1

◘ **Tab. 1.3** Unterteilungsschema der Gefahrklassen nach UN-Modellvorschriften (UN I 2023, Part 2)

Klasse	Unterteilung	Verpackungsgruppe
1	Unterteilung in sechs Unterklassen mit den Bezeichnungen 1.1, 1.2, 1.3, 1.4, 1.5 und 1.6	entfällt
2	Unterteilung in drei Unterklassen * 2.1 Entzündbare Gase 2.2 Nicht entzündbare, nicht giftige Gase 2.3 Giftige Gase	entfällt
3	entfällt	vorgesehen
4	Unterteilung in drei Unterklassen ** 4.1 Entzündbare feste Stoffe, selbstzersetzliche Stoffe, polymerisierende Stoffe und desensibilisierte explosive feste Stoffe 4.2 Selbstentzündliche Stoffe 4.3 Stoffe, die in Berührung mit Wasser entzündbare Gase entwickeln	vorgesehen mit Ausnahme der selbstzersetzlichen Stoffe der Klasse 4.1
5	Unterteilung in zwei Unterklassen** 5.1 Entzündend (oxidierend) wirkende Stoffe 5.2 Organische Peroxide	Für 5.1: vorgesehen Für 5.2: entfällt
6	Unterteilung in zwei Unterklassen ** 6.1 Giftige Stoffe 6.2 Ansteckungsgefährliche Stoffe	Für 6.1: vorgesehen Für 6.2: entfällt
7	entfällt	entfällt
8	entfällt	vorgesehen
9	entfällt	nicht durchgängig vorgesehen, sondern abhängig von der Art des Stoffes bzw. Gegenstandes

* nicht für Verkehrsträger Straße, Eisenbahn, Binnenschifffahrt
** Im ADR/ADN/RID jeweils als eigenständige Gefahrklassen behandelt

anstalt für Materialforschung und -prüfung (BAM) vor (Michael-Schulz et al. 2023). Das UN-Manual wird auch für die Einstufung nach dem „*Globally Harmonized System of Classification and Labelling of Chemicals (GHS)*" genutzt (▶ Abschn. 1.3.1).

Das UN-Manual gliedert sich in fünf Teile und einem aus 11 Teilen bestehenden Anhang (◘ Tab. 1.4). Die Brand- und Explosionsgefährdung bildet den inhaltlichen Schwerpunkt.

Die Inhalte der UN-Modellvorschriften und des UN-Manual sind aufeinander abgestimmt. Die UN-Modellvorschriften geben die Klassifizierungskriterien vor und legen den Rahmen für die Zuordnung zur Gefahrklasse und

◘ **Tab. 1.4**   Aufbau des „Manual of Tests and Criteria" (UN 2023)

Teil	Bezeichnung, Inhalt
	General Introduction
I	Classification Procedures, Test Methods and Criteria relating to Explosives
II	Classification Procedures, Test Methods and Criteria relating to Self-Reacting Substances, Organic Peroxides and Polymerizing Substances
III	Classification Procedures, Test Methods and Criteria relating to various hazard classes
IV	Test Methods concerning Transport Equipment
V	Classification Procedures, Test Methods and Criteria relating to Sectors other than Transport
	Appendices

erforderlichenfalls zur Verpackungsgruppe bzw. zur Unterklasse fest. Das UN-Manual greift die Klassifizierungskriterien auf, beschreibt mögliche Bestimmungsmethoden und konkretisiert gegebenenfalls das Klassifizierungsverfahren, sofern dieses in Teil 2 der UN-Modellvorschriften nicht eindeutig festgelegt ist bzw. dort auf das UN-Manual verwiesen wird. Alternativ zum UN-Manual sind im Einzelfall auch Bestimmungsmethoden auf Grundlage internationaler Normen für die Klassifizierung nutzbar.

Für gefährliche Güter, denen bereits eine UN-Nummer zugewiesen wurde, erübrigt sich in der Regel ein Klassifizierungsverfahren. Die Ergebnisse der Klassifizierung können in diesen Fällen der Gefahrgutliste im Teil 3 der UN-Modellvorschriften entnommen werden (UN I 2023). ◘ Abb. 1.3 zeigt den Aufbau der Gefahrgutliste.

Die UN-Nummer dient als Ordnungsmerkmal der Gefahrgutliste. Sie findet sich daher in der ersten Spalte. Die zweite Spalte enthält den Namen des gefährlichen Gutes. Den Spalten 3 bis 5 sind in der genannten Reihenfolge die Gefahrklasse, die Nebengefahr und die Verpackungsgruppe zu entnehmen. In den darauffolgenden Spalten sind Maßnahmen für die sichere Beförderung in kodierter Form enthalten.

Einen Überblick über die Klassifizierung und die zugehörigen Maßnahmen von mehr als 4300 Stoffen liefert das Hommel Handbuch der gefährlichen Güter (Holzhäuser 2025).

1.2.3 Maßnahmen

Die Klassifizierung eines gefährlichen Gutes dient dazu, Maßnahmen für die sichere Beförderung festzulegen. Welche Maßnahmen im Einzelfall zu treffen sind, hängt zuallererst von der Klasse und den Nebengefahren ab. Weitere Anforderungen ergeben sich aus der Verpackungsgruppe und den spezifischen Eigen-

1

UN No.	Name and description	Class or division	Subsidiary hazard	UN packing group	Special provisions	Limited and excepted quantities		Packagings and IBCs		Portable tanks and bulk containers	
								Packing instruction	Special packing provisions	Instruc-tions	Special provisions
(1)	(2)	(3)	(4)	(5)	(6)	(7a)	(7b)	(8)	(9)	(10)	(11)
-	3.1.2	2.0	2.0	2.0.1.3	3.3	3.4	3.5	4.1.4	4.1.4	4.2.5 / 4.3.2	4.2.5
1229	MESITYL OXIDE	3		III		5 L	E1	P001 IBC03 LP01		T2	TP1
1230	METHANOL	3	6.1	II	279	1 L	E2	P001 IBC02		T7	TP2
...	...										

◘ Abb. 1.3 Aufbau der Gefahrgutliste der UN-Modellvorschriften. (Quelle: Eigene Darstellung modifiziert nach UN I 2023)

schaften des gefährlichen Gutes. Auf diese Weise entsteht ein Maßnahmenbündel, das direkt auf das gefährliche Gut zugeschnitten ist. Zum zentralen Element der Maßnahmenplanung wird damit die Gefahrgutliste (◘ Abb. 1.3). Sie verbindet die Eigenschaften des gefährlichen Gutes mit den spezifischen Maßnahmen.

Art und Umfang der Maßnahmen sind auf das Ziel der UN-Modellvor-schriften nach einer sicheren und ungestörten Beförderung ausgerichtet. Diese wird erreicht, wenn gefährliche Reaktionen vermieden und unbeabsichtigte Frei-setzungen ausgeschlossen sind. Kommt es trotz aller Vorkehrungen dennoch zu einem Schadensereignis, geht es darum, die Schadensfolgen soweit wie möglich zu begrenzen. Um dieses Ziel zu erreichen, beschränken sich die Maßnahmen nicht auf den Beförderungsprozess, sondern schließen die gesamte Lieferkette ein. Wie umfangreich die Verbindungen zwischen den einzelnen Akteuren sind, zeigt Abb. 1.4.

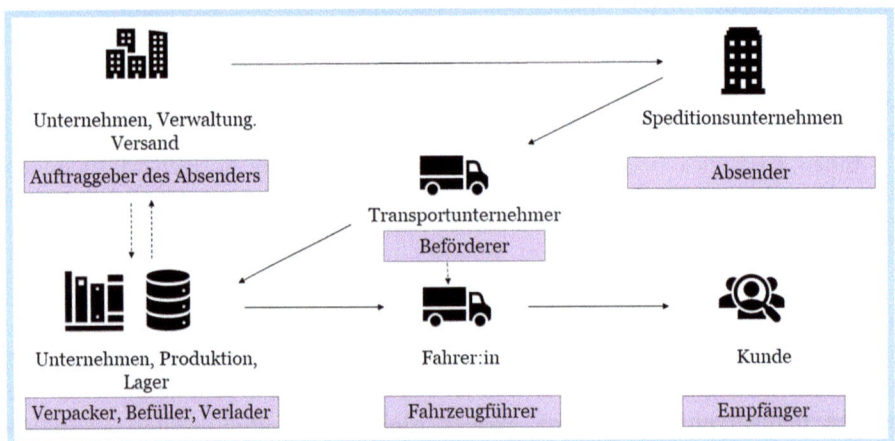

◘ Abb. 1.4 Überblick über mögliche Transportbeteiligte und deren Zusammenwirken am Beispiel der Straßenbeförderung. (Quelle: Eigene Darstellung)

Zusätzlich zu den Akteuren der Lieferkette nehmen auch die Hersteller der Verpackungen und Tanks sowie der Beförderungsgeräte Einfluss auf die Sicherheit. Dadurch, dass alle Beteiligte in die Pflicht genommen werden, entsteht ein Maßnahmenbündel, das technische Maßnahmen ebenso umfasst wie organisatorische Regelungen und Qualifikationsanforderungen. Da die UN-Modellvorschriften detaillierte Regelungen treffen, ist im Laufe der Zeit ein Maßnahmenkompendium mit einer großen Detailtiefe entstanden, das durch verkehrsträgerspezifische Regelungen ergänzt wird (▶ Abschn. 1.2.1). Dass eine Differenzierung nach Verkehrsträgern sinnvoll ist, zeigt ein einfaches Gedankenexperiment. Stellen wir uns vor, eine entzündbare Flüssigkeit (z. B. Benzin) wird plötzlich freigesetzt, sodass ein Brand oder eine Explosion droht. Ist dieses Szenario Teil eines Straßentransports, ist eine rasche Schadenbegrenzung möglich. Das Umfeld wird gewarnt und mögliche Rettungskräfte treffen innerhalb kurzer Zeit ein. Kommt es dagegen auf hoher See zu einer Freisetzung und Entzündung, steht zu befürchten, dass das gesamte Schiff und seine Besatzung betroffen sind. Da die Rettungskräfte deutlich längere Zeit benötigen, um vor Ort zu sein, ist insgesamt mit einem deutlich größeren Schaden zu rechnen. Daraus ist der Schluss zu ziehen, dass die Qualität der Maßnahmen dem höheren Risiko entsprechen muss. Eine Anpassung der Maßnahmen auf den Verkehrsträger ist daher sinnvoll.

In Anbetracht dieser Umstände ist es sicherlich nachvollziehbar, dass eine erschöpfende Darstellung aller Maßnahmen den Umfang dieses Kapitels sprengen würde. Stattdessen soll an dieser Stelle lediglich ein Überblick über die Maßnahmen gegeben werden. Den Anfang machen technische Maßnahmen.

Das vorrangige Ziel technischer Maßnahmen ist es, gefährliche Reaktionen auszuschließen. Dieses wird u. a. durch die Auswahl geeigneter Umschließungen erreicht. Als Umschließung bezeichnet man alle Arten von Einrichtungen, die zur Aufnahme gefährlicher Güter bestimmt sind. Dazu zählen beispielsweise Verpackungen wie Kanister, Fässer ebenso wie Tanks oder Container. Aber auch Spezialbehältnisse wie Multiple Element Gas Container (MEGC) oder Schüttgut-Container gehören dazu. Bau und Ausrüstung der Umschließungen müssen eine unbeabsichtigte Freisetzung der Inhalte verhindern. Dazu sind die Transportbeanspruchungen ebenso zu berücksichtigen wie mögliche Reaktionen zwischen dem Werkstoff und dem Inhalt der Umschließung. Die Anforderung an Bau und Ausrüstung sind in Teil 6 der UN-Modellvorschriften geregelt und richten sich in erster Linie an die Hersteller. Für die Verwender ist die Kennzeichnung der Verpackung und des Tanks von Bedeutung, denn sie liefert notwendige Informationen über die Beschaffenheit und den Prüfstatus und damit über die Eignung (▶ Abschn. 3.3.1).

Die technische Beschaffenheit ist eine notwendige, aber keine hinreichende Voraussetzung für eine sichere Beförderung. Das wird deutlich, wenn man an die maximal zulässigen Füllgewichte und -volumina sowie mögliche Volumenänderungen durch Temperatureinfluss denkt. Um Verpackungen und Inhalte bestmöglich aufeinander abzustimmen, gibt es Verpackungsanweisungen. Sie enthalten nicht nur Informationen über geeignete Verpackungsarten, sondern liefern auch Informationen über die maximalen Füllmengen (◼ Abb. 1.5). Die Verbindung

1

P001	PACKING INSTRUCTIONS (LIQUIDS)		P001
The following packagings are authorized provided that the general provisions of 4.1.1 and 4.1.3 are met:			
	Maximum capacity /nat mass (see 4.1.3.3)		
	Packing group I	Packing group II	Packing group III
Single packagings			
Drums			
steel, non-removable head (1A1)	250 *l*	450 *l*	450 *l*
steel, removable head (1A2)	250 *l*	450 *l*	450 *l*
aluminium, non-removable head (1B1)	250 *l*	450 *l*	450 *l*
aluminium, removable head (1B2)	250 *l*	450 *l*	450 *l*
other metal, non-removable head (1N1)	250 *l*	450 *l*	450 *l*
other metal, removable head (1N2)	250 *l*	450 *l*	450 *l*
Plastics, non-removable head (1H1)	250 *l*	450 *l*	450 *l*
Plastics, removable head (1H2)	250 *l*	450 *l*	450 *l*
Jerricans			
steel, non-removable head (3A1)	60 *l*	60 *l*	60 *l*
steel, removable head (3A2)	60 *l*	60 *l*	60 *l*
aluminium, non-removable head (3B1)	60 *l*	60 *l*	60 *l*
aluminium, removable head (3B2)	60 *l*	60 *l*	60 *l*
plastics, non-removable head (3H1)	60 *l*	60 *l*	60 *l*
plastics, removable head (3H2)	60 *l*	60 *l*	60 *l*
…			

■ **Abb. 1.5** Muster einer Verpackungsanweisung (Auszug). (Quelle: Eigene Darstellung, modifiziert nach UN II 2023 Nr. 4.1.4)

zwischen gefährlichem Gut und Verpackungsanweisung erfolgt in der Gefahrgutliste (Abb. 1.3). Neben Verpackungsanweisungen gibt es Tankanweisungen.

Zu den Errungenschaften der UN-Modellvorschriften gehören die Gefahrzettel. Sie ermöglichen unabhängig von Sprachkenntnissen eine allgemeinverständliche Information über die gefährlichen Eigenschaften. Damit sichergestellt ist, dass die Informationen die Zielgruppe auch tatsächlich erreichen, legen die UN-Modellvorschriften im Teil 5 neben der Kennzeichnungsart auch den Ort der Anbringung fest. Diese Vorgaben betreffen nicht nur die Gefahrzettel, sondern schließen im Einzelfall weitere Kennzeichnungen ein (■ Abb. 1.6).

Ergänzend zu den Kennzeichnungsvorschriften liefern die Beförderungspapiere weitere Informationen über das gefährliche Gut. Beförderungspapiere werden vom Absender bereitgestellt und enthalten u. a. folgende Angaben:

– Charakterisierung des gefährlichen Gutes
  Zur Charakterisierung des gefährlichen Gutes gehören die UN-Nummer, die in der Gefahrgutliste aufgeführte Bezeichnung, die Gefahrklasse und sofern zutreffend die Nebengefahren und die Verpackungsgruppe bzw. Unterklasse.
– Mengenangabe
  Die Gesamtmenge der gefährlichen Güter ist aufgeschlüsselt nach UN-Nummer und der Bezeichnung des gefährlichen Gutes angegeben.
– Zusätzliche Informationen für bestimmte Gefahrklassen

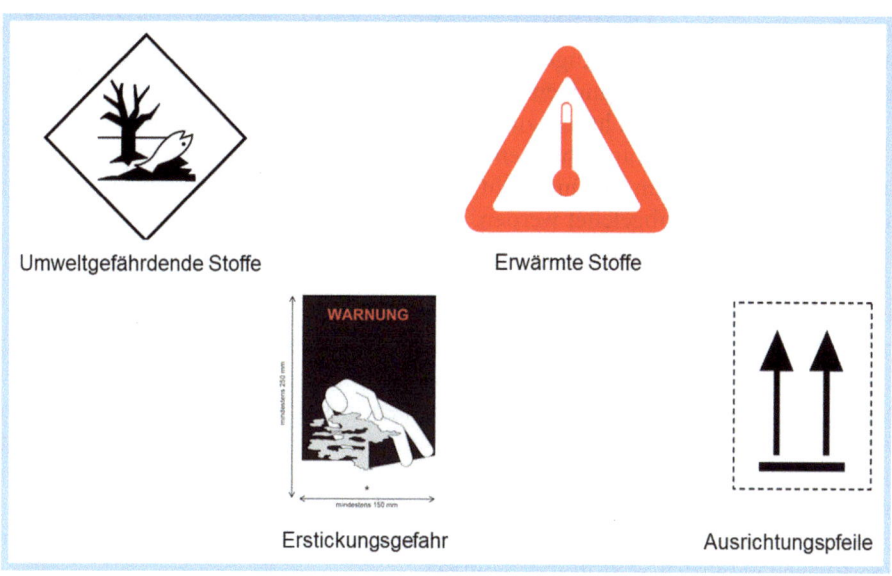

◘ Abb. 1.6 Auswahl zusätzlicher Kennzeichen zur Verwendung bei Beförderung gefährlicher Güter. (Quelle: BMDV 2025)

Werden Güter spezifischer Klassen (z. B. Klasse 1, Klasse 4.1) zur Beförderung aufgegeben, ist die Angabe ergänzender Informationen notwendig. Hierzu gehören z. B. sicherheitstechnische Hinweise (z. B. Kontroll- und Notfalltemperatur) oder spezifische Kontaktdaten (z. B. verantwortliche Person bei Beförderung ansteckungsgefährlicher Güter).

Ergänzend zu den technischen und organisatorischen Maßnahmen sind Schulungsmaßnahmen vorgesehen. Inhalt und Umfang richten sich nach den jeweiligen Rollen und Aufgaben im Rahmen des Beförderungsprozesses. Die Inhalte beziehen sich nicht nur auf die Risiken, die im Zusammenhang mit der Beförderung bestehen, sondern schließen auch Vorkehrungen ein, die zu treffen sind, um möglichen Bedrohungen von außen (z. B. Diebstahl, Manipulation) zu begegnen. Die Durchführung der Trainingsmaßnahmen ist zu dokumentieren. Neben den allgemeinen Schulungs- und Informationsmaßnahmen gibt es abhängig vom Verkehrsträger zusätzliche spezifische Qualifizierungsmaßnahmen.

1.3 Chemikalienrecht

Das Chemikalienrecht ist anzuwenden, wenn die gefährlichen Güter ihren Bestimmungsort erreicht haben. Diese Regelungen waren lange Zeit eine nationale Angelegenheit und nur teilweise europäischen Harmonisierungsbestrebungen unterworfen. Zwischenzeitlich hat sich der Einfluss der Europäischen Union allerdings verstärkt, da Chemikalien einen bedeutenden Teil des Warenaus-

1

tausches ausmachen. Aber nicht nur die Frage des Inverkehrbringens ist Gegenstand europäischer Bestrebungen, sondern auch der Verbraucherschutz. Inhaltlich entsprechen die Festlegungen internationalen Regelungen.

In diesem Kapitel geht es zunächst um die historische Entwicklung des Chemikalienrechts. Daran schließen sich Ausführungen zum europäischen Einstufungssystem an. Zum Schluss geht es um die Schutzmaßnahmen und die Art und Weise, wie diese abgeleitet werden.

1.3.1 Aufbau

Das Chemikalienrecht ist nicht so einheitlich, wie der Begriff vielleicht vermuten lässt. Gefährliche Chemikalien kommen in nahezu allen Lebensbereichen vor. Sie werden für Arbeitstätigkeiten benötigt, in Produktionsanlagen erzeugt und im Handel von Verbrauchern erworben. Daher sind gefährliche Chemikalien im Arbeitsschutz ebenso ein Thema wie in der Anlagensicherheit und im Verbraucherschutz. Die gemeinsame Basis ist das Ziel, Menschen und Umwelt vor den Risiken gefährlicher Stoffe zu schützen.

Als Grundstein für das deutsche Chemikalienrecht gilt das *„Gesetz zum Schutz vor gefährlichen Stoffen (Chemikaliengesetz – ChemG)"*. Das ChemG ist bereits seit über 40 Jahren in Kraft. Während dieses Zeitraumes unterlag es vielen Änderungen. Aber die Ausrichtung auf die Prävention und damit auf das Vorsorgeprinzip gilt seitdem unverändert. Dieser Grundgedanke wird im Zweck des ChemG festgehalten. Dort heißt es:

» *„[…] den Menschen und die Umwelt vor schädlichen Einwirkungen gefährlicher Stoffe und Gemische zu schützen, insbesondere sie erkennbar zu machen, sie abzuwenden und ihrem Entstehen vorzubeugen."*
§ 1 ChemG

Entsprechend dieser Zielsetzung befasst sich das Chemikaliengesetz mit der Herstellung, dem Inverkehrbringen und der Kennzeichnung chemischer Stoffe. Außerdem enthält es Sanktionsmaßnahmen und ist Grundlage für weitere Verordnungen. Im Laufe der Jahre waren Anpassungen an den wissenschaftlichen und technischen Fortschritt notwendig. Auch europäische Harmonisierungsbestrebungen führten zu Anpassungen. Deutlich wird dies durch die europäischen Rechtsakte, auf die das Chemikaliengesetz Bezug nimmt:

- Verordnung (EG) Nr. 1907/2006 des Europäischen Parlaments und des Rates vom 18. Dezember 2006 zur Registrierung, Bewertung, Zulassung und Beschränkung chemischer Stoffe (REACH-Verordnung).
- Verordnung (EG) Nr. 1272/2008 des Europäischen Parlaments und des Rates vom 16. Dezember 2008 über die Einstufung, Kennzeichnung und Verpackung von Stoffen und Gemischen (CLP-Verordnung),

- Verordnung (EU) Nr. 528/2012 des Europäischen Parlaments und des Rates vom 22. Mai 2012 über die Bereitstellung auf dem Markt und die Verwendung von Biozidprodukten,
- Verordnung (EU) Nr. 517/2014 des Europäischen Parlaments und des Rates vom 16. April 2014 über fluorierte Treibhausgase (zwischenzeitlich ersetzt durch die Verordnung (EU) 2024/573).

Die europäische Verordnung (EG) Nr. 1907/2006 schafft die Grundlagen für einen gemeinsamen Binnenmarkt zur Herstellung und Einfuhr von Chemikalien. Sie richtet sich in erster Linie an Hersteller und Importeure. Aber auch „nachgeschaltete Anwender", also natürliche oder juristische Personen, die einen Stoff im Rahmen ihrer industriellen oder gewerblichen Tätigkeit verwenden, werden in die Pflicht genommen. Hersteller, Einführer und nachgeschaltete Anwender sind zur Zusammenarbeit verpflichtet. Das gilt insbesondere für den Austausch der Stoffinformationen.

Die Verordnung (EG) Nr. 1907/2006 markiert die Abkehr vom Grundsatz, dass neue Stoffe vor ihrer Einführung von einer unabhängigen Stelle geprüft werden. Seit Inkrafttreten der Verordnung (EG) Nr. 1907/2006 sind Hersteller und Einführer dafür verantwortlich, dass ausschließlich solche Stoffe auf den Markt kommen, die ohne Risiken für Menschen und Umwelt sind. Dazu definiert die Verordnung (EG) Nr. 1907/2006 besondere Verfahrensweisen. Das sind:

- Registrierungsverfahren
  Stoffe müssen vor der Herstellung oder Einfuhr registriert werden. Es gilt das Prinzip „Ohne Daten kein Markt". Hersteller und Einführer sind verpflichtet, ein Registrierungsdossier einzureichen, sofern die jährliche Produktionsmenge mindestens eine Tonne beträgt. Die Registrierungsdokumente bestehen aus einem technischen Dossier und einem Stoffsicherheitsbericht.
  Das technische Dossier enthält stoffbezogene Informationen wie z. B. Angaben zur Einstufung, Kennzeichnung sowie zur sicheren Verwendung. Der Stoffsicherheitsbericht fasst die Ergebnisse der Risikobeurteilung des Herstellers zusammen und liefert Informationen über notwendige Schutzmaßnahmen, die bei der Verwendung zu beachten sind. Der Stoffsicherheitsbericht ist nur dann erforderlich, wenn die jährliche Menge zehn Tonnen erreicht oder überschreitet. Im Zuge der Registrierung sind die nachgeschalteten Anwender aufgefordert, geplante Verwendungen an die Stoffhersteller oder –importeure weiterzugeben, sodass diese für die Risikobeurteilung berücksichtigt werden können.
- Bewertungsverfahren
  Auf die Registrierung folgt die Bewertung. Zweck des Bewertungsverfahrens ist die Sicherstellung eines hohen Schutzniveaus. Die Bewertung besteht aus zwei Teilen. Die erste Bewertung umfasst eine Plausibilitätsprüfung und wird von der Europäischen Chemikalienagentur (ECHA, *engl. European Chemical Agency*) durchgeführt. Ziel dieser Prüfung ist die Entscheidung, ob das Registrierungsdossier den rechtlichen Anforderungen der Verordnung (EG) Nr. 1907/2006 genügt.

1

Die nationalen Behörden der Mitgliedsländer überprüfen die Stoffsicherheitsberichte. Das Chemikaliengesetz benennt die Behörden, die diese Aufgabe für Deutschland übernehmen. Werden bei der Prüfung Abweichungen oder Auffälligkeiten festgestellt, sind Nachbesserungen erforderlich. Gegebenenfalls werden weitere Untersuchungen eingeleitet.

— Zulassungs- und Beschränkungsverfahren

Das Zulassungs- und Beschränkungsverfahren ist ein Instrument zur Marktregulierung chemischer Stoffe.

Das Zulassungsverfahren gilt nur für solche Stoffe, die in der Verordnung (EG) Nr. 1907/2006 aufgeführt sind. Hersteller und Importeure können eine Zulassung beantragen, die unter besonderen Voraussetzungen erteilt wird. Dazu gehört der Nachweis, dass ein risikoloser Einsatz möglich ist, und der sozioökonomische Nutzen die Risiken übersteigt. Das ist z. B. der Fall, wenn Ersatzstoffe nicht verfügbar sind. Die Zulassung wird in der Regel zeitlich befristet. Hersteller und Einführer haben die Möglichkeit, nach Ablauf der Frist eine erneute Zulassung zu beantragen.

Das Beschränkungsverfahren gilt für spezifische Stoffe, die im Anhang der Verordnung (EG) Nr. 1907/2006 gelistet sind. Die dort genannten Stoffe dürfen weder hergestellt noch eingeführt oder verwendet werden.

Ein besonderes Anliegen der Verordnung (EG) Nr. 1907/2006 ist die Risikokommunikation. Für Hersteller und Importeure besteht die Verpflichtung, allen Akteuren der Lieferkette die Stoffinformationen zugänglich zu machen. Dazu zählt insbesondere das Sicherheitsdatenblatt, das neben stoffspezifischen Informationen Hinweise zur sicheren Verwendung und Entsorgung enthält. Gliederung und Inhalte des Sicherheitsdatenblattes sind durch die Verordnung (EG) Nr. 1907/2006 festgeschrieben (◘ Tab. 1.5).

◘ **Tab. 1.5**   Gliederung des Sicherheitsdatenblattes (Verordnung (EG) Nr. 1907/2006 Art. 31 Nr. 6)

Nr	Rubrik	Nr	Rubrik
1	Bezeichnung des Stoffes bzw. der Zubereitung und Firmenbezeichnung	9	Physikalische und chemische Eigenschaften
2	Mögliche Gefahren	10	Stabilität und Reaktivität
3	Zusammensetzung/Angaben zu Bestandteilen	11	Toxikologische Angaben
4	Erste-Hilfe-Maßnahmen	12	Umweltbezogene Angaben
5	Maßnahmen zur Brandbekämpfung	13	Hinweise zur Entsorgung
6	Maßnahmen bei unbeabsichtigter Freisetzung	14	Angaben zum Transport
7	Handhabung und Lagerung	15	Rechtsvorschriften
8	Begrenzung und Überwachung der Exposition/Persönliche Schutzausrüstung	16	Sonstige Angaben

Eine weitere wichtige Säule des Chemikalienrechts ist die Verordnung (EG) Nr. 1272/2008 (CLP-Verordnung, *CLP, engl.: classification, labelling, packaging: Einstufung, Kennzeichnung, Verpackung*). Sie geht zurück auf das *„Globally Harmonized System of Classification and Labelling of Chemicals"* (GHS-System), das auch als „Purple Book" bekannt ist. Das GHS-System hat seinen Ursprung in der „Agenda 21" der UN, die 1992 auf der Konferenz der Vereinten Nationen für Umwelt und Entwicklung (UNCED) in Rio de Janeiro verabschiedet wurde. Agenda 21 formuliert Handlungsempfehlungen und Ziele für die Entwicklungs- und Umweltpolitik des 21. Jahrhunderts (BMZ 2022). Dazu gehört u. a. die Entwicklung einheitlicher Standards zur Einstufung und Kennzeichnung von Stoffen. Hierzu fordert „Agenda 21"die Schaffung eines:

» *„[…] weltweit harmonisiertes System für die Einstufung und entsprechende Kennzeichnung von Gefahrstoffen, einschließlich entsprechender Sicherheitsdatenblätter und leicht verständlicher Gefahrensymbole, […]."*
Agenda 21 S. 235 (UN 1992)

Auf Grundlage dieser Erklärung wurde das GHS-System entwickelt und 2003 veröffentlicht. Das GHS-System greift inhaltlich auf die UN-Modellvorschriften und das vormalige europäische Einstufungs- und Kennzeichnungssystem zurück. Ebenso wie die UN-Modellvorschriften wird auch das GHS-System wiederkehrend im Abstand von zwei Jahren den aktuellen Entwicklungen angepasst (UN 2023).

Das GHS-System hat keine unmittelbare rechtlich bindende Wirkung. Innerhalb der Europäischen Union wurde das GHS-System daher durch die Verordnung (EG) Nr. 1272/2008 übernommen. Dabei entschloss man sich, die Erfahrungen mit dem bisherigen europäischen Einstufungs- und Kennzeichnungssystem einfließen zu lassen.

Die Verordnung (EG) Nr. 1272/2008 unterteilt die gefährlichen Eigenschaften in vier Hauptgefahren (◘ Abb. 1.7). Innerhalb der Hauptgefahren werden Gefahrenklassen gebildet.

Im Vergleich zu den UN-Modellvorschriften kennt die Verordnung (EG) Nr. 1272/2008 deutlich mehr Gefahrenklassen. Dafür sind folgende Gründe ausschlaggebend:

– In der Gruppe der physikalischen Gefahren werden die Brand- und Explosionseigenschaften den Erscheinungsformen zugeordnet. Zusätzlich werden Aerosole betrachtet.
– In der Gruppe der Gesundheits- und Umweltgefahren wird zwischen akuten und chronischen Wirkungen unterschieden. Von einer chronischen Wirkung ist bei mehrmaliger oder langandauernder Exposition auszugehen. Das ist in der Regel bei krebserzeugenden, fruchtschädigenden oder reproduktionstoxischen Stoffen und Gemischen der Fall.

Auch die Biozid-Verordnung ist Bestandteil des Chemikalienrechts. Unter einem Biozidprodukt im Sinne der Verordnung versteht man Stoffe und Gemische, die

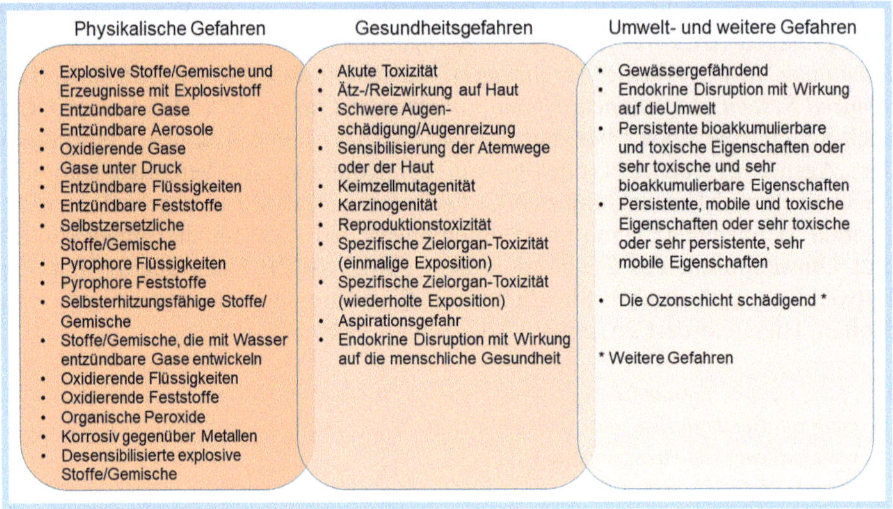

1

Physikalische Gefahren	Gesundheitsgefahren	Umwelt- und weitere Gefahren
• Explosive Stoffe/Gemische und Erzeugnisse mit Explosivstoff • Entzündbare Gase • Entzündbare Aerosole • Oxidierende Gase • Gase unter Druck • Entzündbare Flüssigkeiten • Entzündbare Feststoffe • Selbstzersetzliche Stoffe/Gemische • Pyrophore Flüssigkeiten • Pyrophore Feststoffe • Selbsterhitzungsfähige Stoffe/Gemische • Stoffe/Gemische, die mit Wasser entzündbare Gase entwickeln • Oxidierende Flüssigkeiten • Oxidierende Feststoffe • Organische Peroxide • Korrosiv gegenüber Metallen • Desensibilisierte explosive Stoffe/Gemische	• Akute Toxizität • Ätz-/Reizwirkung auf Haut • Schwere Augen- schädigung/Augenreizung • Sensibilisierung der Atemwege oder der Haut • Keimzellmutagenität • Karzinogenität • Reproduktionstoxizität • Spezifische Zielorgan-Toxizität (einmalige Exposition) • Spezifische Zielorgan-Toxizität (wiederholte Exposition) • Aspirationsgefahr • Endokrine Disruption mit Wirkung auf die menschliche Gesundheit	• Gewässergefährdend • Endokrine Disruption mit Wirkung auf die Umwelt • Persistente bioakkumulierbare und toxische Eigenschaften oder sehr toxische und sehr bioakkumulierbare Eigenschaften • Persistente, mobile und toxische Eigenschaften oder sehr toxische oder sehr persistente, sehr mobile Eigenschaften • Die Ozonschicht schädigend * * Weitere Gefahren

○ **Abb. 1.7**   Hauptgefahren und zugehörige Gefahrenklassen nach Verordnung (EG) Nr. 1272/2008. (Quelle: Eigene Darstellung)

zur Bekämpfung oder Vertreibung schädlicher Organismen verwendet werden. Biozidprodukte werden in vier Hauptgruppen unterteilt:

— Desinfektionsmittel und allgemeine Biozidprodukte (z. B. für menschliche Hygiene, für Lebens- und Futtermittel etc.),
— Schutzmittel (z. B. Holzschutzmittel, Schutzmittel für Mauerwerk etc.),
— Schädlingsbekämpfungsmittel (z. B. Insektizide etc.),
— Sonstige Biozidprodukte (z. B. Antifouling-Produkte etc.).

Biozidprodukte dürfen nur in den Verkehr gebracht werden, wenn sie zuvor ein formelles Zulassungsverfahren durchlaufen haben. Zulassungsrechtliche Voraussetzung ist die Verwendung von Wirkstoffen, für die bereits eine Genehmigung vorliegt. Diese Genehmigung wird im Allgemeinen nicht erteilt, wenn die Wirkstoffe als karzinogen, keimzellmutagen oder reproduktionstoxisch im Sinne der Verordnung (EG) Nr. 1272/2008 eingestuft werden. Ebenso erhalten Wirkstoffe, die als persistent, bioakkumulierend und toxisch (PBT) oder sehr persistent und sehr bioakkumulierend (vPvB) gelten keine Genehmigung. Die Zulassung der Biozidprodukte ist auf höchstens zehn Jahre beschränkt.

Zugelassene Biozidprodukte sind zusätzlich zu den Kennzeichnungsvorschriften der Verordnung (EG) Nr. 1272/2008 mit ergänzenden Hinweisen versehen. Dazu gehören u. a. die Zulassungsnummer und die Bezeichnung der Wirkstoffe einschließlich deren Konzentrationen.

Den Übergang zwischen Chemikalien- und Umweltrecht vollzieht die Verordnung (EU) 2024/573. Diese Verordnung verfolgt in erster Linie umweltpolitische Ziele und hat den Zweck, die Emissionen klimaschädlicher Treibhausgase innerhalb der Europäischen Union durch Beschränkungen und Verbote zu reduzieren.

Durch die europäischen Harmonisierungsbestrebungen kommt das Chemikaliengesetz weitestgehend ohne fachliche Inhalte aus. Das gilt jedoch nicht für die zugehörigen Verordnungen. Auf betrieblicher Ebene hat die *„Verordnung zum Schutz vor Gefahrstoffen (Gefahrstoffverordnung – GefStoffV)"* eine besondere Bedeutung. Zweck der GefStoffV ist es, Menschen und Umwelt vor stoffbedingten Schädigungen zu schützen (GefstoffV § 1 Abs. 1). Dazu konzentriert sich die GefStoffV inhaltlich auf den Schutz der Beschäftigten.

◨ Tab. 1.6 zeigt die Gliederung der Gefahrstoffverordnung.

Folgende inhaltliche Aspekte der GefStoffV sind besonders hervorzuheben:
— Begriff „Gefahrstoff"
  In Ergänzung zum Chemikaliengesetz definiert die GefStoffV den „Gefahrstoff" und ergänzt damit die Definition gefährlicher Stoffe.
— Einstufung, Kennzeichnung und Verpackung gefährlicher Stoffe und Gemische
  Die Anforderungen an Einstufung, Kennzeichnung und Verpackung entsprechen den Vorgaben der Verordnung (EG) Nr. 1272/2008. Ergänzend dazu sind die Regeln und Bekanntmachungen des Ausschusses für Gefahrstoffe (AGS) für die Einstufung zu beachten (GefStoffV § 4 Abs. 2).
— Gefährdungsbeurteilung
  Die Gefährdungsbeurteilung gehört zu den zentralen Aufgaben des Arbeitgebers. Es gilt der Grundsatz, dass eine Tätigkeit mit Gefahrstoffen erst aufgenommen werden darf, nachdem eine Gefährdungsbeurteilung durchgeführt wurde. Die Gefährdungsbeurteilung beginnt mit der Ermittlung der Gefahrstoffe. Dabei sind sowohl die für die Tätigkeit eingesetzten Stoffe als auch diejenigen zu berücksichtigen, die durch den Arbeitsprozess entstehen. Zur Ermittlungspflicht gehören die Auswertung stoffbezogener Informationen, die

◨ **Tab. 1.6**   Gliederung der Gefahrstoffverordnung

Abschnitt	Bezeichnung	Abschnitt	Bezeichnung
1	Zielsetzung, Anwendungsbereich und Begriffsbestimmungen	4a	Anforderungen an die Verwendung von Biozid-Produkten einschließlich der Begasung sowie an Begasungen mit Pflanzenschutzmitteln
2	Gefahrstoffinformation	5	Verbote und Beschränkungen
3	Gefährdungsbeurteilung und Grundpflichten	6	Vollzugsregelungen und Ausschuss für Gefahrstoffe
4	Schutzmaßnahmen	7	Ordnungswidrigkeiten, Straftaten und Übergangsvorschriften
Anhang	I. Besondere Vorschriften für bestimmte Gefahrstoffe und Tätigkeiten II. Besondere Herstellungs- und Verwendungsbeschränkungen für bestimmte Stoffe, Gemische und Erzeugnisse III. Spezielle Anforderungen an Tätigkeiten mit organischen Peroxiden		

1

Erfassung möglicher Expositionen, die Beschreibung der Arbeitsbedingungen und Schutzmaßnahmen sowie die Ergebnisse der arbeitsmedizinischen Vorsorge. Für die Durchführung der Gefährdungsbeurteilung ist eine besondere Fachkunde notwendig. Die Ergebnisse der Gefährdungsbeurteilung sind zu dokumentieren.

— Schutzmaßnahmen
Schutzmaßnahmen sind immer dann notwendig, wenn ein Ersatz durch einen ungefährlichen oder weniger gefährlichen Stoff ausgeschlossen ist (Substitution). Es wird zwischen allgemeinen, zusätzlichen und besonderen Schutzmaßnahmen unterschieden (◘ Tab. 1.14). Anhang I und Anhang III enthalten besondere Schutzmaßnahmen, die bei Tätigkeiten mit spezifischen Gefahrstoffen oder besonderen Gefährdungen zu beachten sind.

— Herstellungs- und Verwendungsbeschränkungen
Zusätzlich zur Verordnung (EG) Nr. 1907/2006 enthält die Gefahrstoffverordnung im Anhang Herstellungs- und Verwendungsbeschränkungen für ausgewählte Stoffe.

— Biozid-Produkte
Abschnitt 4a befasst sich mit der Verwendung von Biozid-Produkten und der Begasung. Vor dem Einsatz sind mögliche Folgen für Mensch und Umwelt im Rahmen der Gefährdungsbeurteilung zu berücksichtigen. Es besteht eine Anzeigepflicht für die Verwendung besonders gefährlicher Biozid-Produkte (z. B. akut toxische, krebserzeugende). Begasungen, d. h. das Einbringen von Gasen zur Schädlingsbekämpfung, unterliegen der Erlaubnis (Info-Box „Glossar ausgewählter Begriffe und Definitionen").

Die Gefahrstoffverordnung wird durch Technische Regeln für Gefahrstoffe (TRGS) ergänzt, die vom Ausschuss für Gefahrstoffe (AGS) erarbeitet werden (Info-Box „Glossar ausgewählter Begriffe und Definitionen"). Die TRGS geben den Stand der Technik wieder und sind für die Gefährdungsbeurteilung heranzuziehen. Die Struktur der TRGS zeigt ◘ Tab. 1.7.

◘ **Tab. 1.7** Struktur der Technischen Regeln für Gefahrstoffe (TRGS 001 2006, S. 2)

Nummerierung	Bezeichnung
TRGS 001–099	Allgemeines, Aufbau und Beachtung
TRGS 100–199	Begriffsbestimmungen
TRGS 200–299	Inverkehrbringen von Stoffen, Zubereitungen und Erzeugnissen
TRGS 300–399	Arbeitsmedizinische Vorsorge
TRGS 400–499	Gefährdungsbeurteilung
TRGS 500–599	Schutzmaßnahmen bei Tätigkeiten mit Gefahrstoffen
TRGS 600–699	Ersatzstoffe und Ersatzverfahren
TRGS 700–899	Brand- und Explosionsschutz
TRGS 900–999	Grenzwerte, Einstufungen, Begründungen und weitere Beschlüsse des AGS

1.3.2 Einstufung und Kennzeichnung

Die Verordnung (EG) Nr. 1272/2008 liefert die Grundlagen für die Einstufung der Chemikalien. Unter der Einstufung versteht man die Zuordnung von Stoffen und Gemischen zu einer der insgesamt 33 Gefahrenklassen (Abschn. 1.3.1). Innerhalb der Gefahrenklassen ist eine Abstufung nach dem Grad der Gefahr vorgesehen. Art und Umfang der Abstufung hängen von der Gefahrenklasse ab. Im Einzelnen sind folgende Abstufungen möglich:

— Physikalische Gefahren
  Für die überwiegende Zahl der Gefahrenklassen innerhalb der Gruppe der physikalischen Gefahren wird die Bezeichnung „Kategorie" verwendet. Die Kategorie wird durch Zahlen und Buchstaben abgekürzt und gibt Auskunft über die Höhe des Risikos. Die Anzahl der Kategorien ist von der Gefahrenklasse abhängig. Neben Kategorie sind „Unterklasse" und „Typ" als weitere Abstufungen für spezifische Gefahrenklassen vorgesehen. Eine Übersicht über die Abstufung und deren Bezeichnungen für die Gruppe der physikalischen Gefahren gibt ▣ Tab. 1.8.

— Gesundheitsgefahren
  Mit Ausnahme der Gefahrenklasse *Sensibilisierung der Atemwege oder der Haut* sind Abstufungen in Form der Kategorie vorgesehen.

— Umwelt- und weitere Gefahren
  Die Abstufungen erfolgen nach einem besonderen System (▣ Tab. 1.9).

Für die Zuordnung eines Stoffes zu einer Gefahrenklasse sind folgende Verfahren vorgesehen:

— Selbsteinstufung
  Bei der Selbsteinstufung wird die Zuordnung eines Stoffes oder Gemisches zur Gefahrenklasse und der vorgesehenen Abstufung in eigener Verantwortung vorgenommen. Dazu sind die in der Verordnung (EG) Nr. 1272/2008 genannten Kriterien durch spezifische Test- und Bestimmungsmethoden zu erheben und mit den jeweiligen Kriterien der Gefahrenklassen abzugleichen.

▣ **Tab. 1.8** Physikalische Gefahr – Abstufungen nach Gefahrenklassen

Bezeichnung	Gefahrenklasse
Unterklasse	Explosive Stoffe/Gemische und Erzeugnisse mit Explosivstoff
Kategorie	Entzündbare Gase; entzündbare Aerosole; oxidierende Gase; entzündbare Flüssigkeiten; entzündbare Feststoffe; pyrophore Flüssigkeiten; pyrophore Feststoffe; Stoffe und Gemische, die in Berührung mit Wasser entzündbare Gase entwickeln; oxidierende Flüssigkeiten; korrosiv gegenüber Metallen; desensibilisierte explosive Stoffe und Gemische
Typ	Selbstzersetzliche Stoffe und Gemische; organische Peroxide
Sonstiges	Gase unter Druck: Aggregatzustand im verpackten Zustand

1

◘ Tab. 1.9   Umwelt- und weitere Gefahren – Abstufung der Gefahrenklassen

Bezeichnung	Gefahrenklasse
Kategorie	Gewässergefährdend; endokrine Disruption mit Wirkung auf die Umwelt
PBT, vPvB	Persistente, bioakkumulierbare und toxische Eigenschaften oder sehr persistente und sehr bioakkumulierbare Eigenschaften
PMT, vPvM	persistente, mobile und toxische Eigenschaften oder sehr persistente, sehr mobile Eigenschaften:
ohne	Die Ozonschicht schädigend

— Harmonisierte Einstufung
Für eine Vielzahl von Stoffen liegen bereits ausreichende Informationen über die gefährlichen Eigenschaften vor, sodass sich eine Selbsteinstufung erübrigt. Diese Stoffe sind in Anhang VI der Verordnung (EG) Nr. 1272/2008 aufgeführt. Als Ordnungsmerkmal dient die Index-Nummer. Sie besteht aus vier Zahlenblöcken in der Form XXX-XXX-XX-X. Die ersten drei Ziffern geben die Ordnungszahl des Elements an, das für die Einstufung maßgeblich ist. Weitere Stoffinformationen sind
– EG- und CAS-Nummer
  Die EG-Nummer ist siebenstellig und beginnt mit 200-001-8. Sie wird in unterschiedlichen Verzeichnissen zur Stoffidentifizierung verwendet und von ECHA festgelegt (Berger und Berger 2013). Die CAS-Nummer wird seit 1965 zur Identifizierung chemischer Stoffe verwendet. Sie wird vom Chemical Abstract Service (CAS) vergeben, einer Abteilung der American Chemical Society, die sich zur Aufgabe gemacht hat, Informationen über chemische Stoffe bereitzustellen. Die CAS-Nummer besteht aus neun Ziffern, die in drei Blöcke unterteilt und durch Bindestrich voneinander getrennt werden. Die CAS-Nummer erlaubt keinen Rückschluss auf die chemische Struktur (Engel 2007).
– Einstufung und Kennzeichnung
  Zur Einstufung gehören die Gefahrenklasse und die jeweilige Abstufung. Gleichzeitig liefert die Liste nähere Angaben zur Kennzeichnung.
◘ Abb. 1.8 vermittelt einen Eindruck vom Aufbau und Informationsgehalt der Stoffliste.

Die dominierende Gruppe unter den 33 Gefahrenklassen bilden Stoffe und Gemische mit entzündbaren Eigenschaften. Entzündbare Stoffeigenschaften werden anhand sicherheitstechnischer Kenngrößen definiert, die durch spezifische Prüfverfahren bestimmt werden (▶ Abschn. 1.2.2). Mit der Verordnung (EG) 440/2008 steht zusätzlich zum UN-Manual ein weiteres Regelwerk zur Verfügung, das Prüf- und Testmethoden enthält, obwohl sie ursprünglich nur als Unterstützung zur Datenermittlung im Rahmen der Verordnung (EG) Nr. 1907/2006 gedacht war (Richtlinie 2008/68/EG). ◘ Tab. 1.10 gibt einen Überblick über Aufbau und Inhalte der Verordnung (EG) Nr. 440/2008.

Index- Nr.	Chemische Bezeichnung	EG-Nr.	CAS-Nr.	Einstufung			Kennzeichnung			...
				Kodierung der Gefahrenklassen und Kategorien	Kodierung der Gefahrenhinweise	Piktogramm, Kodierung der Signalworte	Kodierung der Gefahrenhinweise	Kodierung der ergänzenden Gefahrenmerkmale		...
001-001-00-9	Wasserstoff	215-605-7	1333-74-0	Flam. Gas I Press. Gas	H220	GHS02 GHS04 Danger	H220			...
...	...	...	...	...	...	...	...	...		...
										...

Erläuterungen:

Flam. Gas I:	Entzündbare Gase Kategorie 1
Press. Gas:	Gase unter Druck
H220:	Gefahrenhinweis (hier: Extrem entzündbares Gas)
GHS02:	Gefahrenpiktogramm „Flamme"
GHS04:	Gefahrenpiktogramm „Gasflasche"
Danger:	Signalwort „Gefahr"

◼ **Abb. 1.8** Harmonisierte Einstufung – Aufbau und Informationsgehalt der Stoffliste am Beispiel. (Quelle: Eigene Darstellung)

◼ **Tab. 1.10** Gliederung des Anhangs der Verordnung (EG) Nr. 440/2008

Teil	Bezeichnung
0	Internationale Prüfmethoden, die für die Gewinnung von Informationen über inhärente Stoffeigenschaften im Sinne der Verordnung (EG) Nr. 1907/2006 als geeignet anerkannt sind
A	Methoden zur Bestimmung der physikalisch-chemischen Eigenschaften
B	Methoden zur Bestimmung der Toxizität und sonstiger Auswirkungen auf die Gesundheit
C	Methoden zur Bestimmung der Ökotoxizität

1.3.3 Maßnahmen

Zweck der Verordnung (EG) Nr. 1272/2008 ist es, die menschliche Gesundheit und die Umwelt zu schützen und den freien Warenverkehr innerhalb der EU sicherzustellen. Einen wichtigen Beitrag auf dem Weg zu diesem Ziel ist die Kennzeichnung. Sie hat die Aufgabe, Verbraucher und Nutzer über die stofflichen Gefahren und Vorsorgemaßnahmen zu informieren. Die Kennzeichnung ist mit der Einstufung verbunden und setzt sich aus folgenden Elementen zusammen:

— Gefahrenpiktogramme
  Die Verordnung (EG) Nr. 1272/2008 unterscheidet neun Gefahrenpiktogramme (◼ Tab. 1.11). Die äußere Form besteht aus einem auf der Spitze stehenden Quadrat mit weißer Fläche und roter Umrandung. Ein schwarzes Symbol im Inneren der weißen Fläche symbolisiert die Stoffgefahr. Jedes Gefahrenpiktogramm ist eindeutig bezeichnet. Die Gefahrenpiktogramme entsprechen dem GHS-System und sind daher international einheitlich.

1

□ Tab. 1.11   Gefahrenpiktogramme – Bezeichnung und Kodierung

Piktogramm	Bezeichnung und Kodierung gemäß Verordnung (EG) Nr. 1272/2008	Piktogramm	Bezeichnung und Kodierung gemäß Verordnung (EG) Nr. 1272/2008
	Explodierende Bombe GHS01		Totenkopf mit gekreuzten Knochen GHS06
	Flamme GHS02		Ausrufezeichen GHS07
	Flamme über einem Kreis GHS03		Gesundheitsgefahr GHS08
	Gasflasche GHS04		Umwelt GHS09
	Ätzwirkung GHS05		

Im Unterschied zum Gefahrgutrecht gibt es nicht für jede Gefahrenklasse ein eigenes Gefahrenpiktogramm. Es ist daher nicht ohne weiteres möglich, vom Gefahrenpiktogramm auf die Gefahrenklasse zu schließen.

Auf eine Kennzeichnung mittels Gefahrenpiktogramm kann verzichtet werden, wenn eine entsprechende Kennzeichnung nach Gefahrgutvorschriften vorhanden ist (Abschn. 1.2.1). Welches Gefahrenpiktogramm dem Gefahrzettel entspricht, regelt das GHS-System (UN 2023).

— Signalworte

Als Signalworte werden „Gefahr" und „Achtung" verwendet. Die Signalworte weisen auf unterschiedliche Risiken hin. „Gefahr" wird für Stoffe mit einem hohen Risiko verwendet.

Ein Stoff oder Gemisch erhält höchstens ein Signalwort. Das gilt auch, wenn die Einstufung zu dem Ergebnis führt, dass eine Kennzeichnung mit mehreren Gefahrenpiktogrammen und unterschiedlichen Signalworten notwendig ist. In diesem Fall hat stets das Signalwort „Gefahr" Vorrang.

— Gefahren- und Sicherheitshinweise

Die Gefahren- und Sicherheitshinweise sind standardisiert und in Anhang III und Anhang IV der Verordnung (EG) Nr. 1272/2008 gelistet. Es handelt sich dabei um Textbausteine, die durch einen Buchstaben und einer dreistelligen Zahlenfolge codiert sind. Die Gefahrenhinweise (H-Hinweise, engl.: *hazard*: Gefahr) sind an dem Buchstaben H erkennbar. Den Sicherheitshinweisen ist der Buchstaben P (P-Hinweise, engl.: *precautionary*: Vorsorge) vorangestellt.

□ Tab. 1.12 Aufbau und Bedeutung der H- und P-Hinweise (Quelle: EU 2008)

H-Satz		P-Satz	
Kodierung	Bedeutung	Kodierung	Bedeutung
H200 ff	Physikalische Gefahren	P100 ff	Vorsorgehinweise allgemeiner Art
H300 ff	Gesundheitsgefahren	P200 ff	Vorsorgehinweise zur Prävention
H400 ff	Umweltgefahren	P300 ff	Vorsorgehinweise zur Reaktion
Zusatz durch Verordnung (EG) Nr. 1272/2008: EUH-Hinweise		P400 ff	Vorsorgehinweise zur Lagerung
		P500 ff	Vorsorgehinweise zur Entsorgung

Die Zahlen haben eine festgelegte Bedeutung. □ Tab. 1.12 zeigt Aufbau und Bedeutung der H- und P-Hinweise.

Zusätzlich zum GHS-System enthält die Verordnung (EG) Nr. 1272/2008 spezifische Gefahrenhinweise mit der Abkürzung EUH. EUH-Hinweise liefern Informationen, die über das GHS hinausgehen. Sie sind zusätzlich zu den H-Hinweisen anzubringen. Eine Liste der EUH-Hinweise sowie Angaben zur Verwendung finden sich im Anhang der Verordnung (EG) Nr. 1272/2008.

Während die vollständige Angabe der H-Hinweise auf dem Etikett eines Stoffes oder Gemisches vorgeschrieben ist, ist die Auswahl der P-Hinweise dem Hersteller oder Lieferanten überlassen. Es gilt die Regelung, dass nicht mehr als sechs P-Hinweise aufgenommen werden. Ist der Stoff oder das Gemisch für die Abgabe an Verbraucher vorgesehen, ist der P-Hinweis zur Entsorgung verpflichtend.

Alle Kennzeichnungselemente sind verpflichtender Bestandteil des Etiketts auf der Verpackung. Zusätzlich sind Angaben zum Stoff (z. B. chemische Bezeichnung, Handelsname, Menge, Kontaktdaten) erforderlich.

Ergänzend zu den Einstufungs- und Kennzeichnungsregelungen befasst sich die Verordnung (EG) Nr. 1272/2008 mit den Anforderungen an die Verpackung. Übergeordnetes Ziel ist es, ein unbeabsichtigtes Austreten der gefährlichen Inhalte auszuschließen, indem (EU 2008 Artikel 35 Abs. 1)

- Verpackungswerkstoffe so ausgewählt werden, dass Reaktionen oder Beeinträchtigungen durch den Inhalt ausgeschlossen sind,
- mechanische Belastungen durch die Handhabung bei der Auslegung berücksichtigt werden,
- sichere Verschlüsse verwendet werden.

Die Bestimmungen gelten als erfüllt, wenn die Verpackungen den gefahrgutrechtlichen Bau- und Prüfvorschriften entsprechen.

1

Die Kennzeichnungs- und Verpackungsvorschriften bilden die Basis für den Schutz der menschlichen Gesundheit und der Umwelt vor den schädigenden Wirkungen gefährlicher Stoffe. Sie reichen jedoch nicht aus, wenn es um das Verwenden im Rahmen betrieblicher Tätigkeiten geht. Unternehmen sind daher zur Umsetzung zusätzlicher Maßnahmen aufgefordert. Im Unterschied zum Gefahrgutrecht sind diese jedoch nicht konkret benannt, sondern sind spezifisch für den jeweiligen Anwendungsfall vom Unternehmen festzulegen. Die dafür vorgesehene Methode nennt sich Gefährdungsbeurteilung. Dabei handelt es sich um einen Prozess, der aus folgenden Schritten besteht (GefstoffV § 6, TRGS 400, 2017):

1. Auswahl einer fachkundigen Person
   Die Beurteilung stofflicher Eigenschaften auf die menschliche Gesundheit und die Umwelt erfordert besondere Kenntnisse. Daher kommen nur fachkundige Personen für die Durchführung der Gefährdungsbeurteilung infrage. Als fachkundig gelten beispielsweise Fachkräfte für Arbeitssicherheit und Betriebsärzte.
2. Auswahl der Tätigkeiten
   Als Tätigkeiten im Sinne der GefstoffV gelten

> » „[…] jede Arbeit mit Stoffen, Gemischen oder Erzeugnissen, einschließlich Herstellung, Mischung, Ge- und Verbrauch, Lagerung, Aufbewahrung, Be- und Verarbeitung, Ab- und Umfüllung, Entfernung, Entsorgung und Vernichtung. Zu den Tätigkeiten zählen auch das innerbetriebliche Befördern sowie Bedien- und Überwachungsarbeiten."*
> *GefStoffV § 2 Abs. 5*

Für jede der genannten Tätigkeiten ist zu ermitteln, ob Gefahrstoffe für die Durchführung benötigt werden oder möglicherweise durch den Prozess entstehen. Neben der Art des Gefahrstoffes sind Mengen und Expositionswege zu ermitteln.

3. Informationsbeschaffung
   Ist ein kennzeichnungspflichtiger Stoff Ursache für die Gefährdung, liefert das Sicherheitsdatenblatt alle notwendigen Informationen für die Gefährdungsbeurteilung. Ist die Entstehung des Gefahrstoffs dagegen auf den Herstellungs- oder Bearbeitungsprozess zurückzuführen, sind im Einzelfall weitere Ermittlungen notwendig. Branchen- oder tätigkeitsbezogene Informationen bieten in diesem Fall hilfreiche Unterstützung.
   Teil der Informationsbeschaffung ist auch die Beantwortung der Frage, inwieweit ein Ersatz des Gefahrstoffs durch einen ungefährlichen oder weniger gefährlichen Stoff möglich ist (Info-Box „STOP-Prinzip"). Die Ermittlungsergebnisse sind im Gefahrstoffverzeichnis zusammenzufassen. Die Gliederung des Gefahrstoffverzeichnisses zeigt ◘ Tab. 1.13.
   Ein Gefahrstoffverzeichnis ist nicht erforderlich, wenn ausschließlich Tätigkeiten mit geringer Gefährdung durchgeführt werden.
4. Identifizierung, Analyse und Bewertung der Gefährdungssituationen
   Die Arbeitssituationen, bei denen es zu einer inhalativen, dermalen oder oralen Exposition gegenüber Gefahrstoffen kommt oder eine Brand- und Ex-

■ **Tab. 1.13** Gliederung des Gefahrstoffverzeichnisses (GefstoffV § 6 Abs. 12)

Nr	Inhalt
1	Bezeichnung des Gefahrstoffs
2	Einstufung des Gefahrstoffs oder Angaben zu den gefährlichen Eigenschaften
3	Angaben zu den im Betrieb verwendeten Mengenbereichen
4	Bezeichnung der exponierten Arbeitsbereiche
5	Verweis auf Sicherheitsdatenblätter

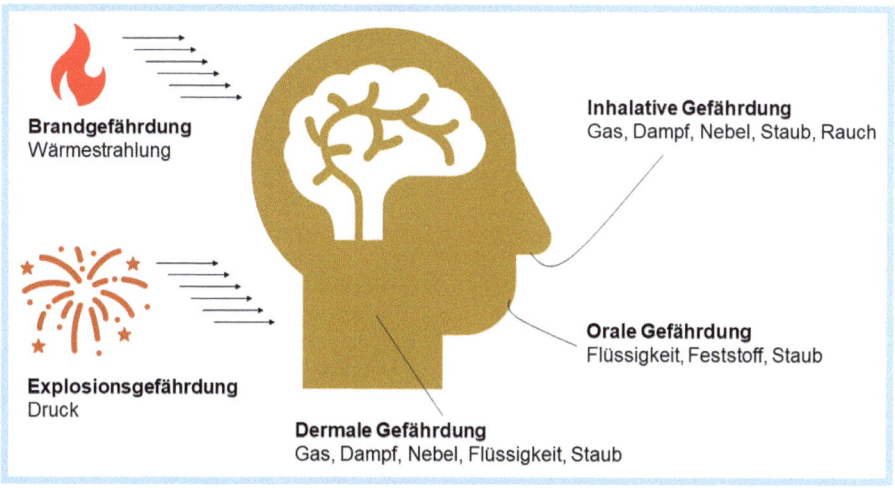

■ **Abb. 1.9** Gefährdungen des Menschen durch Gefahrstoffe. (Quelle: Eigene Darstellung)

plosionsgefährdung durch die Verwendung des Stoffes besteht, werden identifiziert, Ausmaß und mögliche Folgen analysiert und bewertet (■ Abb. 1.9). Das Ergebnis der Bewertung entscheidet über Art und Umfang der Schutzmaßnahmen.

5. Festlegung der Maßnahmen
Schutzmaßnahmen sind erforderlich, wenn eine Substitution nicht möglich ist und die Bewertung zu dem Ergebnis führt, dass Gefährdungen für die Beschäftigten nicht ausgeschlossen werden können. Für die Planung der Schutzmaßnahmen ist zu berücksichtigen, dass technische Vorkehrungen Vorrang vor organisatorischen und individuellen Maßnahmen haben (Info-Box: „STOP-Prinzip").
Führt die Bewertung zu dem Ergebnis, dass insgesamt nur eine geringe Gefährdung vorliegt, dann reichen allgemeine Schutzmaßnahmen aus (■ Tab. 1.14). Als Entscheidungskriterien gelten neben den gefährlichen Eigenschaften die Mengen, die Expositionsdauer und -höhe sowie die Arbeitsbedingungen. Wird eine geringe Gefährdung ausgeschlossen, sind zusätzliche oder gar besondere Schutzmaßnahmen notwendig (■ Tab. 1.14).

1

◘ **Tab. 1.14** Übersicht über beispielhafte Schutzmaßnahmen bei Exposition gegenüber Gefahrstoffen (GestoffV §§ 8–10)

Schutzmaßnahmen	Beispielhafte Inhalte
Allgemein	- Gestaltung des Arbeitsplatzes und der Arbeitsorganisation - Begrenzung des exponierten Personenkreises - Begrenzung der Expositionsart und -dauer - Hygiene - Mengenbegrenzung am Arbeitsplatz - …
Zusätzlich	- Errichtung und Betrieb geschlossener technischer Systeme - Verwendung emissionsfreier oder -armer Technologien - Be- oder Entlüftung - Bereitstellung persönlicher Schutzausrüstung - Zugangs- und Beschäftigungs-beschränkungen - …
Besondere bei Tätigkeiten mit krebs-erzeugenden, keimzellmutagenen, re-produktionstoxischen Gefahrstoffen Kategorie 1 A, 1B	- Errichtung und Betrieb geschlossener technischer Systeme - Arbeitsplatzmessungen - Zutrittsverbote - Unterweisung - …
Besondere bei Brand- und Explosions-gefährdung	- Minimierung der Mengen oder Konzentrationen - Zündquellenvermeidung - Reduzierung schädlicher Auswirkungen - …

6. Dokumentation und Wirksamkeitsprüfung

Die Ergebnisse der Gefährdungsbeurteilung sind zu dokumentieren. Dabei ist auch festzulegen, wie und mit welchen Mitteln die Wirksamkeit der Maßnahmen überprüft werden kann.

Die Gefährdungsbeurteilung ist abgeschlossen, wenn die Maßnahmen umgesetzt, das Ergebnis dokumentiert und die Wirksamkeit festgestellt worden ist. Eine Wiederholung der Gefährdungsbeurteilung ist bei Änderung der Verhältnisse oder bei unwirksamen Maßnahmen erforderlich.

Alternativ zum prozesshaften Vorgehen gibt es die Möglichkeit, Schutzmaßnahmen aus dem Vergleich mit standardisierten Arbeitsverfahren abzuleiten. Beispiele für Musterarbeitsbedingungen finden sich in stoff- oder tätigkeitsbezogenen Regeln oder in branchen- und tätigkeitsbezogenen Handlungs-empfehlungen (TRGS 400, 2017).

Eine Alternative zum prozesshaften Vorgehen einer Gefährdungsbeurteilung ist der „Control-Banding-Ansatz" (Kahl 2019, S. 452). Darunter versteht man ein Modell, bei dem die Stoffeigenschaften und Freisetzungsbedingungen mit Schutzmaßnahmen verknüpft werden, sodass spezifische Ermittlungen nicht mehr notwendig werden. Dazu werden Stoffe und Freisetzungs- und Expositions-bedingungen in Gruppen zusammengefasst. Die Kombination dieser Gruppen führt zu einer Maßnahmenstufe, die durch Maßnahmenbeispiele unterfüttert ist. Durch den Control-Banding-Ansatz werden die Stärken der prozesshaften Ge-fährdungsbeurteilung mit den Vorteilen des Branchen- und Tätigkeitsvergleichs kombiniert. Lediglich bei besonderen Arbeitsbedingungen ist eine fachkundige Beratung notwendig (Schweitzer-Karababa 2020, S. 9).

Das „Einfache Maßnahmenkonzept Gefahrstoffe (EMKG)" beruht auf dem Control-Banding-Ansatz (BAuA 2025). Zur Veranschaulichung des Funktions-prinzips wird eine dermale Gefährdung betrachtet.

Für die dermale Gefährdung werden folgende Gruppen unterschieden.

— Gefährlichkeitsgruppe „Haut"
Die Gefährlichkeitsgruppe „Haut" kennt fünf Abstufungen. Die Zuordnung zu einer Stufe erfolgt nach dem H-Satz.

— Merkmalgruppe „Wirkfläche"
Als Wirkfläche gilt die Größe der benetzten Hautfläche. Unterschieden wird lediglich zwischen einer kleinen und großen Wirkfläche.

— Merkmalgruppe „Wirkdauer"
Für die Wirkdauer wird zwischen kurzer und langer Exposition unter-schieden. Dabei dient die Zeitdauer als Entscheidungskriterium.

Die Kombination der Merkmalgruppen führt zu einer Maßnahmenstufe (◘ Abb. 1.10). Jede Maßnahmenstufe umfasst einen Katalog wirksamer praxis-erprobter Maßnahmen, die auf die jeweiligen betrieblichen Gegebenheiten über-tragen werden können.

Der EMKG-Ansatz ist sowohl für inhalative und dermale Gefährdungen als auch für Brand- und Explosionsgefährdungen anwendbar. EMKG eignet sich be-sonders gut, wenn kennzeichnungspflichtige Stoffe verwendet werden. An seine Grenzen kommt der Ansatz allerdings bei der Beurteilung von Tätigkeiten, durch die Gefahrstoffe entstehen (z. B. Schweißrauche, Dieselmotoremissionen). Eine weitere Einschränkung besteht darin, dass die Wirkung der Gefahrstoffe auf die Umwelt unberücksichtigt bleibt.

1

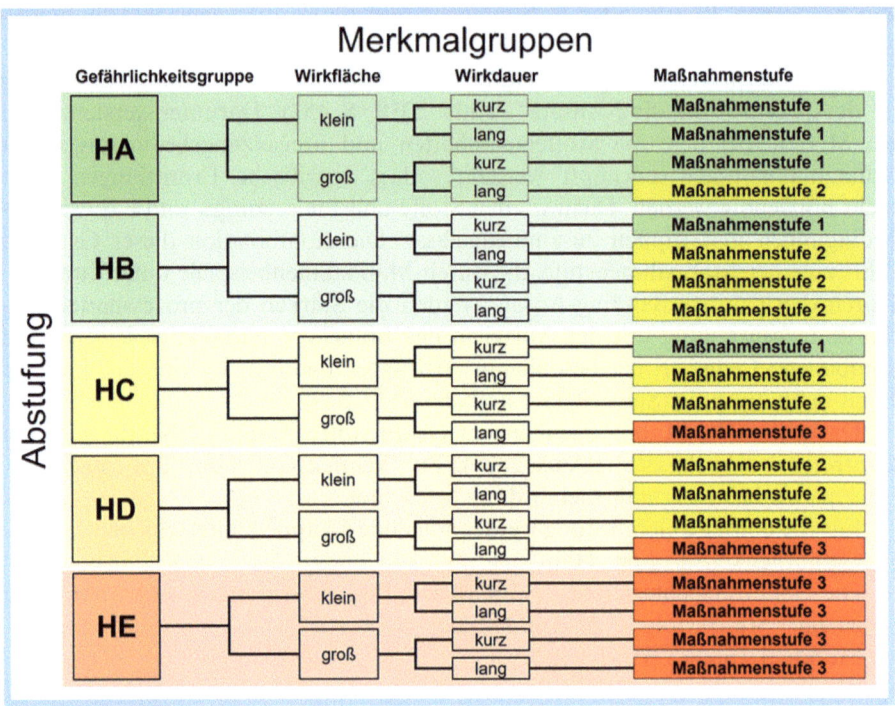

● **Abb. 1.10**   EMKG-Modul -Haut – Aufbau der Matrix zur Verknüpfung der Merkmalgruppen. (Quelle: Eigene Darstellung in Anlehnung an nach Wilmes et al. 2016)

Info-Box „Glossar ausgewählter Begriffe und Definitionen"

Arbeitsplatzgrenzwert (AGW)	Höchstkonzentration eines Stoffes, bis zu der keine akuten oder chronischen Gesundheitsstörungen bei den Beschäftigten zu erwarten sind (GefStoffV § 2 Abs. 8)
Ausschuss für Gefahrstoffe (AGS)	Gremium, das vom Bundesministerium für Arbeit und Soziales zur Wahrnehmung festgelegter Aufgaben gebildet wird. Es setzt sich zusammen aus Arbeitgebern, Gewerkschaften, Landesbehörden, Unfallversicherungsträgern und der Wissenschaft (GefstoffV § 20)
Erzeugnis	*„Gegenstand, der bei der Herstellung eine spezifische Form, Oberfläche oder Gestalt erhält, die in größerem Maße als die chemische Zusammensetzung seine Funktion bestimmt"* (Verordnung (EG) Nr. 1272/2008 Artikel 2 Nr. 9);

Gefahrstoffe	Gefährliche Stoffe und Gemische, - die einschließlich bestimmter Erzeugnisse gefährlich im Sinne der Verordnung (EG) Nr. 1272/2008 sind, - die über die Gefahrenklasse „gewässergefährdend" hinaus umweltgefährlich sind, - die einschließlich der Erzeugnisse explosionsfähig sind, - aus denen einschließlich der Erzeugnisse explosionsgefährliche oder umweltgefährliche Stoffe entstehen oder freigesetzt werden, - die aufgrund ihrer Eigenschaften und der Art und Weise ihrer Verwendung die Gesundheit und die Sicherheit der Beschäftigten beeinträchtigen, - die einen Arbeitsplatzgrenzwert haben
Gemisch	Gemische oder Lösungen bestehend aus mindestens zwei Stoffen (Verordnung (EG) Nr. 1272/2008 Artikel 2 Nr. 8)
Lagern	Aufbewahren zur späteren Verwendung und Abgabe an andere. Eingeschlossen ist die Bereitstellung zur Beförderung nach Ablauf der Fristen (GefStoffV § 2 Abs. 6)
Stoff	Chemisches Element und seine Verbindungen (Verordnung (EG) Nr. 1272/2008 Artikel 2 Nr. 7)
Tätigkeit	Alle Arbeiten mit Stoffen, Gemischen und Erzeugnissen (GefStoffV § 2 Abs. 5)

Info-Box: „STOP-Prinzip"

Das STOP-Prinzip steht für die Rangfolge der Schutzmaßnahmen, die für Maßnahmenplanung und- umsetzung zu berücksichtigen ist. Bei STOP handelt es sich um ein Akronym bestehend aus folgenden Bestandteilen:

— S = Substitution

Substitution bedeutet, gefährliche Stoffe oder Arbeitsverfahren durch risikoärmere Stoffe oder Arbeitsverfahren zu ersetzen. Inwieweit das möglich ist, hängt vom Grad der Gefährdung und von der technischen Eignung ab. Beispiele für die Beurteilung enthält TRGS 600

— T = Technische Maßnahmen

Ziel der technischen Maßnahmen ist die Verringerung der Exposition und der Ausbreitung gefährlicher Stoffe durch technische Vorkehrungen. Typische Beispiele sind die Verwendung geschlossener Systeme, die Absaugung gefährlicher Stoffe an der Entstehungsstelle oder gezielte Raumbe- und -entlüftungsmaßnahmen

— O = Organisatorische Maßnahmen

Organisatorische Maßnahmen umfassen Anpassungen der Arbeitsabläufe mit dem Ziel, die Exposition zu begrenzen und die Wirksamkeit technischer Maßnahmen zu erhalten. Dazu gehören beispielsweise Arbeitszeitbegrenzungen, die Einschränkung des betroffenen Personenkreises oder auch besondere Wartungs- und Instandhaltungspläne, die das Ziel haben, die Wirksamkeit technischer Maßnahmen aufrechtzuerhalten

1

— P = Personenbezogene Maßnahmen

Personenbezogene Maßnahme sind auf den individuellen Schutz ausgerichtet. Dazu zählen insbesondere persönliche Schutzausrüstungen wie z. B. Schutzhandschuhe oder Atemschutz. Personenbezogene Maßnahmen kommen nur in Betracht, wenn technische und organisatorische Maßnahmen ausgeschöpft sind oder es um kurzzeitige Tätigkeiten geht

Weitere Informationen zu den Schutzmaßnahmen liefert TRGS 500

1.4 Vergleich

Das Gefahrgut- und Chemikalienrecht ähneln einander sehr. Das ist nicht weiter verwunderlich, denn beide haben ihre Entstehung internationalen Regelungen zu verdanken. ◘ Abb. 1.11 stellt den Aufbau beider Rechtsgebiete einander gegenüber.

Die ähnliche Struktur lässt vermuten, dass es auch inhaltliche Übereinstimmungen gibt. Inwieweit das der Fall ist, wird an ausgewählten Kriterien überprüft.

— Zielstellung

◘ Tab. 1.15 stellt die Ziele des Gefahrgut- und Chemikalienrechts auf der jeweiligen Regelungsebene einander gegenüber.

Im Gefahrgutrecht sind Unfälle und Gefahren die bevorzugten Vokabeln. Es gilt, Menschen und Umwelt ebenso wie physische und ideelle Güter vor negativen Folgen zu schützen. Im Mittelpunkt stehen damit Ereignisse, die unmittelbar und plötzlich wirken, also z. B. Brände, Explosionen, Vergiftungen.

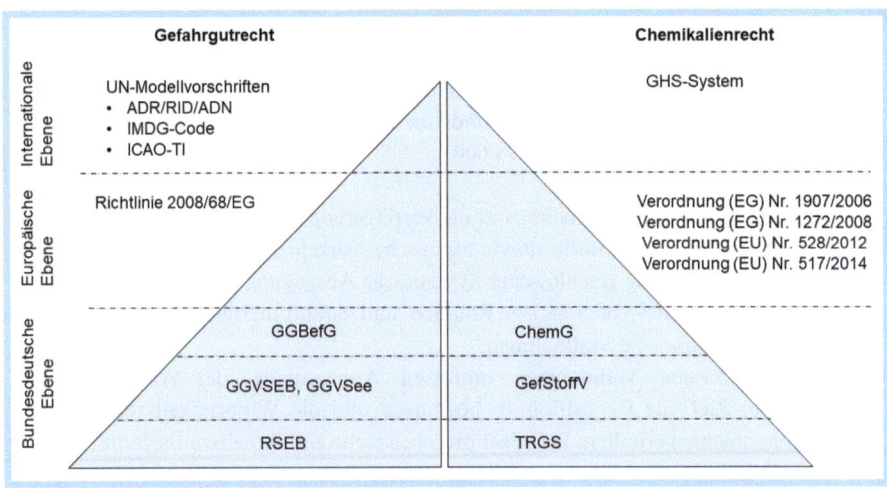

◘ **Abb. 1.11**   Grundstruktur des Gefahrgut- und Chemikalienrechts. (Quelle: Eigene Darstellung)

◻ Tab. 1.15 Zielstellung – Gegenüberstellung

Ebene	Gefahrgutrecht	Chemikalienrecht
International	„[…] to prevent, […], accidents to persons or property and damage to the environment, the means of transport employed or to other goods." (UN I 2023, S. 1)	„Schutz der menschlichen Gesundheit und der Umwelt" (UN 2023 Nr. 1.1.1.4)
Europäisch	Richtlinie 2008/68/EG nennt kein Ziel	„[…] ein hohes Schutzniveau für die menschliche Gesundheit und für die Umwelt sowie den freien Verkehr […]" (EU 2008, Artikel 1 Abs. 1)
Bundesrecht	GGBefG nennt kein Ziel, aber Ableitung aus Definition gefährlicher Güter möglich: „[…] Gefahren für die öffentliche Sicherheit oder Ordnung, insbesondere für die Allgemeinheit, für wichtige Gemeingüter, für Leben und Gesundheit von Menschen sowie für Tiere und Sachen […]" (GGBefG § 2 Abs. 1)	„[…] den Menschen und die Umwelt vor schädlichen Einwirkungen gefährlicher Stoffe und Gemische zu schützen, […]" ChemG § 1

Das Chemikalienrecht betont die menschliche Gesundheit und bringt damit zum Ausdruck, dass auch schleichende, längerdauernde Prozesse schädliche Wirkungen haben können. Passend dazu werden ausschließlich Menschen und Umwelt als Schutzgüter betrachtet. Das wiederholte Einatmen geringer Schadstoffmengen, die erst nach langer Zeit zu einem Gesundheitsschaden führen, oder das Eindringen geringer Schadstoffmengen ins Grundwasser, das sich erst nach mehreren Jahren negativ auf die Gewässerqualität auswirkt, sind typische Beispiele für chronische Wirkungen.

 ▬ Gefährliche Eigenschaften

Die gefährlichen Eigenschaften eines Stoffes werden in Gruppen zusammengefasst, die je nach Rechtsgebiet als Gefahrklasse oder Gefahrenklasse bezeichnet werden. Aus dem Vergleich der Klassen können inhaltliche Schwerpunkte abgeleitet werden. Die Gefahrklassen des Gefahrgutrechts sind in den UN-Modellvorschriften festgelegt. Im Chemikalienrecht ist die Verordnung (EG) Nr. 1272/2008 bestimmend.

Die erweiterte Zielstellung im Chemikalienrecht hat Auswirkungen auf den Umfang der gefährlichen Eigenschaften. 16 von insgesamt 33 Gefahrenklassen bezeichnen Gesundheits- und Umweltrisiken. Die Mehrheit von ihnen bezeichnen Folgen, die erst nach längerer oder wiederholter Exposition auftreten (z. B. spezifische Zielorgan-Toxizität (wiederholte Exposition), persistente, bioakkumulierbare und toxische Eigenschaften). Entsprechende Eigenschaften kennt das Gefahrgutrecht nicht. Hier dominieren die akuten Risiken, wie sie z. B. von Brand- und Explosionsgefährdungen ausgehen. Da Brände und Explosionen auch zu Gesundheitsschäden führen, gibt es in dieser

1

Gruppe die größte Übereinstimmung. Die Übereinstimmung gilt auch für die Klassenbezeichnung.
— Klassifizierungs- und Einstufungskriterien
Die Zuweisung zu den Gefahr- bzw. Gefahrenklassen beruht auf festgelegten Kriterien, die in den UN-Modellvorschriften bzw. in der Verordnung (EG) Nr. 1272/2008 festgeschrieben sind.
Die Klassifizierungs- und Einstufungsregeln konkretisieren die gefährlichen Eigenschaften. In der Gruppe der brand- und explosionsgefährlichen Stoffe und Gemische sind es vor allem sicherheitstechnische Kenngrößen, die über die Zugehörigkeit zu einer Klasse entscheiden. Diese sind in beiden Rechtsgebieten identisch. Die Übereinstimmung schließt die Test- und Bestimmungsmethoden ein. Dazu verweist die Verordnung (EG) Nr. 1272/2008 auf das UN-Manual (z. B. Explosive Stoffe und Gemische und Erzeugnisse mit Explosivstoff, organische Peroxide). Auch bei den übereinstimmenden Klassen in der Gruppe der Gesundheits- und Umweltgefahren finden sich übereinstimmende Kriterien. Dieses Ergebnis ist ein Hinweis darauf, dass die Erfahrungen der UN-Modellvorschriften bei der Erarbeitung des GHS-Systems eingeflossen sind.
— Kennzeichnung
Die Kennzeichnung ist ein zentrales Element der Risikokommunikation und ein Ergebnis des Klassifizierungs- und Einstufungsprozesses. Die Umsetzung erfolgt durch Gefahrzettel bzw. durch Gefahrenpiktogramme. Beide unterscheiden sich in Farbe und Größe voneinander, aber nicht in der äußeren Form und der verwendeten Symbole.
Für die Gefahrgutbeförderung ist die UN-Nummer ein weiteres wichtiges Kennzeichnungselement. Sie ermöglicht eine eindeutige Bestimmung des Gefahrgutes. Im Chemikalienrecht erfolgt die Identifizierung im Wesentlichen durch die namentliche Bezeichnung des gefährlichen Stoffs. Überdies werden Gefahren- und Sicherheitshinweise angegeben, die auch für Laien verständlich sind.
— Maßnahmenableitung
Es gibt verschiedene Wege, Schutzmaßnahmen festzulegen. Das Gefahrgutrecht setzt auf konkrete Vorgaben. Dazu werden die Maßnahmen detailliert festgelegt und sind auf die allgemeinen gefährlichen Eigenschaften abgestellt. Spezifische Risiken eines Gefahrguts sind in Sondervorschriften enthalten und werden durch die Gefahrgutliste mit dem jeweiligen Gut verbunden. Die Maßnahmen konzentrieren sich darauf, unbeabsichtigte Freisetzungen während jeder Phase des Beförderungsprozesses auszuschließen. Sicherungsvorkehrungen zum Schutz vor äußeren Eingriffen z. B. Sabotage oder terroristische Angriffe sind eingeschlossen.
Im Chemikalienrecht werden nur grundlegende Schutzmaßnahmen beschrieben. Lediglich die Kennzeichnung ist mit den gefährlichen Eigenschaften verknüpft. Alle darüberhinausgehenden Maßnahmen sind Ergebnis einer betrieblichen, tätigkeitsbezogenen Gefährdungsbeurteilung. Auf diese Weise sind spezifische Lösungen möglich. Maßnahmen zum Schutz vor Sabotage- oder terroristischen Akten sind nicht eingeschlossen.

□ Tab. 1.16 Zusammenfassung des qualitativen Vergleichs zwischen Gefahrgut- und Chemikalienrecht nach ausgewählten Kriterien

Kriterium	Grad der Übereinstimmung
Zielstellung	mittel
Gefährliche Eigenschaften	hoch
- Physikalische Gefahren	mittel
- Gesundheitsgefahren	mittel
- Umwelt- und weitere Gefahren	
Klassifizierungs- und Einstufungskriterien	hoch
- Physikalische Gefahren	mittel
- Gesundheitsgefahren	mittel
- Umwelt- und weitere Gefahren	
Kennzeichnung	gering
Verfahren zur Maßnahmenplanung	Sehr gering

Eine zusammenfassende Übersicht des Kriterienvergleichs zeigt □ Tab. 1.16.

Vorbehaltlich einer eingehenden Analyse ist festzustellen, dass die inhaltlichen Unterschiede zwischen den beiden Rechtsgebieten größer sind, als der formale Aufbau vermuten lässt. Die größte Übereinstimmung ist bei den physikalischen Gefahren gegeben. Das gilt insbesondere für die Brand- und Explosionsgefährdung. In dieser Gruppe stimmen nicht nur die Klassenbezeichnungen überein, sondern auch die Abstufungen innerhalb einer Klasse und die Kriterien, die für die Zuordnung zur Klasse genutzt werden.

1.5 Zusammenfassung

Im alltäglichen Sprachgebrauch werden Gefahrgut und Gefahrstoff häufig synonym verwendet. Dabei steht jeder Begriff für ein eigenes Rechtsgebiet. Das Gefahrgutrecht geht auf eine UN-Initiative zurück und hat die sichere Beförderung gefährlicher Güter zum Ziel. Es basiert auf den UN-Modellvorschriften, die gefährliche Eigenschaften chemischer Stoffe definieren, Kriterien für die Zuordnung zu Klassen festlegen und Maßnahmen vorschlagen. Die UN-Modellvorschriften bilden die Grundlage für verkehrsträgerspezifische Regelungen, die in das europäische und deutsche Rechtssystem eingegangen sind. Das Gefahrgutrecht unterscheidet zwischen 13 Klassen, die jeweils für eine Gruppe gefährlicher Eigenschaften stehen. Die Klassifizierung beschreibt den Zuordnungsprozess eines Stoffes zu einer Klasse und basiert auf Kriterien, die durch spezielle Prüfungen ermittelt werden. Die Maßnahmen sind darauf ausgerichtet, eine unbeabsichtigte Freisetzung während jeder Phase des Beförderungsvorgangs zu verhindern. Die Vorgaben für Bau und Prüfung der Umschließungen stehen daher im Mittelpunkt der Vorkehrungen. Weitere Maßnahmen werden konkret benannt und durch die UN-Nummer mit den jeweiligen Gefahrgütern verknüpft.

1

Auch das moderne Chemikalienrecht geht auf UN-Initiative zurück und verfolgt das Ziel, die menschliche Gesundheit und die Umwelt vor Risiken chemischer Stoffe und Gemische zu schützen. Ein besonderes Augenmerk gilt der Risikokommunikation. Das GHS-System ist durch Verordnung der Europäischen Union für die Mitgliedsstaaten verbindlich umgesetzt worden. In Anlehnung an die UN-Modellvorschriften ordnet das GHS-System die gefährlichen Eigenschaften ebenfalls nach Klassen und berücksichtigt dabei auch solche, die erst durch wiederholten Kontakt zu einem Gesundheitsschaden führen. Das GHS-System kennt mehr als doppelt so viele Klassen wie das Gefahrgutrecht. Innerhalb jeder Klasse gibt es Abstufungen nach dem Grad der Gefahr. Die Einstufung zu einer Klasse basiert auf festgelegten Kriterien. Die Maßnahmen zum Schutz der Gesundheit und der Umwelt betreffen die Verpackung und Kennzeichnung. Für den betrieblichen Einsatz sind ergänzende Maßnahmen notwendig, die im Rahmen einer betrieblichen Gefährdungsbeurteilung festgelegt werden. Sie unterliegen dem STOP-Prinzip.

Der Vergleich des Gefahrgut- und Chemikalienrechts zeigt einen ähnlichen Aufbau, aber inhaltliche Unterschiede. Die größte inhaltliche Übereinstimmung gibt es bei der Brand- und Explosionsgefährdung.

1.6 Aufgaben und Fragen zur Vertiefung

1. Was sind gefährliche Güter? Nennen Sie Beispiele!
2. Womit befassen sich die UN-Modellvorschriften?
3. Was bedeuten die Abkürzungen ADR, RID, ADN, IMDG-Code?
4. Was verstehen Sie unter „Klassifizierung"?
5. Wozu dient die „Verpackungsgruppe"?
6. Ordnen Sie die Gefahrklassen des Gefahrgutrechts nach physikalischen und gesundheitlichen Gefahren!
7. Wofür steht die Abkürzung „GHS"?
8. Wie ist die Gliederungsstruktur der Gefahrenklassen?
9. Was verstehen Sie unter einer „Kategorie"?
10. Was unterscheidet sicherheitstechnische Kenngrößen von physikalisch-chemischen Größen?
11. Wodurch unterschieden sich Gefahrzettel von Gefahrenpiktogrammen?
12. Aus welchen Elementen besteht die Kennzeichnung einer Verpackung nach Chemikalienrecht?
13. Was bedeutet das STOP-Prinzip?
14. Aus welchen Schritten besteht die Gefährdungsbeurteilung?
15. Was bedeutet EMKG?

Literatur

ADN. 2025. Europäisches Übereinkommen vom 16. Mai 2000 über die internationale Beförderung von gefährlichen Gütern auf Binnenwasserstraßen (ADN). [Online] 01. Januar 2025. [Zitat vom: 30. Mai 2025.] ▶ https://unece.org/transport/dangerous-goods/adn-2025.

ADR 2023. Neunundzwangigste Verordnung zur Änderung der Anlagen A und B zum ADR-Übereinkommen. *29. ADR-Änderungsverordnung - 29. ADRÄndV (BGBL. 2022 Teil II Nr. 20) vom 22. November 2022.*

Arens U. 2021. *Sicherheit in der Logistik Ein Praxisleitfaden für Führungskräfte.* München: Carl Hanser Verlag, 2021.

Arens, U. 2023. *Gefahrgut und Gefahrstoffe in der Logistik Rechtliche und physikalisch-chemische Grundlagen.* München: Hanser Verlag, 2023.

BASt. 2023. Straßenverkehrsunfälle beim Transport gefährlicher Güter. *Kurzzusammenstellung der Entwicklung in der Bundesrepublik Deutschland.* [Online] 2023. [Zitat vom: 30. Februar 2025.] ▶ https://www.bast.de/DE/Statistik/Unfaelle/Gefahrgutunfaelle.pdf?__blob=publicationFile&v=6.

BAuA. 2025. *Einfaches Maßnahmenkonzept Gefahrstoff (EMKG).* [Online] Bundesanstalt für Arbeitsschutz und Arbeitsmedizin, 2025. [Zitat vom: 30. Mai 2025.] ▶ https://www.baua.de/DE/Themen/Chemikalien-Biostoffe/Gefahrstoffe/EMKG/Einfaches-Massnahmenkonzept-EMKG_node.

Berger, A. und Berger, M. 2013. EG-Nummer RD-05-00226. [Buchverf.] F. Böckler, et al. *RÖMPP [Online].* Stuttgart: Georg Thieme Verlag, 2013.

BMV. 2025. *Gefahrgut-Kennzeichnungen.* [Online] Bundesministerium für Verkehr, 28. 02 2025. [Zitat vom: 30. Mai 2025.] ▶ https://www.bmv.de/SharedDocs/DE/Artikel/G/Gefahrgut/gefahrgut-kennzeichen.html.

BMZ. 2022. Lexikon der Entwicklungspolitik. [Online] 2022. [Zitat vom: 30. Mai 2025.] ▶ https://www.bmz.de/de/service/lexikon#lexicon=13996.

Brandes E. et al. 2004. Properties of Reactive Gases and Vapours (Safety Characteristics). [Buchverf.] M. Hattwig und H. Steen. *Handbook of Explosion Prevention and Protection.* Weinheim: Wiley-VCH, 2004, S. 271–378.

ChemG. 1980. Gesetz zum Schutz vor gefährlichen Stoffen (Chemikaliengesetz - ChemG). *Chemikaliengesetz in der Fassung der Bekanntmachung vom 28. August 2013 (BGBl. I S. 3498, 3991), geändert durch Artikel 1 des Gesetzes vom 16. November 2023 (BGBl. 2023 I Nr. 313).* 1980.

DFS. 2019. Bekanntmachung über die Beförderung gefährlicher Güter im Luftverkehr 2–488–19. [Online] 01. August 2019. [Zitat vom: 13. Februar 2025.] Bekanntmachung über die Beförderung gefährlicher Güter im Luftverkehr.

DGUV. 2016. *DGUV Information 213–065 Anlagensicherheit Sicherheitstechnische Kenngrößen ermitteln und bewerten.* s.l.: Berufsgenossenschaft Rohstoffe und chemische Industrie, 2016.

Engel, T. 2007. CAS Registry Number RD-03-00639. [Buchverf.] F. Böckler, et al. *RÖMPP [Online].* Stuttgart: Georg Thieme Verlag, 2007.

GbV. 2011. Verordnung über die Bestellung von Gefahrgutbeauftragten im Unternehmen (Gefahrgutbeauftragtenverordnung - GbV). *Gefahrgutbeauftragtenverordnung in der Fassung der Bekanntmachung vom 11. März 2019 (BGBl. I S. 304), zuletzt geändert durch Artikel 3 der Verordnung vom 17. Dezember 2024 (BGBl. 2024 I Nr. 422).* 2011.

GefStoffV. 2010. *Verordnung zum Schutz vor Gefahrstoffen (Gefahrstoffverordnung - GefStoffV) Gefahrstoffverordnung vom 26. November 2010 (BGBl. I S. 1643, 1644), zuletzt geändert durch Artikel 1 der Verordnung vom 2. Dezember 2024 (BGBl. 2024 I Nr. 384).* 2010.

GGBefG. 1975. *Gefahrgutbeförderungsgesetz vom 6. August 1975 (BGBl. I S. 2121), zuletzt geändert durch Artikel 26 des Gesetzes vom 2. März 2023 (BGBl. 2023 I Nr. 56).* 1975.

GGVSEB. 2009. *Gefahrgutverordnung Straße, Eisenbahn und Binnenschifffahrt in der Fassung der Bekanntmachung vom 18. August 2023 (BGBl. 2023 I Nr. 227)".* 2009.

GGVSee. 2016. *Gefahrgutverordnung See in der Fassung der Bekanntmachung vom 21. Oktober 2019 (BGBl. I S. 1475), zuletzt geändert durch Artikel 16 des Gesetzes vom 12. Dezember 2019 (BGBl. I S. 2510).* 2016.

1

Holzhäuser, J und Holzhäuser, P. 2025. *Handbuch der gefährlichen Güter. Transport- und Gefahrklassen Neu.* Berlin, Heidelberg: SpringerVieweg, 2025.

IATA. 2025. *Gefahrgutvorschriften Ausgabe 66.* Montreal Genf: s.n., 2025.

IMO. 2025. *International Convention for the Safety of Life at Sea (SOLAS), 1974.* [Online] International Maritime Organization, 2025. [Zitat vom: 30. Mai 2025.] ▸ https://www.imo.org/en/About/Conventions/Pages/International-Convention-for-the-Safety-of-Life-at-Sea-(SOLAS),-1974.aspx.

IMO. 2025a. *The International Maritime Dangerous Goods (IMDG) Code.* [Online] International Maritime Organization (IMO), 2025a. [Zitat vom: 30. Mai 2025.] ▸ https://www.imo.org/en/OurWork/Safety/Pages/DangerousGoods-default.aspx.

Kahl, A.:. 2019. *Arbeitssicherheit Fachliche Grundlagen.* Berlin: Erich Schmidt Verlag, 2019.

Michael-Schulz, H, et al. 2023. *Empfehlungen für die Beförderung gefährlicher Güter - Handbuch für Prüfungen und Kriterien.* [Online] 25. 04 2023. [Zitat vom: 04. Juli 2025.] ▸ https://opus4.kobv.de/opus4-bam/frontdoor/index/index/docId/57317.

OTIF. 2024. *Die OTIF.* [Online] Zwischenstaatliche Organisation für den internationalen Eisenbahnverkehr, 2024. [Zitat vom: 30. Mai 2025.] ▸ https://otif.org/de/?page_id=15.

Richtlinie 2008/68/EG. 2008. Richtlinie 2008/68/EG des Europäischen Pralaments und des Rates vom 24. September 2008 über die Beförderung gefährlicher Güter im Binnenland. 2008. ABl. L 260 vom 30.9.2008: s.n., 2008.

Ridder, K. 2015. Special 2015 *gefahrgut historisch Ein Sonderheft von gefährliche Ladung Special 2015.* Hamburg: ecomed-Storck, 2015. S. S. 58 - 59.

RSEB. 2023. *Richtlinien zur Durchführung der Gefahrgutverordnung Straße, Eisenbahn und Binnenschifffahrt (GGVSEB) und weiterer gefahrgutrechtlicher Verordnungen (Durchführungsrichtlinien-Gefahrgut) -RSEB-.* 2023.

Schweitzer-Karababa, I,; Wilmes, A,; Wolf, T.; Wiechen, K.; Berghaus, M. Bundesanstalt für Arbeitsschutz und Arbeitsmedizin (BAuA). *Forschung Projekt F 2265 EMKG-Leitfaden Modul Brand und Explosion.* [Online] [Zitat vom: 30. Mai 2025.] ▸ https://doi.org/10.21934/baua:bericht20200402.3.

TRGS 001. 2006. Technische Regeln für Gefahrstoffe. *Das Technische Regelwerk zur Gefahrstoffverordnung Allgemeines - Aufbau - Übersicht - Beachtung der Technischen Regeln für Gefahrstoffe (TRGS).* 2006.

TRGS 400. 2017. Technische Regeln für Gefahrstoffe. *Gefährdungsbeurteilung für Tätigkeiten mit Gefahrstoffen GMBl 2017 S. 638 [Nr. 36] v. 08.09.2017.* 2017.

TRGS 500. 2019. Technische Regeln für Gefahrstoffe. *Schutzmaßnahmen GMBl 2019 S. 1330–1366 [Nr. 66/67] (v. 13.12.2019), berichtigt: GMBl 2020 S. 88 [Nr. 4] (v. 31.01.2020).* 2019.

TRGS 600. 2020. Technische Regeln für Gefahrstoffe. *Substitution GMBl 2020 S.405–418 [Nr. 21 (v. 24.7.2020)].* 2020.

UN. 2023. *Manual of Tests and Criteria - Eighth Revised Edition.* [Online] 2023. [Zitat vom: 30. Mai 2025.] ▸ https://www.un-ilibrary.org/content/books/9789210019033/read.

UN. 2023. *Globally Harmonized System of Classification and Labelling of Chemicals (GHS Rev. 10, 2023).* [Online] 2023. [Zitat vom: 30. Mai 2025.] ▸ https://unece.org/sites/default/files/2023-07/GHS%20Rev10e.pdf.

UN. 1992. *AGENDA 21.* [Online] Juni 1992. [Zitat vom: 30. Mai 2025.] ▸ https://www.un.org/Depts/german/conf/agenda21/agenda_21.pdf.

UN I. 2023. *Recommendations on the Transport of dangerous goods Model Regulation Volume I.* New York und Genf: United Nations, 2023.

UN II. 2023. *Recommendations on the Transport of dangerous goods Model Regulations Volume II.* New York und Genf: United Nations, 2023.

UNECE. 2025. Status of Treaties. *Agreement concerning the International Carriage of Dangerous Goods by Road (ADR).* [Online] The United Nations Economic Commission for Europe, 13. 02 2025. [Zitat vom: 30. Mai 2025.] ▸ https://treaties.un.org/Pages/ViewDetails.aspx?src=TREATY&mtdsg_no=XI-B-14&chapter=11&clang=_en#1.

Verordnung (EG) Nr. 1272/2008. Verordnung (EG) Nr. 1272/2008 d. Europäischen Parlaments und d. Rates v. 16. Dezember 2008 über die Einstufung, Kennzeichnung u. Verpackung v. Stoffen u. Gemischen,. *z. Änderung u. Aufhebung d. Richtlinien 67/548/EWG u. 1999/45/EG u. zur Änderung d. Verordnung (EG) Nr. 1907/2006.* ABl. L 353 vom 31.12.2008, S. 1: s.n.

Verordnung (EG) Nr. 1907/2006. 2006. Verordnung (EG) Nr. 1907/2006 des Europäischen Parlaments und des Rates vom 18. Dezember 2006 zur Registrierung, Bewertung, Zulassung und Beschränkung chemischer Stoffe (REACH), zur Schaffung einer Europäischen Agentur für chemische Stoffe. ABl. L 396 vom 30.12.2006, S. 1–851: s.n., 2006.

Verordnung (EG) Nr. 440/2008. *Verordnung (EG) Nr. 440/2008 DER KOMMISSION v. 30. Mai 2008 zur Festlegung v. Prüfmethoden gemäß der Verordnung (EG) Nr. 1907/2006 des Europäischen Parlaments u. des Rates zur Registrierung, Bewertung, Zulassung u. Beschränkung chemischer Stoffe (REACH).* ABl. L 142 vom 31.5.2008, S. 1: s.n.

Verordnung (EU) 2024/573. 2024. Verordnung (EU) 2024/573 des Europäischen Parlaments und des Rates vom 7. Februar 2024 über fluorierte Treibhausgase, zur Änderung der Richtlinie (EU) 2019/1937 und zur Aufhebung der Verordnung (EU) Nr. 517/2014. ABl. L, 2024/573, 20.2.2024: s.n., 2024.

Verordnung (EU) Nr. 528/2012. 2012. Verordnung (EU) Nr. 528/2012 des Europäischen Parlaments und des Rates vom 22. Mai 2012 über die Bereitstellung auf dem Markt und die Verwendung von Biozidprodukten. ABl. L 167 vom 27.6.2012, S. 1: s.n., 2012.

Verordnung (EU) Nr. 965/2012. 2012. Verordnung (EU) Nr. 965/2012 der Kommission vom 5. Oktober 2012 zur Festlegung technischer Vorschriften und von Verwaltungsvorschriften in Bezug auf den Flugbetrieb. ABl. L 296 vom 25/10/2012, S. 1–148: s.n., 2012.

Wilmes, A., Schweitzer-Karababa, I. und Wiechen, K. 2016. Schulungsmaterial zum Einfachen Maßnahmenkonzept Gefahrstoffe (EMKG). *Gefährdungsbeurteilung mit dem „Einfachen Maßnahmenkonzept Gefahrstoffe" EMKG.* [Online] Oktober 2016. [Zitat vom: 30. Mai 2025.] ▶ https://www.baua.de/DE/Themen/Chemikalien-Biostoffe/Gefahrstoffe/EMKG/EMKG-Schulungsmaterial.

Brand- und Explosionsgefährdung

Inhaltsverzeichnis

© Der/die Autor(en), exklusiv lizenziert an Springer-Verlag GmbH, DE, ein Teil von Springer Nature 2026
U. Arens, *Gefahrgut und Gefahrstoffe in der Logistik*,
https://doi.org/10.1007/978-3-662-72200-8_2

2

Was Sie im vorherigen Kapitel erfahren haben
Gefahrgut und Gefahrstoff sind Begriffe, die jeweils für ein eigenes Rechtsgebiet stehen. Das Gefahrgutrecht befasst sich mit der sicheren Beförderung gefährlicher Güter und geht auf die UN-Modellvorschriften zurück. Sie bilden die Grundlage für verkehrsträgerspezifische Regelungen. Auch das Chemikalienrecht hat mit dem GHS-System einen internationalen Ursprung und ist innerhalb der Europäischen Union durch die CLP-Verordnung rechtsverbindlich umgesetzt. Im Unterschied zum Gefahrgutrecht berücksichtigt das Chemikalienrecht auch stoffliche Wirkungen, die durch wiederholte Exposition entstehen. Daher kennt die CLP-Verordnung mehr Klassen als das Gefahrgutrecht. Aber auch die Maßnahmenplanung unterscheidet sich. Trotz dieser Unterschiede gibt es Gemeinsamkeiten. Diese finden sich vor allem bei den Klassifizierungs- und Einstufungskriterien brand- und explosionsgefährlicher Stoffe.

Was Sie in diesem Kapitel erwartet
In diesem Kapitel dreht sich alles um die Brand- und Explosionsgefährdung. Zunächst geht es darum, die Voraussetzungen für die Entstehung von Bränden und Explosionen kennenzulernen. Dieses schließt die chemischen und thermodynamischen Vorgänge bei Bränden und Explosionen ein. Da Brände und Explosionen regelmäßig enorme Schäden verursachen, sind Brand- und Explosionsschutzmaßnahmen gefragt. Beispielhaft wird aufgezeigt, welche Vorkehrungen in der Praxis bei Beförderung und der Verwendung brennbarer Stoffe umzusetzen sind. Zum Schluss beschäftigen wir uns mit dem besonderen Vorgehen für die Gefährdungsbeurteilung bei Brand- und Explosionsgefährdung und erfahren, wie sich das „Einfache Maßnahmenkonzept Gefahrstoffe" auf die Brand- und Explosionsgefährdung übertragen lässt.

2.1 Einführung

Brände und Explosionen sind ohne Stoffe nicht denkbar. Die Bandbreite der brand- und explosionsgefährlichen Stoffe ist sehr groß und reicht von Explosivstoffen über entzündbare Stoffe bis hin zu Stoffsystemen, die scheinbar aus dem Nichts Feuer fangen. Eine Strukturierung ist daher sinnvoll. Das Gefahrgutrecht unterteilt die brand- und explosionsgefährlichen Stoffsysteme in mehrere Gefahrklassen. Im Chemikalienrecht gibt es insgesamt 14 Gefahrenklassen mit einem Bezug zur Brand- und Explosionsgefährdung.

Gemeinsames Merkmal aller brand- und explosionsgefährlichen Stoffsysteme ist die Eigenschaft, unter Einfluss einer Zündquelle mit einem Oxidationsmittel zu reagieren. Dabei entstehen hohe Temperaturen und es kommt zu Lichterscheinungen. Diese chemische Reaktion wird als Verbrennung bezeichnet. Sie ist Fluch und Segen zugleich. Die Verbrennung hält unsere Wohnungen im Winter warm, sie liefert den elektrischen Strom und sie ermöglicht unsere Mobilität, indem sie Autos, Schiffe und Flugzeuge antreibt. Auch viele industrielle Produktionsprozesse sind auf die Verbrennung angewiesen. Verbrennungen führen aber auch regelmäßig zu erheblichen Schäden. Brandereignisse zerstören nicht nur Sachwerte, sondern verursachen schwere oder gar tödliche Verletzungen. Und nicht zuletzt erzeugen Verbrennungsprozesse Kohlenstoffdioxid, das sich negativ auf das Klima auswirkt und Staat und Gesellschaft gegenwärtig vor große Herausforderungen stellt. Wir sprechen von einem Brand, wenn wir auf die negativen Seiten der Verbrennung schauen. Das Nutzfeuer betont dagegen die positiven Aspekte einer Verbrennung (DIN 14011 2018, S. 7).

Aufgabe der Sicherheitstechnik ist es, die negativen Folgen einer Verbrennung zu verhindern oder auf ein Minimum zu reduzieren. Wie gewaltig diese Aufgabe ist, belegen die Statistiken. Nach Angaben des Weltfeuerwehrverbandes CTIF (franz.: *Comité Technique International de prevention et d'extinction de Feu*) starben allein im Jahr 2021 weltweit rund 16.900 Menschen durch Brandereignisse. Mehr als 62.000 Menschen wurden verletzt. Im Durchschnitt führt damit etwa jeder 100. Brandfall zu einem Toten (CTIF 2023). In Deutschland fallen jedes Jahr durchschnittlich mehr als 350 Menschen einem Brand zum Opfer. Seit etwa 20 Jahren bewegen sich die Opferzahlen gleichbleibend auf diesem Niveau (◘ Abb. 2.1).

Außer Toten und Verletzten führen Brände regelmäßig zu wirtschaftlichen Schäden. Die deutsche Versicherungswirtschaft beziffert die jährlichen Auf-

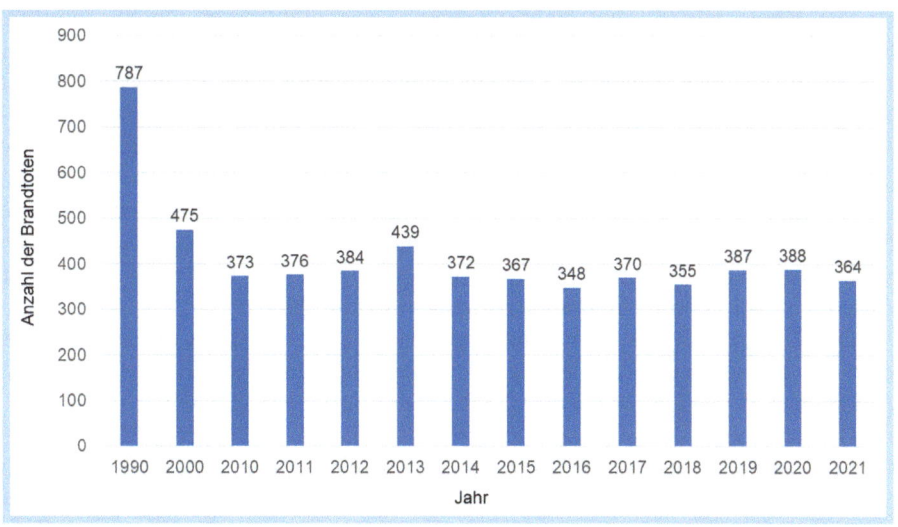

◘ **Abb. 2.1**   Anzahl der Brandtoten. (Quelle: eigene Darstellung nach Statistik des DFV)

2

wendungen für die Regulierung von Großschäden durch Brandereignisse auf durchschnittlich knapp 1,5 Mrd. EUR (GDV 2024, S. 5). Brandschäden führen damit die deutsche Schadensstatistik an. Ihr Anteil an dem Gesamtschadensvolumen beträgt 37 % (Allianz 2022).

Neben Brandopfern und wirtschaftlichen Schäden belasten Brände auch regelmäßig die Umwelt. Rauchgase werden frei und verschmutzen die Luft. Zersetzungsprodukte entstehen und können gemeinsam mit dem Löschwasser ins Grundwasser gelangen. Nicht zuletzt erzeugt jede Verbrennung Kohlenstoffdioxid und ist damit ein bedeutender Verursacher des Klimawandels.

Betrachtet man die Analysen sind die Brandursachen schnell ausgemacht: Elektrizität und menschliches Fehlverhalten. Zu diesem Ergebnis kommt jedenfalls die Brandursachenstatistik und beruft sich dabei auf Analyseergebnisse der vergangenen 20 Jahre (IFS 2023). Aus physikalisch-chemischer Sicht ist die freigesetzte Wärmeenergie für die Schäden verantwortlich. Ob sie aber tatsächlich zu einem Schaden führt und wie groß dieser im Einzelfall ist, hängt von verschiedenen Faktoren ab, nämlich u. a. von der räumlichen Distanz und den dominierenden Wärmetransportprozessen. Besteht ein direkter oder enger Kontakt zwischen der Wärmeenergie und den Schutzgütern, dann wird der Schaden vor allem durch Wärmeleitung oder -strömung herbeigeführt. Bei großen Entfernungen ist es dagegen die Wärmestrahlung.

Die Verbrennung tritt in mehreren Erscheinungsformen auf. Neben der Flammenbildung kennt man die Glut und die Explosion.

Die Flamme ist sicherlich die bekannteste Erscheinung einer Verbrennung. Sie ist die Quelle der Wärmeenergie und symbolisiert gleichzeitig die Reaktionszone, in der der brennbare Stoff umgesetzt wird (Portz 2005, S. 66). So vertraut uns allen die Flamme erscheint, so komplex sind die wärmephysikalischen Prozesse. Dies zeigt sich bereits am Beispiel der Kerzenflamme.

Die Kerze besteht aus einem Kerzenkörper und einem Docht. Paraffin, Stearin oder pflanzliche Wachse (z. B. Bienenwachs) bilden den Kerzenkörper und liefern die Wärmeenergie. Der Docht besteht häufig aus Baumwolle und ist mit spezifischen Salzen getränkt, um Rußen zu verhindern und einen rückstandlosen Verbrennungsprozess zu gewährleisten. Durch das Anzünden der Kerze schmilzt zunächst das Kerzenwachs und wird durch die Kapillarwirkung zum oberen Ende des Dochtes geführt. Dort verdampft es, durchmischt sich mit dem Sauerstoff der Luft und verbrennt. Die entstehenden Verbrennungsgase steigen nach oben, sodass frischer Sauerstoff aus der umgebenden Luft nachströmt. Auf diese Weise wird der Verbrennungsvorgang aufrechterhalten.

Die Komplexität des Verbrennungsprozesses zeigt sich auch an der Flamme, denn es lassen sich verschiedene Flammenzonen unterscheiden (◨ Abb. 2.2) (Luerßen et al. 2015, S. 365; Portz 2005, S. 68; Fricke 1978, S. 163):

- Dunkelzone
  In Dochtnähe befindet sich ein dunkler Bereich. Dort verdampft das durch den Docht aufsteigende Kerzenwachs und mischt sich mit dem Sauerstoff der Luft. Die Temperaturen sind niedriger als im oberen Teil der Flamme und erreichen im Allgemeinen Werte zwischen 600 °C und 800 °C.

Leuchtzone
Temperatur ca. 1200 °C – 1400 °C

Blauzone
Temperatur ca. 600 °C

Dunkelzone
Temperatur 600 °C – 800 °C

◼ **Abb. 2.2** Flammenzonen und Temperaturverlauf einer laminaren Kerzenflamme. (Quelle: eigene Darstellung)

— Blauzone
   In der blauen Zone findet die chemische Reaktion der organischen Moleküle mit dem Sauerstoff der Luft statt. Die Blaufärbung wird durch die Kohlenstoff- und Kohlenwasserstoff-Moleküle hervorgerufen.
— Leuchtzone
   In der Leuchtzone kommt es zum Verbrennungsvorgang. Es bilden sich Wasser und Kohlenstoffdioxid (Abschn. 2.2.2). Die Temperaturen erreichen Werte zwischen 1200 °C und 1400 °C.

Der Hauptanteil der von der Flamme emittierten Wärmestrahlung liegt im Infrarotbereich und ist damit für den Menschen unsichtbar. Sie ist für den Verbrennungsprozess allerdings enorm wichtig, denn sie unterstützt den Schmelzprozess des Kerzenwachses (Fricke 1978, S. 164).
   Art und Gestalt der Flamme ist vielen Einflüssen unterworfen. Dazu gehören z. B. (Portz 2005, S. 64/65, Warnatz et al. 1997, S. 5):
— Mischungsart
   Die Mischung mit dem Sauerstoff der Luft kann vor der Entzündung oder während des Verbrennungsvorgangs erfolgen. Aus technischer Sicht spricht man von vorgemischten und nicht vorgemischten Flammen. Vorgemischte Flammen sind typisch für technische Anwendungen, denn sie sind Garanten für eine effektive Umsetzung der Reaktionspartner. Das ist beispielsweise im Zylinder eines Otto-Motors der Fall. Nicht vorgemischte Flammen sind dagegen typisch für Brände. Auch bei einer Kerzenflamme handelt es sich um eine nicht vorgemischte Flamme.

2

— Strömungsart
Die Flammenerscheinung hängt auch von der Art und Weise ab, wie Luft und brennbare Gase miteinander in Kontakt treten. Unterschieden werden laminare und turbulente Strömungen. Eine laminare Strömung liegt vor, wenn Luft- und Gas ungehindert voneinander zugeführt werden. Turbulent nennt man dagegen einen Strömungsvorgang, bei dem sich Luft und brennbare Gase gegenseitig beeinflussen. Das ist beispielsweise beim Verbrennungsvorgang im Zylinder des Benzinmotors der Fall. Die Kerzenflamme beruht dagegen auf einer laminaren Strömung.

— Bewegungsart
Eine Flamme ist ortsgebunden, d. h. stationär, oder sie bewegt sich. Bei der Kerzenflamme handelt es sich um eine stationäre Flamme. Dagegen ist die instationäre Flamme das typische Kennzeichen eines Raumbrandes.

Eine weniger bekannte Erscheinungsform der Verbrennung ist die Glut. Viele kennen die Glutbildung vom Grillen. Der Glutbrand ist typisch für Feststoffe, die keine oder aber nur eine sehr geringe Neigung zeigen, Dämpfe und Gase freizusetzen. Vor allem kohlenstoffreiche Feststoffe wie z. B. Koks oder Holzkohle verbrennen unter Glutbildung. Aber auch einige Alkalimetalle wie z. B. Lithium, Natrium und Kalium reagieren mit Glutbildung. Im Unterschied zur Flamme findet die Verbrennungsreaktion direkt an der Feststoffoberfläche statt und zwar dort, wo der Sauerstoff ungehindert zutreten kann.

Ob es zur Glut- oder Flammenbildung kommt, hängt von verschiedenen Faktoren ab. Wählt man den Aggregatzustand als Ausgangspunkt der Betrachtung, dann ist es möglich, eine Wirkkette zu bilden (◘ Abb. 2.3). Diese lässt sich gleichzeitig als qualitative Zusammenfassung des Verbrennungsvorgangs interpretieren.

◘ **Abb. 2.3** Erscheinungsform der Verbrennung in Abhängigkeit vom Aggregatzustand. (Quelle: eigene Darstellung)

Eine besondere Erscheinungsform der Verbrennung ist die Explosion. Sie bezeichnet einen Verbrennungsvorgang, der mit einem plötzlichen Temperatur- und Druckanstieg einhergeht (DIN 14011 2018). Der Begriff „Explosion" leitet sich vom lateinischen Verb *„explaudere"* ab, was so viel bedeutet wie „klatschend hinaustreiben". Das ist ein Hinweis auf die Knallgeräusche, die üblicherweise mit einer Explosion verbunden sind.

Explosionen sind im Allgemeinen folgenschwerer als Brände. Das ist vor allem auf die Druckwirkung zurückzuführen. ◘ Tab. 2.1 enthält eine Zusammenstellung bekannter Schadensfälle aus der Vergangenheit.

Explosionen unterscheiden sich im Hinblick auf die Entstehungsvoraussetzungen nicht von Bränden. Unterschiede gibt es dagegen bei den Reaktionszeiten und den Reaktionsvolumina. Während sich der Brand über einen längeren Zeitraum innerhalb einer überschaubaren Reaktionszone entwickelt, wird bei einer Explosion binnen kurzer Zeit ein großes Volumen umgesetzt. Dabei werden enorme Energiemengen frei, die nicht ohne Weiteres kompensiert werden können, sodass es zu plötzlichen Temperatur- und Druckänderungen in der Umgebung kommt.

Explosionen werden nach ihrer Ausbreitungsgeschwindigkeit unterteilt. Man unterscheidet die Deflagration (lat: *deflagrare:* niederbrennen) von der Detonation (lat.: *detonare:* herabdonnern).

Bei einer Deflagration breitet sich die Verbrennungsreaktion mit Unterschallgeschwindigkeit aus. Die Flamme erwärmt das Gemisch aus brennbarem Stoff und Luft, das sich unmittelbar vor der Flammenfront befindet, sodass sich die Flamme stetig fortbewegt. Dabei wird das unverbrannte Gemisch durch die Flammenausbreitung in Flammenrichtung bewegt. Das komprimierte und

◘ **Tab. 2.1**   Ausgewählte Explosionsereignisse

Datum	Ort	Ereignis	Folgen
13. Mai 2000	Enschede, Niederlande	Explosion in einem Lager für Feuerwerk	20 Tote
11. Dezember 2005	Buncefield, Großbritannien	Explosion und Brand in einem Tanklager	Eine tote Person
30. Juni 2009	Viareggio, Italien	Explosion nach einem Eisenbahnunfall	22 Tote, 27 Verletzte
04. November 2010	Paderno Dugagno, Italien	Explosion und Brand in einem Farb und Lösemittellager	Drei Tote, vier Verletzte
12. August 2015	Tianjin, China	Explosion in einem Lager	173 Tote
09. September 2014	Ritterhude, Deutschland	Explosion in einem Abfallverwertungs- und -entsorgungsunternehmen	Eine tote Person, mehrere Verletzte
04. August 2020	Beirut, Libanon	Explosion in einer Lagerhalle	190 Tote

2

erhitzte Gemisch breitet sich vom Ursprung auf die benachbarte Umgebung aus und erreicht auf diese Weise auch weit entfernt liegende Bereiche. Vor allem Alkane wie z. B. Methan, Ethan, Propan und Butan neigen zur Deflagration.

Um die Ausbreitung einer Deflagration zu beschreiben, wird im Allgemeinen auf die Flammen- oder die Verbrennungsgeschwindigkeit zurückgegriffen. Beide Begriffe werden häufig synonym verwendet. Dabei besteht ein erheblicher Unterschied. Die Flammenausbreitungsgeschwindigkeit beschreibt die Wegstrecke, die eine Flammenfront infolge der Deflagration innerhalb eines festgelegten Zeitraums zurücklegt (DIN 14011: 2018, S. 8). Sie ist von praktischem Nutzen und ihre Bestimmung sehr einfach möglich, da potenzielle Einflussgrößen wie z. B. Druck, Temperatur, stoffliche Zusammensetzung oder Strömungszustand nicht berücksichtigt werden.

Die Verbrennungsgeschwindigkeit wird als Maß für die chemische Reaktion genutzt. Sie ist von der chemischen Zusammensetzung abhängig. Man unterscheidet die laminare und die turbulente Verbrennungsgeschwindigkeit. Bei laminaren Strömungsverhältnissen bildet sich eine Flammenfront, die die Grenze zwischen dem unverbrannten und dem verbrannten Teil des Gemisches bildet und sich kontinuierlich in den unverbrannten Stoff ausbreitet. Ihre Geschwindigkeit lässt sich messen. Allerdings ist der damit verbundene messtechnische Aufwand sehr hoch, denn es besteht die Herausforderung, laminare Strömungsverhältnisse zu erzeugen (Brandes 2004, S. 308). ■ Tab. 2.2 enthält einige Werte für die laminare Verbrennungsgeschwindigkeit v_L bei deflagrativer Ausbreitung ausgewählter Gas-Luft-Gemische.

Im Allgemeinen kann davon ausgegangen werden, dass die laminare Verbrennungsgeschwindigkeit den Wert von einem Meter je Sekunde nicht überschreitet. Lediglich Wasserstoff und Acetylen haben höhere Verbrennungsgeschwindigkeiten. Ihre Reaktion ist daher mit höheren Risiken verbunden.

Von einem höheren Risiko ist auch bei turbulenten Verbrennungsgeschwindigkeiten auszugehen. Der Grund ist der intensivere Stoff- und Wärmetransport in der Reaktionszone.

Im Unterschied zur Deflagration kennzeichnet die Detonation eine Geschwindigkeit, die sich mit Überschall in die Umgebung ausbreitet. Die Entzündung des brennbaren Gemisches wird durch eine Stoßwelle hervorgerufen, die

■ **Tab. 2.2**   Laminare Verbrennungsgeschwindigkeiten für Gase (nach Brandes et al. 2004, S. 308)

Stoff	Verbrennungsgeschwindigkeit in m/s
Aceton	0,54
Ethin (Trivialname: Acetylen)	1,66
Methan	0,40
Benzin	0,40
Wasserstoff	3,12

sich unmittelbar vor der Flamme aufbaut. Sie bewirkt sowohl eine Aufheizung des unverbrannten Gemisches als auch eine Fortsetzung der Reaktion in den umgebenden Raum. Stoßwelle und Flammenfront beeinflussen sich dabei gegenseitig (▶ Abschn. 5.2). Typische Stoffe, die im Gemisch mit Luft zu einer Detonation neigen, sind beispielsweise Ethen und Propen.

Neben Deflagration und Detonation wird vor allem im deutschsprachigen Raum die Verpuffung als weitere Explosionsart genannt (z. B. Schmiermund 2019, S. 481; Portz 2005, S. 51, Bussenius 1996, S. 21). Tatsächlich wird dieser Begriff häufig verwendet, wenn es zu einer überschaubaren Reaktion gekommen ist. Eine allgemeingültige Definition fehlt allerdings. Dennoch geht man davon aus, dass es sich bei der Verpuffung um eine schwache Deflagration mit Flammengeschwindigkeiten unter 1 m s^{-1} handelt.

Das im Vergleich zu Flammen- und Glutbränden deutlich größere Schadenspotenzial einer Explosion ist auf die Druckwirkung zurückzuführen. ◻ Abb. 2.4 vergleicht die Druckentwicklung einer Detonation mit einer Deflagration.

Kennzeichen einer Detonation ist ein plötzlicher Druckanstieg, der sich kugelförmig in die Umgebung ausbreitet. Hinter der Druckwellenfront kühlt sich die Luft ab und der Druck sinkt. Dabei kann es vorkommen, dass der Atmosphärendruck unterschritten wird. Zurückzuführen ist dies auf die Trägheit der zurückströmenden Luftmassen. Bei der Deflagration verlaufen Druckanstieg und Druckentwicklung deutlich moderater. Die Höchstwerte liegen unterhalb von 14 bar (Bussenius 1996, S. 21). Für die Bewertung der Schadenshöhe ist der dynamische Druck ausschlaggebend, der entsteht, wenn die bewegten Luftmassen auf Hindernisse treffen.

Auch die Reaktion von Stäuben in der Luft kann explosionsartig verlaufen. Insbesondere Feststoffe mit einer Korngröße unter 500 μm neigen dazu (Kramer

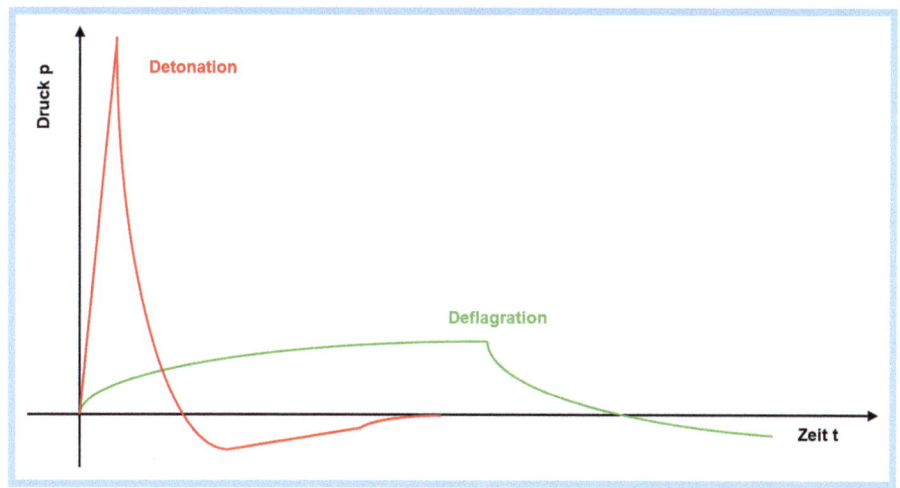

◻ **Abb. 2.4** Zeitlicher Verlauf einer Explosionsdruckwelle. (Quelle: in Anlehnung an Sommerfeld 1998, S. 82)

2

et al. 2019, S. 33). Da Feststoffpartikel im Verhältnis zur Masse eine große Oberfläche besitzen, gelingt es ihnen besonders gut, sich intensiv mit dem Sauerstoff der Luft zu durchmischen. Entsprechend heftig ist die Reaktion. Ein besonderes Risiko geht von abgelagerten Stäuben aus. Wird der Staub durch einen Luftstoß oder durch den Verladevorgang aufgewirbelt und gezündet, dann sorgt der Druckanstieg für einen stetigen Nachschub des brennbaren Materials und zwar so lange, bis das letzte Staubkorn verbrannt ist.

Neben organischen Feststoffen wie Holz, Mehl, Kaffee und Stärke zeigen auch Metallstäube wie Eisen, Magnesium und Aluminium Explosionsneigung. Welches Schadenspotenzial bei einer Staubexplosion zu erwarten ist, kann an der Explosion der Rolandmühle Bremen ermessen werden. Am 06. Februar 1979 kam es dort zu einer Mehlstaubexplosion. Dabei wurde die Mühle fast vollständig zerstört (◘ Abb. 2.5) (Patel 2019). 14 Personen verloren ihr Leben. Viele weitere erlitten Verletzungen.

Explosionen werden in der Regel durch äußere Zündquellen ausgelöst. Es gibt jedoch auch Stoffsysteme, die sich selbsttätig entzünden. Die Ursache ist eine Störung des Wärmeaustausches. Die auf diese Weise initiierten Explosionen werden als thermische Explosionen bezeichnet (► Abschn. 4.2).

Ein Sonderfall unter den Explosionen ist die physikalische Explosion. Sie ist nicht auf eine chemische Reaktion zurückzuführen, sondern das Ergebnis einer plötzlichen Volumenzunahme. Folgende Fallkonstellationen werden dabei unterschieden:

◘ **Abb. 2.5** Ausmaß der Zerstörung der Rolandmühle Bremen durch Mehlstaubexplosion. (Quelle: mit freundlicher Genehmigung des Technischer Hilfswerk THW Bremen-Nord)

— Versagen der Umschließung
Befindet sich ein brennbarer Stoff in einer Umschließung (z. B. Gasflasche, Tank), dann nimmt dessen Volumen mit steigender Temperatur zu. In der Folge kommt es zu einem Druckanstieg im Inneren der Umschließung. Übersteigt dieser den Schwellenwert, ist ein Zerknall und eine plötzliche Freisetzung des Inhalts wahrscheinlich. In der Logistik sind physikalische Explosionen vor allem bei Druckgasflaschen bekannt.

— Dampfexplosion
Von einer Dampfexplosion spricht man, wenn ein kaltes Medium auf ein heißes trifft, dessen Temperatur die Siedetemperatur des kalten Mediums übersteigt. In der Folge kommt es zu einer schlagartigen Verdampfung. Dieser Effekt ist vor allem in der Stahlindustrie gefürchtet, wenn Wasser auf glühendes Metall trifft.

Die unterschiedlichen Explosionsarten haben verschiedene Ursachen und Folgen und lassen sich in einer Ursache-Wirkungs-Beziehung darstellen (◘ Abb. 2.6).

In der Gefahrgut- und Gefahrstoff-Logistik gehen Brände und Explosionen im Allgemeinen auf unbeabsichtigte Freisetzungen entzündbarer Stoffe und Gemische zurück. Folgende Schadensfälle lassen sich unterscheiden:

— Lachenbrand
Eine brennbare Flüssigkeit, die aus einem Behälter oder einem Tank freigesetzt wird, sammelt sich auf dem Boden. Ist die Fläche versiegelt, dann werden nur geringe Mengen in den Boden einsickern. Es bildet sich eine Flüssigkeitslache, deren Menge in erster Näherung der freigesetzten Menge entspricht. An der Oberfläche der Flüssigkeitslache bilden sich Dämpfe,

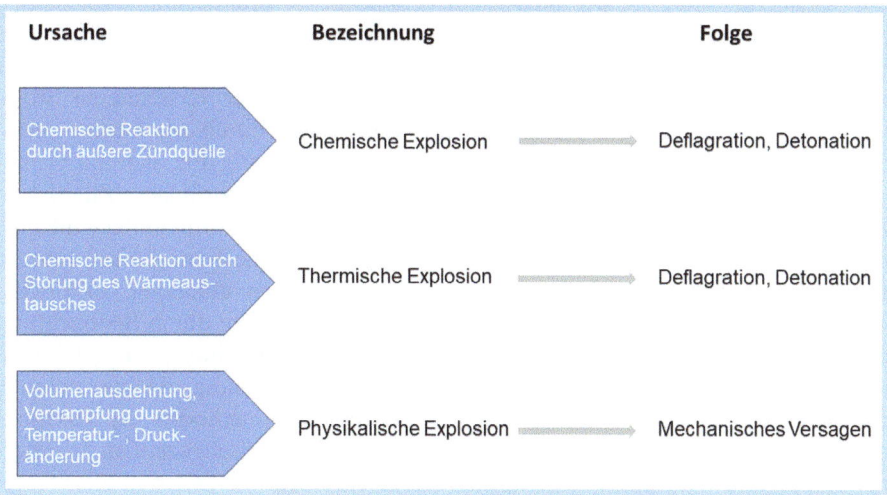

◘ **Abb. 2.6** Ursache-Wirkungs-Beziehungen der verschiedenen Explosionsarten. (Quelle: eigene Darstellung)

die sich mit der Umgebungsluft vermischen. Kommt es zu einer sofortigen Zündung, ist ein Lachenbrand wahrscheinlich. Die dabei freigesetzte Wärmeenergie treibt die Verdampfung der ausgetretenen Flüssigkeit an und sorgt auf diese Weise für eine stetige Durchmischung.

— Freistrahlbrand
Der Freistrahl bezeichnet den Austritt einer entzündbaren Flüssigkeit, eines Dampfes oder eines Gases aus einem unter Druck stehenden Behälter. Die austretende Stoffmenge erhält durch den Druck einen zusätzlichen Impuls, der sich je nach Größe und Richtung auf die Umgebung auswirkt. Der freigesetzte Massenstrom ist u. a. von den Druckverhältnissen sowie Art und Durchmesser der Austrittsöffnung abhängig.

— Gaswolkenexplosion
Die Freisetzung entzündbarer Flüssigkeiten und Gase kann zur Bildung einer Dampf-Luft- bzw. Gas/Luft-Gemischwolke führen, die sich abhängig von den Umgebungsverhältnissen unterschiedlich weit in den Raum ausbreitet. Eine Zündung des Gemisches ist daher auch fern vom Freisetzungsort möglich.

— BLEVE
BLEVE steht für *Boiling Liquid Expanding Vapour Explosion* und bezeichnet das Zusammentreffen einer physikalischen und chemischen Explosion. Ausgangspunkt ist in aller Regel ein Versagen der Umschließung infolge einer physikalischen Explosion. Durch die plötzliche Druckentspannung verdampft die Flüssigkeit augenblicklich und mischt sich mit dem Sauerstoff der Luft. Trifft das Dampf-Luft-Gemisch auf eine Zündquelle, ist eine Gaswolkenexplosion möglich. Neben der zerstörerischen Wirkung durch die Druckwelle ist mit zusätzlichen Schäden durch fortgeschleuderte Umschließungsfragmente zu rechnen.

Die vorrangige Aufgabe der Sicherheitstechnik ist es, Brände und Explosionen zu vermeiden. Kommt es dennoch zu einem Ereignis, dann ist es Ziel, das Schadensausmaß zu reduzieren. Um diesen Aufgaben gerecht zu werden, ist es notwendig, die physikalisch-chemischen Eigenschaften der verwendeten Stoffe und Gemische zu kennen. Sie werden im Allgemeinen durch anerkannte messtechnische Verfahren ermittelt. In der Praxis reicht es häufig aus, sich auf risikorelevante Aspekte gefährlicher Stoffe und Güter zu beschränken. Zu diesem Zweck werden sicherheitstechnische Kenngrößen erhoben. Im Unterschied zu physikalisch-chemischen Größen sind sicherheitstechnische Kenngrößen von der Bestimmungsmethode und den Umgebungsbedingungen abhängig. In praxisnahen Modellexperimenten werden charakteristische Größen durch Beobachtung oder auf iterativem Weg ermittelt. Um die Messergebnisse einordnen zu können, ist daher stets die Angabe des Messverfahrens notwendig. Daher nehmen die Bestrebungen nach standardisierten Bestimmungsmethoden zu (Brandes et al. 2004, S. 271). Viele Bestimmungsverfahren sind zwischenzeitlich in internationalen und nationalen Regelwerken festgeschrieben. Sie gelten in aller Regel

■ Tab. 2.3 Sicherheitstechnische Kenngrößen des Brand- und Explosionsschutzes	
Verwendung zur Bestimmung…	**Sicherheitstechnische Kenngröße**
inhärenter Stoffeigenschaften	Untere und obere Explosionsgrenze (UEG/OEG); Flammpunkt; Abbrandgeschwindigkeit
der Eignung der Zündquellen	Zündtemperatur; Mindestzündenergie (MZE);
der Explosionswirkung	Explosionsdruck und maximaler Explosionsdruck; Zeitlicher Druckanstieg und maximal zeitlicher Druckanstieg (K_G-Wert, K_{St}-Wert); Druckwirkung bei Detonationen

für atmosphärische Bedingungen, d. h. für Umgebungstemperaturen zwischen $-20\,°C$ bis $+60\,°C$ und einem Druck von 0,8 bar bis 1,1 bar (TRGS 720 ▸ Abschn. 2.2 Absatz 6, TRGS 721 ▸ Abschn. 3.2 Absatz 10). Für alle anderen Bedingungen ist eine Einzelfallprüfung notwendig.

Im Allgemeinen ist es schwierig, sicherheitstechnische Kenngrößen aus physikalisch-chemischen Größen herzuleiten. Dennoch sind empirische Abschätzungen mithilfe physikalisch-chemischer Größen beliebt. Allerdings sind deren Ergebnisse nicht in jedem Fall vertrauenswürdig.

Zur Beschreibung der Brand- und Explosionsrisiken werden eine Reihe unterschiedlicher sicherheitstechnischer Kenngrößen genutzt. Einige haben Eingang in das Regelwerk gefunden und werden herangezogen, um die inhärenten Eigenschaften gefährlicher Stoffe und Güter zu beschreiben. Andere wiederum eignen sich zur Abschätzung im Rahmen der Gefährdungsbeurteilung. ■ Tab. 2.3 benennt sicherheitstechnische Kenngrößen und unterteilt diese nach der Art der Verwendung.

Im Rahmen der folgenden Kapitel werden relevante sicherheitstechnische Kenngrößen und ihre Bestimmungsmethoden vorgestellt.

2.2 Verbrennungsvorgang

Der Verbrennungsvorgang kann aus verschiedenen Perspektiven betrachtet werden. Aus naturwissenschaftlicher Sicht handelt es sich dabei um eine chemische Reaktion, die mit einer Wärmeabgabe einhergeht. Wer Schadensfälle durch Brände und Explosionen verhindern will, muss sich daher mit den chemischen und thermodynamischen Verhältnissen einer Verbrennung auskennen. Diese Betrachtung steht im Mittelpunkt dieses Kapitels. Zur Vorbereitung auf die naturwissenschaftlichen Grundlagen werden zunächst die Voraussetzungen für eine Verbrennung behandelt.

2.2.1 Voraussetzungen

Die Voraussetzungen für das Zustandekommen einer Verbrennung sind wohl den allermeisten bekannt und werden häufig in Form eines Dreiecks dargestellt, das als Branddreieck bezeichnet wird (■ Abb. 2.7). Das Branddreieck reduziert die komplexen Zusammenhänge einer Verbrennung auf die wesentlichen Elemente. Dadurch ist es ein wirksames Werkzeug der Brandprävention, denn es trägt dazu bei, die Brandentstehung auch für Laien verständlich darzulegen. Das Branddreieck kombiniert folgende Elemente miteinander:

— Brennbarer Stoff;
— Oxidationsmittel im Allgemeinen und Sauerstoff im Speziellen;
— Zündquelle als Energielieferant für die Initiierung der Reaktion.

Zum Einstieg in das Thema ist eine vertiefende Betrachtung der drei Voraussetzungen vorgesehen.

Die Vielfalt brennbarer Stoffe ist nahezu unermesslich. Ob Reinstoff oder Gemisch, fest oder flüssig, künstlich oder natürlich: welches Einteilungsprinzip man auch wählt, in jeder Gruppe trifft man auf etwas Brennbares. Tatsächlich gibt es jedoch ein Merkmal, das allen brennbaren Stoffen gemeinsam ist und das ist die Oxidierbarkeit. Als Oxidation bezeichnet man die Elektronenabgabe eines Stoffes an ein Oxidationsmittel. Ursprünglich wurde der Begriff für Verbindungen mit Sauerstoff (lat: *Oxygenium,* Kurzzeichen: O) verwendet. Seit Bekanntwerden des Bohrschen Atommodells werden auch andere Reaktionen als Oxidationen bezeichnet, sofern die elektronentheoretische Betrachtung zu einer nachvollziehbaren Erklärung führt. Übertragen auf die Verbrennung bedeutet dies, dass die brennbaren Stoffe eine Verbindung mit dem Oxidationsmittel eingehen.

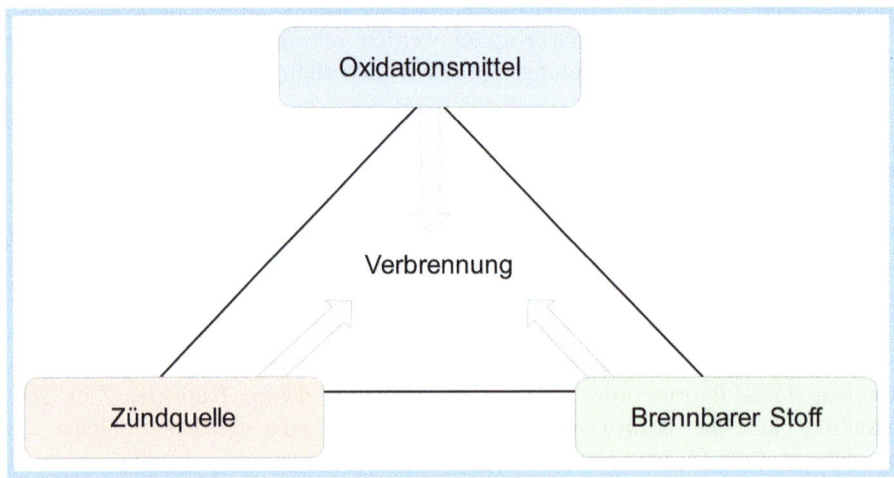

■ **Abb. 2.7**   Branddreieck. (Quelle: eigene Darstellung)

Neben der Fähigkeit zur Elektronenabgabe gibt es weitere Einflussgrößen. So ist es beispielsweise möglich, durch Erhöhung der Sauerstoffkonzentration einen unbrennbaren Stoff in einen brennbaren Stoff zu verwandeln. Ebenso verhält es sich mit dem Aufbereitungszustand. Eisen in fester Form gilt praktisch als unbrennbar. Liegt es dagegen als Pulver vor, verbrennt es an der Luft.

Die Vielfalt brennbarer Stoffe verlangt nach einer Strukturierung. In der Praxis sind folgende Unterteilungen üblich:

– Aggregatzustand

Voraussetzung für die Verbrennungsreaktion ist ein ausreichender Kontakt des brennbaren Stoffes mit dem Oxidationsmittel. Die Fähigkeit, sich beispielsweise mit dem Sauerstoff der Luft zu verbinden, hängt von dem Grad der Durchmischung ab. Der Aggregatzustand liefert daher eine gute Möglichkeit, um auf die Qualität der Durchmischung zu schließen.

Gase durchmischen sich stets homogen miteinander. Brennbare Gase stehen daher in engem Austausch mit dem Sauerstoff der Luft. Dasselbe gilt auch für brennbare Flüssigkeiten mit einem hohen Dampfdruck. Bei Feststoffen sind die Verhältnisse komplizierter. Neben der Eigenschaft, Flüssigkeiten oder Gase freizusetzen, beeinflusst der Aufbereitungszustand die Brennbarkeit. Sind die Zersetzungsprodukte des Feststoffs gasförmig, ist eine ausreichende Durchmischung anzunehmen. Dasselbe gilt für flüssige Zersetzungsprodukte mit einem hohen Dampfdruck. Ebenfalls steigt die Fähigkeit zur Durchmischung, wenn der Feststoff in Partikelform z. B. als Schüttgut vorliegt. Je kleiner die Stoffpartikel, desto größer ist die Oberfläche und damit die Möglichkeit, sich mit dem Sauerstoff der Luft zu durchmischen. In diesem Fall sind nicht nur Brände, sondern auch explosionsartige Reaktionen möglich.

Für feste Kunststoffe wird die Brennbarkeit durch den *Sauerstoff-Index* (Kurzzeichen OI bzw. LOI, engl: *oxygen index* bzw. *limiting oxygen index*) charakterisiert. Es handelt sich dabei um eine sicherheitstechnische Kenngröße, die folgendermaßen definiert ist

» *„minimaler Volumenanteil an Sauerstoff in einem Sauerstoff-/Stickstoffgemisch bei (23 ± 2) °C, der eine Verbrennung mit Flammenerscheinung unter festgelegten Bedingungen gerade noch ermöglicht."*
DIN EN ISO 4589-1:2017-08, S. 6

Der Sauerstoff-Index dient dazu, die Wirkung flammenhemmender Zusätze auf die Brennbarkeit von Kunststoffprodukten abzuschätzen. Zur OI-/LOI-Bestimmung wird ein Probekörper entzündet, der sich in einem Sauerstoff-Stickstoff-Gemisch definierter Konzentration befindet. Anschließend werden Brenndauer und Brennlänge bestimmt. Durch Variation der Sauerstoffkonzentration wird der minimale Sauerstoffanteil ermittelt und daraus der OI bzw. LOI errechnet (Gl. 2.1).

$$LOI/OI = \frac{V_{Sauerstoff}}{V_{Sauerstoff} + V_{Stickstoff}} \tag{2.1}$$

2

$V_{Sauerstoff}$ = *Volumenanteil Sauerstoff im Gasgemisch*

$V_{Stickstoff}$ = *Volumenanteil Stickstoff im Gasgemisch*

Es gilt folgender qualitativer Zusammenhang: Je geringer der OI/LOI, desto brennbarer ist der Stoff.

Trotz einfacher Aussagekraft ist der Sauerstoff-Index in der Praxis zur Bewertung des Brennverhaltens eher ungeeignet (Blome 2023, DIN EN ISO 4589-1:2017-08 S. 7). Er wird daher nur selten genutzt.

Zur Bewertung des Brandverhaltens und zur Festlegung von Schutzmaßnahmen im Zusammenhang mit Feststoffstäuben wird die *Brennzahl* im Rahmen eines normierten Prüfverfahrens bestimmt. Dazu wird eine Staubschicht mit definiertem Feuchtegrad und vorgegebener Partikelgrößenverteilung auf eine wärmeisolierende Unterlage platziert und angezündet. Anschließend wird das Brennverhalten beobachtet und durch eine *Brennzahl* charakterisiert (◘ Tab. 2.4).

Die Brennzahl dient als Entscheidungsgrundlage für Brand- und Explosionsschutzmaßnahmen. Je höher die Brennzahl, desto größer ist das Risiko.

— Chemische Zusammensetzung

In der Chemie wird zwischen anorganischer und organischer Chemie unterschieden. Wendet man dieses Einteilungsprinzip auf brennbare Stoffe an, kommt man zum Ergebnis, dass die Mehrzahl der anorganischen Stoffe und Verbindungen unbrennbar ist. Von dieser Regel gibt es nur wenige Ausnahmen. Dazu gehören:

- die Elemente Wasserstoff (H), Schwefel (S) und Phosphor (P);
- die Verbindungen Kohlenstoffmonoxid (CO), Kohlenstoffdisulfid (CS_2), Schwefelwasserstoff (H_2S), Phosphorwasserstoff (PH_3) und Cyanwasserstoff (HCN);
- brennbare Metalle in feiner Verteilung (z. B. Eisen (Fe), Cobalt (Co), Nickel (Ni));

◘ **Tab. 2.4** Beschreibung der Brennzahl (DIN EN 17.077:2018-07, S. 10)

Prüfergebnis	Brennzahl
Keine Entzündung	1
Kurze Entzündung, schnelles Erlöschen	2
Örtlich begrenztes Verbrennen oder Glimmen nahezu ohne Ausbreitung oder nur örtlicher Ausbreitung	3
Glimmen oder Schwelen oder langsames Zersetzen ohne Flamen	4
Langsames Verbrennen mit Flammen oder Funken	5
Sehr schnelle Verbrennung mit Flammen oder sehr schnelles Zersetzen	6

– Alkali- und Erdalkalimetalle;
– instabile Verbindungen wie z. B. Ammoniumnitrat, Bariumnitrat
Der weitaus überwiegende Teil brennbarer Stoffe zählt zur organischen Chemie. Vor allem das Element Kohlenstoff und seine Verbindungen gelten als besonders leicht oxidierbar. ▢ Tab. 2.5 enthält eine Übersicht typischer brennbarer organischer Stoffe.

— Brandklassen
In der Praxis werden brennbare Stoffe nach ihrem Brandverhalten in Brandklassen eingeteilt. Dabei steht das Löschverhalten im Vordergrund. Zweck der Unterteilung in Brandklassen ist es, Laien die Auswahl eines geeigneten Löschmittels zur Brandbekämpfung zu erleichtern. Eine Übersicht der Brandklassen und der zugeordneten Kriterien liefert ▢ Tab. 2.6.

Eine weitere Möglichkeit zur Unterscheidung brennbarer Stoffe enthält TRGS 510. Sie befasst sich mit den Anforderungen an die sichere „Lagerung von Gefahrstoffen in ortsbeweglichen Behältern". TRGS 510 liefert eine Definition brennbarer Stoffe, wobei die Verbrennung auf Reaktionen mit dem Sauerstoff

▢ **Tab. 2.5** Brennbare organische Kohlenwasserstoffe

Stoffgruppe	Beispiele
Kohlenwasserstoffe	Alkane (z. B. Methan, Ethan, Propan, Butan), Alkene, Alkine
Ringkohlenwasserstoffe	Cyclopentan, Cyclohexan etc.
Aromatische Kohlenwasserstoffe	Benzol, Toluol
Substituierte Kohlenwasserstoffe	Alkohole, Ether, halogenierte Kohlenwasserstoffe, Metalloxide

▢ **Tab. 2.6** Zuordnung brennbarer Stoffe nach Brandklassen nach DIN EN 2: 2005

Brandklasse	Kriterium	Beispiele
A	Feste brennbare Stoffe mit Glut- und Flammenbildung	Holz, Papier, Textilien, Kohle, Kunststoffe etc.
B	Flüssige Stoffe und feste Stoffe, die bei Wärmezufuhr flüssig werden	Benzin, Diesel, Kerosin etc.
C	Brennbare Gase, d. h. Stoffe mit einem Siedepunkt unterhalb von 20 °C	Gase in Druckgaspackungen
D	Brennbare Metalle	Alkali- und Erdalkalimetalle
F	Speiseöle- und fette	

2

beschränkt ist. Als brennbar gelten demnach folgende Stoffe und Gemische (TRGS 510 2020 Nr. 2 Abs. 5):

- Gase, Flüssigkeiten und Feststoffe im Sinne der CLP-Verordnung, die mit den Gefahrenpiktogrammen „Explodierende Bombe" bzw. „Flamme" gekennzeichnet sind sowie Gase der Kategorie 2 und dem H-Satz 221 „Entzündbares Gas";
- Flüssigkeiten, mit einem Flammpunkt bis 370 °C, ermittelt unter standardisierten Bedingungen im geschlossenen Tiegel (▶ Abschn. 3.2.1);
- Sonstige allgemein bekannte Brennstoffe (z. B. Papier, Holz, Kunststoffe) sowie Stäube mit einer Brennzahl > 1 und andere Feststoffe mit einem LOI/ OI ≤ 21.

Für bauliche Brandschutzmaßnahmen ist die Unterscheidung zwischen brennbaren und nicht brennbaren Baustoffen und Bauprodukten von Bedeutung. Um das Brandverhalten zu bestimmen, werden verschiedene Klassen gebildet, deren Zuordnungskriterien und die jeweiligen Bestimmungsmethoden in spezifischen Normenreihen festgelegt sind (Info-Box „Baustoffe und Bauprodukte").

Info-Box „Baustoffe und Bauprodukte"

DIN 4102-1 teilt die Baustoffe nach ihrem Brandverhalten in fünf Baustoffklassen ein. Grundlage für die Klassifizierung sind Brandversuche bzw. Brandprüfungen. Alternativ kann auf bestehende Klassifizierungen nach DIN 4102-4 zurückgegriffen werden. Es gelten folgende Baustoffklassen:

Baustoffklasse	Bauaufsichtliche Bezeichnung	Beispiele
A1	Nicht brennbare Baustoffe	Sand, Kies, Beton, Stahl, Steinzeug
A2	Nicht brennbar Baustoffe	Gipsplatten mit geschlossenen Oberflächen
B1	Schwerentflammbare Baustoffe	Gipskartonplatte mit gelochten Oberflächen
B2	Normalentflammbare Baustoffe	Holz und Holzwerkstoffe, textile Fußbodenbeläge
B3	Leichtentflammbare Baustoffe	Schaumkunststoffe, Papier

Das Brandverhalten von Bauprodukten mit einem CE-Kennzeichen, die nach harmonisierten europäischen Produktnormen hergestellt worden sind, werden in sieben Klassen unterteilt. Dazu gehören die Klassen.

A1/A2:	Kein Beitrag zum Brand (A1, A2)
B:	Sehr begrenzter Beitrag zum Brand
C:	Begrenzter Beitrag zum Brand
D:	Hinnehmbarer Beitrag zum Brand
E:	Hinnehmbares Brandverhalten
F:	Keine Leistung festgestellt

Weitere Unterteilungen klassifizieren Brandnebenerscheinungen wie die Rauchentwicklung (s = smoke) sowie das brennende Abtropfen/Abfallen (d = droplets) von Baustoffen: Näheres ist DIN EN 13501-1 zu entnehmen.

Unter einem Oxidationsmittel versteht man Stoffe und Verbindungen, die im Rahmen einer chemischen Reaktion Elektronen aufnehmen, um einen energieärmeren Zustand zu erreichen. Dieser Prozess wird als Oxidation bezeichnet. Da eine Elektronenaufnahme nur in Verbindung mit einem zweiten Reaktionspartner möglich ist, der seinerseits Elektronen abgibt, erhält dieser Reaktionstyp die Bezeichnung „Redox"-Reaktion. Das Kunstwort setzt sich aus den Anfangsbuchstaben der „Reduktion" als Bezeichnung für den Prozess der Elektronenabgabe und der „Oxidation" zusammen. Die allermeisten Redox-Reaktionen verlaufen exotherm.

Ursprünglich bezeichnete man als Oxidation alle Reaktionen mit Sauerstoff. Daher stammt auch die Bezeichnung dieses Reaktionstyps, die sich vom lateinischen Namen für Sauerstoff, *Oxygenium,* ableitet. Durch die Ausweitung der Definition auf den Elektronenaustausch rücken weitere Oxidationsmittel ins Blickfeld. Für Verbrennungsprozesse sind das insbesondere die Halogene (z. B. Fluor, Chlor). In der Gefahrgut- und Gefahrstoff-Logistik stehen Verbrennungsreaktionen mit Sauerstoff im Mittelpunkt, da Transport- und Verarbeitungsvorgänge im Allgemeinen unter atmosphärischen Bedingungen stattfinden.

Sauerstoff existiert in verschiedenen Modifikationen, von denen insbesondere der zwei- und der dreiatomige Sauerstoff bekannt sind. Alle weiteren Modifikationen gelten als nicht langlebig und sind daher für die Beurteilung der Brand- und Explosionsgefährdung von untergeordneter Bedeutung.

Der zweiatomige Sauerstoff (Summenformel: O_2) liegt unter Normbedingungen gasförmig vor (Tab. 2.7). Das farb-, geruchs- und geschmacklose Gas ist wichtiger Bestandteil der atmosphärischen Luft. Wird Sauerstoff abgekühlt, bildet sich zunächst eine hellblaue Flüssigkeit, die bei weiterer Temperaturabsenkung zu einem hellblauen Feststoff kristallisiert. O_2 gilt als reaktionsfreudig. Das Gas geht mit nahezu allen Elementen eine Verbindung ein. Es entstehen „Oxide". Lediglich Helium, Neon, Argon und Krypton gehen keine Verbindung mit Sauerstoff ein. Die Oxidbildung verläuft in aller Regel exotherm

□ Tab. 2.7 Physikalisch-chemische Kenndaten von Sauerstoff O_2 und Ozon O_3

	Sauerstoff O_2	Ozon O_3
Siedepunkt in °C	−182,97	−110,5
Schmelzpunkt in °C	−218,93	−192,7
Kritische Temperatur in °C	−118,57	−12,1
Kritischer Druck in MPa	5,043	5,53
Volumenanteil in der atmosphärischen Luft in %	20,95	10^{-8}–10^{-7}

unter Wärmefreisetzung und mit Feuererscheinung und wird als Verbrennung bezeichnet. Auch die Atmung, die Verbrennung von Nahrungsmittel, die Verwesung organischen Materials, das Vermodern von Holz und Holzprodukten sowie das „Rosten" von Eisen sind Oxidationsreaktionen.

Die Reaktionsgeschwindigkeit des Sauerstoffgases als Bestandteil der Luft ist moderat. Das ist auf Stickstoff als Hauptbestandteil der Luft zurückzuführen. Bereits geringe Veränderungen der Sauerstoffkonzentration wirken sich jedoch auf die Verbrennungsgeschwindigkeit aus. Bei Sauerstoffkonzentrationen unter 17 % kommt eine Verbrennungsreaktion in der Regel nicht mehr zustande. Ausnahmen bilden Wasserstoff und Butan.

Eine Erhöhung der Sauerstoffkonzentration steigert die Entzündbarkeit. Kerzenflammen erscheinen heller, Eisen, Stahl und Metall werden brennbar. Das Risiko einer Explosion steigt. Besonders bei Kontakt zu reinem Sauerstoff ist mit hohen Reaktionsgeschwindigkeiten zu rechnen. Sogar spontane Entzündungen sind möglich. Ein glühender Holzspan, der auf eine hohe Sauerstoffkonzentration trifft, flammt plötzlich auf. Arbeitskleidung, die mit Druckluft abgeblasen wird, verliert ihre flammenhemmende Wirkung und ölige Armaturen an Sauerstoffgasflaschen entzünden sich spontan. Flüssiger Sauerstoff kann in Feststoffe eindringen und zu heftigen Reaktionen führen, die bereits durch mechanische Einwirkung wie z. B. einem Schlag ausgelöst werden (Bussenius 1996, S. 48).

Der dreimolekulare Sauerstoff (O_3) ist unter der Bezeichnung „Ozon" bekannt (□ Tab. 2.7). Ozon bildet sich aus dem zweiatomigen Sauerstoff durch Anlagerung eines weiteren Sauerstoffatoms. O_3 liegt unter Normbedingungen als Gas mit einer Blaufärbung vor. Die Färbung verändert sich bei Verflüssigung und Kristallisation ins Violette. Ozon hat einen charakteristischen Geruch, ist instabil und neigt dazu, unter Bildung von zweiatomigem Sauerstoff zu zerfallen. Ozon gilt als starkes Oxidationsmittel, das mit nahezu allen Metallen sowie mit Alkoholen reagiert. Öl reagiert bei Kontakt sogar explosiv. Methan entflammt spontan. In der Gefahrgut- und Gefahrstofflogistik sind Verbrennungsreaktionen mit Ozon eher selten, da die natürliche Volumenkonzentration in der atmosphärischen Luft sehr gering ist (Holleman et al. 2017, S. 575).

Zu Verbrennungsreaktionen kommt es auch, wenn Sauerstoff in gebundener Form vorliegt. Bekannte Verbindungen sind Salpetersäure HNO_3, Nitrate in Schwarzpulver, Wasserstoffperoxid H_2O_2, das als Raketentreibstoff eingesetzt wird, und Peroxide, die in Zündmischungen verwendet werden.

Die Zündquelle übernimmt die Aufgabe, dem brennbaren System die Energie zu liefern, die zum Start der chemischen Reaktion notwendig ist. Dazu gehört auch die Aufbereitung brennbarer flüssiger und fester Stoffe, sodass gas- oder dampfförmige Bestandteile freigesetzt werden. Die dazu notwendigen Energiebeträge hängen sowohl vom Stoff als auch von dessen Aggregatzustand ab.

Zur Beurteilung der Wirksamkeit einer Zündquelle werden sicherheitstechnische Kenngrößen herangezogen. Zu den bekanntesten gehören die Zündtemperatur und die Mindestzündenergie.

Die *Zündtemperatur* bezeichnet die niedrigste Temperatur, bei der sich ein Gas- bzw. Dampf-Luft-Gemisch unter standardisierten Prüfbedingungen an einer heißen Oberfläche entzündet (Verordnung (EG) Nr. 440/2008; Brandes, Möller 2003, S. 7). Zur Bestimmung der Zündtemperatur wird ein Erlenmeyerkolben elektrisch beheizt und bei Erreichen vorgegebener Temperaturwerte mit einer definierten Flüssigkeits- bzw. Gasmenge gefüllt. Dabei wird beobachtet, ob eine Entzündung an der heißen Oberfläche des Erlenmeyerkolbens stattfindet (DIN 51794). Im Verlauf der Messung wird die Temperatur vor jeder weiteren Zugabe schrittweise erhöht, bis sich eine Reaktion einstellt. Die Zündtemperatur wird genutzt, um zu beurteilen, inwieweit betriebsmäßig vorhandene heiße Oberflächen, wie z. B. erwärmte Gehäuse an technischen Arbeitsmitteln oder Leuchten, als Zündquelle anzusehen sind. Überdies ist die Zündtemperatur das ausschlaggebende Kriterium für die Festlegung der Temperaturklassen, die im Rahmen der Schutzmaßnahmen zur Auswahl elektrischer und nichtelektrischer Betriebsmittel herangezogen werden. ◘ Tab. 2.8 benennt Temperaturklassen und zugeordnete brennbare Stoffe.

◘ Tab. 2.8 Temperaturklasse und Stoffbeispiele (TRGS 723 2019, S. 7/8)

Temperaturklasse	Zündtemperatur T in °C	Stoffname und Zündtemperatur in °C	
T1	> 450	Methan	595
		Propan	470
		Wasserstoff	560
T2	300 < T ≤ 450	Acetylen	305
T3	200 < T ≤ 300	Schwefelwasserstoff	270
		Ottokraftstoff	ca. 220
T4	135 < T ≤ 200	n-Decan	200
T5	100 < T ≤ 135	spezifische Gemische	
T6	85 < T ≤ 100	Schwefelkohlenstoff	95

Die *Mindestzündenergie (MZE)* dient dazu, die Wirkung elektrischer Funken oder Entladungen zu beurteilen. Die MZE gibt den Energiebetrag an, der gerade eben ausreicht, um eine explosionsfähige Atmosphäre zu entzünden. Zur Bestimmung wird das zündwilligste Gemisch erzeugt und unter standardisierten Prüfbedingungen, die in internationalen Normen festgelegt sind, durch den Entladungsfunken eines Kondensators gezündet (TRGS 727 2016, S. 7). Der Energiebetrag wird in der Einheit Joule (Kurzzeichen: J) angegeben. ▪ Tab. 2.9 liefert typische Werte der MZE für einige beispielhaft ausgewählte Stoffe.

Eine MZE wird auch für Staubmischungen ermittelt. Im Vergleich zur MZE flüssiger oder gasförmiger Stoffe weisen die Werte der Staub-Luft-Gemische im Durchschnitt deutlich höhere Energiebeträge auf. Die Größenordnung der MZE bei Stäuben liegt zwischen 1 mJ und 10.000 mJ. Aufgrund der größeren MZE sind Stäube durch elektrische Zündfunken im Allgemeinen nur schwer entzündbar (Brandes et al. 2004, S. 299).

Die MZE unterliegt einer Reihe von Einflussgrößen. Dazu gehören u. a. Druck, Temperatur und bei Stäuben zusätzlich die Partikelgröße. Grundsätzlich ist davon auszugehen, dass die MZE mit steigenden Druck- und Temperaturwerten und mit abnehmender Partikelgröße sinkt. Die MZE eignet sich besonders für die Beurteilung der Explosionsgefährdung.

Zündtemperatur und MZE ermöglichen verlässliche Aussagen über die Wirkung äußerer Zündquellen. In der Praxis ist es allerdings nicht immer einfach, alle potenziellen Zündquellen zu identifizieren. Eine Hilfestellung bietet TRGS 723. Sie enthält eine Auflistung gängiger Zündquellen und kann daher als Checkliste genutzt werden (▪ Tab. 2.10).

Ein häufig unterschätztes Risiko geht von der statischen Elektrizität aus (Info-Box „Statische Elektrizität"). Elektrische Ladungen, die sich auf Oberflächen sammeln, fließen plötzlich ab. Es kommt kurzzeitig zu einem Stromfluss, dessen Energie ausreicht, Gas- bzw. Dampf- oder Staub-Luft-Gemische zu entzünden. In der Gefahrstoff- und Gefahrgut-Logistik sind es vor allem die Abfüll- oder Umfüllvorgänge, bei denen es zu Entladungen kommt. Der bei der Entladung

▪ **Tab. 2.9** Mindestzündenergie (MZE) ausgewählter Stoffe unter Atmosphärenbedingungen (TRGS 727 2016, S. 115)

Stoff	Mindestzündenergie in mJ
Aceton	0,55
Ethin (Trivialname: Acetylen)	0,0019
Methan	0,28
Propan	0,25
Wasserstoff	0,016

◨ **Tab. 2.10** Zündquellenarten nach TRGS 723

Zündquelle	Beispiele
Heiße Oberflächen	Heizkörper, Gehäuse mechanischer und elektrischer Arbeitsmittel, durch Reibung oder Spanabhebung bearbeitete Metalloberflächen
Flammen und heiße Gase	Offene Flammen, Abgase technischer Verbrennungsvorgänge
Mechanische Reib-, Schlag- und Abriebvorgänge	Schleifen von Oberflächen, Trennschleifen, Reibung zwischen Eisenmetallen, Messing und Stahl und keramischen Werkstoffen, Verwendung von Schraubendrehern und-schlüsseln, Zangen
Elektrische Anlagen	Schließ- und Öffnungsfunken an Schalteinrichtungen, Mess-, Steuer- und Regelungstechnik
Elektrische Ausgleichsströme, kathodischer Korrosionsschutz	Elektroschweißen, elektrische Bahnanlagen, Blitzeinschlag
Statische Elektrizität	Gasentladungen von Gegenständen und Personen
Blitzschlag	Direkter Einschlag, Einschlag in größerer Entfernung
Elektromagnetische Felder im Bereich von 9 kHz bis 300 GHz	Funksender, Hochfrequenzgeneratoren zum Schweißen, Schneiden, Erwärmen, Trocknen
Elektromagnetische Strahlung (Frequenzbereich 300 GHz bis 3 PHz, Wellenlängenbereich 1000 µm bis 0,1 µm)	Laserstrahlung, Fotoblitz
Ionisierende Strahlung	Röntgengeräte, Laser, radioaktive Stoffe
Ultraschall	Ultraschallreinigungsgeräte
Adiabatische Kompression und Stoßwellen, strömende Gase	Verdichter, Entspannungsvorgänge von Hochdruckgasen in Rohrleitungen
Chemische Reaktionen	Exotherme Reaktionsvorgänge

freiwerdende Energiebetrag ist abhängig von der Art der Entladung. Folgende Entladungsarten sind bekannt.

— Funkenentladung

Zu einer Funkenentladung kommt es, wenn sich zwei Gegenstände mit unterschiedlichem Potenzial einander nähern. Damit ist im Allgemeinen bei einer elektrischen Feldstärke von 3 MV/m mit einem Funkenüberschlag zu rechnen. Typische Fallkonstellationen in der Gefahrgut- und Gefahrstoff-Logistik sind die Berührung eines geerdeten Metallfass durch eine aufgeladene Person oder die Befüllung eines isolierten Metallfasses in unmittelbarer Nähe eines

2

aufgeladenen Objekts. Die durch die Funkenentladung freiwerdende Energie ist von der Ladungsmenge Q und der Spannung U abhängig und errechnet sich nach (Gl. 2.2)

$$E = \frac{1}{2} \cdot C \cdot U^2 \tag{2.2}$$

mit

E = Energie in Joule (J)

C = Kapazität in Farad (F)

U = Spannung in Volt (V)

Obwohl bei einer Funkenentladung Energieverluste anzunehmen sind, ist davon auszugehen, dass die freiwerdende Energiemenge ausreicht, ein Gas- bzw. Dampf-Luft-Gemische zu entzünden.

— Koronaentladungen

Zu Koronaentladungen kommt es zwischen gekrümmten Oberflächen und einem aufgeladenen Gegenstand. Die freiwerdende Energie ist im Allgemeinen sehr gering und für eine Entzündung nicht ausreichend. Beim Umfüllen von Schüttgütern kann es zu Koronaentladungen kommen.

— Büschelentladungen

Büschelentladungen treten auf, wenn sich ein geladener leitfähiger Gegenstand auf einen aufgeladenen Gegenstand zubewegt. Dies ist beispielsweise der Fall, wenn sich eine geerdete Person einem leitfähigen aufgeladenen Metallteil nähert. Die Entladung geht mit einem sicht- und hörbaren Lichtfunken einher. Die Energiebeträge sind im Allgemeinen ausreichend groß, um ein brennbares Gas- bzw. Dampf-Luft-Gemisch zu zünden. Für die Entzündung brennbarer Staub-Luft-Gemische reichen die Energiebeträge dagegen in aller Regel nicht aus (TRGS 727, S. 95).

— Schüttkegelentladungen

In Siloanlagen oder großen leitfähigen und geerdeten Behältern können Abfüllvorgänge zu einer hohen Aufladung im oberen Bereich der Schüttung führen. Die freiwerdende Energie ist u. a. vom Material, der Geometrie der Umschließung und der Abfüllgeschwindigkeit abhängig. Grundsätzlich ist davon auszugehen, dass die Energiemengen ausreichen, um sehr zündwillige Staub-Luft-Gemische zu entzünden (Lüttgens et al. 2020, S. 156).

— Gleitstielbüschelentladungen

Gleitstielbüschelentladungen setzen die größte Energiemenge frei und sind daher besonders gut geeignet, brennbare Gas- bzw. Dampf-Luft-Gemische und Staub-Luft-Gemische zu entzünden. Sie treten beispielsweise beim Auf- oder Abwickeln isolierender Folien oder beim pneumatischen Transport von Schüttgütern in isolierten Rohrleitungen sowie bei Abfüllvorgängen von Schüttgütern in Metallbehälter auf.

Info-Box „Statische Elektrizität"

Die statische Elektrizität ist ein Teilgebiet der Physik, die sich mit ruhenden Ladungen und deren Kraftwirkungen beschäftigt. Der Entladungsvorgang markiert die Grenze zur Elektrizität und damit zu den fließenden Ladungen. Zum Verständnis der statischen Elektrizität ist die Kenntnis folgender physikalischer Größen hilfreich:

– Elektrische Ladung

Die elektrische Ladung trägt ein positives oder negatives Vorzeichen. Träger der Ladungen sind Elektronen und Protonen. Ihre Ladungsmenge Q (Einheit: Coulomb, Kurzzeichen C) entspricht der elektrischen Elementarladung

$$e = 1{,}602176565 \cdot 10^{-19} C$$

Ladungen mit demselben Vorzeichen stoßen sich ab, ungleichnamige Ladungen ziehen sich an. Da die Elektronen als beweglich angenommen werden, führt ein Elektronenmangel zu einem Überschuss an positiven Ladungen. Umgekehrt resultiert aus einem Elektronenüberschuss eine negative Ladung. Die zwischen den Ladungen wirkende Kraft wird durch das *Coulombsche Gesetz (Charles Augustin de Coulomb (1736–1806),* französischer Naturwissenschaftler) beschrieben. Es gilt (Gl. 2.3)

$$F_C = \frac{Q \cdot q}{4\pi \cdot \varepsilon_0 \cdot r^2} \qquad (2.3)$$

mit

F_C = Coulombsche Kraft in Newton (N)

Q, q = Ladungsmenge in Coulomb (C)

r = Abstand zwischen den Ladungsmengen Q und q in m

– Elektrisches Feld, Potenzial, Kapazität

Die zwischen den Ladungen wirkenden elektrischen Anziehungs- oder Abstoßungskräfte werden durch Feldlinien dargestellt, die von den positiven Ladungen ausgehen und bei den negativen Ladungen enden. Sie veranschaulichen das elektrische Feld zwischen den Ladungen. Die elektrische Feldstärke E beschreibt die Kraftwirkung auf eine Ladung in einem elektrischen Feld. Es gilt (Gl. 2.4)

$$E = \frac{F}{Q} \qquad (2.4)$$

mit

E = elektrische Feldstärke in $\frac{V}{m}$

F = Kraft, die auf eine Ladung im elektrischen Feld wirkt in Newton (N)

Q = Ladungsmenge im Feld in Coulomb (C)

Um eine Ladung in einem elektrischen Feld zu verschieben, ist Arbeit aufzubringen. Sie wird als elektrisches Potenzial ϕ bezeichnet und errechnet sich nach (Gl. 2.5)

2

$$\phi = \frac{W}{Q} \tag{2.5}$$

mit

Φ = elektrisches Potenzial in Volt (V)

W = Arbeit in Newtonmeter (Nm)

Q = Ladungsmenge in Coulomb (C)

Die Potenzialdifferenz zwischen zwei Punkten eines elektrischen Feldes wird als elektrische Spannung U (Einheit: Volt, Kurzzeichen: V) bezeichnet. Die Spannung ist proportional zur Ladungsmenge. Der Proportionalitätsfaktor wird als Kapazität C bezeichnet. Es gilt (Gl. 2.6)

Mit
$$C = \frac{Q}{U} \tag{2.6}$$

C = Kapazität in Farad (F) = $\frac{C}{V}$

Q = zugeführte Ladung in Coulomb (C).

U = Spannung in Volt (V)

— Elektrische Aufladung

Durch intensiven Kontakt zweier Stoffe ist eine Elektronenaustausch möglich. An der Kontaktfläche entsteht eine Doppelschicht mit einem Potenzial von einigen Millivolt. Durch Trennung der Doppelschicht vergrößert sich das Potenzial. Typisches Beispiel für dieses Phänomen ist die Aufladung der Haare beim Überstreifen eines Wollpullovers. Zu Aufladungen kommt es zwischen Festkörpern, an den Phasengrenzen von Flüssigkeiten und auch zwischen festen und flüssigen Stoffen. Für die Aufladung flüssiger Stoffe sind hauptsächlich Strömungsvorgänge verantwortlich, wie sie beispielsweise innerhalb von Rohrleitungen und Behältern sowie bei Abfüll- und Transportvorgängen auftreten. Feststoffe oder Flüssigkeiten, die sich innerhalb von Gasen bewegen, erzeugen keine Aufladungen. Das gilt auch für strömende Gase.

Zu einer Ladungstrennung kann es auch durch den Einfluss eines elektrischen Feldes kommen. Das elektrische Feld ist in der Lage, elektrische Ladungen eines neutralen Stoffes zu verschieben, sodass der neutrale Stoff von geladenen Stoffen angezogen werden kann. Dieser Vorgang wird als *Influenz* (lat.: *influere* = hineinfließen) bezeichnet.

Für die Identifizierung wirksamer Zündquellen ist es hilfreich, die Kontaktmöglichkeiten zwischen Stoff und Zündquelle zu kennen. Folgende Fallkonstellationen werden unterschieden:

— Brennbare Flüssigkeiten und Gase

Brennbare Gase vermischen sich ebenso wie Dämpfe brennbarer Flüssigkeiten mit der Luft und können durch die Strömungsbedingungen mit Zündquellen im Nah- oder Fernbereich in direktem Kontakt treten. Zur Identifizierung der Zündquellen ist die Dichte von Bedeutung. Gase und Dämpfe mit einer

höheren Dichte als Luft breiten sich vom Boden aus, während leichtere Gase und Dämpfe in die Höhe steigen.
— Brennbare Feststoffe
Eine Entzündung ist nur bei direktem Kontakt oder durch Strahlungswärme möglich. Allerdings ist zu berücksichtigen, dass sich brennbare Stäube auf der Zündquelle ablagern können.

Neben äußeren Zündquellen sind auch spontane Zündungen durch den brennbaren Stoff selbst möglich. Zu diesen Stoffsystemen gehören selbstentzündliche und pyrophore Stoffe (▶ Kap. 4).

2.2.2 Chemische Reaktionen

Aus chemischer Sicht handelt es sich bei Verbrennungsprozessen um eine Redox-Reaktion. Zwischen den Reaktionspartnern kommt es zu einem Elektronenaustausch. Das Oxidationsmittel – in aller Regel der Sauerstoff – nimmt Elektronen auf und das Reduktionsmittel, also der brennbare Stoff, gibt diese Elektronen ab. Verbrennungsreaktionen sind exotherm, das bedeutet, sie gehen mit einer Wärmeabgabe und einer Leuchterscheinung einher.

Welcher Reaktionspartner als Oxidations- oder aber als Reduktionsmittel auftritt, ist eine Frage der Elektronegativität. Die Elektronegativität ist definiert als die Eigenschaft eines Atoms, Elektronen innerhalb eines Moleküls anzuziehen (Frenking 2004). Die Elektronegativität hilft, wenn es darum geht, das Bindungsverhalten zweier Reaktionspartner relativ zueinander zu bestimmen. Das ursprüngliche Konzept der Elektronegativität geht zurück auf den amerikanischen Wissenschaftler *Linus Carl Pauling (1901–1994)*.

Die Elektronegativität wird durch Zahlen ohne Einheiten beschrieben. Als Grundlage für die Abschätzung der Elektronegativität lässt sich das Periodensystem der Elemente nutzen. Es gelten folgende Zusammenhänge (Frenking 2004; Mortimer 2001, S. 116):
— Die Elektronegativität innerhalb einer Periode nimmt von links nach rechts zu. Der Grund ist, dass die Kernladung bei Elementen mit kleinen Atomen eher über die Elektronenhülle hinauswirkt als bei großen Atomen.
— Fluor ist mit 3,98 das Element mit der höchsten Elektronegativität (◩ Tab. 2.11). Zu den Elementen mit der geringsten Elektronegativität zählen Frankium und Cäsium. Edelgase haben eine Elektronegativität von 0.
— Für Metalle werden keine Elektronegativitäten angegeben, da sie im Allgemeinen leicht Elektronen abgeben.

Eine Möglichkeit, die Ladungsverhältnisse einer Redox-Reaktion abzuschätzen, besteht in der Anwendung der Oxidationszahlen. Dabei handelt es sich um fiktive Ladungszahlen, die den Elementen nach festgelegten Regeln zugewiesen werden. Die Oxidationszahlen werden durch hochgestellte römische Zahlen an den Elementsymbolen in der Reaktionsgleichung dargestellt und sind vorzeichen-

2

> ◻ **Tab. 2.11**   Elektronegativitätswerte typischer
> Oxidationsmittel nach Pauling (Frenking 2004)

Element	Elektronegativitätswert
Fluor	3,98
Sauerstoff	3,44
Chlor	3,16
Brom	2,96
Iod	2,66
Zum Vergleich: Cäsium	*0,79*

behaftet. Atome innerhalb eines Elementmoleküls erhalten die Oxidationszahl 0. Gl. 2.7 zeigt die Reaktionsgleichung für die Bildung von Wasser unter Verwendung der Oxidationszahlen.

$$2H_2^0 + O_2^0 \leftrightharpoons 2H_2^{+I}O^{-II} \tag{2.7}$$

Die Reaktionsgleichung liefert folgende Informationen:

Die Edukte Wasserstoff und Sauerstoff haben die Oxidationszahl 0. Durch die Reaktion verändern sich die Oxidationszahlen. Das Sauerstoffatom innerhalb der Verbindung bekommt die Oxidationszahl -II zugewiesen. Das Wasserstoffatom erhält die Oxidationszahl I. Dieser Darstellungsart liefert die Information, dass Wasserstoff in Kombination mit Sauerstoff als Reduktionsmittel auftritt. Sauerstoff mit der größeren Elektronegativität ist in dieser Reaktion das Oxidationsmittel und zieht die Elektronen an. Der Schwerpunkt negativer Ladungen liegt damit beim Sauerstoffatom, während den Wasserstoffatomen in der Bindung eine positive Ladung zuzuschreiben ist. Das Wassermolekül bildet eine polare kovalente Bindung.

Die Reaktionsgleichung in Gl. 2.7 geht von einer vollständigen Umsetzung der an der Reaktion beteiligten Elemente aus. Das bedeutet, jedes Wasserstoffmolekül verbindet sich mit einem freien Sauerstoffatom. In diesem speziellen Fall sprechen wir von einer *vollständigen Verbrennung*. In der Praxis sind vollständige Verbrennungen eher die Ausnahme. Das gilt besonders für Verbrennungsreaktionen, die auf unbeabsichtigte Freisetzungen brennbarer Stoffe zurückzuführen sind. In der technischen Verbrennung versucht man dagegen, möglichst vollständige Verbrennungen zu realisieren.

Obwohl die vollständige Verbrennung bei unbeabsichtigten Freisetzungen eher die Ausnahme ist, ist es nur durch die Aufstellung vollständiger Reaktionsgleichungen möglich, die Konzentration der brennbaren Stoffe in der Umgebungsluft abzuschätzen und die Menge der Verbrennungsprodukte zu bestimmen.

Für die vollständige Verbrennung von einem Mol eines brennbaren Stoffes in der Luft berechnet sich die Stoffmengenkonzentration nach (Warnatz et al. 1997, S. 6) (Gl. 2.8):

$$\varkappa_{br,st\ddot{o}chiometrisch} = \frac{1}{\left(1 + \frac{n_{Sauerstoff}}{0,2095}\right) \cdot \frac{1}{mol}} \cdot 100 \tag{2.8}$$

$\varkappa_{br,\,st\ddot{o}chiometrisch}$ = Stoffmengenkonzentration des brennbaren Stoffes in %
n $_{Sauerstoff}$ = Stoffmenge des Sauerstoffs in mol.
Unter der Annahme einer vollständigen Verbrennung sind weitere Berechnungen möglich (Übung: „Berechnung der Mindestkonzentration eines brennbaren Stoffes").

Übung: „Berechnung der Mindestkonzentration eines brennbaren Stoffs"
Am Beispiel von Methan soll bestimmt werden, welche Konzentration für die Verbrennung in Luft unter Normbedingungen (0 °C, 1013 hPa) notwendig ist.
1. Aufstellen der Reaktionsgleichung bei vollständiger Verbrennung
   $$CH_4 + 2O_2 \rightarrow CO_2 + 2H_2O$$
2. Bestimmung der Volumina
   Der Reaktionsgleichung ist zu entnehmen, dass zur Verbrennung von einem Mol CH_4 zwei Mol O_2 notwendig sind. Unter der Voraussetzung, dass das ideale Gasgesetz anzuwenden ist, ergeben sich folgende Volumina unter Normbedingungen:
   – Methan: $V = 0,02241$ m^3
   – Sauerstoff: $V = 0,04481$ m^3
3. Bestimmung des Luftbedarfs
   Trockene Luft hat einen Sauerstoffanteil von 0,2095. Das bedeutet, um einen Liter Sauerstoff zu erhalten, ist ein Luftvolumen von 4,773 l erforderlich. Das ergibt einen Multiplikator von 4,773. Im Hinblick auf die Aufgabenstellung beträgt der gesamte Luftbedarf somit
   $4,773 \cdot 0,04481\ m^3 = 0,21388\ m^3$
4. Berechnung der Volumenkonzentration des brennbaren Stoffes in der Luft
   Die für die vollständige Verbrennung notwendige Konzentration des Methans in der Luft beträgt somit

$$C_{Methan} = \frac{V_{Methan}}{V_{Methan} + V_{Luft}} = \frac{0,02241\ m^3}{0,02241\,m^3 + 0,21388\ m^3} = 0,0948 = 9,48\,\%$$

Eine Verbrennungsreaktion verläuft umso schneller, je höher die Konzentrationen der Edukte ist. Im Verlauf der Reaktion nimmt die Reaktionsgeschwindigkeit ab, da die Konzentration der Edukte sinkt. Gleichzeitig findet eine Rückreaktion zu den Edukten statt. Mit zunehmender Produktkonzentration steigt wiederum die Geschwindigkeit der Rückreaktion und zwar so lange, bis sich ein dynamisches Gleichgewicht zwischen Hin- und Rückreaktion einstellt. Der Verbrennungsvorgang ist beendet. Ein erneutes Entfachen ist nur möglich, wenn das Gleichgewicht z. B. durch erneutes Zuführen der Edukte gestört wird. Die Verbrennungsreaktion ist mithilfe des Massenwirkungsgesetzes zu erklären. Die

2

Reaktionsgeschwindigkeit ist von der Temperatur abhängig. Mit steigender Temperatur nimmt auch die Verbrennungsgeschwindigkeit zu.

In der Gefahrgut- und Gefahrstoff-Logistik sind häufig unbeabsichtigte Freisetzungen Ausgangspunkt für Verbrennungsreaktionen. Ein ausgewogenes stöchiometrisches Verhältnis der beteiligten Edukte ist für diesen Fall eher nicht anzunehmen. Die Folge unvollständiger Verbrennungen ist die Bildung weiterer Produkte. Dazu gehören z. B. Kohlenmonoxid oder elementarer Kohlenstoff, der sich als Ruß bemerkbar macht. Die bei der unvollständigen Verbrennung entstehenden Zusatzprodukte können zu erheblichen zusätzlichen Gefährdungen führen und sind daher unerwünscht.

Auch wenn die Redox-Reaktion zur Beschreibung der Verbrennungsreaktionen nützlich ist, sollte man stets bedenken, dass die realen Verbrennungsabläufe deutlich komplizierter sind. Statt einfacher Redox-Gleichung treten komplexe Einzelreaktionen auf, die miteinander in Wechselwirkung stehen. Man spricht von einer Kettenreaktion. Auslöser dieser Kettenreaktion sind Radikale. Darunter versteht man Atome, Moleküle oder Ionen, die über ein ungepaartes Elektron verfügen und daher sehr reaktionsfreudig sind. Eine Radikalkettenreaktion kann in drei Phasen unterteilt werden:

- Start
  Kennzeichen der Startreaktion ist die Radikalbildung. Durch Energiezufuhr werden Elektronen aus ihrer Bindung gelöst. Die Energiezufuhr kann durch Wärme, Licht oder elektrische Entladungen erfolgen.
- Fortpflanzung
  Die gebildeten Radikale reagieren mit anderen Molekülen unter Bildung weiterer Radikale. Erzeugt ein Radikal gleichzeitig mehrere andere, wie z. B. bei der Verbrennung von Wasserstoff, spricht man von einer verzweigten Kettenreaktion.
- Abbruch
  Der Abbruch beschreibt das Ende der Kettenreaktion. Dazu müssen die Radikale ein gemeinsames Molekül bilden. Zu einem Stillstand der Reaktion kommt es, wenn die freiwerdende Energie abgeführt werden kann. In der Regel sorgen Inhibitoren wie z. B. Löschmittel für ein Ende der Kettenreaktion.

Radikalkettenreaktionen sind äußerst komplex. Allein für die Verbrennung von Methan sind mehr als 150 Einzelreaktionen notwendig. Für viele der bekannten Verbrennungsreaktionen sind Details zu den Einzelreaktionen nach wie vor unbekannt.

2.2.3 Thermodynamische Betrachtung

Verbrennungsreaktionen sind exotherm, d. h. sie geben Wärme an die Umgebung ab. Eine Antwort auf die Frage, woher die Wärme stammt und ob es überhaupt zu einer Wärmefreisetzung kommt, geben die Hauptsätze der Thermodynamik.

Der 1. Hauptsatz der Thermodynamik postuliert, dass in einem geschlossenen System weder Energie vernichtet noch geschaffen werden kann. Lediglich eine Energieumwandlung ist möglich. Ist die Gesamtenergie eines Systems bestimmt, dann kann diese nur geändert werden, wenn das System Wärme oder Arbeit mit der Umgebung austauscht. Die Gesamtenergie wird als innere Energie U bezeichnet. Sie umfasst alle potenziellen und kinetischen Energien und die intermolekularen Bindungsenergien eines Systems. Der Absolutbetrag der inneren Energie ist unbekannt. Mathematisch lässt sich der 1. Hauptsatz der Thermodynamik in folgender Form beschreiben (Gl. 2.9):

$$\Delta U = U_{Endzustand} - U_{Anfangszustand} = \Delta Q + \Delta W \tag{2.9}$$

mit

ΔU = Änderung der inneren Energie in Joule

ΔQ = Wärmeänderung in Joule

ΔW = Änderung der Arbeit in Joule

Die Arbeit, die vom System verrichtet wird, besteht aus einer Druck- oder Volumenänderung. So sorgen beispielsweise gasförmige Verbrennungsprodukte in einem geschlossenen System für eine Druckerhöhung, solange das Volumen konstant bleibt. Aber auch eine isobare Volumenänderung ist denkbar. Diese Fallkonstellation ist in der Praxis besonders häufig anzutreffen. Unter dieser Voraussetzung entspricht die Arbeit W dem Produkt pΔV. Da Arbeit, die das System leistet, vereinbarungsgemäß mit einem negativen Vorzeichen gekennzeichnet wird, ergibt sich aus dem 1. Hauptsatz folgende Beziehung (Gl. 2.10).

$$\Delta Q = \Delta U + p\Delta V \tag{2.10}$$

mit

ΔQ = Wärmeänderung in Joule

ΔU = Änderung der inneren Energie in Joule

p = Druck in Pascal

ΔV = Volumenänderung in m^3

Aus Gl. 2.10 ergibt sich, dass die Wärmeänderung im Fall einer isobaren Zustandsänderung direkt bestimmt werden kann. Diese Wärmeänderung enthält den Namen Enthalpie und das Kurzzeichen H. Es gilt (Gl. 2.11).

$$\Delta H = \Delta Q \tag{2.11}$$

mit

ΔH = Enthalpieänderung in Joule

ΔQ = Wärmeänderung in Joule

Durch Einführung der Enthalpie ergibt sich die Möglichkeit, die Reaktionsenergie einer Verbrennungsreaktion experimentell zu bestimmen. Dazu wird der brennbare Stoff in einem Kalorimeter verbrannt und die dabei freiwerdende Wärme gemessen. Dieser Messwert entspricht der Reaktions-

2

enthalpie. Auf diese Weise können die Reaktionsenthalpien für viele bekannte Reaktionen bestimmt werden. Sie werden als Standardbildungsenthalpie bezeichnet. Damit wird herausgestellt, dass die Energieumsätze unter Standardbedingungen (p = 1013 hPa, T = 25 °C) ermittelt werden. Da die Energieumsätze von der Stoffmenge abhängen, ist es sinnvoll, die Werte darauf zu beziehen. Standardbildungsenthalpien von Stoffen, die typischerweise an Verbrennungsprozessen beteiligt sind, zeigt ◘ Tab. 2.12:

Den Zahlenwerten in ◘ Tab. 2.12 liegen folgende Festlegungen zugrunde:

— Elemente
  Den Elementen wird vereinbarungsgemäß der Betrag Null für die Standardbildungsenthalpie zugewiesen.

— Vorzeichen
  Es besteht die Konvention, Wärme, die vom System abgegeben wird, mit einem negativen Vorzeichen zu versehen. Der Vorgang wird als exotherm bezeichnet. Wärme, die dem System zugeführt wird, erhält ein positives Vorzeichen. Der Prozess verläuft endotherm.

— Aggregatzustand
  Die Änderung des Aggregatzustandes beeinflusst den Energieaustausch und damit den Betrag der Standardbildungsenthalpie. Eine Angabe des Aggregatzustandes ist daher unbedingt notwendig.

Die Standardbildungsenthalpie wird genutzt, um die Wärmeenergie einer vollständigen Verbrennung zu berechnen (Übung: „Berechnung der Verbrennungswärme").

◘ **Tab. 2.12**   Standardbildungsenthalpien (Quelle: Plewinsky et al., 2012)

Stoff	Standardbildungsenthalpie ΔH in kJ/mol
Methan CH_4 (g)	−74,81
Propan C_3H_8 (g)	−103,85
Octan C_8H_{18} (l)	−249,9
Kohlenstoff C (g)	+716,68
Kohlenstoffdioxid CO_2 (g)	−393,51
Phosphor P (g)	+314,64
Sauerstoff O_2 (g)	0
Wasser H_2O (l)	−285,83
Wasser H_2O (g)	−241,8

g = gasförmiger Aggregatzustand
l = flüssiger Aggregatzustand

Übung: „Berechnung der Verbrennungswärme"

Es soll die Wärmeenergie bestimmt werden, die bei der vollständigen Verbrennung von 500 l Propan entsteht.

1. Aufstellen der Reaktionsgleichung

   $C_3H_8 \, (g) + 5 \, O_2 \, (g) \rightleftharpoons 3 \, CO_2 \, (g) + 4 \, H_2O \, (l)$

2. Bestimmung der Standardbildungenthalpie

   Aus den Tabellenwerken (🔲 Tab. 2.12) entnehmen wir die Standardbildungsenthalpien. Den Elementen wird dabei nach bestehender Konvention der Zahlenwert 0 zugewiesen.

3. Berechnung der Verbrennungswärme

   Die Verbrennungswärme errechnet sich nach (Gl. 2.12)

$$\Delta H = \sum \nu H \qquad\qquad (2.12)$$

Mit ν = stöchiometrischer Koeffizient

Daraus ergibt sich für die Verbrennung von Propan mit Sauerstoff folgender Energiebetrag für die Verbrennungswärme:

$\Delta H = (-3 \cdot 393{,}51 - 4 \cdot 285{,}83 + 103{,}84) \, kJ/mol = -2220 \, kJ/mol$

Da Wasser in diesem Beispiel im flüssigen Zustand anfällt, enthält die Verbrennungswärme auch den Betrag der Verdampfungswärme.

Bewertung:

Bei der vollständigen Verbrennung von 1 mol Propan entsteht eine Verbrennungswärme von -2220 kJ. Unter Normbedingungen und der Annahme, dass sich Propan wie ein ideales Gas verhält, errechnet sich die Verbrennungswärme für ein beliebiges Volumen nach (Gl. 2.13):

$$\Delta H_{gesamt} = \frac{tatsächliches\ Volumen\ in\ l}{22{,}4\ l/mol} \cdot Verbrennungswärme\ in\ kJ/mol \quad (2.13)$$

Daraus errechnet sich für die Verbrennung von 500 l Propan eine Gesamtverbrennungswärme von

$$\Delta H = \frac{500\ l}{22{,}4\ l/mol} \cdot (-2220\ kJ/mol) = 49.553{,}6\ kJ$$

In der Praxis ist die Reaktionsenthalpie von untergeordneter Bedeutung. Stattdessen ist es üblich, den Heizwert oder Brennwert anzugeben. Der Brennwert bezeichnet den auf die Masse des brennbaren Stoffes bezogenen Energieumsatz und entspricht der Reaktionsenthalpie unter der Voraussetzung, dass die Temperatur der Verbrennungsedukte und -produkte konstant ist und Kohlenstoffdioxid und Schwefeldioxid in gasförmiger und Wasser in flüssiger Form vorliegen. Im Unterschied zum Brennwert bezeichnet der Heizwert den Energiebetrag, wenn das

2

■ **Tab. 2.13**   Brenn- und Heizwerte ausgewählter brennbarer Stoffe (Grote et al. 2018 D. 52)

Stoff	Brennwert in MJ/kg	Heizwert in MJ/kg
Holz, lufttrocken*	15,9–18,0	14,65–16,75
Torf, lufttrocken*	13,82–16,33	11,72–15,07
Steinkohle*	29,31–35,17	27,31–34,12
Ethanol	29,73	26,96
Hexan	48,36	44,67
Benzin (Mittelwert)	46,05	42,7
Wasserstoff	141,8	119,97
Methan	55,5	50,01
Propan	50,35	46,35

* Im Verwendungszustand

Wasser dampfförmig verbleibt (DIN 51900, S. 10/11). Der Heizwert ist daher um den Betrag der Kondensationsenthalpie geringer als der Brennwert. ■ Tab. 2.13 enthält Brenn- und Heizwerte ausgewählter brennbarer Stoffe.

Während der 1. Hauptsatz der Thermodynamik eine Abschätzung über den Betrag der freigesetzten Wärme ermöglicht, liefert der 2. Hauptsatz mit der Entropie eine Erklärung für die Richtung der Reaktion. Die Vorstellung, die sich mit der Entropie verbindet, beruht auf der Annahme, dass Systeme natürlicherweise einen Zustand anstreben, der durch eine größtmögliche Unordnung gekennzeichnet ist. Unter dieser Annahme ermöglicht die Entropie S eine Vorhersage über die Richtung einer Reaktion. Bei irreversiblen Prozessen nimmt die Entropie zu. Verbrennungsprozesse sind unumkehrbar und daher stets mit einer Zunahme der Entropie verbunden.

Zum Schluss sei darauf hingewiesen, dass eine Verbrennungsreaktion nur zustande kommt, wenn dem System Energie zugeführt wird. Diese als Aktivierungsenergie bezeichnete Größe wird dazu verwendet, den Stoff aufzubereiten. Aus chemischer Sicht dient die Aktivierungsenergie dazu, die intermolekularen Wechselwirkungskräfte zu überwinden, sodass sich die entstehenden Elemente mit dem Sauerstoff der Luft durchmischen und verbinden können. ■ Abb. 2.8 veranschaulicht den Energieverlauf einer typischen Verbrennung.

2.3 Schutzmaßnahmen

Der Umgang mit brennbaren Stoffen erfordert präventive Maßnahmen. Da Brände nirgendwo auszuschließen sind, sind auch überall Brandschutzmaßnahmen erforderlich. Sie bilden daher den Ausgangspunkt für zusätzliche Vorkehrungen, zu denen beispielsweise die Explosionsschutzmaßnahmen gehören.

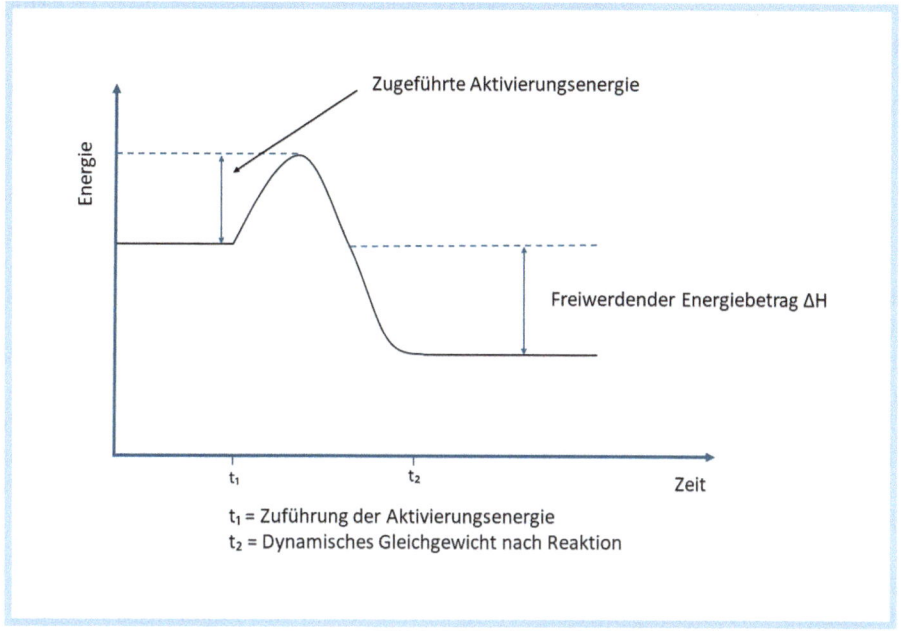

■ **Abb. 2.8** Schematische Darstellung der Energiebilanz einer Verbrennung. (Quelle: in Anlehnung an Rodewald 2007, S. 178)

Im Folgenden werden zunächst grundlegende Aspekte des Brandschutzes erörtert, bevor in einem weiteren Abschnitt der Explosionsschutz thematisiert wird. Zum Schluss wird mit dem *Modul Brand und Explosion des Einfachen Maßnahmenkonzept Gefahrstoffe (EMKG)* ein besonderes Vorgehen der Gefährdungsbeurteilung vorgestellt.

2.3.1 Brandschutz

Brände zu vermeiden und deren Auswirkungen zu begrenzen ist zentrales Anliegen des Brandschutzes. Dabei sind nicht nur Unternehmen und Organisationen aufgefordert, geeignete Vorkehrungen zu treffen, sondern auch im privaten und öffentlichen Bereich sind Schutzmaßnahmen notwendig. Die Brandschutzmaßnahmen sind daher vielfältig und auf die jeweiligen örtlichen und betrieblichen Gegebenheiten ausgerichtet. Das Brandschutzkonzept konkretisiert im Einzelfall die Anforderungen an den betrieblichen Brandschutz. Dabei sind baurechtliche Bestimmungen zu berücksichtigen.

Das Bauordnungsrecht fällt unter die Gesetzgebungskompetenz der Bundesländer. Um einen einheitlichen Rechtsrahmen zu schaffen, einigten sich die Bauminister auf eine Musterbauordnung (MBO). Die MBO ist nicht rechtlich bindend, sondern als Orientierungshilfe für die Bundesländer im Rahmen gesetzgeberischer Aktivitäten gedacht.

Zu den besonderen Zielen der MBO gehört der Brandschutz. In § 14 MBO heißt es dazu

» *„Bauliche Anlagen sind so anzuordnen, zu errichten, zu ändern und instand zu halten, dass der Entstehung eines Brandes und der Ausbreitung von Feuer und Rauch (Brand-ausbreitung) vorgebeugt wird und bei einem Brand die Rettung von Menschen und Tieren sowie wirksame Löscharbeiten möglich sind."*
§ 14 MBO

Die MBO befasst sich mit den materiellen Voraussetzungen des Brandschutzes. Für Sonderbauten gelten besondere Brandschutzanforderungen. So gibt es beispielsweise für Industriebauten die Muster-Industriebaurichtlinie 2019 (MIndBauRL 2019).

Neben dem Bauordnungsrecht ist Brandschutz auch im Arbeitsschutzrecht ein Thema. Ziel ist es, die Mitarbeitenden vor negativen Auswirkungen durch Brände zu schützen. Insbesondere die Arbeitsstättenverordnung und die zugehörigen Technischen Regeln für Arbeitsstätten (ASR) konkretisieren diesbezüglich die Anforderungen.

Nicht zuletzt nehmen Versicherungen Einfluss auf die betrieblichen Brandschutzmaßnahmen. Bedeutsam sind vor allem die vom Gesamtverband der Deutschen Versicherungswirtschaft (GDV) veröffentlichten Dokumente.

Aufgrund der vielen unterschiedlichen Ansatzpunkte zur Brandprävention ist es sinnvoll, die Maßnahmen nach übergeordneten Gesichtspunkten zu strukturieren. Grundsätzlich wird zwischen dem vorbeugenden und dem ab-wehrenden Brandschutz unterschieden. Der abwehrende Brandschutz befasst sich mit den Lösch- und Rettungsmaßnahmen z. B. durch die Feuerwehren. Der vor-beugende Brandschutz unterteilt sich in die Bereiche

- Baulicher Brandschutz
  Im Zentrum baulicher Brandschutzmaßnahmen stehen die Anforderungen an die Brennbarkeit von Baustoffen und die Eignung von Bauteilen zur Vermeidung einer Brandausbreitung. Bauliche Brandschutzmaßnahmen sind daher darauf ausgerichtet, der Brandentstehung und der Brandausbreitung vorzubeugen.
- Anlagentechnischer Brandschutz
  Durch die Anlagentechnik sollen Brände frühzeitig erkannt und eine Brand-ausbreitung vermieden werden. Die Anlagentechnik umfasst eine Vielzahl unterschiedlicher technischer Anlagen. Zu ihnen gehören beispielsweise die Brandmeldetechnik, Löschanlagen oder aber Blitz- und Überspannungs-schutzanlagen. Welche Anlagentechnik im Einzelfall erforderlich wird, ist im Allgemeinen Gegenstand baurechtlicher Genehmigungen. Aber auch Ver-sicherungen nehmen Einfluss auf die Anlagentechnik.
- Organisatorischer Brandschutz
  Organisatorische Maßnahmen konzentrieren sich auf betriebliche Aktivi-täten, die vor und während eines Brandes erforderlich sind, um Personen und Sachwerte angemessen zu schützen. Zu den bekanntesten Maßnahmen zählen Flucht- und Rettungspläne, die Bestellung von Brandschutzhelfern und -be-auftragten sowie die Unterweisung der Mitarbeitenden. Diese Maßnahmen gehen im Wesentlichen auf gesetzliche Arbeitsschutzbestimmungen zurück.

Welche Brandschutzmaßnahmen im Einzelfall umgesetzt werden, ist Gegenstand des Brandschutzkonzeptes. Aus der Kombination baulicher, anlagentechnischer und organisatorischer Brandschutzmaßnahmen ergeben sich spezifische Schutzkonzepte.

Nachfolgend werden zentrale Aspekte und Begriffe eines Brandschutzkonzeptes beleuchtet, die insbesondere im Zusammenhang mit brennbaren Stoffen relevant sind.

Brandschutz beginnt mit der richtigen Auswahl der Baustoffe. Baustoffe bezeichnen Rohmaterialien, aus denen Bauteile für bauliche Anlagen hergestellt werden. Zu ihnen gehören natürliche (z. B. Holz, Lehm), aufbereitete (z. B. gebrannte Ziegel) oder künstlich erzeugte Rohstoffe (z. B. Beton, Glas). Baustoffe werden nach ihrem Brandverhalten in fünf Baustoffklassen unterteilt (▶ Abschn. 2.2.1). Die Zuordnung erfolgt im Rahmen standardisierter Brandprüfungen.

Baustoffe bilden das Ausgangsmaterial für die Herstellung von Bauteilen. Dazu zählen z. B. Decken, Wände, Türen und Fenster. Von diesen wird erwartet, dass sie auch im Brandfall eine ausreichende Tragfähigkeit aufweisen und einem Übertritt eines Brandes auf benachbarte Bereiche verhindern. Zur Beurteilung der Zuverlässigkeit der Bauteile wird die Feuerwiderstandsdauer bestimmt. Sie bezeichnet die Mindestdauer in Minuten, während der das Bauteil unter genormten Prüfbedingungen seine Funktion vollständig beibehält (DIN 4102-2, S. 3). Zum Zweck der Beurteilung werden Bauteile festgelegten Feuerwiderstandsklassen zugeordnet (◘ Tab. 2.14).

Buchstaben, die an die Feuerwiderstandsklasse angehängt sind, verweisen auf die in den Bauteilen verwendeten Baustoffe (Beispiel: F 30 – B: Feuerwiderstandsklasse F 30 mit Baustoffen der Baustoffklasse B).

Bauteile werden genutzt, um Brandabschnitte zu bilden. Darunter werden Räume oder Bereiche innerhalb eines Gebäudes verstanden, die aufgrund ihrer Gestaltung eine Brandausbreitung auf benachbarte Bereiche erschweren (Nr. 3.2 MIndBauRL).

Baustoffe und Bauteile sind Bestandteile baulicher Anlagen. Im Sinne des Baurechts handelt es sich dabei um Konstruktionen, die mit dem Boden fest verbunden sind oder ihre ortsfeste Lage aufgrund der Schwerkraft behalten. Lagerplätze zählen beispielsweise zu den baulichen Anlagen (§ 2 Abs. 1 MBO).

Zusätzlich zu Baustoffen und Bauteilen gibt es im Brandschutz den Begriff der Bauprodukte. Diese Bezeichnung stammt aus dem europäischen Produkterecht. All-

◘ **Tab. 2.14** Feuerwiderstandsklassen von Wänden, Decken und Gebäudestützen nach DIN 4102-2-1977

Feuerwiderstandsklasse	Feuerwiderstandsdauer in Minuten
F 30	≥ 30
F 60	≥ 60
F 90	≥ 90
F 120	≥ 120
F 180	≥ 180

2

gemein bezeichnen Bauprodukte alle hergestellten Bestandteile, die für eine dauerhafte Verwendung in Bauwerke und dessen Teile vorgesehen sind und deren Leistung die Grundanforderungen der Bauwerke beeinflussen (Verordnung (EU) Nr. 305/2011). Aus Gründen des freien Warenverkehrs werden einheitliche Anforderungen und Kennzeichnungen an das Inverkehrbringen von Bauprodukten gestellt.

Die Erfahrung lehrt, dass Brände trotz vorbeugender Maßnahmen nicht vollständig ausgeschlossen werden können. Im Brandfall ist schnelles Eingreifen gefragt, um Schaden für Mensch und Umwelt gering zu halten. Brandmeldeanlagen übernehmen diese Funktion. Sie sind dafür vorgesehen, einen Brand zu erkennen, die Meldung an die Feuerwehr oder eine ständig besetzte Stelle weiterzuleiten, Personen im Umfeld rechtzeitig zu warnen und je nach Ausführung erste abwehrende Brandschutzmaßnahmen wie z. B. die Aktivierung von Löschanlagen einzuleiten. Das zentrale Element einer Brandmeldeanlage ist die Brandmelderzentrale (BMZ). In der BMZ werden alle technischen Komponenten zusammengeführt, deren ordnungsgemäße Funktion fortlaufend überwacht und eingehende Meldungen ausgewertet. Je nach Ausführung und Konzeption löst die BMZ weitere Aktivitäten aus (DIN EN 54-1:2021-08).

Voraussetzung für eine reibungslose Funktion der Brandmeldeanlage ist eine zuverlässige Branddetektion. Dabei ist es nicht mit einer rechtzeitigen Branderkennung getan, sondern die Brandmeldeanlage muss auch in der Lage sein, Störgrößen, wie sie z. B. in der betrieblichen Praxis auftreten können, sicher zu erkennen und auszublenden. Meldeeinrichtungen übernehmen diese Aufgabe. Sie werden an zentralen Stellen innerhalb einer baulichen Anlage installiert und manuell oder automatisch ausgelöst.

Manuelle Meldeeinrichtungen, die Handfeuermelder, zählen zu den zuverlässigsten Meldeeinrichtungen, da sie durch bewusste persönliche Handlungen aktiviert werden. Auf dem Markt sind zwei Bauarten verfügbar. Sie unterscheiden sich durch die Art der Auslösung. Handfeuermelder Typ A werden durch eine einzige Handlung aktiviert. Dazu reicht im Allgemeinen das Zerbrechen eines Elements. Handfeuermelder Typ B erfordern eine zweite Handlung. In der Regel besteht diese Zusatzhandlung aus der Betätigung eines Druckknopfes (◘ Abb. 2.9).

Automatische Meldeeinrichtungen nutzen physikalische und chemische Gesetzmäßigkeiten zur Branddetektion. Das Messprinzip ist auf die Erfassung typischer Brandeigenschaften ausgerichtet. ◘ Tab. 2.15 zeigt eine Übersicht bekannter Meldeeinrichtungen.

Unter den automatischen Meldeeinrichtungen sind Rauchmelder am weitesten verbreitet. Sie nutzen die bei einem Brand entstehenden Rauchaerosole zur Branderkennung. Ein wirkungsvoller Einsatz ist daher nur in staub- und rauchfreier Umgebung sichergestellt.

Optische Rauchmelder arbeiten nach dem Streulicht- oder Durchlichtprinzip. Rauchmelder nach Streulichtprinzip bestehen aus einem Lichtsender und einem Lichtempfänger, die in einem Winkel zueinander angeordnet sind, so dass der Lichtstrahl nicht vom Lichtempfänger erfasst wird. Dringen Rauchaerosole in die Messkammer ein, wird der Lichtstrahl gestreut. Die Streustrahlung erreicht den Lichtempfänger und löst das Signal zur Brandmeldung aus. Optische Rauchmelder nach dem Streulichtprinzip gelten als störanfällig. Bereits geringe Verschmutzungen oder das Eindringen von Partikeln können einen Fehlalarm auslösen..

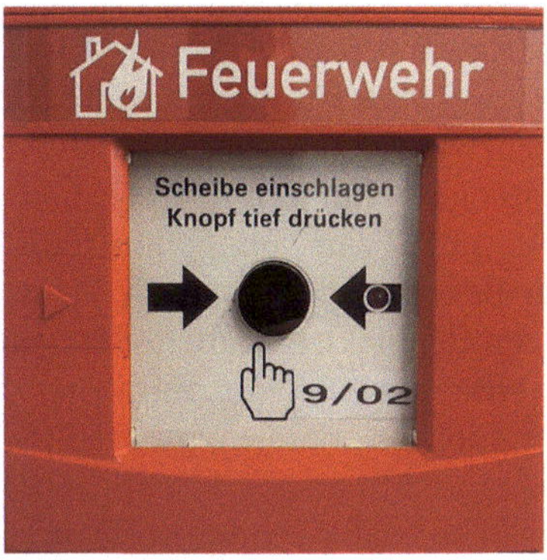

Abb. 2.9 Handfeuermelder Typ B. (Quelle: eigene Aufnahme)

Tab. 2.15 Meldeeinrichtungen, deren Kenngrößen und Erfassung (nach Oppelt 2018, S. 1452)

Bezeichnung	Kenngröße	Messprinzip
Rauchmelder	Rauch	Änderung des Ionenstroms Lichtstreuung; Lichtdämpfung
Wärmemelder	Temperatur	Grenzwertbestimmung; Zeitlicher Temperaturanstieg
Flammenmelder	Elektromagnetische Strahlung	Strahlungsintensität
Gasmelder	z. B. Kohlenmonoxid	Potenzialdifferenz

Beim Durchlichtstreuverfahren wird eine Lichtschranke eingesetzt. Durch den Eintritt von Rauchaerosolen verändert sich die Lichtleistung. Diese Veränderung wird registriert und löst ein Steuersignal aus. Störgrößen sind beim Durchlichtstreuverfahren weitestgehend ausgeschlossen. Das Verfahren eignet sich besonders für eine großflächige Überwachung. Abstände von bis zu 100 m zwischen Sender und Empfänger sind möglich (Oppelt 2018, S. 1470).

Ionisationsrauchmelder reagieren auf das Eindringen von Aerosolen in die Messkammer. Allerdings unterscheidet sich das Messprinzip grundlegend vom Streu- und Durchlichtstreuverfahren. In der Messkammer befindet sich ein radioaktives Präparat, das die Luft ionisiert, sodass ein konstanter Ionisierungsstrom fließt. Eindringender Rauch führt zu einer Anlagerung der Ionen an die Aerosole und reduziert dadurch die Ionenbeweglichkeit. In der Folge sinkt der Ionisierungsstrom (Kraus, Luck 1978, S. 19). Eine weitere Messkammer, in die keine Aerosole eindringen können, wird als Referenzkammer genutzt. Die zwischen beiden Messkammern auftretende Spannungsdifferenz bewirkt die Aus-

2

lösung des Steuersignals. Ein besonderer Nachteil der Ionisationsrauchmelder ist die Verwendung radioaktiver Materialien. Als weitere Schwäche wird der Einfluss der Verschmutzung auf das Detektionsvermögen genannt (Oppelt 2018, S. 1466).

Im Unterschied zum Rauchmelder reagieren Wärmemelder auf Temperaturänderungen. Es werden zwei Arten unterschieden: Der Wärmemaximalmelder reagiert, sobald eine Grenztemperatur überschritten wird, während der Wärmedifferentialmelder die zeitliche Veränderung des Temperaturanstiegs für die Auslösung des Steuersignals nutzt. Zur Temperaturmessung werden Temperatursensoren verwendet (Info-Box „Sensortechnik für Meldeeinrichtungen").

Flammenmelder nutzen die elektromagnetische Strahlung einer Verbrennung zur Detektion. Dazu werden sowohl das Infrarot- als auch das Ultraviolett-Spektrum genutzt. Zum Einsatz kommen pyroelektrische Sensoren (Info-Box: „Sensortechnik für Meldeeinrichtungen"). Flammenmelder finden sich besonders in Lagerräumen und eignen sich gleichermaßen für rauchlose und rauchbehaftete Flüssigkeits- und Gasbrände.

Gasmelder werden im Allgemeinen in Kombination mit anderen Meldeeinrichtungen verwendet. Weit verbreitet sind Kohlenstoffmonoxid-Melder (CO-Melder). Sie eignen sich insbesondere zur Branddetektion bei unvollständigen Verbrennungen. Das Messprinzip beruht auf der Redox-Reaktion. Kern des CO-Sensors ist eine elektrochemische Zelle, die mit zwei Elektroden ausgerüstet ist, zwischen denen sich ein saurer Elektrolyt (z. B. H_2SO_4) befindet. Die Elektroden werden über einen Widerstand miteinander elektrisch leitend verbunden. Bei Eintritt von Kohlenstoffmonoxid in die elektrochemische Zelle kommt es an den Elektroden zu folgenden Reaktionen:

OXIDATION AN DER MESSELEKTRODE	$2CO + 2H_2O \rightleftharpoons 2CO_2 + 4\,H^+ + 4e^-$
REDUKTION AN DER GEGENELEKTRODE	$O_2 + 4\,H^+ + 4e^- \rightleftharpoons 2\,H_2O$

Durch die Oxidation werden Elektronen freigesetzt, die über den äußeren Stromkreis zur Gegenelektrode gelangen. Dort nehmen die H^+-Ionen die freigesetzten Elektronen auf und werden mit dem im Elektrolyten gelösten Sauerstoff zu Wasser reduziert. Der Strom, der zwischen den Elektroden fließt, ist proportional zur CO-Konzentration und eignet sich daher als Steuersignal für die Meldung.

CO-Melder gehören zur Gruppe der elektrochemischen Sensoren. Durch geeignete Wahl der Elektrodenpaarung können auch andere Gase detektiert werden.

Löschanlagen gehören zu den zentralen Elementen des abwehrenden Brandschutzes innerhalb baulicher Anlagen. Sie sind dazu gedacht, einer Brandausbreitung entgegenzuwirken und im günstigsten Fall für eine Brandlöschung zu sorgen. Der Installationsaufwand ist hoch. Neben Komponenten für die Löschmittelbevorratung werden Rohr- und Anlagenteile sowie Ausbringungseinrichtungen für die Verteilung des Löschmittels benötigt. Welche technische Konzeption im Einzelfall sinnvoll ist, hängt von den räumlichen Gegebenheiten und insbesondere vom Löschmittel ab. Die Löschwirkung des Löschmittels ist zurückzuführen auf:

— Trenn- oder Verdrängungseffekt
Das Löschmittel legt sich über den brennbaren Stoff und verhindert den Luftzutritt. Eine Durchmischung mit nachströmender Luft ist verhindert.

— Kühleffekt
Das Löschmittel nimmt die Wärmeenergie aus dem Verbrennungsprozess auf und führt sie ab. Dadurch verlangsamt sich die Freisetzung brennbarer Gase oder Dämpfe aus dem brennbaren Stoff und kommt schließlich ganz zum Erliegen.

— Antikatalytischer Effekt
Das Löschmittel besitzt Eigenschaften, die einer Radikalbildung entgegenwirken, sodass der Verbrennungsvorgang zum Erliegen kommt.

Welcher der genannten Effekte ausschlaggebend ist, hängt von der Art des Löschmittels ab. ◘ Tab. 2.16 gibt einen Überblick über gängige Löschmittel und deren Wirkungsweise.

◘ Tab. 2.16 Merkmale und Wirkweisen spezifischer Löschmittel

	Wasser	Schaum	Gas	Pulver
Charakterisierung	Wasser und ggfs. Zusatzstoffe	Gemisch aus Wasser, Luft und Tensiden	Inerte Gase (N_2, CO_2, Gemisch aus N_2 und Ar bzw. N_2, Ar und CO_2); Chemische Löschgase	Benennung nach Brandklassen: ABC-Löschpulver, BC-Löschpulver; Metallbrandpulver
Wirkungsweise	Kühleffekt; bei Feinsprühlöschanlagen zusätzlich Verdrängungseffekt	Trenneffekt; Kühleffekt	Trenn- bzw. Verdrängungseffekt; antikatalytischer Effekt	Antikatalytischer Effekt; Trenneffekt
Einsatzbereich	Stoffe der Brandklasse A; Bereiche mit großen Brandabschnitten und hohem Personenaufkommen	Stoffe der Brandklassen A und B; Tanklager; Schiffe	Stoffe der Brandklassen A und B; Elektrische Einrichtungen	Brennbare Stoffe der Brandklassen A, B, C; D
Einsatzbeschränkung	Brennbare Metalle z. B. Magnesium; Stoffe, die mit Wasser gefährlich reagieren, z. B. C_2H_2, $CaCl_2$	Brennbare Metalle z. B. Magnesium; Elektrische Anlagen und Einrichtungen; Stoffe, die Oxidationsmittel freisetzen	Sauerstofffreisetzende Stoffe bzw. oxidierende Stoffe; organische Peroxide	Sauerstofffreisetzende Stoffe;

Das Löschmittel bestimmt die technische Ausführung der Löschanlage. Es werden unterschieden:

— Wasserlöschanlagen

Wasser als Löschmittel wird in Sprinkler-, Sprühwasser- und Feinsprühwasseranlagen eingesetzt. Je nach Einsatzfall werden dem Wasser Zusätze beigemischt.

Sprinkleranlagen sind weit verbreitet. Sie ermöglichen sowohl eine Branddetektion als auch eine Brandlöschung. Zentrales Element ist die Sprinklerdüse, die in zwei Varianten verfügbar ist, nämlich als Schmelzlotsprinkler oder als Glasfasssprinkler.

Bei Schmelzlotsprinkler wird die Ventilverschluss durch eine Lotverbindung gehalten. Unter Wärmeeinfluss gibt die Verbindung nach und der Ventilverschluss öffnet sich, sodass das Löschmittel austreten kann. Schmelzlotsprinkler werden nur noch selten verwendet

Bekannter sind die Glasfasssprinkler (◨ Abb. 2.10). Bei ihnen sichert eine Glasampulle die Ventilöffnung. Die Glasampulle ist mit einer Flüssigkeit gefüllt. Steigt die Temperatur in der Umgebung, erhöht sich der Druck innerhalb der Glasampulle, bis sie schließlich versagt. Dadurch wird die Ventilöffnung freigegeben und Wasser tritt aus. Glasfasssprinkler werden auf die Umgebungstemperatur eingestellt. Die Farbe der Flüssigkeit innerhalb des Glaszylinders verweist auf den Temperaturbereich. Im Allgemeinen liegt die Ansprechtemperatur 30 °C über der Umgebungstemperatur.

Sprühwasserlöschanlagen ähneln in ihrer Konzeption den Sprinkleranlagen. Der entscheidende Unterschied ist die Ausbringung, denn im Brandfall öffnen alle Düsen gleichzeitig (Goertz, Ladzinsky 2022, S. 332).

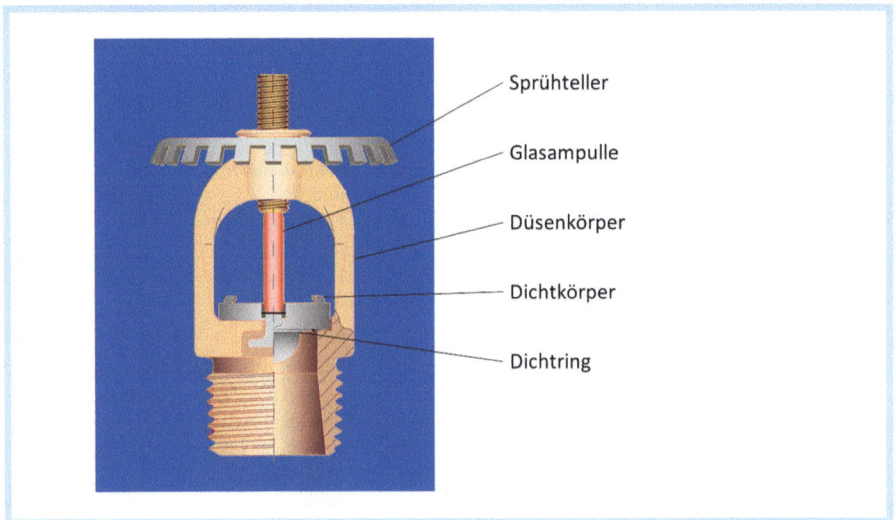

◨ **Abb. 2.10** Elemente einer Glasfasssprinklerdüse. (Quelle: mit freundlicher Genehmigung der Minimax GmbH)

Feinsprühlöschanlagen bewirken eine Vernebelung des Wassers. Dadurch wird zusätzlich zum Kühleffekt eine Verdrängung des Sauerstoffs vom brennbaren System erreicht. Feinsprühlöschanlagen werden bevorzugt zur Brandbekämpfung kohlenwasserstoffhaltiger Stoffe eingesetzt. Aufgrund der Unbedenklichkeit des Löschmittels und der einfachen technischen Ausführung eignen sich Feinsprühanlagen besonders für den Einsatz auf Seeschiffen (Goertz, Ladzinsky 2022, S. 335).

— Schaumlöschanlagen
Schaumlöschanlagen verwenden ein Gemisch aus Wasser, Luft und Schaummittel zur Löschung, das den brennbaren Stoff von der Umgebung trennt. Dazu werden dem Wasser Schaummittel z. B. in Form von Tensiden zugesetzt. Die Beimischung erfolgt unter atmosphärischen Bedingungen oder unter Druck. Auf diese Weise ist die Herstellung verschiedener Schaumarten möglich, die als Schwer-, Mittel- oder Leichtschaum bezeichnet werden. Zur Unterscheidung dient die Verschäumungszahl V_Z. Sie ist definiert als (Gl. 2.14)

$$V_Z = \frac{Schaumvolumen\,in\,l}{Flüssigkeitsvolumen\,in\,l} \qquad (2.14)$$

Die Verschäumungszahl bestimmt die technische Auslegung der Schaumlöschanlage. Je niedriger die Verschäumungszahl, desto größer die Dichte und damit der Versiegelungseffekt. ◼ Tab. 2.17 zeigt den Zusammenhang zwischen der Verschäumungszahl und der Schaumbezeichnung und benennt typische Einsatzbereiche.

Zur Ausbringung des Schaums sind besondere Düsen notwendig. ◼ Abb. 2.11 zeigt eine Schwerschaumsprinklerdüse, wie sie beispielsweise für den Einsatz in Lagerräumen für brennbare Flüssigkeiten geeignet ist.

— Gaslöschanlagen
Die Wirkung der Gaslöschanlagen beruht auf der Verdrängung des Luftsauerstoffs. Zum Einsatz kommen inerte oder andere spezifische chemische

◼ **Tab. 2.17** Verschäumungszahl und Einsatzbereiche (Goertz, Ladzinsky 2022, S. 361)

Verschäumungszahl	Bezeichnung	Bevorzugte Einsatzbereiche
4–20	Schwerschaum	Tanklager, Schiffe
21–200	Mittelschaum	Brennbare Flüssigkeiten
> 200	Leichtschaum	Innenräume

2

🔹 **Abb. 2.11**   Schwerschaumwassersprinkler. (Quelle: mit freundlicher Genehmigung der Minimax GmbH)

Gase. Als Inertgase werden vor allem Kohlenstoffdioxid (CO_2), Stickstoff (N_2) oder Mischungen mit dem Edelgas Argon (Ar) verwendet. Letztere sind unter den Produktbezeichnungen „Argonite" (Gemisch aus N_2 und Ar) bzw. „Inergen" (Gemisch aus N_2, Ar, CO_2) bekannt. Andere Gase bestehen vorwiegend aus Fluor-Chlor-Kohlenwasserstoffverbindungen und stehen wegen ihres klimaschädlichen Potenzials in Verruf (Goertz, Ladzinsky 2022, S. 375).

Aufgrund der Sauerstoffverdrängung sind besondere Vorkehrungen zum Personenschutz erforderlich. Dazu gehören u. a. technische Vorkehrungen, die eine versehentliche Auslösung bei gleichzeitigem Aufenthalt von Personen ausschließen. Die Branddetektion erfolgt manuell oder über automatische Meldeeinrichtungen an die Brandmelderzentrale.

— Pulverlöschanlagen

Pulverlöschanlagen werden bevorzugt in Arbeitsbereichen mit brennbaren Flüssigkeiten und Gasen eingesetzt. Außerdem sind sie für die Brandbekämpfung von Metallen geeignet. Das Pulver wird über spezielle Löschdüsen ausgebracht. Branddetektion und Meldeeinrichtungen erfolgen separat.

Löschpulver dürfen nicht brennbar sein und müssen sich leicht verteilen lassen. Hauptbestandteile des ABC-Pulvers sind Ammoniumsulfat und Ammoniumdihydrogenphosphat. In BC- und Metallbrandpulvern bilden Salze (z. B. Natriumchlorid) die Hauptbestandteile. Aufgrund der Feinkörnigkeit der Pulver werden nach der Auslösung in der Regel umfangreiche Reinigungsarbeiten erforderlich (Goertz, Ladzinsky 2022, S. 400).

Unabhängig von den stationären Löschanlagen ist in allen Arbeitsstätten die Bereitstellung tragbarer Feuerlöschgeräte verpflichtend. Die verwendeten Löschmittel entsprechen denen der automatischen Löschanlagen (◘ Tab. 2.16).

Alle Maßnahmen des vorbeugenden Brandschutzes sind ohne das Eingreifen des Menschen wirkungslos. Vom Menschen hängt es ab, ob es zu einem Brand kommt, wie schnell dieser erkannt und gemeldet wird und ob es gelingt, eine Schadensausweitung zu vermeiden. Ein Werkzeug, das die Lücke zwischen technischen Maßnahmen und menschlichem Verhalten schließen soll, ist die Brandschutzordnung. Dabei handelt es sich um

» *„auf ein bestimmtes Objekt zugeschnittene Zusammenfassung von Regeln für die Brandverhütung und den Brandfall."*
DIN 14096:2014-05, S. 4

Formale und inhaltliche Anforderungen an die Brandschutzordnung sind normativ festgelegt. Die Brandschutzordnung besteht aus drei Teilen:
— Brandschutzordnung Teil A (◘ Abb. 2.12)
 Teil A der Brandschutzordnung richtet sich an alle Personen eines Unternehmens, die sich dort aufgrund eines Beschäftigungsverhältnisses oder als Besucher aufhalten. Schlagworte informieren kurz und prägnant über die notwendigen Handlungsschritte. Brandschutz- und Rettungszeichen sorgen für eine schnelle Informationsaufnahme. Von den formalen und inhaltlichen Anforderungen der Norm darf nicht abgewichen werden.

◘ **Abb. 2.12** Muster der Brandschutzordnung Teil A nach DIN 14096

2

> ◫ **Tab. 2.18**   Inhalte der Brandschutzordnungen Teil B und Teil C nach DIN 14096:2014-05

Teil B	Teil C
a) Einleitung	a) Einleitung
b) Brandschutzordnung (Darstellung des Teils A)	b) Brandverhütung
c) Brandverhütung	c) Meldung und Alarmierungsablauf
d) Brand- und Rauchausbreitung	d) Sicherheitsmaßnahmen für Personen, Tier, Umwelt und Sachwerte
e) Flucht- und Rettungswege	e) Löschmaßnahmen
f) Melde- und Löscheinrichtungen	f) Vorbereitung für den Einsatz der Feuerwehr
g) Verhalten im Brandfall	g) Nachsorge
h) Brand melden	h) Anhang
i) Alarmsignale und Anweisungen beachten	
j) In Sicherheit bringen	
k) Löschversuche unternehmen	
l) Besondere Verhaltensregeln	
m) Anhang	

— Brandschutzordnung Teil B
 Teil B der Brandschutzordnung ist für den Personenkreis eines Unternehmens bestimmt, der sich nur vorübergehend dort aufhält. Dazu zählen auch abteilungsfremde Personen desselben Unternehmens (Kraft 2015, S. 24). Die formalen Anforderungen sind weniger strikt. Die Inhalte können als Merkblätter oder in elektronischer Form aufbereitet werden. Inhaltlich gibt Teil B die Informationen aus Teil A wieder und liefert zusätzliche Informationen (◫ Tab. 2.18).
— Brandschutzordnung Teil C
 Teil C der Brandschutzordnung richtet sich an alle Personen, die besondere Aufgaben im Brandschutz übernehmen. Der Informationsgehalt ist daher hoch. Inhalte und Reihenfolge sind vorgegeben (◫ Tab. 2.18). Formale Anforderungen sind dagegen weniger strikt.

Von der Brandschutzordnung zu unterscheiden ist der Flucht- und Rettungsplan (◫ Abb. 2.13). Er enthält Angaben zu den Fluchtwegen sowie zu den Erste-Hilfe- und Brandschutzeinrichtungen und kann um die Informationen der Brandschutzordnung Teil A erweitert werden (ASR A2.3 Nr. 3.3). Ein Flucht- und Rettungsplan ist insbesondere für solche Arbeitsbereiche notwendig, bei denen die Fluchtwegführung unübersichtlich ist, mit einem hohen Anteil ortsfremder Personen zu rechnen ist oder besondere Gefährdungen durch Brand- und Explosion aufgrund von Stofffreisetzungen vorliegen (ASR A2.3 Nr. 10 (1)) Die Mitarbeitenden sind vor Tätigkeitsaufnahme, in regelmäßigen Abständen, aber mindestens einmal jährlich und darüber hinaus bei Veränderung des Arbeitssystems über die Inhalte des Flucht- und Rettungsplans zu unterweisen (§ 6 Abs. 4 ArbStättV).

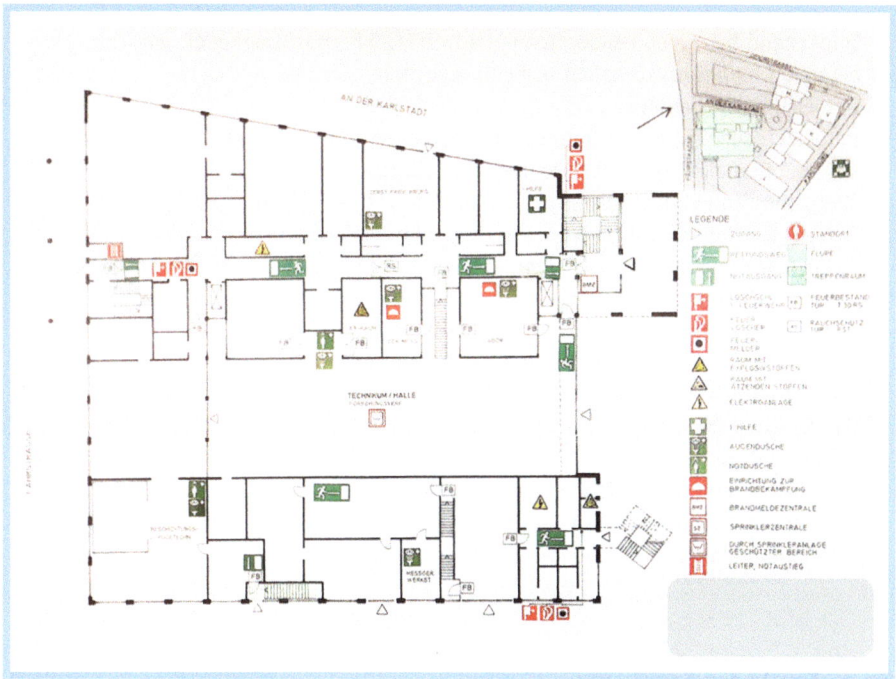

Info-Box: „Sensortechnik für Meldeeinrichtungen"

Temperatursensoren

Temperatursensoren nutzen die Temperaturabhängigkeit des spezifischen Widerstands eines elektrischen Leiters. Es gilt folgender Zusammenhang.

$$\varrho \sim T$$

ϱ = spezifischer Widerstand des Materials in Ωm

T = Temperatur in K

Der proportionale Zusammenhang zwischen dem spezifischen Widerstand und der Temperatur gilt nur innerhalb eines spezifischen Temperaturintervalls. Für Metalle wie Kupfer, Nickel oder Platin liegt der lineare Bereich zwischen −70 °C und 250 °C. In der Praxis werden halbleitende Keramiken wie z. B. Mangan-, Nickel- oder Kupferoxide als Materialien verwendet. Diese Temperatursensoren werden als Thermistoren bezeichnet. Zwei Arten werden unterschieden: NTC-Thermistoren (engl.: *Negative Temperature Coefficient*) zeigen einen stark abfallenden ohmschen

2

Widerstand bei zunehmender Temperatur. PTC-Thermistoren (engl.: *Positive Temperature Coefficient*) verhalten sich entgegengesetzt.

Pyroelektrische Sensoren

Pyroelektrische Sensoren nutzen den pyroelektrischen Effekt spezifischer Festkörper. Pyroelektrizität bezeichnet die Eigenschaft von Kristallen, sich bei Temperaturänderung elektrisch aufzuladen. Diese Eigenschaft wird nur bei solchen Kristallen beobachtet, bei denen jede Elementarzelle ein gleichorientiertes elektrisches Dipolmoment besitzt. An den Außenflächen ist eine elektrische Aufladung nicht messbar, da diese durch Anlagerung elektrischer Ladungen aus der Umgebung kompensiert wird. Unter Temperatureinfluss ändert sich dieser Zustand. Die Elementarzelle verändert ihre Größe, sodass das Ladungsgleichgewicht unterbrochen wird und an der Oberfläche eine Aufladung messbar wird. Die Sensortechnik nutzt den pyroelektrischen Effekt, indem die Aufladung verstärkt und in eine Signalspannung umgewandelt wird. Zu den bekanntesten pyroelektrischen Kristallen gehören die Mineralien Turmalin und Quarz. Für technische Zwecke werden vorwiegend Triglyzinsulfat ($C_6H_{17}N_3O_{10}S$) und, Lithiumtantalat ($LiTaO_3$) eingesetzt (Urban 2018, S. 91).

2.3.2 Explosionsschutz

Aus chemischer Sicht unterscheidet sich die Explosion nicht von einem Brand. Die Voraussetzungen, die zu einem Brand führen, gelten daher grundsätzlich auch für das Zustandekommen einer Explosion. Allerdings sind die Auswirkungen in der Regel deutlich stärker. Ob es zu einem Brandereignis oder aber zu einer Explosion kommt, hängt von verschiedenen Faktoren ab. Die Menge des freigesetzten brennbaren Stoffes, dessen Verteilung in der Luft oder der Zündzeitpunkt gehören beispielsweise dazu. Ob es bei einer Freisetzung zu einem Brand oder zu einer Explosion kommt, ist damit vom Zufall abhängig. Aus Erfahrung ist bekannt, dass Brände häufiger auftreten als Explosionen.

Trotz dieser Erkenntnisse tut man im Unternehmen gut daran, sich mit der Möglichkeit einer Explosion und geeigneten Schutzmaßnahmen auseinanderzusetzen. Einer der Gründe, die dafür sprechen, ist das ungleich höhere Schadenspotenzial. Die Notwendigkeit für Explosionsschutzmaßnahmen ist bei Explosivstoffen und selbstbeschleunigenden Stoffsystemen grundsätzlich immer gegeben (▶ Kap. 4 und 5). Bei brennbaren Stoffen ist das vor allem der Fall, wenn das Auftreten einer explosionsfähigen Atmosphäre nicht ausgeschlossen werden kann (Info-Box: „Zentrale Begriffe des Explosionsschutzes").

Info-Box: „Zentrale Begriffe des Explosionsschutzes"
Explosionsfähiges Gemisch

» „[…] ist ein Gemisch aus brennbaren Gasen, Dämpfen, Nebeln oder aufgewirbelten Stäuben und Luft oder einem anderen Oxidationsmittel, das nach Wirksamwerden einer Zündquelle in einer sich selbsttätig fortpflanzenden Flammenausbreitung reagiert, sodass im Allgemeinen ein sprunghafter Temperatur- und Druckanstieg hervorgerufen wird. […]"

▶ Abschn. 2.2 Absatz 4 TRGS 720

Ein explosionsfähiges Gemisch, gebildet aus der atmosphärischen Luft, wird als explosionsfähige Atmosphäre bezeichnet. Die atmosphärischen Bedingungen umfassen Umgebungstemperaturen von −20 °C bis +60 °C und einen Luftdruck von 0,8 bar bis 1,1 bar.
Gefährliches explosionsfähiges Gemisch

» „[…] ist ein explosionsfähiges Gemisch, das in solcher Menge auftritt, dass besondere Schutzmaßnahmen für die Aufrechterhaltung der Gesundheit und Sicherheit der Beschäftigten oder anderer Personen erforderlich werden."

▶ Abschn. 2.2 Absatz 5 TRGS 720

Explosionspunkt

» „[…] Unterer Explosionspunkt (UEP) bzw. oberer Explosionspunkt (OEP) einer brennbaren Flüssigkeit ist die auf 1,013 bar bezogene Temperatur, bei der die Konzentration (Stoffmengenanteil) des gesättigten Dampfes im Gemisch mit Luft der unteren bzw. oberen Explosionsgrenze entspricht."

▶ Abschn. 2.3 Absatz 2 TRGS 720

Explosionsgrenze

» „Explosionsgrenzen sind Grenzen des Explosionsbereiches. […]"

▶ Abschn. 2.3 Absatz 3 TRGS 720

Explosionsgefährdeter Bereich

» „[…] ist der Gefahrenbereich, in dem gefährliche explosionsfähige Atmosphäre auftreten kann."

▶ Abschn. 2.2 Absatz 13 TRGS 720

Zone

» „Explosionsgefährdete Bereiche, in denen Maßnahmen zur Zündquellenvermeidung oder zur Auswirkungsbegrenzung erforderlich sind, können nach Häufigkeit und Dauer des Auftretens gefährlicher explosionsfähiger Atmosphäre in Zonen unterteilt werden. […]"

▶ Abschn. 2.2 Absatz 14 TRGS 720.

2

Um die Frage nach der Entstehung einer explosionsfähiger Atmosphäre zu beantworten, ist es notwendig, die physikalischen und chemischen Eigenschaften der brennbaren Stoffe zu erfassen und die relevanten sicherheitstechnischen Kenngrößen im Hinblick auf die Explosionsfähigkeit auszuwerten. Im Einzelnen sind folgende Aspekte zu überprüfen:

- Dispersionsgrad der brennbaren Stoffe
  Der Dispersionsgrad gibt Aufschluss über die Art der Verteilung brennbarer Bestandteile in nicht homogenen Gemischen (Hahn 2017). Er ist insbesondere für feste und flüssige Stoffe relevant. Ein hoher Dispersionsgrad bedeutet eine gute Durchmischung mit der Luft.
- Konzentration des brennbaren Stoffes
  Eine Explosion ist zu erwarten, wenn die Menge an brennbaren Stoffen im richtigen Verhältnis zum Oxidationsmittel steht. Dazu ist die Konzentration abzuschätzen, die bei einer plötzlichen Freisetzung oder bei betriebsmäßigem Umgang auftreten kann, und mit der unteren und oberen Explosionsgrenze des brennbaren Stoffes abzugleichen (▶ Abschn. 3.2.1).
- Gefahrdrohende Menge
  Die gefahrdrohende Menge umfasst die gesamte explosionsgefährliche Atmosphäre. Eine zusammenhängende Menge von mehr als 10 l eines Dampf-Luft-Gemisches gilt bereits als gefahrdrohend (▶ Abschn. 2.4).
- Wirksame Zündquelle
  🔲 Tab. 2.10 liefert eine Übersicht über mögliche Zündquellen. Vorhandensein und Wirksamkeit sind zu bewerten.

Sind alle vier Bedingungen erfüllt, ist von der Bildung einer gefährlichen explosionsfähigen Atmosphäre auszugehen. Für diesen Fall sind zusätzlich zum Brandschutz ergänzende Explosionsschutzmaßnahmen zu planen und in einem Explosionsschutzkonzept festzuhalten. Art und Umfang der Vorkehrungen richten sich nach Art des brennbaren Stoffs und den betrieblichen Verhältnissen. Unabhängig davon ist folgende Reihenfolge für die Planung der Maßnahmen zwingend zu berücksichtigen:

1. Vermeidung gefährlicher Mengen oder Konzentrationen, die zu Brand- und Explosionsgefährdungen führen können (primäre Explosionsschutzmaßnahmen),
2. Vermeidung von Zündquellen und Bedingungen, die zu Bränden oder Explosionen führen können (sekundäre Explosionsschutzmaßnahmen),
3. Reduzierung schädlicher Auswirkungen auf Beschäftigte und andere Personen (tertiäre Explosionsschutzmaßnahmen).

Das Technische Regelwerk für Gefahrstoffe (TRGS) enthält zahlreiche Maßnahmenvorschläge. Es ist Aufgabe des Unternehmens, daraus Maßnahmen unter Berücksichtigung der spezifischen betrieblichen Verhältnisse auszuwählen. Im Folgenden werden Maßnahmen vorgestellt, die typischerweise in den Unternehmen der Gefahrgut- und Gefahrstoff-Logistik anzutreffen sind.

Die wirkungsvollste Explosionsschutzmaßnahme nach der Substitution ist es, jede Vermischung des brennbaren Stoffes mit dem Oxidationsmittel auszuschließen. Für die Gefahrgut- und die Gefahrstoff-Logistik bedeutet dies,

Freisetzungen aus Umschließungen zu verhindern und so den Kontakt des brennbaren Stoffes mit dem Luftsauerstoff der Umgebung zu verhindern. Erreicht wird dies durch konstruktive Maßnahmen an den Umschließungen. Für Auslegung und Bemessung der Umschließung werden die zu erwartenden mechanischen Beanspruchungen durch das Füllgut ebenso berücksichtigt wie die während der Beförderung und Handhabung auftretenden Kräfte. Überdies ist es notwendig, Wechselwirkungen mit dem Füllgut durch geeignete Werkstoffwahl auszuschließen. Welche Anforderungen im Einzelfall zu beachten sind, ist Gegenstand verkehrsträgerspezifischer Bau- und Prüfbestimmungen. Die Kennzeichnung verrät, ob die Anforderungen im Einzelfall erfüllt sind. ◘ Abb. 2.14 zeigt den prinzipiellen Aufbau der Kennzeichnung und deren Informationstiefe am Beispiel einer Verpackung für entzündbare Flüssigkeiten.

Konstruktive Maßnahmen an den Umschließungen nehmen die mechanischen und chemischen Belastungen auf und schließen somit unbeabsichtigte Freisetzungen während der Beförderung und bei der Verwendung aus. Allerdings ist damit das Brand- und Explosionsrisiko nicht gänzlich gebannt, denn es besteht weiterhin die Möglichkeit, dass sich innerhalb der Umschließung eine explosionsfähige Atmosphäre bildet. Das ist beispielsweise der Fall, wenn das Innenvolumen nicht vollständig ausgefüllt ist und Luftsauerstoff in der Umschließung verbleibt. Eine Möglichkeit, dieses Risiko zu senken, ist die Inertisierung (lat.: *iners* = untätig, träge). Es handelt sich dabei um eine Maßnahme, durch die der Luftsauerstoff durch gasförmige Stoffe ersetzt wird, die weder mit dem brennbaren Stoff noch mit dem Werkstoff der Umschließung chemisch reagieren. Geeignete inerte Gase sind Kohlenstoffdioxid, Stickstoff und Edelgase. Das Inertisierungsvermögen dieser Gase ist unterschiedlich und nimmt in der genannten Reihenfolge ab.

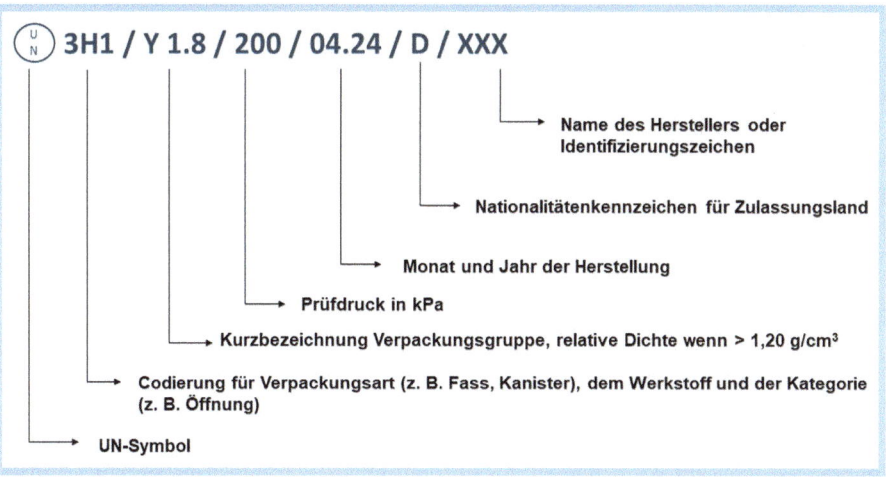

◘ **Abb. 2.14** Kennzeichnungselemente einer Verpackung zur Verwendung für entzündbare Stoffe nach Gefahrutrecht. (Quelle: eigene Darstellung)

2

Es gibt zwei Arten der Inertisierung:

— Partielle Inertisierung

Die partielle Inertisierung bedeutet eine Reduzierung des Sauerstoffanteils im Gemisch auf ein Niveau außerhalb des Explosionsbereichs. In dieser Variante bleibt Sauerstoff Teil des Gemisches. Diese Option setzt eine genaue Kenntnis des Explosionsbereichs voraus. Weiterhin ist zu berücksichtigen, dass jede Änderung der Konzentrationsverhältnisse eine Anpassung der Inertgasanteile erfordert, um die Schutzwirkung aufrecht zu erhalten. Jede Öffnung der Umschließung macht daher eine Nachjustierung der Konzentrationsverhältnisse erforderlich, da mit dem Eindringen von Luft zu rechnen ist.

— Totale Inertisierung

Bei der totalen Inertisierung ist die Gemischkonzentration zwischen dem brennbaren Stoff und der Luft ausreichend hoch, sodass eine Risikoerhöhung auch bei Änderung der Luftkonzentration ausgeschlossen ist.

Voraussetzung für die Inertisierung ist die Kenntnis der Konzentrationsverhältnisse im Gemisch. Zur anschaulichen Darstellung eignet sich das Dreiecksdiagramm. Dabei werden die Konzentrationsverhältnisse in einem Gemisch bestehend aus drei Komponenten durch ein gleichseitiges Dreieck dargestellt. Jede Seite gibt die Konzentrationsverhältnisse des binären Gemisches wieder. Jeder Punkt innerhalb des Dreiecks repräsentiert eine Gemischkonzentration bestehend aus den drei Komponenten. Die zugehörigen Anteile können auf den Dreiecksseiten abgelesen werden. ◻ Abb. 2.15 zeigt beispielhaft ein Dreiecksdiagramm für ein ternäres Gemisch und den Explosionsbereich.

Vergleicht man beide Inertisierungsmöglichkeiten hinsichtlich ihrer Schutzwirkung miteinander, dann ist die totale Inertisierung die risikoärmere Variante, denn sie bleibt auch dann wirksam, wenn es zu Konzentrationsschwankungen kommt. Allerdings ist vor dem Einsatz zu berücksichtigen, dass der Partialdruck des Inertgases im Einzelfall sehr große Werte annehmen kann. Dadurch erhöht sich gleichzeitig der Gesamtdruck innerhalb der Umschließung. Es ist daher vor der Anwendung sicherzustellen, dass eine ausreichende mechanische Festigkeit der Umschließung gegeben ist (Steen 2004, S. 625).

Die Inertisierung erfordert eine ständige Überwachung der Konzentrationsverhältnisse. Dazu sind geeignete Messgeräte vorzuhalten. Für die Auslegung der partiellen Inertisierung ist überdies die Kenntnis der *Sauerstoffgrenzkonzentration* (SGK) des brennbaren Stoffes notwendig. Bei der SGK handelt es sich um eine sicherheitstechnische Kenngröße, die

» *„[…] die maximale Sauerstoffkonzentration (Stoffmengenanteil) in einem Gemisch eines brennbaren Stoffes mit Luft und inertem Gas, in dem eine Explosion bei beliebigem Brennstoffanteil nicht mehr auftreten kann. […].“*
TRGS 720 Abschn. 2.2 Absatz 13

angibt. Sie wird im Allgemeinen zusammen mit dem Explosionsbereich ermittelt (▶ Abschn. 3.2.1). Dazu wird der Stoffmengenanteil des Inertgases in einer Prüf-

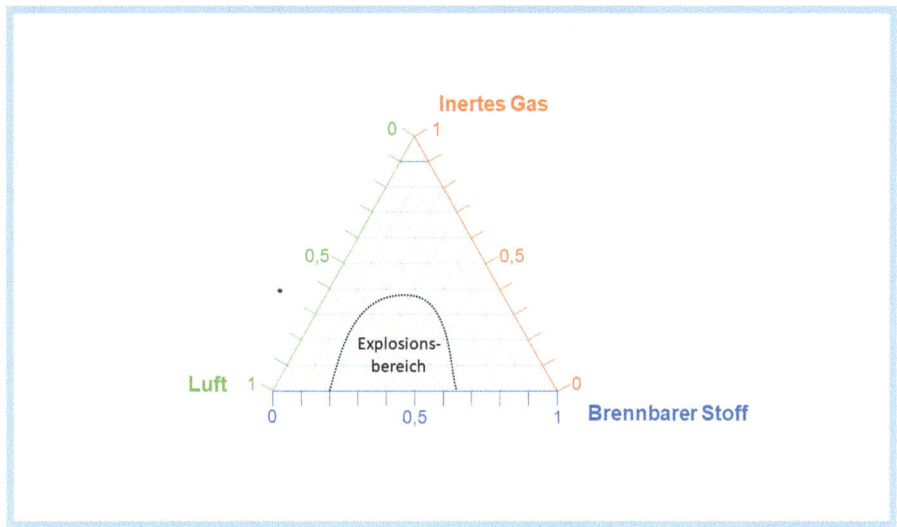

Abb. 2.15 Schematische Darstellung der Konzentrationsverhältnisse im Dreiecksdiagramm. (Quelle: eigene Darstellung)

apparatur schrittweise erhöht und gezündet. Findet keine Entzündung mehr statt, ist die SGK erreicht. Sie wird aus der Luftkonzentration nach Gl. 2.15 errechnet.

$$SGK = 0{,}209 \cdot LGK \tag{2.15}$$

mit

SGK = Sauerstoffgrenzkonzentration als Stoffmengen- oder Volumenanteil in %

LGK = Luftgrenzwertkonzentration als Stoffmengen- oder Volumenanteil in %

Die SGK verändert sich unter Druck und Temperatureinfluss. In der Praxis ist es daher üblich, auftretende Schwankungen durch Abschläge des Prüfwertes zu berücksichtigen (Übung: „Berechnungsbespiel für die Inertisierung") (TRGS 722 Anhang 2 Nr. 1.4). Für die totale Inertisierung wird das Partialdruckverhältnis zwischen dem Inertgas und dem brennbaren Stoff bestimmt und mit einem Grenzwert verglichen (Übung: „Berechnungsbeispiel für die Inertisierung").

Übung: „Berechnungsbeispiel für die Inertisierung"

Ein Lagertank, in dem sich Propan befindet, soll durch Inertisierung vor Explosionen geschützt werden.

2

1. Erhebung erforderlicher Daten

Daten	Werte	Quelle
Dampfdruck	8,367 bar bei T = 20 °C	GESTIS
Partialdruckverhältnis Inertgas/ brennbarer Stoff	26 (N_2 als Inertgas) 13 (CO_2 als Inertgas)	TRGS 722 Anhang 2 Tab. 1
Sauerstoffgrenzkonzentration (Stoffmengenanteil)	9,3 % für N_2 als Inertgas 12,6 % für CO_2 als Inertgas)	TRGS 722 Anhang 2 Tab. 1

Partielle Inertisierung

Zum Ausgleich möglicher Konzentrationsschwankungen und unter Berücksichtigung von Messunsicherheiten und Zeitverzögerungen bis zum Wirksamwerden ergänzender Schutzmaßnahmen wird der Schwellenwert durch einen Abschlag von je 6 % festgelegt auf:

- Stickstoff N_2: 9,3 % − 6 % = 3,3 %
- Kohlenstoffdioxid CO_2: 12,6 % − 6 % = 6,6 %.

Totale Inertisierung

1. Berechnung der erforderlichen Partialdrücke für die inerten Gase
   Das Partialdruckverhältnis errechnet sich nach
   $$Partialdruckverhältnis = \frac{Partialdruck\,des\,inerten\,Gases}{Partialdruck\,des\,brennbaren\,Gases}$$
   Unter Berücksichtigung der tabellierten Mindestwerte ergeben sich folgende Partialdrücke:
   - Stickstoff N_2 als Inertgas
     $26 \cdot 8{,}367\ bar = 217{,}542\ bar$
   - Kohlenstoffdioxid CO_2 als Inertgas
     $13 \cdot 8{,}367\ bar = 108{,}771\ bar$
2. Berechnung des Gesamtdrucks
   Der Gesamtdruck im Lagertank errechnet sich aus der Summe der Partialdrücke zu
   $$p_{gesamt} = \sum Partialdrücke\,des\,Gemisches$$
   Daraus errechnen sich folgende Gesamtdrücke
   - Stickstoff N_2 als Inertgas
     217,542 bar + 8,367 bar = 225,909 bar
   - Kohlenstoffdioxid CO_2 als Inertgas
     108,771 bar + 8,367 bar = 117,138 bar.
3. Bewertung des Ergebnisses
   Bei den errechneten Werten handelt es sich um den Gesamtdruck, d. h. den Druck im Inneren des Lagertanks und dem Außendruck.

Eine weitere Option, gefährliche Konzentrationen im Inneren von Umschließungen zu vermeiden, ist die Konzentrationsbegrenzung. Dabei wird davon ausgegangen, dass eine Explosion vermieden wird, sofern der untere

Explosionspunkt unterschritten wird (Info-Box: „Zentrale Begriffe des Explosionsschutzes"). Bei Stoffen und Gemischen mit unbekanntem Explosionspunkt wird alternativ der Flammpunkt herangezogen. In diesem Fall sind je nach Art des brennbaren Stoffes folgende Bedingungen einzuhalten (Nr. 4.2.2 Absatz 3 TRGS 722):

— Reine, nicht halogenierte Flüssigkeiten
Die Temperatur der brennbaren Flüssigkeit liegt dauerhaft mindestens 5 K unterhalb des Flammpunktes.

— Lösemittel-Gemische ohne halogenierte Komponenten
Die tatsächliche Temperatur ist mindestens 15 K geringer als der Flammpunkt.

Inertisierung und Konzentrationsbegrenzung sind Maßnahmen, die ausschließlich für Umschließungen infrage kommen. Sobald der brennbare Stoff in den Raum oder die Umgebung freigesetzt wird, z. B. im Rahmen von Um- oder Abfüllarbeiten, ist der Einsatz nicht mehr möglich. Für diese Fälle eignen sich Lüftungsmaßnahmen, die dafür sorgen, dass die Konzentration der brennbaren Stoffe den Explosionsbereich nicht erreicht. Für die Auslegung ist die Kenntnis der freigesetzten Mengen, die Freisetzungsorte und die Ausbreitungsbedingungen Voraussetzung. Diese Informationen sind sowohl für die Bemessung der Lüftung als auch für die Auswahl der geeigneten Lüftungsart notwendig. Folgende Lüftungsmaßnahmen werden grundsätzlich unterschieden:

— Natürliche Raumlüftung
Die natürliche Lüftung beruht auf Temperatur- und Dichteunterschiede. Ihre Wirksamkeit ist von der baulichen Gestaltung und der räumlichen Lage abhängig. Die Luftführung wird durch Fenster- oder Türöffnungen unterstützt. Kellerräume lassen sich üblicherweise schlechter belüften als andere Räume. Zur Einschätzung der Wirksamkeit wird die Luftwechselrate herangezogen. Sie gibt an, welche Zeit benötigt wird, um das gesamte Raumvolumen durch Frischluft zu ersetzen. In der Praxis wird für Räume oberhalb Erdgleiche eine Luftwechselrate von 1 angenommen. Das bedeutet, das gesamte Raumvolumen wird innerhalb von einer Stunde durch Frischluft ersetzt. Für Kellerräume ist die Luftwechselrate mit 0,4 pro Stunde deutlich niedriger.

— Technische Raumlüftung
Ist die natürliche Lüftung nicht ausreichend, können Ventilatoren zur Unterstützung eingesetzt werden. Sie erhöhen den Luftwechsel und sorgen für einen schnelleren Luftaustausch.

— Objektabsaugung
Besonders wirkungsvoll ist die Objektabsaugung. Sie nimmt den brennbaren Stoff an der Freisetzungsstelle auf und führt ihn ab. Voraussetzung für den Einsatz ist die Kenntnis der Austrittstellen und die Verwendung geeigneter Erfassungselemente.

Für die Auslegung der Lüftung sind die Dichteunterschiede zur umgebenden Luft zu berücksichtigen. Da die überwiegende Mehrheit brennbarer Stoffe eine höhere Dichte als die umgebende Luft hat, sammeln sich die Gase oder Dämpfe bevorzugt im Bodenbereich. Es ist daher sinnvoll, die Abluftführung in

Bodennähe anzusetzen. Gruben und Schächte sind besondere Risikoquellen, in denen sich trotz guter Lüftung explosionsfähige Gemische bilden können.

Unabhängig davon, welche technische Maßnahme zur Reduzierung der Bildung eines explosionsfähigen Gemisches gewählt wird, ist immer eine kontinuierliche Gasmessung notwendig. Sie ermöglicht ein rechtzeitiges Erkennen kritischer Zustände, sodass ausreichend früh Personen gewarnt und ergänzende Schutzmaßnahmen eingeleitet werden können.

Ist die Bildung eines gefährlichen explosionsfähigen Gemisches trotz technischer Vorkehrungen nicht sicher auszuschließen, ist eine Explosion durch Beseitigung wirksamer Zündquellen zu verhindern. In der Praxis ist es häufig schwierig, auf alle Zündquellen zu verzichten. Um dennoch ein sicheres Arbeiten zu ermöglichen, richten sich Art und Umfang der Zündquellenvermeidung nach der Wahrscheinlichkeit für die Entstehung eines gefährlichen explosionsfähigen Gemisches. Auf diese Weise ist es möglich, räumlich abgegrenzte Bereiche zu definieren, für die ein spezifisches Schutzniveau in Bezug auf den Einsatz von Zündquellen gilt. Diese Bereiche werden als „Zone" bezeichnet (Info-Box: „Zentrale Begriffe des Explosionsschutzes").

Die Anforderungen an Zündquellen und deren Verwendungsgrenzen in den jeweiligen Zonen sind in der TRGS 723 detailliert beschrieben. Dabei sind grundsätzlich die Produktsicherheitsanforderungen zu berücksichtigen, wonach nur Geräte und Schutzsysteme in explosionsgefährdete Bereiche eingesetzt werden dürfen, die den Bau- und Konstruktionsanforderungen der Richtlinie 2014/34/EU entsprechen. Als Geräte im Sinne dieser Richtlinie zählen

» *„[…] Maschinen, Betriebsmittel, stationäre oder ortsbewegliche Vorrichtungen, Steuerungs- und Ausrüstungsteile sowie Warn- und Vorbeugungssysteme, die einzeln oder kombiniert zur Erzeugung, Übertragung, Speicherung, Messung, Regelung und Umwandlung von Energien und/oder zur Verarbeitung von Werkstoffen bestimmt sind und die eigene potentielle Zündquellen aufweisen und dadurch eine Explosion verursachen können;"*
Richtlinie 2014/34/EU Artikel 2 Nr. 1

Als Schutzsysteme gelten alle technischen Einrichtungen, deren Zweck es ist, die Auswirkungen einer Explosion zu begrenzen. Dazu zählen beispielsweise Berstscheiben, Explosionsklappen oder Explosionsdetektions- und Explosionsunterdrückungssysteme. Hersteller von Geräten und Schutzsystemen sind verpflichtet, die in der Richtlinie enthaltenen grundlegenden Sicherheits- und Gesundheitsanforderungen zu berücksichtigen und die Konformität beim Inverkehrbringen zu erklären.

Geräte im Sinne der Richtlinie 2014/34/EU werden in zwei Gruppen eingeteilt. Innerhalb jeder Gruppe werden Gerätekategorien gebildet (◘ Tab. 2.19).

Der Betreiber erfährt durch die Kennzeichnung, welchen Anforderungen das Gerät oder Schutzsystem entspricht. Die Kennzeichnung besteht aus folgenden Elementen:

◗ Tab. 2.19 Unterteilung der Geräte in Gerätegruppen und Gerätekategorien nach Richtlinie 2014/34/EU

Gerätegruppe	Bedeutung	Gerätekategorie
I	Geräte, die zur Verwendung im untertägigen Bergbau sowie in den Übertageanlagen, sofern eine Gefährdung durch Grubengas oder brennbare Stäube besteht	**M1** **M2**
II	Geräte zur Verwendung in allen übrigen Bereichen mit Gefährdung durch explosionsfähige Atmosphäre	**1** oder **2** oder **3** und zusätzliche Differenzierung nach Art der explosionsfähigen Atmosphäre, d. h **G** für Gas- bzw. Dampf-Luft-Gemische und **D** für Staub-Luft-Gemische

— Angaben zum Hersteller;
— CE-Kennzeichnung;
— Explosionsschutzkennzeichen ⟨Ex⟩;
— Gerätegruppe und der Gerätekategorie;
— Buchstabe „G" für explosionsfähige Gemische aus Gasen und „D" für explosionsfähige Gemische aus Staub.

Es ist Aufgabe des Verwenders, geeignete Geräte für die jeweilige Zone auszuwählen. Dabei ist die Zuordnung der Gerätekategorie zur Zone gemäß ◗ Tab. 2.20 zu beachten.

Auch bei Zündquellenvermeidung können weitere ergänzende Maßnahmen notwendig werden. Welche das im Einzelfall sind, ist in TRGS 723 beispielhaft festgelegt.

Die Beschränkung der Ausbreitung oder Auswirkung einer Explosion sind als Maßnahme nur dann geeignet, wenn alle Optionen zur Konzentrationsbegrenzung und Zündquellenvermeidung bereits ausgeschöpft sind und dennoch ein Restrisiko besteht. Im Unterschied zu den primären und sekundären Explosionsschutzmaßnahmen sind tertiäre Explosionsschutzmaßnahmen ausschließlich auf den Personenschutz ausgerichtet. Nur unter dieser Voraussetzung können sinnvolle Maßnahmenkonzepte entwickelt werden.

In der Gefahrgut- und Gefahrstoff-Logistik wird die Schadensbegrenzung am ehesten durch die bauliche und konstruktive Gestaltung der Umschließungen realisiert. Damit bleiben die Auswirkungen einer Explosion auf das Innere der Umschließungen beschränkt. Voraussetzung für eine explosionsfeste Konstruktion ist allerdings die Kenntnis der auftretenden Explosionsdrücke. Neben dem *Explosionsdruck* p_{ex} ist der *maximale Explosionsdruck* p_{max} für die Auslegung von Bedeutung. Die Definitionen lauten:

2

□ **Tab. 2.20**   Zuordnung der Gerätekategorien zu den Zonen (Tab. 1 und ▶ Abschn. 5.1 Absatz 2 TRGS 723)

Explosionsschutzzone	Definition	Verwendbare Gerätekategorie
Zone 0 und Zone 20	Bereiche mit Gas- bzw. Dampf-Luft-Gemischen, Nebel und Staub-Luft-Gemischen, in denen wirksame Zündquellen ständig oder häufig auftreten können (z. B. betriebsmäßig im Normalfall)	II 1 G bzw II 1 D
Zone 1 und Zone 21	Bereiche mit Gas- bzw. Dampf-Luft-Gemischen, Nebel und Staub-Luft-Gemischen, in denen neben den für Zone 2 bzw. 22 genannten wirksamen Zündquellen gelegentlich wirksame Zündquellen auftreten können (z. B. vorhersehbarer Fehlerfall, gelegentliche Betriebsstörung)	II 1 G / 2 G bzw II 1 D / 2 D
Zone 2 und Zone 22	Bereiche mit Gas- bzw. Dampf-Luft-Gemischen, Nebel und Staub-Luft-Gemischen, in denen neben den für Zone 1 bzw. 21 genannten wirksamen Zündquellen selten wirksame Zündquellen auftreten (z. B. seltener Fehlerfall oder Betriebsstörung)	II 1 G / 2 G / 3 G bzw II 1 D/ 2 D / 3 D

» *„Explosionsdruck (p_{ex}) ist der unter festgelegten Versuchsbedingungen ermittelte Druck, der in einem geschlossenen Behälter bei der Explosion eines explosionsfähigen Gemisches mit bestimmter Zusammensetzung auftritt. Maximaler Explosionsdruck (p_{max}) ist der in Abhängigkeit vom Brennstoffanteil ermittelte höchste Explosionsdruck."*
TRGS 724 *Abschn. 2.1*

Bei p_{ex} und p_{max} handelt es sich um sicherheitstechnische Kenngrößen, die im Rahmen eines standardisierten Bestimmungsverfahren nach DIN EN 15967 ermittelt werden. Zentrales Element ist eine Prüfapparatur, die aus einem druckfesten, kugelförmigen Behälter besteht, der außerhalb mit Drucksensoren und im Inneren mit einer Zündquelle ausgerüstet ist (□ Abb. 2.16).

Zur Bestimmung des Explosionsdrucks wird das explosionsfähige Gemisch über ein Einlassventil in den Behälter geleitet und an einer mittig angeordneten Zündquelle gezündet. Der daraufhin entstehende Explosionsdruck wird von den Drucksensoren aufgezeichnet. Für die Bestimmung von p_{max} wird die Konzentration des explosionsfähigen Gemisches schrittweise verändert, bis der maximale Explosionsdruck erreicht ist. Das ist im Allgemeinen in der Nähe der stöchiometrischen Konzentration der Fall (Brandes et al. 2004, S. 314).

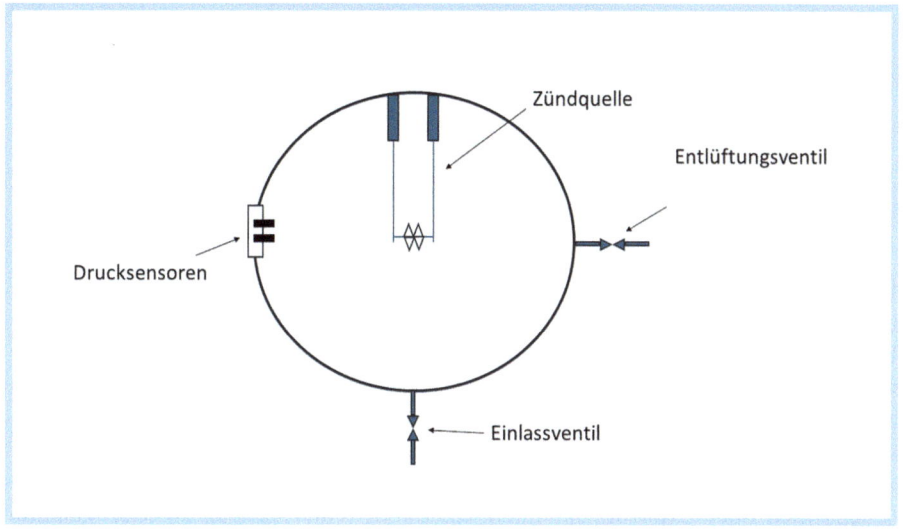

◘ Abb. 2.16 Schematische Darstellung der Prüfapparatur zur Bestimmung des Explosionsdrucks. (Quelle: eigene Darstellung)

P_{ex} und p_{max} sind stoffspezifisch und unterliegen dem Einfluss von Anfangstemperatur und -druck, dem Sauerstoffanteil, Art und Energie der Zündquelle und der Behältergröße. Die durch die beschriebene Bestimmungsmethode ermittelten Werte für p_{max} bewegen sich bei Gas- bzw. Dampf-Luft-Gemischen üblicherweise im Bereich zwischen 8 und 10 bar (◘ Tab. 2.21). Bei anderen Oxidationsmitteln und unter nicht-atmosphärischen Bedingungen sind Abweichungen zu erwarten. Das ist auch bei Staub-Luft-Gemischen der Fall.

Eine explosionsfeste Konstruktion wird z. B. durch Verstärkung der Außenwandung der Umschließungen erreicht. Das bedeutet allerdings, dass der Aufwand mit der Größe der Umschließung zunimmt. Daher kommt die explosionsfeste Konstruktion im Allgemeinen nur für kleine Volumina infrage. Für größere Umschließungen wie z. B. geschlossene Lagertanks oder Siloanlagen sind andere Lösungen sinnvoll. Dazu gehört z. B. die Explosionsdruckentlastung.

◘ Tab. 2.21 Maximaler Explosionsdruck brennbarer Gase und Flüssigkeiten. (Quelle: PTB)

Stoff	Maximaler Explosionsdruck in bar
Methan	8,1
Propan	9,4
Wasserstoff	8,3
Benzin	8,9
Diesel	8,4

2

☐ Tab. 2.22   Staubexplosionsklassen (Hensel, Cashdollar 2004, S. 396)

Bezeichnung	K_{St}-Wert in bar · m · s^{-1}
St 1	>0–200
St 2	>200–300
St 3	>300

Das sind Schutzsysteme, die im Ereignisfall den Stoff in die Umgebung frei-lassen, bevor der maximale Explosionsdruck erreicht ist. Schutzsysteme für die Explosionsdruckentlastung werden hinsichtlich der Möglichkeit einer Wieder-verwendung unterteilt. Zu den wiederverwendbaren Schutzsystemen gehören z. B. gewichts- oder federbelastete Klappen. Sie öffnen bei Erreichen des An-sprechdruckes selbsttätig und geben die Druckwelle frei. Nicht für die Wiederver-wendung vorgesehen sind beispielsweise Berstscheiben mit eingearbeiteten Soll-bruchstellen oder Explosionsklappen, die durch Knickstäbe in Position gehalten werden. Neben den beiden genannten Gruppen gibt es Sondersysteme (Hattwig et al. 2004, S. 520).

Zur Auslegung der Schutzsysteme für die Explosionsdruckentlastung ist nicht p_{max} entscheidend, sondern die Kenntnis des zeitlichen Druckverlaufs. Der zeit-liche Druckverlauf wird zur Bestimmung des maximal zeitlichen Druckanstiegs benötigt. Der maximal zeitliche Druckanstieg ist u. a. vom Volumen abhängig. Es gilt folgender Zusammenhang (Gl. 2.16):

$$\left(\frac{dp}{dt}\right) max \cdot \sqrt[3]{V} = konstant = K_G = K_{St} \tag{2.16}$$

mit

V = Behältervolumen in m^3
K_G = Konstante für Gas- bzw. Dampf-Luft-Gemische
K_{St} = Konstante für Staub-Luft-Gemische.

Gl. 2.16 wird als „*Kubisches Gesetz*" bezeichnet (DIN EN 15967, S. 18). Der K_G-bzw. K_{St}- Wert entspricht dem Zahlenwert des maximal zeitlichen Druckanstiegs in einem Behälter mit einem Volumen von 1 m^3.

Für Stäube wird der K_{St}-Wert genutzt, um eine Aussage über die Explosions-fähigkeit zu treffen. Stäube, die im Bestimmungsverfahren einen Druckunter-schied von weniger als 0,5 bar aufweisen, gelten als nicht explosionsfähig. Bei allen anderen Werten wird Explosionsfähigkeit angenommen und durch Zu-weisung einer Staubexplosionsklasse konkretisiert (Hensel, Cashdollar 2004, S. 396) (☐ Tab. 2.22).

Ist der zeitliche Druckverlauf des explosionsfähigen Gemisches bekannt, kann der Ansprechdruck für die Schutzsysteme festgelegt werden. Dabei liegt der Ansprechdruck deutlich unterhalb von p_{max} und unterhalb des Wertes des maximal zeitlichen Druckanstiegs $\left(\frac{dp}{dt}\right)_{max}$. Der Ansprechdruck wird daher auch als reduzierter Explosionsdruck p_{red} bezeichnet.

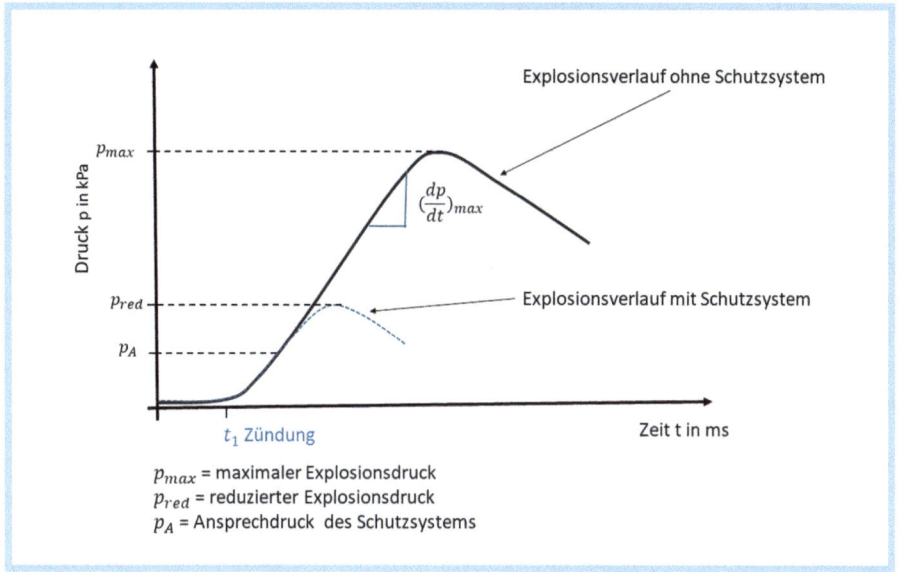

Abb. 2.17 Sicherheitstechnische Kenngrößen für die Auslegung der Schutzsysteme zur Explosionsbegrenzung. (Quelle: eigene Darstellung)

Abb. 2.17 fasst die relevanten sicherheitstechnischen Kenngrößen zusammen, die für die Auslegung der Schutzsysteme zur Explosionsbegrenzung genutzt werden.

In der Gefahrgut- und Gefahrstoff-Logistik werden Explosionsschutzklappen z. B. in Siloanlagen eingesetzt. Bei der Positionierung dieser Schutzsysteme ist darauf zu achten, dass Druck und Flamme in Bereiche abgeführt werden, in denen sich keine Personen aufhalten. Gleichzeitig ist die ständige Funktionsfähigkeit des Schutzsystems sicherzustellen. Dazu dienen in erster Linie technische Prüfungen. Aber auch eine visuelle Prüfung ist sinnvoll, denn in der Praxis ist immer wieder zu erleben, dass Explosionsschutzklappen z. B. durch das Abstellen von Lagergut außer Kraft gesetzt werden.

Eine weitere Möglichkeit zur Schadensbegrenzung in großvolumigen Umschließungen und Rohrleitungen ist die Explosionsunterdrückung. Ziel dieses Schutzsystems ist es, das Erreichen von p_{max} zu verhindern. Das Prinzip der Explosionsunterdrückung ist denkbar einfach. Ein Detektorsystem registriert die einsetzende Explosion und sendet ein Signal. Darauf öffnen sich Ventile und Löschpulver aus einem Löschmittelbehälter gelangt in das System. Die Explosion kommt zum Erliegen. Voraussetzung für die Funktionsfähigkeit der Explosionsunterdrückung ist eine ausreichende Druckfestigkeit, der mindestens dem Wert p_{red} entsprechen muss (Siwek 2004, S. 532).

2.4 Gefährdungsbeurteilung

Die Gefährdungsbeurteilung bezeichnet ein Vorgehen zur Planung von Schutzmaßnahmen. Es handelt sich dabei um einen Prozess, der immer dann angestoßen wird, wenn sich z. B. Stoffe, Arbeitsverfahren oder die Arbeitsplatzbedingungen ändern. Eine besondere Herausforderung stellt die Explosionsgefährdung dar. Neben methodischen Kenntnissen sind fachliche Kompetenzen zu den Stoffen und technischen Verfahrensabläufen notwendig. Zentrales Anliegen der Gefährdungsbeurteilung ist die Überprüfung der Explosionsschutzmaßnahmen im Hinblick auf Eignung und Wirksamkeit. Schritt für Schritt wird jedes Maßnahmenpaket im Hinblick auf diese Kriterien überprüft. Dabei gilt es, die festgelegte Reihenfolge der Maßnahmenpakete zu beachten.

Die Gefährdungsbeurteilung beginnt mit der Informationsbeschaffung. Am Anfang steht die Frage nach Art und Menge brennbarer Stoffe und nach den Tätigkeiten, bei denen diese auftreten oder entstehen. Die Kennzeichnung nach CLP-Verordnung und das Sicherheitsdatenblatt liefern erste Antworten. Allerdings sind diese Quellen häufig nicht ausreichend, denn zu den gefährlichen Stoffen zählen auch solche, die durch das Arbeitsverfahren entstehen. In der Gefahrgut- und Gefahrstoff-Logistik betrifft das vor allem Feststoffe, die verladen oder umgeschlagen werden. Der dabei freiwerdende Staub kann brand- oder explosionsfähige Gemische bilden. Insbesondere organische Stäube wie z. B. Mehl- oder Getreidestaub sind zu berücksichtigen. Aber auch Abfallprodukte wie z. B. Späne und trockene Rückstände aus der Bearbeitung von Aluminium oder Magnesium zählen dazu.

Während die Identifizierung brennbarer Stoffe noch zu den einfacheren Aufgaben gehört, erfordert die Abschätzung der Mengen und der Bereiche, in denen die Explosionsgefährdung auftreten kann, schon detailliertes Fachwissen. An dieser Stelle der Gefährdungsbeurteilung sind sicherheitstechnische Kenngrößen hilfreich (TRGS 720 2021, Nr. 2.3).

Bereits in dieser frühen Phase der Gefährdungsbeurteilung geht es um die Feststellung, welche Maßnahmen bereits wirksam sind. Zu berücksichtigende Aspekte sind die Dichtheit der Umschließungen, die Wirkung der natürlichen Lüftung und organisatorische Maßnahmen wie beispielsweise die Beseitigung möglicher Staubablagerungen (TRGS 721 ▶ Abschn. 2.3). Am Ende ist die Frage zu beantworten, ob die Entstehung eines gefährlichen explosionsfähigen Gemisches möglich ist (Info-Box: „Zentrale Begriffe des Explosionsschutzes").

Die Frage nach der Gefährlichkeit eines explosionsfähigen Gemisches ist nur im Einzelfall zu beantworten. Schließlich gibt es viele Einflussgrößen. Um die Entscheidung zu erleichtern, können folgende Regeln genutzt werden:

— Bei einem zusammenhängenden Volumen von 10 l eines Gas- bzw. Dampf-Luft-Luft-Gemisches wird eine gefährliche explosionsfähige Atmosphäre angenommen. Diese Einschätzung geht von einer Volumenvergrößerung auf das

6 – 8 fache infolge des Temperaturanstiegs nach der Entzündung aus (Steen 2004, S. 619)

— Bei Stäuben nimmt man die Bildung einer gefährlichen explosionsfähigen Atmosphäre an, wenn Staubablagerungen mit einer Schichtdicke von mindestens 1 mm entstehen können (TRGS 721 ▶ Abschn. 3.4.3 Absatz 3).

Gelangt man zum Ergebnis, dass die Bildung einer gefährlichen explosionsfähigen Atmosphäre möglich ist, folgt der nächste Schritt. Dieser besteht aus der Überprüfung der Schutzmaßnahmen. Dazu ist folgende Reihenfolge einzuhalten:
1. Verhinderung oder Einschränkung gefährlicher explosionsfähiger Atmosphäre;
2. Vermeidung der Entzündung;
3. Beschränkung der Ausbreitung oder Auswirkungen einer Explosion.

Sind die erforderlichen Maßnahmen getroffen, besteht der letzte Schritt der Gefährdungsbeurteilung darin, die Wirksamkeit der getroffenen Maßnahmen sicherzustellen.

Die Dokumentation steht am Ende der Gefährdungsbeurteilung. Ein Explosionsschutzdokument ist zwar aus rechtlicher Sicht zwingend erforderlich, aber Vorgaben hinsichtlich Form und Inhalt gibt es nicht. Es gibt viele Argumente, die für eine ausführliche Dokumentation sprechen. Dazu gehört u. a., dass sie den Wiedereinstieg in den Prozess bei Veränderungen erleichtert. Tab. 2.23 enthält einen Vorschlag für die inhaltliche Gliederung eines Explosionsschutzdokuments.

Eine Arbeitshilfe für die Gefährdungsbeurteilung ist das „Einfache Maßnahmenkonzept Gefahrstoffe" (EMKG) Modul Brand und Explosion". Es geht auf den „Control-Banding Ansatz" zurück (▶ Abschn. 1.3.3).

Das EMKG besteht aus folgenden Schritten (◻ Abb. 2.18):

◻ **Tab. 2.23** Inhaltliche Gliederung des Explosionsschutzdokuments (nach DGUV Information 213-106, S. 17)

Nr.	Inhalt	Nr.	Inhalt
1	Betrieb, Betriebsteil, Arbeitsbereich	5	Stoffdaten
2	Verantwortliche Personen, Erstellungsdatum	6	Bereiche mit Auftreten gefährlicher explosionsfähiger Gemische
3	Bauliche Gegebenheiten	7	Explosionsschutzkonzept (Vermeidung der Bildung, Zoneneinteilung und wirksame Zündquellen, Maßnahmen zur Schadensminimierung, organisatorische Maßnahmen)
4	Verfahrensbeschreibung		

2

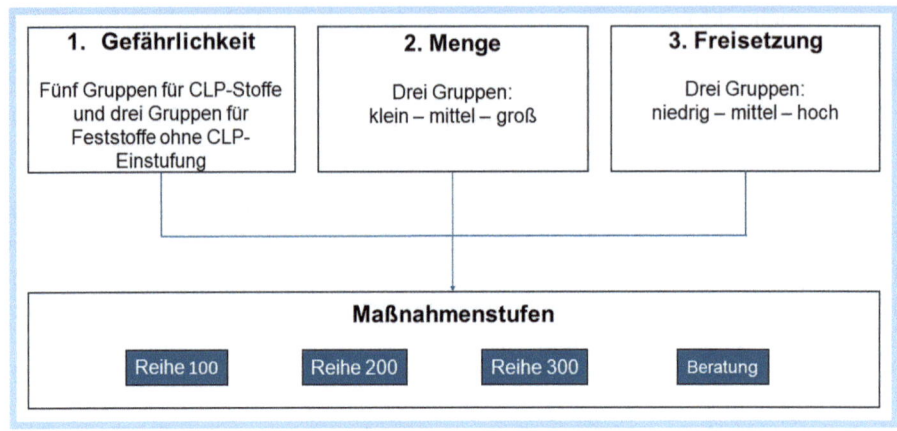

■ **Abb. 2.18**   EMKG Modul Brand und Explosion – Struktur. (Quelle: eigene Darstellung)

1. Gefährlichkeitsgruppe
   Ausgangspunkt für die Zuordnung zu einer Gefährlichkeitsgruppe sind die Stoffeigenschaften. Für brennbare Stoffe, für die es eine Einstufung nach der CLP-Verordnung gibt, werden die H-Sätze (Gruppe H200 ff. physikalische Gefährdungen) zur Gruppenzuordnung genutzt. Zusätzlich besteht die Möglichkeit zur Nutzung der EUH-Hinweise. Insgesamt wird zwischen fünf Gefährlichkeitsgruppen unterschieden. Feststoffe ohne Einstufung nach CLP-Verordnung werden in drei Gruppen unterteilt. Kriterium für die Einteilung ist in diesem Fall die *Brennzahl* (■ Tab. 2.4).
2. Mengengruppe
   Auf die Zuordnung zur Gefährlichkeitsgruppe folgt die Abschätzung der verwendeten Mengen. Ausgangspunkt ist das Mengenvolumen je Tätigkeit und Schicht. Es wird eine Zuordnung zu einer von drei Gruppen vorgenommen. Zur Einschätzung werden die Volumina bei Flüssigkeiten bzw. die Masse bei Feststoffen genutzt.
3. Freisetzungsgruppe
   Die Freisetzungsgruppe gibt Auskunft über die Intensität der Durchmischung mit der Luft. Für Flüssigkeiten werden dazu Dampfdruck und Siedepunkt genutzt. Vorausgesetzt wird dabei eine Anwendungstemperatur von 20 °C. Bei abweichenden Temperaturen ist eine Umrechnung notwendig. Für Feststoffe ist das Staubungsverhalten ausschlaggebend.
4. Maßnahmenfestlegung
   Alle Gruppen werden in einer Matrix mit der Maßnahmenstufe zusammengeführt. Es werden drei Maßnahmenstufen unterschieden. Zusätzlich wird

eine Beratung empfohlen, sofern bestimmte Fallkonstellationen vorliegen. Jede Maßnahmenstufe ist durch Schutzleitfäden mit konkreten Umsetzungsbeispielen unterlegt.

5. Wirksamkeitsprüfung

Die Wirksamkeitsprüfung steht am Ende des EMKG-Prozesses. Hierzu werden Vorschläge u. a. für die Instandhaltung und Reinigung gemacht. Wenn dieser Teil des EMKG abgeschlossen ist, werden die Ergebnisse im Explosionsschutzdokument festgehalten.

Das EMKG Modul Brand und Explosion eignet sich besonders für die Gefährdungsbeurteilung beim Umgang mit entzündbaren Flüssigkeiten und Feststoffen. Selbstzersetzliche Stoffe und organische Peroxide sowie starke Oxidationsmittel sind eingeschlossen. Folgende Anwendungsfälle sind dagegen ausgeschlossen (Schweitzer-Karababa et al., S. 9):

— Handhabung von Gasen;
— Gefährliche Stoffe, die durch das Arbeitsverfahren entstehen;
— Lagerung brennbarer Stoffe.

Übung: „Anwendung des EMKG-Modul Brand und Explosion"

In einem Logistikunternehmen ist die Abfüllung von Hexan aus einem liegenden Gebinde (Gesamtvolumen 60 l) geplant. Vorgesehen ist, jeweils viermal täglich eine Menge von 2 l Hexan abzufüllen. Die Umgebungs- und Verarbeitungstemperatur beträgt höchstens 20 °C.

1. Bestimmung der Gefährlichkeitsgruppe

   Hexan ist nach der CLP-Verordnung als entzündbare Flüssigkeit der Kategorie 2 eingestuft. Der bestimmende H-Satz ist H225 „Flüssigkeit und Dampf leicht entzündbar". Daraus ergibt sich eine Zugehörigkeit zur Gefährlichkeitsgruppe C (Schweitzer-Karababa et al., S. 23)

2. Bestimmung der Mengengruppe

   Je Abfüllvorgang wird eine Menge von 2 l abgefüllt. Daraus ergibt ich eine Zuordnung zur Mengengruppe „mittel" (Schweitzer-Karababa et al., S. 26).

3. Bestimmung der Freisetzungsgruppe

   Hexan hat einen Dampfdruck von 162 hPa (bei T = 20 °C) und einen Siedepunkt von 69 °C. Diese Eigenschaften führen zur Zuordnung der Freisetzungsgruppe „mittel" (Schweitzer-Karababa et al., S. 27).

4. Maßnahmenfestlegung

   Für die beschriebene Tätigkeit ergibt sich die Festlegung der Maßnahmenstufe 2 (Schweitzer-Karababa et al., S. 30).

Gefährlichkeits-gruppe	Mengen-gruppe	Freisetzungsgruppe		
		niedrig	mittel	hoch
A	klein	Maßnahmenstufe 1	Maßnahmenstufe 1	Maßnahmenstufe 1
A	mittel	Maßnahmenstufe 1	Maßnahmenstufe 1	Maßnahmenstufe 2
A	groß	Maßnahmenstufe 1	Maßnahmenstufe 2	Maßnahmenstufe 2
B	klein	Maßnahmenstufe 1	Maßnahmenstufe 1	Maßnahmenstufe 1
B	mittel	Maßnahmenstufe 1	Maßnahmenstufe 2	Maßnahmenstufe 2
B	groß	Maßnahmenstufe 2	Maßnahmenstufe 2	Maßnahmenstufe 3
C	klein	Maßnahmenstufe 1	Maßnahmenstufe 1	Maßnahmenstufe 1 (flüssig) / Maßnahmenstufe 2 (fest)
C	mittel	Maßnahmenstufe 2	Maßnahmenstufe 2	Maßnahmenstufe 2 (flüssig) / Maßnahmenstufe 3 (fest)
C	groß	Maßnahmenstufe 2	Maßnahmenstufe 3	Maßnahmenstufe 3
D	unabhängig	Beratung	Beratung	Beratung
E	unabhängig	Beratung	Beratung	Beratung

Die Tätigkeit ist mit einer erhöhten Brand- und Explosionsgefährdung verbunden. Als vordringliche Maßnahme wird die Substitution durch einen weniger gefährlichen Stoff empfohlen. Ist das nicht möglich, sind folgende Maßnahmen umzusetzen:

- Erweiterte Brandschutzmaßnahmen;
- Emissionsmindernde Maßnahmen;
- Vorbeugender Explosionsschutz;
- Vermeidung wirksamer Zündquellen.

2.5 Zusammenfassung

Brände kosten Menschenleben und verursachen enorme Sachschäden. Noch fataler gestalten sich die Folgen einer Explosion. Die Druckwelle führt dazu, dass selbst in entfernteren Bereichen um die Entstehungsstelle Schäden entstehen. Zu Bränden und Explosionen kommt es, wenn mindestens drei Voraussetzungen gegeben sind. Dazu zählen ein brennbarer Stoff, ein Oxidationsmittel und eine wirksame Zündquelle.

Brennbare Stoffe kommen in jedem Aggregatzustand vor. Sie können als Reinstoff oder im Gemisch vorliegen. Vor allem organische Stoffe haben brennbare Eigenschaften. Zur Einschätzung werden sicherheitstechnische Kenngrößen ermittelt. Sie gelten für atmosphärische Bedingungen.

Sauerstoff ist das bekannteste Oxidationsmittel. Sein Volumenanteil in der atmosphärischen Luft beträgt ca. 21 %. Andere bekannte Oxidationsmittel sind Halogene.

Nicht zuletzt ist eine Zündquelle notwendig, um den Brand oder die Explosion auszulösen. Es werden mehrere Zündquellenarten unterschieden. Neben dem offenen Feuer sind es vor allem elektrische Zündfunken, die als Zündquelle infrage kommen.

Chemisch betrachtet handelt es sich bei einer Verbrennung um eine Redox-Reaktion. Die vollständige Verbrennung wird durch die Summenformel dargestellt. In der Gefahrgut- und Gefahrstoff-Logistik sind unvollständige Verbrennungen die Regel. Der Verbrennungsvorgang ist komplex und erfolgt unter Bildung von Radikalen. Verbrennungen sind regelmäßig mit Wärmefreisetzung verbunden. In der Praxis wird zwischen Brennwert und Heizwert unterschieden.

Brandschutzmaßnahmen haben den Zweck, Menschen und Umwelt zu schützen. Der vorbeugende Brandschutz ist darauf ausgelegt, Brände zu vermeiden bzw. deren Ausbreitung zu verhindern. Das gelingt vorrangig durch eine geeignete Auswahl der Baustoffe. Technische Maßnahmen wie z. B. Brandmelde- und Löschanlagen tragen zur Vermeidung eine Brandausbreitung bei. Nicht zuletzt sind Qualifizierung und Information der Mitarbeitenden wichtige Präventionsmittel.

Zum Schutz vor Explosionen sind weitergehende Maßnahmen notwendig. Sie beginnen damit, die Bildung explosionsfähiger Gemische zu verhindern bzw. deren Ausbreitung einzuschränken. Durch Inertisierung, Lüftung und Konzentrationsbegrenzung ist dieses erreichbar. Lässt sich das explosionsfähige Gemisch nicht verhindern, sind technische Maßnahmen zur Zündvermeidung notwendig. Die Auswahl geeigneter Geräte gehört dazu. Die Zoneneinteilung ermöglicht eine variable Geräteauswahl. Besteht auch nach Zündquellenvermeidung eine Explosionsrisiko, geht es darum, mögliche Schadensfolgen zu minimieren. Explosionsfeste Konstruktion sowie der Einsatz von Schutzsystemen zur Explosionsentlastung und -unterdrückung sind typische Beispiele.

Welche Brand- und Explosionsschutzmaßnahmen im Einzelfall zu treffen sind, ist Gegenstand des betrieblichen Brand- und Explosionsschutzkonzepts. Die Gefährdungsbeurteilung dient dazu, geeignete Schutzmaßnahmen festzulegen. Dazu werden die stofflichen Risiken erfasst und mit möglichen Schutzmaßnahmen abgeglichen. Die Gefährdungsbeurteilung erfordert ein fundiertes Fachwissen. Ein vereinfachtes Vorgehen beschreibt das „Einfache Maßnahmen Konzept Modul Brand und Explosion". Das Modell verbindet gefährliche Stoffeigenschaften mit Mengen und Freisetzungen und leitet daraus Schutzmaßnahmen ab.

2.6 Aufgaben und Fragen zur Vertiefung

1. Welche Gefahrklassen bzw. Gefahrenklassen befassen sich mit brand- und explosionsgefährlichen Stoffsystemen? Gibt es Gemeinsamkeiten bzw. Unterschiede zwischen dem Gefahrgut- und Chemikalienrecht?
2. Erläutern Sie, warum es sich bei einer Kerzenflamme um eine nicht vorgemischte Flamme handelt!
3. Bei einem Verkehrsunfall kommt es zur Freisetzung von Benzin, das sich sofort entzündet.

2

– Welche Merkmale weist die Flamme auf?
– Wie lautet die Summenformel für den Fall einer vollständigen Verbrennung unter der Annahme, dass Benzin fast vollständig aus Oktan besteht?
– Welcher Stoff wird oxidiert und welcher reduziert?
– Welcher Volumen-, Massen- und Stoffmengenanteil des Oktans in der Luft ist für eine vollständige Verbrennung mindestens erforderlich?
– Welche Menge Kohlenstoffdioxid ist bei einer Verbrennung von 5 kg Oktan zu erwarten?
– Welche Verbrennungswärme wird bei der Umsetzung von 5 kg Oktan frei?

4. Erläutern Sie die Umstände, die zu einem BLEVE führen!
5. Was unterscheidet eine sicherheitstechnische Kenngröße von einer physikalischen Größe?
6. Welche Bedeutung hat der Dampfdruck für die Brandentstehung?
7. Bei der Bestimmung der Brennzahl eines Staubes wird „keine Entzündung" registriert.
– Welcher Brennzahl entspricht die Beobachtung?
– Welche Änderungen sind bei steigender Sauerstoffkonzentration zu erwarten?
8. Warum nimmt die Mindestzündenergie mit steigender Temperatur ab?
9. In einem Gaslager soll zukünftig ausschließlich Propangas in Gasflaschen gelagert werden.
– Wie lautet die Summenformel unter der Annahme einer vollständigen Verbrennung?
– Welche Volumenkonzentration in der Luft ist erforderlich?
– Mit welcher Verbrennungswärme ist zu rechnen?
– Wie verhält sich die Verbrennungswärme zum Brenn- und Heizwert?
– Welches Löschmittel ist zu empfehlen?
– Das Lager wird regelmäßig von Personen betreten. Elektrostatische Aufladungen in der Größenordnung von 7 mJ sind nicht auszuschließen. Welche Folgen sind zu erwarten?
– Vorsorglich sollen Explosionsschutzmaßnahmen geplant werden. Das gesamte Lager wird als Zone 2 betrachtet. Welche Kennzeichnung müssen die Leuchten im Lager mindestens aufweisen?
10. Was verstehen Sie unter einem Brandschutzkonzept?
11. Welche Brandmelder eignen sich besonders für die Detektion unvollständiger Verbrennungen?
12. Was ist unter einem antikatalytischen Effekt zu verstehen?
13. Welches Löschmittel eignet sich zur Brandbekämpfung entzündbarer Flüssigkeiten?
10. Wasser ist ein universelles Löschmittel. Es ist gleichzeitig ein Verbrennungsprodukt. Warum erlischt eine Flamme nicht durch das Reaktionsprodukt Wasser?
15. Erläutern Sie die Bedeutung des Dispersionsgrads für flüssige und feste Stoffe!
16. In einem Lagerraum werden 3 l Aceton in einem offenen Gebinde gelagert. Nach geraumer Zeit ist die gesamte Menge verdunstet.

- Welche Volumenkonzentration stellt sich im Lager (freies Raumvolumen 25 m^3) ein unter der Voraussetzung, dass ein Luftaustausch mit der Umgebung ausgeschlossen ist?
- Handelt es sich um eine gefährliche explosionsfähige Atmosphäre?
- Welche Lüftungsmaßnahmen sind geeignet, die Bildung einer explosionsfähigen Atmosphäre zu verhindern?

17. Ein Lagertank mit Hexan soll mit Kohlenstoffdioxid inertisiert werden. Welcher Gesamtdruck im Inneren ist zu erwarten?
18. Welche Zonen werden bei Auftreten eines Gas- bzw. Dampf-Luft-Gemisches unterschieden?
19. Welche Kennzeichnung müssen Geräte ist zur Verwendung in der Explosionsschutzzone 1 aufweisen?

Literatur

Allianz. 2022. Global Claims Review 2022. *Feuer, Naturkatastrophen und fehlerhafte Verarbeitung sind die Hauptursachen für Versicherungsschäden bei Unternehmen in Deutschland und weltweit.* [Online] Allianz, 19. Juli 2022. [Zitat vom: 29. April 2025.] ► https://commercial.allianz.com/news-and-insights/news/claims-review-2022-de.html#:~:text=Feuer%2C%20Naturkatastrophen%20und%20fehlerhafte%20Verarbeitung,Unternehmen%20in%20Deutschland%20und%20weltweit&text=Globale%20Analyse%20der%20AGCS%20von,Euro.

ArbStättV. *Arbeitsstättenverordnung vom 12. August 2004 (BGBl. I S. 2179), zuletzt geändert durch Artikel 4 des Gesetzes vom 22. Dezember 2020 (BGBl. I S. 3334).*

ASR A2.3. 2022. *Technische Regeln für Arbeitsstätten „Fluchtwege und Notausgänge". GMBl 2022, S. 227.* 2022. März 2022.

Blome, H. 2023. *Sauerstoff-Index, RD-19-00541 in Böckler F.;Dill, RÖMPP [Online].* Stuttgart: Georg Thieme Verlag, November 2023.

Brandes E. et al. 2004. Properties of Reactive Gases and Vapours (Safety Characteristics). [Buchverf.] M. Hattwig und H. Steen. *Handbook of Explosion Prevention and Protection.* Weinheim: Wiley-VCH, 2004, S. 271–322.

Brandes, E., Möller W. 2003. *Sicherheitstechnische Kenngrößen Band 1: Brennbare Flüssigkeiten und Gase.* Bremerhaven: Wirtschaftsverlag NW, 2003.

Bussenius, S. 1996. *Wissenschaftliche Grundlagen des Brand- und Explosionsschutzes.* Stuttgart, Berlin, Köln: W. Kohlhammer GmbH, 1996.

CTIF. 2023. Center for Fire Statistics World Fire Statistics Report / Informe/ Bericht No 28. [Online] 2023. [Zitat vom: 15. Oktober 2023.] ► https://www.ctif.org/sites/default/files/2023-06/CTIF_Report28-ESG.pdf.

DFV. *Statistische Entwicklung.* [Online] [Zitat vom: 05. März 2025.] ► https://www.feuerwehrverband.de/app/uploads/2023/11/231128_Statistik-Webseite.pdf.

DGUV Information 213-106. *Explosionsschutzdokument.* Juni 2021.

DIN 14011. 2018. DIN 14011 Feuerwehrwesen – Begriffe. Januar 2018.

DIN 14096. 2014. *Brandschutzordnung – Regeln für das Erstellen und das Aushängen.* 2014.

DIN 4102-1. 1998. *Brandverhalten von Baustoffen und Bauteilen – Teil 1: Baustoffe; Begriffe, Anforderungen und Prüfungen.* 1998.

DIN 4102-2. 1977. *Brandverhalten von Baustoffen und Bauteilen; Bauteile, Begriffe, Anforderungen und Prüfungen.* 1977.

DIN 4102-4. 2016. *Brandverhalten von Baustoffen und Bauteilen – Teil 4: Zusammenstellung und Anwendung klassifizierter Baustoffe, Bauteile und Sonderbauteile.* 2016.

DIN 51794. 2003. *Prüfung von Mineralölkohlenwasserstoffen Bestimmung der Zündtemperatur.* Mai 2003.

2

DIN 51900. 2023. *Prüfung fester und flüssiger Brennstoffe – Bestimmung des Brennwertes mit dem Bombenkalorimeter und Berechnung des Heizwertes.* 2023.

DIN EN 13501-1. 2019. *Klassifizierung von Bauprodukten und Bauarten zu ihrem Brandverhalten – Teil 1: Klassifizierung mit den Ergebnissen aus den Prüfungen zum Brandverhalten von Bauprodukten; Deutsche Fassung EN 13501-1:2018.* 2019.

DIN EN 15967. 2022. *Verfahren zur Bestimmung des maximalen Explosionsdruckes und des maximalen zeitlichen Druckanstieges für Gase und Dämpfe; Deutsche Fassung EN 15967:2022.* März 2022.

DIN EN 17077. 2018. Bestimmung des Brandverhaltens von Staubschichten; Deutsche Fassung EN 17077:2018. Berlin: s.n., Juli 2018.

DIN EN 2. 2005. *Brandklassen.* 2005.

DIN EN 54-1:2021-08. *Brandmeldeanlagen – Teil 1: Einleitung; Deutsche Fassung EN 54-1:2021.*

DIN EN ISO 4589-1. 2017. Kunststoffe – Bestimmung des Brennverhaltens durch den Sauerstoff-Index – Teil 1: Allgemeine Anforderungen (ISO 4589-1:2017); Deutsche Fassung EN ISO 4589-1:2017. Berlin: s.n., 2017.

Frenking, G. 2004. *Elektronegativität, RD-05-00703.* Stuttgart: RÖMPP [Online], Georg Thieme Verlag, 2004.

Fricke, J. 1978. Die Physik einer Kerzenflamme. *Physik.* 1978, Bd. 9, 6, S. 163 - 164, ▶ https://doi.org/10.1002/piuz.19780090601.

GDV. 2024. Gesamtverband der deutschen Versicherungswirtschaft e. V. (GDV). *GDV-Bericht Schadenverhütung in der Sachversicherung 2023/2024.* [Online] 14. Mai 2024. [Zitat vom: 07. März 2025.] ▶ https://www.gdv.de/resource/blob/182372/10f3a078837707595e89baab0a09c755/schaden-verhuetung-in-der-sachversicherung-2023-2024-download-data.pdf.

Goertz, R. und Ladzinski, F. 2022. *Konzeptioneller Brandschutz.* Berlin: Erich Schmidt Verlag, 2022.

Grote, K.-H., Bender, B., Göhlich, D. (Hrsg.). 2018. *Dubbel Taschenbuch für den Maschinenbau.* Berlin: Springer Vieweg, 2018.

Hahn, A. 2017. *Dispersionsgrad RD-04-04046.* Stuttgart: Georg Thieme Verlag, 2017.

Hattwig, M., Krause, U. und Proust, C. 2004. Explosion Venting. [Buchverf.] M. Hattwig und H. Steen. *Handbook of Explosion Prevention and Protection.* Weinheim: Wiley-VCH, 2004, S. 493–531.

Hensel, W. und Cashdollar, K. L. 2004. Properties of Combustible Dusts (Safety Characteristics). [Buchverf.] M. Hattwig und H. Steen. *Handbook of Explosion Prevention and Protection.* Weinheim: Wiley-VCH, 2004, S. 379–418.

Holleman E.F., Wiberg E., Wiberg N. 2017. *Anorganische Chemie Band 1 Grundlagen und Hauptgruppenelemente.* Berlin/Boston: de Gruyter, 2017.

IFS. 2023. Die häufigsten Brandursachen. [Online] 7. Juli 2023. [Zitat vom: 09. November 2023.] ▶ https://www.ifs-ev.org/die-haeufigsten-brandursachen/.

Kraft, M. 2015. *Betrieblicher Brandschutz Brandschutzordnung – Leitfaden für die Umsetzung in der Praxis.* Köln: FeuerTRUTZ Network, 2015. 2., aktualisierte und erweiterte Auflage.

Kramer, P., Braun, M., Bendels, K. H. 2019. Was ist eine Staubexplosion? *Zentralblatt für Arbeitsmedizin, Arbeitsschutz und Ergonomie.* 1, 2019, S. 33 - 37.

Kraus F. J., Luck H. 1978. *Zeitkontinuierliches Meßsystem zur Charakterisierung von Aerosolen.* Opladen: Westdeutscher Verlag, 1978.

Luerßen, B., Peppler, K.; Ries, M., Janek, J., Over, H. 2015. Ein physikalisch-chemisches Wunderwerk...Die Kerze. *Chemie in unserer Zeit.* 49, 2015, S. 362–370.

Lüttgens, G., Schubert, W., Lüttgens, S., von Pidoll, U., Emde, S. 2020. *Statische Elektrizität Durchschauen – Überwachen – Anwenden.* Weinheim: WILEY-VCH Verlag, 2020.

MBO. 2022. MUSTERBAUORDNUNG -MBO- Fassung November 2022 zueltzt geändert durch Beschluss der Bauministerkonferenz vom 22./23.09.2022. 2022.

MIndBauRL. 2019. *Muster-Richtlinie über den baulichen Brandschutz im Industriebau (Muster-Industriebau-Richtlinie. MIndBauRL).* Mai 2019.

Mortimer, C. E. 2001. *Chemie Das Basiswissen der Chemie.* Stuttgart New York: Georf Thieme Verlag, 2001.

Oppelt, U. 2018. Detektoren für die Brandmeldetechnik. [Hrsg.] Tränkler, H.-R. und Reindl, L. M.. *Sensortechnik Handbuch für Praxis und Wissenschaft.* 2. völlig neu bearbeitete Auflage. Berlin, Heidelberg: Springer Vieweg, 2018, S. 1449 - 1481.

Patel, V. 2019. *Bremens schwerste Explosion seit dem Krieg fordert 14 Opfer.* [Online] Radio Bremen, 06. Februar 2019. [Zitat vom: 13. Juni 2025.] ▶ https://www.butenunbinnen.de/nachrichten/mehl-staubexplosion-rolandmuehle-bremen-100.html.

Plewinsky, B., Hennecke, M., Oppermann, W. 2012. Chemie. [Buchverf.] M. Hennecke H. Czichos. *Hütte Das Ingenieurwissen.* Berlin Heidelberg: Springer Vieweg, 2012.

Portz, Henry. 2005. *Brand- und Explosionsschutz von A-Z.* Wiesbaden: Vieweg+Teubner Verlag, 2005.

PTB. Chemsafe. *Datenbank für sicherheitstechnische Kenngrößen des Explosionsschutzes.* [Online] Gemeinschaftsprojekt Physikalisch-technische Bundesanstalt (PTB), Bundesanstalt für Material-forschung und -prüfung (BAM), Gesellschaft für Chemische Technik und Biotechnologie e. V. (DECHEMA). [Zitat vom: 07. März 2024.] ▶ https://www.chemsafe.ptb.de/.

Richtlinie 2014/34 (EU). *Richtlinie 2014/34/EU des Europäischen Parlaments und des Rates vom 26. Februar 2014 zur Harmonisierung der Rechtsvorschriften der Mitgliedstaaten für Geräte und Schutz-systeme zur bestimmungsgemäßen Verwendung in explosionsgefährdeten Bereichen.* ABl. L 96 vom 29.3.2014, S. 309–356: s.n.

Rodewald, Gisbert. 2007. *Brandlehre.* Stuttgart: W. Kohlhammer GmbH, 2007.

Schmiermund, Torsten. 2019. *Das Chemiewissen für die Feuerwehr.* Berlin: Springer Verlag GmbH, 2019.

Schweitzer-Karababa, I. et al. Bundesanstalt für Arbeitsschutz und Arbeitsmedizin (BAuA). *Forschung Projekt F 2265 EMKG-Leitfaden Modul Brand und Explosion.* [Online] [Zitat vom: 07. März 2025.] ▶ https://www.baua.de/DE/Angebote/Publikationen/Berichte/Gd65.

Siwek, R. 2004. Explosion Suppression. [Buchverf.] M. Hattwig und H. Steen. *Handbook of Explosion Prevention and Protection.* Weinheim: Wiley-VCH, 2004, S. 531–559.

Sommerfeld, H. 1998. *Brand- und Explosionsschutz als Bestandteile des Risikomanagements.* Stuttgart, Berlin, Köln: W. Kohlhammer GmbH, 1998.

Steen, H. 2004. Fundamentals of Understanding and Judging Explosion Risks. [Buchverf.] M. Hattwig und H. Steen. *Handbook of Explosion Prevention and Protection.* Weinheim: Wiley-VCH, 2004.

TRGS 510. *Lagerung von Gefahrstoffen in ortsbeweglichen Behältern.* s.l.: GMBl 2021 S. 178–216 [Nr. 9–10] (v. 16.2.2021). Dezember 2020.

TRGS 720. *Gefährliche explosionsfähige Gemische – Allgemeines.* s.l.: GMBl 2020 S. 419–426 [Nr. 21] (v. 24.07.2020), berichtigt: GMBl 2021 S.399 [Nr. 17–19] (v. 16.03.2021). Juli 2020.

TRGS 721. *Gefährliche explosionsfähige Gemische – Beurteilung der Explosionsgefährdung.* s.l.: GMBl 2020 S. 807–814 [Nr. 38] (v. 02.10.2020), berichtigt GMBl 2020 S. 1116 [Nr. 51] (v. 21.12.2020). Oktober 2020.

TRGS 722. *Vermeidung oder Einschränkung gefährlicher explosionsfähiger Gemische.* s.l.: GMBl 2021 S. 399–415 [Nr. 17–19] (vom 16.03.2021), geändert und ergänzt GMBl 2022 S. 196 [Nr. 8] (v. 14.3.2022). Februar 2021.

TRGS 723. *Gefährliche explosionsfähige Atmosphäre – Vermeidung der Entzündung explosionsfähiger Atmsophäre.* s.l.: GMBl 2019 S. 638–656 [Nr. 33–34] v. 26.08.2019, geändert: GMBl 2020 S. 815 [Nr. 38] v. 02.10.2020. Juli 2019.

TRGS 724. *Gefährliche explosionsfähige Gemische – Maßnahmen des konstruktiven Explosionsschutzes, welche die Auswirkung einer Explosion auf ein unbedenkliches Maß beschränken.* s.l.: GMBl 2019 S. 656–664 [Nr. 33–34] v. 26.08.2019. Juli 2019.

TRGS 727. *Vermeidung von Zündgefahren infolge elektrostatischer Aufladungen.* s.l.: GMBl 2016 S. 256–314 [Nr. 12–17] (v. 26.04.2016), berichtigt: GMBl 2016 S. 623 [Nr. 31] (vom 29.07.2016). Januar 2026.

Urban, G. 2018. Physikalische Sensoreffekte. [Hrsg.] Tränkler, H.-R. und Reindl, L. M.. *Sensortech-nik Handbuch für Praxis und Wissenschaft.* 2. völlig neu bearbeitete Auflage. Berlin Heidelberg: Springer Vieweg, 2018, S. 55–104.

Verordnung (EG) Nr. 440/2008. *VERORDNUNG (EG) Nr. 440/2008 DER KOMMISSION v. 30. Mai 2008 zur Festlegung v. Prüfmethoden gemäß der Verordnung (EG) Nr. 1907/2006 des Europäischen Parlaments u. des Rates zur Registrierung, Bewertung, Zulassung u. Beschränkung chemischer Stoffe (REACH).* ABl. L 142 vom 31.5.2008, S. 1: s.n.

Verordnung (EU) Nr. 305/2011. *VERORDNUNG (EU) Nr. 305/2011 DES EUROPÄISCHEN PARLAMENTS UND DES RATES vom 9. März 2011 zur Festlegung harmonisierter Bedingungen für die Vermarktung von Bauprodukten und zur Aufhebung der Richtlinie 89/106/EWG des Rates.* ABl. L 88 vom 4.4.2011, S. 5: s.n.

Warnatz, J. Maas, U., Dibble, R.W. 1997. *Verbrennung Physikalisch-Chemische Grundlagen, Modellierung und Simulation, Experimente, Schadstoffentstehung.* 2. Auflage. Berlin Heidelberg: Springer, 1997.

Entzündbare Stoffe

Inhaltsverzeichnis

3

Was Sie im vorherigen Kapitel erfahren haben

Brand- und Explosionsgefährdungen richten regelmäßig große Schäden an. Um diese zu vermeiden, sind Kenntnisse über den Verbrennungsvorgang notwendig. Neben den Voraussetzungen – brennbarer Stoff, Oxidationsmittel und Zündquelle – kennen Sie die chemischen und thermodynamischen Vorgänge einer Verbrennung. Weiterhin sind Ihnen die gängigen Brandschutzmaßnahmen bekannt. Eine besondere Erscheinungsart der Verbrennung ist die Explosion. Sie erfordert weitergehende Schutzmaßnahmen, die im Rahmen einer betrieblichen Gefährdungsbeurteilung festgelegt werden. Mit dem „Einfachen Maßnahmenkonzept Modul Brand und Explosion" existiert ein einfaches Verfahren, das für viele praktische Anwendungsfälle genutzt werden kann.

Was Sie in diesem Kapitel erwartet

Im Alltag treffen wir auf viele entzündbare Stoffe. Mitunter ist es schwierig, vom Stoff auf die entzündbaren Eigenschaften zu schließen. Gerade dieses Wissen ist jedoch für eine störungsfreie Beförderung und eine sichere Verwendung von enormer Bedeutung. Nur wer die gefährlichen Eigenschaften kennt, kann mögliche Reaktionen abschätzen und wirksame Gegenmaßnahmen ergreifen. Die Kennzeichnung hilft bei der Identifizierung und liefert gleichzeitig wertvolle Hinweise über mögliche Reaktionen. Voraussetzung ist allerdings die Kenntnis der Klassifizierung- und Einstufungsgrundlagen.

In diesem Kapitel dreht sich alles um entzündbare Stoffe. Zunächst geht es darum, Gemeinsamkeiten und offensichtliche Unterschiede in der Gruppe entzündbarer Stoffe kennenzulernen. Im Anschluss erfahren Sie mehr über die Grundlagen der Klassifizierung und Einstufung entzündbarer Stoffe und die zugehörigen sicherheitstechnischen Kenngrößen. Die Identifizierung entzündbarer Eigenschaften allein reicht aber nicht aus, um geeignete Schutzmaßnahmen festzulegen. Hierzu ist eine Beurteilung der Explosionsgefährdung notwendig. Auch dafür sind sicherheitstechnische Kenngrößen erforderlich. Am Schluss dieses Kapitels erfahren Sie mehr über ausgewählte Schutzmaßnahmen für die Beförderung und für die betriebliche Verwendung.

3.1 Einführung

Vielen Menschen fällt es gegenwärtig schwer, sich einen Alltag ohne entzündbare Stoffe vorzustellen. Wir benötigen Sie, um von einem Ort zum anderen zu gelangen oder unsere Wohnungen auf behagliche Temperaturen zu bringen. Wie abhängig unser Leben von entzündbaren Stoffen ist, zeigt sich besonders an diesen alltäglichen Dingen. Aber entzündbare Stoffe haben auch negative Seiten. Schon seit langem ist bekannt, dass die Verbrennung zu einem drastischen Anstieg der

Kohlenstoffdioxid-Konzentration in der Atmosphäre führt. Entzündbare Stoffe sind einer der Hauptursachen für den Klimawandel. Abgesehen davon ist die Verwendung mit massiven Risiken für Menschen und Umwelt verbunden. Allein der Transport dieser Stoffe führt jedes Jahr zu zahlreichen Unfällen. Eine drastische Reduktion der Verbrauchsmengen wirkt sich daher nicht nur positiv auf das Klima aus, sondern verhindert menschliches Leid.

Allerdings belegen entzündbare Stoffe gegenwärtig noch die vorderen Plätze auf der Rangliste der transportierten gefährlichen Güter. Zwei Drittel der jährlich auf den europäischen Straßen beförderten Mengen entfallen auf diese Stoffgruppe. Ungefähr die Hälfte davon sind flüssige Stoffe (◘ Abb. 3.1).

Für die Unternehmen der Gefahrgut- und Gefahrstoff-Logistik ist es Teil des Geschäftsmodells, die Risiken bei Transport und Lagerung entzündbarer Stoffe zu beherrschen. Die Umsetzung der rechtlichen Rahmenbedingungen ist dabei nur ein erster Schritt. Sie sind längst nicht ausreichend, denn mindestens ebenso wichtig ist die Kenntnis der Mechanismen, die zu Bränden oder Explosionen führen. Nur dann ist sichergestellt, dass die getroffenen Schutzmaßnahmen wirkungsvoll sind und im Fall einer unbeabsichtigten Freisetzung zielgerichtet gehandelt wird.

Eine gute Durchmischung des entzündbaren Stoffes mit der Luft ist eine entscheidende Voraussetzung für eine Verbrennung. Dabei geht es nicht nur um das richtige Mengenverhältnis, sondern auch um die Art der Durchmischung. Je intensiver sich der entzündbare Stoff mit dem Sauerstoff der Luft vermischt, desto wahrscheinlicher und heftiger ist die Reaktion. Damit rückt der Aggregatzustand in den Fokus, denn von ihm hängt es ab, ob und wie schnell die Durchmischung erfolgt.

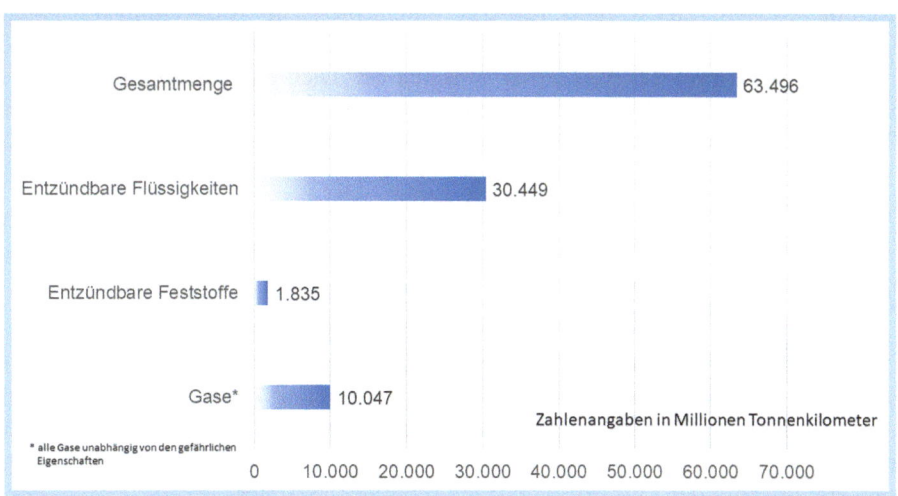

◘ **Abb. 3.1** Straßenbeförderung gefährlicher Güter in 2023 innerhalb der Europäischen Union EU-27 (Quelle: eigene Darstellung nach Daten von Eurostat 2024)

Entzündbare Gase sind in dieser Hinsicht besonders wirkungsvoll, denn sie durchmischen sich stets vollständig mit dem Sauerstoff der Luft. Im Sinne des Gefahrgut- und Chemikalienrechts handelt es sich bei Gasen um Stoffe, die

» *„[…] bei 20 °C und dem Standarddruck von 101,3 kPa vollständig gasförmig sind."* Verordnung (EG) Nr. 1272/2008 Anhang 1 Nr. 1.0 bzw. Holzhäuser und Ridder 2025, Abschnitt 1.2.1

Überträgt man diese Definition auf das Periodensystem der Elemente, entsprechen genau 11 Elemente und damit weniger als 10 % aller bekannten Elemente dieser Definition. Davon gilt lediglich Wasserstoff als entzündbar. In der Praxis trifft man jedoch auf weitaus mehr entzündbare Gase. Vielfach handelt es sich dabei um chemische Verbindungen mit einer geringen molaren Masse. Viele Kohlenwasserstoffverbindungen zählen beispielsweise dazu. Prominente Vertreter sind die Alkane wie z. B. Methan, Ethan und Propan, die sowohl als Reinstoff aber auch als Teil vieler Gemische verwendet werden. Bekannt ist das unter der Bezeichnung „Flüssiggas" vertriebene Gemisch aus Propan und Butan, das bevorzugt zu Heizzwecken eingesetzt wird.

Gase besitzen die Eigenschaft, sich stets homogen miteinander zu mischen. Kommt es zu einer unbeabsichtigten Gasfreisetzung, ist die Wahrscheinlichkeit für eine gute Durchmischung mit der umgebenden Luft daher sehr hoch und damit auch das Risiko für einen Brand oder eine Explosion. Für die Zündung sind nur geringe Energiebeträge notwendig.

Im Gegensatz zur Durchmischung ist das Ausbreitungsverhalten der Gase sehr unterschiedlich. Einzelne Gase sinken unmittelbar nach der Freisetzung auf den Boden und durchmischen sich von dort langsam mit der Luft. Andere Gase wiederum streben nach der Freisetzung nach oben, bevor sie sich im gesamten Raum verteilen. Der Grund für das unterschiedliche Ausbreitungsverhalten ist die Dichte des entzündbaren Gases im Verhältnis zur Dichte der Luft. Die relative Dichte, also das Verhältnis zwischen der Dichte des freigesetzten Gases und der umgebenden Luft, bestimmt die Art der Ausbreitung. Für Gase mit der Temperatur T_1 und dem Druck p_1 gilt (▶ Gl. 3.1):

$$d = \frac{\rho_{freigesetztesGas}(T_1/p_1)}{\rho_{trockeneLuft}(T_1/p_1)} \tag{3.1}$$

d = relative Dichte

$\rho_{trockene\ Luft}$ =1,2931 kg /m³ unter Normbedingungen T = 0 °C, p = 1013 hPa

Die relative Dichte d ist einheitenlos. Gase mit einer relativen Dichte d < 1 streben nach der Freisetzung zunächst nach oben und durchmischen sich von dort mit der Luft. Bei Wasserstoff ist das beispielsweise der Fall. Gase mit einer relativen Dichte d ≥ 1 sinken dagegen zunächst auf den Boden und durchmischen sich von dort mit der Luft. Propan ist ein typischer Vertreter.

In der Praxis ist es wichtig, die Ausbreitungsrichtung der Gase zu kennen. Dabei ist die Kenntnis konkreter Zahlenwerte von untergeordneter Bedeutung. Möchte man dennoch Details wissen, dann gibt es eine einfache Möglichkeit, das

Ausbreitungsverhalten über die molare Masse vorherzusagen. Dazu ist lediglich die chemische Formel des Gases und die Kenntnis der molaren Masse der Luft notwendig (Info-Box: „Abschätzung der relativen Dichte mithilfe der molaren Masse"). Ist die molare Masse des entzündbaren Gases größer als die der Luft, dann sinkt das freigesetzte Gas zunächst auf den Boden, bevor es sich mit der Luft durchmischt. Gase mit einer niedrigeren molaren Masse als Luft steigen dagegen bevorzugt nach oben.

Das Wissen um das Ausbreitungsverhalten ist eine wichtige Voraussetzung für die Festlegung wirksamer Schutzmaßnahmen. Beispielsweise erfordern Gruben und Schächte bei Freisetzung von Gasen mit einer relativen Dichte $d \geq 1$ besondere Beachtung, denn dort sammeln sich die Gase bevorzugt. Auch längere Zeit nach der Freisetzung können dort noch entzündbare Gemische auftreten. Zahlreiche Unfälle, darunter auch tödliche, sind auf eine Fehleinschätzung des Ausbreitungsverhaltens zurückzuführen (Info-Box: „Tödlicher Unfall in einer Kraftfahrzeug-Instandhaltungswerkstatt").

Natürlich gibt es noch weitere Aspekte, die im Einzelfall die Durchmischung beeinflussen. Dazu zählt vor allem der Gasdruck. Unterschieden werden drucklose und druckbehaftete Freisetzungen. Da Gase in der Regel unter Druck befördert und gelagert werden, überwiegen in der Gefahrgut- und Gefahrstofflogistik druckbehaftete Freisetzungen. Sie führen in aller Regel zu einer raschen und intensiven Luftdurchmischung.

Anders als bei Gasen ist die Durchmischung mit der Luft bei entzündbaren Flüssigkeiten und Feststoffen an zusätzliche Bedingungen geknüpft. Dazu gehört vor allem die Eigenschaft, brennbare Gase oder Dämpfe in ausreichender Menge freizusetzen. Aber das allein ist nicht ausreichend. Auch die Umgebungsbedingungen sind zu berücksichtigen. Letztlich sorgen mehrere Prozesse für eine kontinuierliche Verbrennung flüssiger und fester Stoffe. Zu den entscheidenden Vorgängen gehören (Drysdale 2011, S. 12):

1. Freisetzung von Gasen und Dämpfen
   Flüssigkeit bzw. Feststoff müssen in der Lage sein, entzündbare Gase bzw. Dämpfe freizusetzen. Art und Menge hängen von den physikalisch-chemischen Stoffeigenschaften und den Umgebungsbedingungen (z. B. Druck, Temperatur) ab.
2. Luftzufuhr
   Ist eine ausreichende Menge entzündbarer Gase und Dämpfe freigesetzt, kommt es auf die Luftversorgung an, um eine ausreichende Durchmischung zu erreichen.
3. Wärmeproduktion
   Nach der Zündung ist eine ausreichend große Wärmeenergie notwendig, um weitere entzündbare Gase und Dämpfe aus der Flüssigkeit bzw. dem Feststoff zu lösen. Im Durchschnitt ist dazu zwischen 60 % und 80 % der bei der Verbrennung erzeugten Wärme erforderlich (Bussenius 1996, S. 86). Der Rest wird an die Umgebung abgegeben.
4. Luftversorgung
   Die Verbrennung wird aufrechterhalten, solange die Luftversorgung gesichert ist. Die Luftströmung sorgt dafür, dass dem Prozess fortlaufend Sauerstoff in ausreichender Menge zugeführt wird.

3

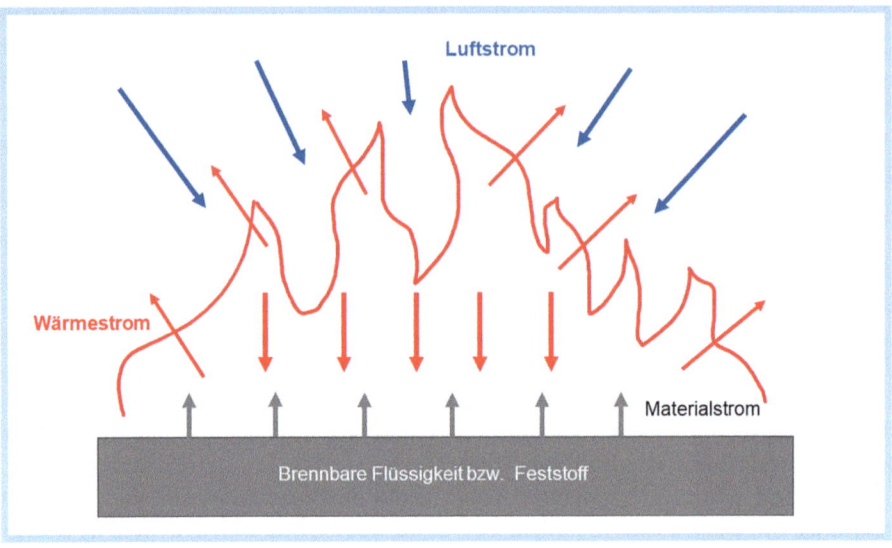

◘ **Abb. 3.2** Modell zum Verbrennungsvorgang fester und flüssiger Stoffe (Quelle: Eigene Darstellung modifiziert nach Drysdale 2011)

Sind alle vier Voraussetzungen gegeben, ist eine nachhaltige Verbrennung entzündbarer Flüssigkeiten und Feststoffe möglich. Die Verbrennung unterhält sich selbst. ◘ Abb. 3.2 veranschaulicht das Zusammenwirken der Prozesse.

Ein Verbrennungsvorgang kommt nur zustande, wenn die Menge austretender Gase oder Dämpfe ausreichend groß ist. Bei entzündbaren Flüssigkeiten ist damit zu rechnen, wenn sie zum Sieden gebracht werden. Durch die Wärmezufuhr vergrößert sich die innere Energie, sodass die Flüssigkeitsmoleküle die intermolekularen Anziehungskräfte überwinden und die Flüssigkeitsoberfläche verlassen können.

Eine andere Möglichkeit ist die Verdunstung. Davon spricht man, wenn sich der Verdampfungsvorgang bei Temperaturen unterhalb des Siedepunktes vollzieht. Grundsätzlich ist bei jeder Flüssigkeit eine Verdunstung zu beobachten. Allerdings ist die Neigung dazu bei jeder Flüssigkeit anders. Je bereitwilliger die Flüssigkeit in die Dampfphase übergeht, desto eher durchmischt sich der Dampf mit der Luft. Eine zuverlässige Aussage über die Verdunstungsneigung ist durch den Dampfdruck möglich. Flüssigkeiten mit einem hohen Dampfdruck verdunsten leicht und durchmischen sich schnell mit der umgebenden Luft. Entzündbare Flüssigkeiten mit einem niedrigen Dampfdruck sind dagegen weniger risikoreich, da ihnen beständig Wärme zugeführt werden muss, um ausreichende Dampfmengen freizusetzen.

Aufgrund seiner besonderen Bedeutung wird der Dampfdruck als Kriterium zur Abgrenzung der Flüssigkeiten von den Gasen genutzt. Im Gefahrgut- bzw. Chemikalienrecht werden Flüssigkeiten definiert als Stoffe und Gemische, die bei

» „[…] 50 °C einen Dampfdruck von weniger als 300 kPa (3 bar) […]
Verordnung (EG) 1272/2008 Anhang 1 Nr. 1.0

haben.

Der Dampfdruck ist stoffspezifisch und nimmt mit steigender Temperatur zu. Am Siedepunkt entspricht der Dampfdruck dem atmosphärischen Druck.

In der Praxis wird eher selten vom Dampfdruck gesprochen, auch wenn dieser von immenser Bedeutung für den Verbrennungsvorgang ist. Sehr viel häufiger wird die *Verdunstungszahl VD* zitiert. Dabei handelt es sich um eine sicherheitstechnische Kenngröße, die Aufschluss über die Verdunstungszeit gibt. Die Verdunstungszahl VD ist eine Verhältniszahl. Dabei wird die Verdunstungszeit auf die Vergleichsflüssigkeit Diethylether bezogen. Es gilt folgender Zusammenhang (▶ Gl. 3.2)

$$VD = \frac{t_{entzündbarerStoff}}{t_{Diethylether}} \qquad (3.2)$$

mit

$t_{entzündbarer\ Stoff}$ = Verdunstungszeit des entzündbaren Stoffes in s
$t_{Diethylether}$ = Verdunstungszeit der Vergleichsflüssigkeit Diethylether in s

DIN 53170 beschreibt ein Prüfverfahren zur Bestimmung der Verdunstungszahl. Die Bestimmung beginnt damit, dass ein Volumen von 0,3 ml der Prüfflüssigkeit auf ein Filterpapier aufgebracht wird. Dieses wird anschließend an einer Vorrichtung aufgehängt und die Zeit vom Aufbringen des letzten Tropfens bis zum vollständigen Abtrocknen gemessen. Nach demselben Verfahren wird die Verdunstungszeit für Diethylether gemessen. Die Messungen werden viermal wiederholt. Aus den Mittelwerten der Messergebnisse wird die Verdunstungszahl nach ▶ Gl. 3.2 berechnet.

Entzündbare Stoffe mit einer niedrigen Verdunstungszahl verdunsten schnell und durchmischen sich daher rasch mit der Luft. Sie werden als „flüchtig" bezeichnet und sind besonders risikoreich. Anders verhält es sich bei schwerflüchtigen Flüssigkeiten. ■ Tab. 3.1 zeigt die Zuordnung der Verdunstungszeit zu den begrifflichen Abstufungen und nennt typische Stoffbeispiele.

Die Verdunstungszahl unterliegt vielen Einflussgrößen. Dazu zählen neben den Lüftungs- und Strömungsverhältnissen am Freisetzungsort vor allem die Wirkung externer Wärmequellen. Sie sind insbesondere in der Gefahrgut- und

■ **Tab. 3.1** Zusammenhang zwischen Flüchtigkeit und Verdunstungszahl (BG Bau 2024)

Verdunstungszahl VD	Bezeichnung	Stoffbeispiel
VD < 10	leichtflüchtig	Aceton, Hexan
10 ≤ VD < 35	mittelflüchtig	Xylol
35 ≤ VD < 50	schwerflüchtig	Testbenzin
VD > 50	sehr schwerflüchtig	Wasser

3

Gefahrstofflogistik gefürchtet. Metallische Umschließungen, etwa Tanks, erwärmen sich durch die Sonneneinstrahlung. Die Wärmeenergie überträgt sich auf den Inhalt und führt zu einer Verkürzung der Verdunstungszeit. Besonders kritisch ist dieser Zusammenhang bei einem Tankbrand: Erwärmte Tankwände geben Wärme ab, fördern so die Verdunstung und unterstützen den Verbrennungsvorgang.

Im Unterschied zur Flüssigkeits- und Gasverbrennung sind die Vorgänge bei einer Feststoffverbrennung um ein Vielfaches komplexer. Zu einer Verbrennung kommt es nur, wenn sich die Zusammensetzung des Feststoffs oder dessen Struktur verändert, sodass entzündbare Gase oder Dämpfe austreten oder gebildet werden. Man unterscheidet folgende Fallkonstellationen:

- Physikalische Umwandlung
  Unter Wärmeeinfluss schmilzt der Feststoff. Aus der sich bildenden Flüssigkeit treten Dämpfe aus, die sich mit dem Sauerstoff der Luft durchmischen. Kommt es zu einer Zündung, entsteht ein Flammenbrand. Dieser Mechanismus ist vor allem bei Reinstoffen (z. B. Kunststoffen) und bei einzelnen Gemischen wie z. B. Paraffin anzutreffen.
- Physikalische und chemische Umwandlung
  Feststoffe werden durch Wärmezufuhr in ihre Bestandteile zerlegt. Dabei werden flüchtige Komponenten ebenso wie neue Stoffe freigesetzt. Die Verbrennung von Holz verläuft nach diesem Muster (Info-Box: „Verbrennung von Holz").

Eine Möglichkeit, die Verbrennung eines Feststoffes zu fördern, ist die mechanische Zerkleinerung. Die Erklärung ist einfach. Bei einer Zerkleinerung vergrößert sich die Oberfläche, während die Masse konstant bleibt. Eine größere Oberfläche bedeutet jedoch, dass mehr Sauerstoff an den Feststoff gelangt. Auf diese Weise ist weniger Energie für die Entzündung und die Aufrechterhaltung der Verbrennung nötig. Dieser Mechanismus funktioniert bei Feststoffen mit einer Korngröße unter 500 μm besonders gut (▶ Abschn. 2.1). Daher gilt abgelagerter Staub als brennbar. Wird der Staub aufgewirbelt, ist sogar die Bildung einer explosionsfähigen Atmosphäre möglich.

Zusammenfassend ist festzustellen, dass Brand- und Explosionsrisiken entzündbarer Stoffe vom Aggregatzustand beeinflusst werden. Entzündbare Gase zeigen ein sehr hohes Risiko. Sie mischen sich bei einer unbeabsichtigten Freisetzung vollständig mit der Luft. Im Falle einer Zündung ist sogar eine Explosion wahrscheinlich. Entzündbare Flüssigkeiten zeigen im Vergleich dazu eine geringere Neigung zur Durchmischung. Eine zentrale physikalische Größe für die Risikoabschätzung ist der Dampfdruck. Je höher der Dampfdruck, desto größer die Wahrscheinlichkeit für eine Durchmischung. Entzündbare Feststoffe durchmischen sich nur dann mit der Luft, wenn vor der Zündung genügend Wärmeenergie zugeführt wird, um Gase und Dämpfe aus dem Feststoff freizusetzen. Gleichzeitig muss die Wärme ausreichend hoch sein, um diesen Prozess aufrechtzuerhalten. Ein besonderes Verhalten zeigen Feststoffstäube. Von ihnen geht im Allgemeinen ein hohes Brand- und Explosionsrisiko aus. Die große Oberfläche bewirkt eine gute Durchmischung mit dem Sauerstoff, sodass im Fall einer Zündung mit einer Verbrennungsreaktion zu rechnen ist. Bei abgelagertem Staub ist Brand, bei Aufwirbelung eher eine Staubexplosion die Folge.

Info-Box: „Abschätzung der relativen Dichte mithilfe der molaren Masse"
Das Verhalten idealer Gase wird durch das ideale Gasgesetz beschrieben. Es lautet:

$$p \cdot V = n \cdot R \cdot T$$

mit
p = Druck in Pa
V = Volumen in m^3
n = Stoffmenge in mol
R = universelle Gaskonstante 8,31447 J (mol·K)$^{-1}$
T = Temperatur in Kelvin
Unter Berücksichtigung der Definitionen für Dichte und Stoffmenge, nämlich

$$\rho = \frac{m}{V}$$

und

$$n = \frac{m}{M}$$

mit
ρ = Dichte in kg/m^3
m = Masse in kg
V = Volumen in m^3
n = Stoffmenge in mol
M = molare Masse in kg/kmol
ergibt sich für die Gasdichte ρ_{Gas}

$$\rho_{Gas} = \frac{m}{V} = \frac{p \cdot M}{R \cdot T}$$

Daraus folgt, dass die Dichte eines idealen Gases bei konstanter Temperatur und konstantem Druck einzig von der molaren Masse abhängig ist. Für trockene Luft unter Normbedingungen wird die molare Masse mit 28,96 kg/kmol angesetzt.

Info-Box: Tödlicher Unfall in einer Kraftfahrzeug-Instandhaltungswerkstatt
Ein 14-jähriger Schüler startete sein Schulpraktikum in einer Kraftfahrzeug-Instandhaltungswerkstatt. Nachdem er vom Inhaber des Unternehmens eingewiesen worden war, betrat er die Werkstatt. Dort war ein Mitarbeitender gerade damit beschäftigt, den metallenen Kraftstofftank eines älteren VW-Busses auszubauen. Da der Tank noch teilweise gefüllt war, entleerte er diesen, indem er das Benzin im

3

freien Fall in einen Kraftstoffkanister auslaufen ließ. Dabei gelangte eine geringe Menge in die Fahrzeuggrube, die sich unterhalb der Fahrzeughebebühne befand. Die Fahrzeuggrube wurde schon seit mehreren Jahren nicht mehr genutzt und war daher mit Holzbohlen abgedeckt. In der Grube befand sich jedoch ein Luftkompressor, der einen angeschlossenen Druckluftbehälter mit Druckluft versorgte. Als der Schülerpraktikant die Werkstatt betrat, erhielt er von dem Mitarbeitenden den Auftrag, beim Aufräumen und Reinigen des Arbeitsplatzes zu unterstützen. Während dieser Tätigkeit startete der Kompressor. In der Folge kam es zu einer Verpuffung, wobei die fortschreitende Flammenfront den Schülerpraktikanten erreichte, bevor sie in sich zusammenbrach. Der Schülerpraktikant erlitt tödliche Brandverletzungen.

Die Unfalluntersuchung ergab, dass sich innerhalb der Fahrzeuggrube ein entzündbares Benzindampf-Luft-Gemisch gebildet hatte, dass durch den elektrischen Schaltfunken des Kompressors gezündet wurde.

Info-Box: „Verbrennung von Holz"

Holz ist ein entzündbarer Feststoff mit einem hohen Gehalt an flüchtigen Inhaltsstoffen. Unabhängig von der Holzsorte bilden Kohlenstoff, Wasserstoff und Sauerstoff die Hauptbestandteile. Schwefel und Stickstoff sind in geringen Mengen enthalten.

Bei der Zuführung von Wärmeenergie wird mehr als 80 % der Ausgangsmasse als Gas freigesetzt. Dabei handelt es sich im Wesentlichen um Kohlenstoffmonoxid, Wasserstoff und Kohlenwasserstoffen. Die Verbrennung findet in mehreren teilweise parallel ablaufenden Phasen statt. Zu unterscheiden sind vor allem (Nussbaumer et. al 2009, S. 464):

— Trocknungsphase

Durch Erwärmung wird Wasser freigesetzt und als Dampf an die Umgebung abgegeben. Die Temperaturen erreichen Werte um ca. 100 °C.

— Pyrolyse und Vergasung

Mit fortschreitender Wärmezufuhr entsteht ein Gasgemisch aus Kohlenstoffmonoxid und unterschiedlichen Kohlenwasserstoffen, die bei weiterer Temperatursteigerung in ihre Bestandteile zerfallen. Ab ca. 500 °C gehen die festen organischen Bestandteile, vor allem Kohlenstoff, in den gasförmigen Zustand über. Kohlenstoff mischt sich mit dem Sauerstoff der Luft. Es bilden sich Kohlenstoffmonoxid, Kohlenstoffdioxid, Wasser und Sauerstoff. Von dem Feststoff bleibt Holzkohle übrig.

— Oxidationsphase

Erreichen die Temperaturen Werte zwischen 700 °C und 1500 °C, beginnt der eigentliche Oxidationsprozess. Bei vollständiger Verbrennung entstehen unter Flammenwirkung Kohlenstoffdioxid und Wasser. Die Holzkohle verbrennt als Glut.

3.2 Klassifizierung und Einstufung

Klassifizierung und Einstufung gehören zu den zentralen Begriffen des Gefahrgut- bzw. Chemikalienrechts. Hinter diesen Bezeichnungen verbergen sich Kriterien und Verfahren, die für die Zuordnung der Stoffe und Güter zu Gefahrklassen bzw. Gefahrenklassen anzuwenden sind. Die erste Ebene, die über die Zuordnung zur Klasse der entzündbaren Stoffe entscheidet, ist der Aggregatzustand. Von ihm hängt es ab, welche sicherheitstechnischen Kenngrößen im Weiteren heranzuziehen sind. Dabei unterscheiden sich die UN-Modellvorschriften und die Verordnung (EG) Nr. 1272/2008 im Hinblick auf die Kriterien für die Zuordnung nicht voneinander. Das bedeutet, dass ein Stoff, der nach dem Gefahrgutrecht als entzündbar klassifiziert ist, auch nach den Kriterien der Verordnung (EG) Nr. 1272/2008 als entzündbar gilt.

Betrachten wir zunächst die entzündbaren Gase.

Der Explosionsbereich ist das ausschlaggebende Kriterium für die Klassifizierung bzw. Einstufung entzündbarer Gase (◻ Tab. 3.2). Er bezeichnet das Konzentrationsintervall, innerhalb dessen das Gas mit dem Sauerstoff der atmosphärischen Luft bei Raumtemperatur reagiert. Die Grenzen dieses Konzentrationsintervalls werden als untere (UEG) bzw. obere Explosionsgrenze (OEG) bezeichnet (Verordnung (EG) 440/2008 A.11). In älteren Literaturstellen wird die Explosionsgrenze häufig „Zündgrenze" genannt.

Für Klassifizierungs- und Einstufungszwecke werden UEG und OEG als Volumenanteil berechnet. In der Literatur finden sich auch andere Einheiten. Üblich sind Stoffmengenanteile oder Massenkonzentrationen (z. B. g/m^3).

Ein entzündbares Gas mit einem Volumenanteil in der Luft, der höchstens der UEG entspricht, gilt als nicht explosionsfähig. In diesem Fall reicht die Konzentration des entzündbaren Gases nicht aus, um eine Reaktion in Gang zu bringen. Der Sauerstoffanteil im Gemisch überwiegt. Erreicht oder überschreitet der Volumenanteil des entzündbaren Gases die OEG, ist nicht mehr mit einer Explosion zu rechnen. Allenfalls kommt es zu einem Brennvorgang. In der Verbrennungstechnik werden die Konzentrationsbereiche unterhalb der UEG bzw. oberhalb der OEG auch als „mager" bzw. „fett" bezeichnet. ◻ Tab. 3.3 enthält

◻ **Tab. 3.2**   Definition entzündbarer Gase

UN-Modellvorschriften (UN I 2023)	Verordnung (EG) 1272/2008
„Gases which at 20 °C and a standard pressure of 101,3 kPa: *i) are ignitable when in a mixture of 13 % or less by volume with air; or* *ii) have a flammable range with air of at least 12 % points regardless of the lower flammability limit […]"* *UN Model Regulations Volume I Nr. 2.2.2.1*	*„Gase, die bei 20 °C und einem Standarddruck von 101,3 kPa:* *a) entzündbar sind, wenn sie im Gemisch mit Luft mit einem Volumenanteil von 13 % oder weniger vorliegen oder* *b) in Luft einen Explosionsbereich von mindestens 12 Prozentpunkten haben, unabhängig von der unteren Explosionsgrenze, […]"* *Verordnung (EG) 1272/2008 Anhang 1 Nr. 2.2.2.2 Tabelle 2.2.1*

3

> ◘ **Tab. 3.3** Explosionsgrenzen ausgewählter entzündbarer Gase in Volumenanteilen bezogen auf die atmosphärische Luft unter Umgebungsbedingungen (T = 20 °C, p = 1013 hPa) (Quelle: Brandes, Möller 2003)

Stoffname	CAS-Nummer	UEG	OEG
Wasserstoff	1333-74-0	4	77
Methan	74-82-8	4,4	17
Propan	74-98-6	1,7	10,8
Kohlenmonoxid	630-08-0	13,7*	70,2*

* relative Luftfeuchtigkeit > 80 % – Explosionsbereich von Kohlenmonoxid wird durch Wasser beeinflusst; Messwert repräsentiert praktische Anwendungsfälle

die Explosionsgrenzen einiger wichtiger entzündbarer Gase im Gemisch mit Luft gemessen unter atmosphärischen Bedingungen (T = 20 °C, p = 1013 hPa).

Das Risiko einer Explosion ist bei Gasen mit einem großen Explosionsbereich besonders hoch. Dasselbe gilt für Gase mit einer niedrigen UEG. Die Verordnung (EG) 1272/2008 berücksichtigt dies, indem sie eine Unterteilung entzündbarer Gase in drei Kategorien vorsieht (Verordnung (EG) 1272/2008) Anhang I Nr. 2.2.2.1). Das Gefahrgutrecht verzichtet auf eine zusätzliche Differenzierung. Die Kennzeichnungselemente entzündbarer Gase nach Verordnung (EG) 1272/2008 und der zugehörige Gefahrzettel nach Gefahrgutrecht zeigt ◘ Abb. 3.3.

UEG und OEG sind nicht nur vom Stoff abhängig, sondern werden auch von den Umgebungsbedingungen beeinflusst. Neben der Temperatur und dem Druck sind es vor allem die Sauerstoffkonzentration und die Strömungsverhältnisse, die

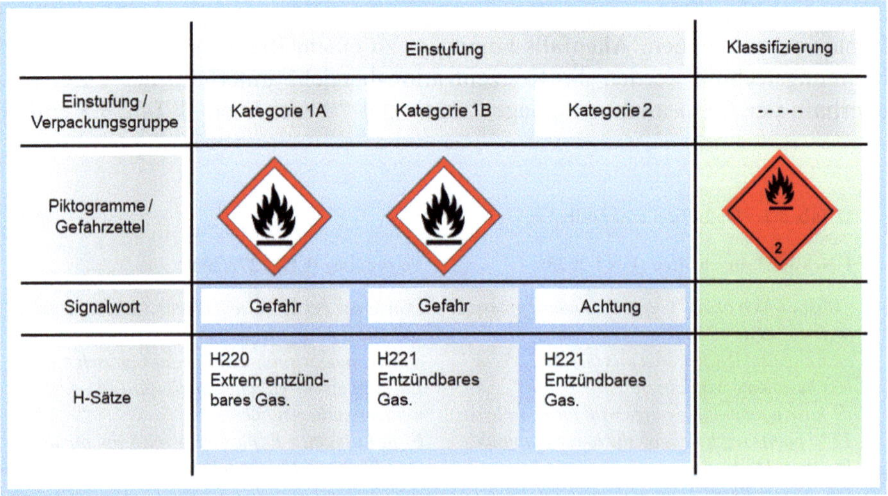

	Einstufung			Klassifizierung
Einstufung / Verpackungsgruppe	Kategorie 1A	Kategorie 1B	Kategorie 2	- - - - -
Piktogramme / Gefahrzettel				
Signalwort	Gefahr	Gefahr	Achtung	
H-Sätze	H220 Extrem entzünd-bares Gas.	H221 Entzündbares Gas.	H221 Entzündbares Gas.	

◘ **Abb. 3.3** Kennzeichnungselemente und Gefahrzettel für entzündbare Gase (Quelle: Eigene Darstellung).

den Explosionsbereich beeinflussen. Aber auch Art und Betrag der Zündquelle haben Einfluss auf den Explosionsbereich (Redeker 1993, S. 59). Es ist also von großer Bedeutung, bei der Übernahme von Literaturwerten auf die Randbedingungen und die Bestimmungsmethode zu achten.

Die Messverfahren für den Explosionsbereich sind in technischen Normen beschrieben (z. B. DIN EN ISO 10156, DIN EN 1839). Zusätzlich beschreibt die Verordnung (EG) 440/2008 ein Prüfverfahren, das in den Grundzügen mit der Messmethode nach DIN EN ISO 10156 übereinstimmt.

Die Bestimmung des Explosionsbereichs kann durch folgende Verfahren erfolgen:

— Beobachtungsverfahren

Der Explosionsbereich wird durch Beobachtung bestimmt. Dazu werden Gas-Luft-Gemische wechselnder Konzentrationen in einer Prüfapparatur zur Zündung gebracht. Dabei wird beobachtet, ob es zu einer Flammenbildung und einer Flammenablösung von der Zündquelle kommt. Das entscheidende Kriterium ist die Flammenablösung. DIN EN 1839 fordert dazu einen Mindestabstand von 100 mm zwischen Zündquelle und Flamme.

Die Prüfapparatur besteht aus einem Gefäß zur Aufnahme des Gas-Luft-Gemisches und einer Zündquelle (◻ Abb. 3.4). Die Zündung wird durch einen Induktionsfunken ausgelöst.

— Druckmessung

Beim Druckmessverfahren wird über den Explosionsdruck auf den Explosionsbereich geschlossen. Gemessen wird der Überdruck, der sich bei Gas-Luft-Gemischen nach der Zündung einstellt. Für die Bestimmung des Explosionsbereiches ist es erforderlich, dass der Überdruck mindestens 5 % über

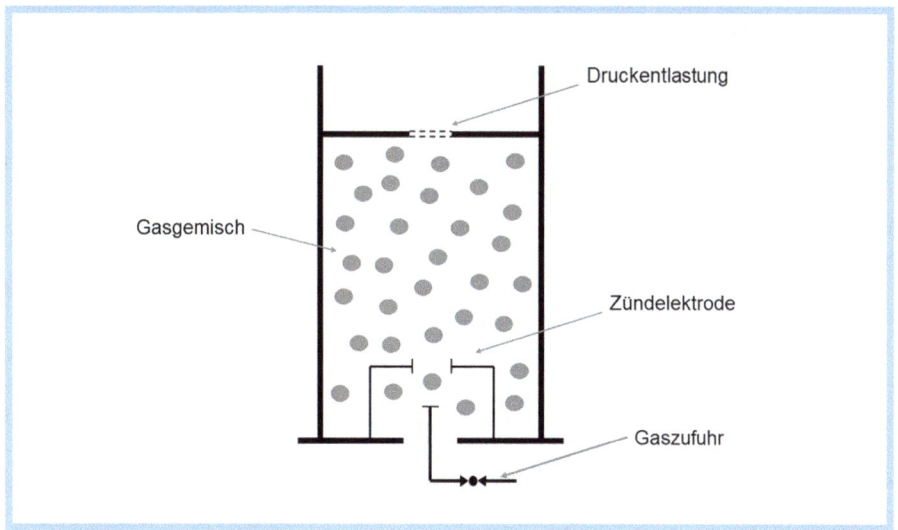

◻ **Abb. 3.4** Prinzipdarstellung einer Prüfapparatur zur Bestimmung der Explosionsgrenzen nach DIN EN 1838 und DIN EN ISO 10156 (Quelle: Eigene Darstellung)

3

▪ **Tab. 3.4** Entzündbare Flüssigkeiten	
UN-Modellvorschriften UN I 2023 Nr. 2.3.1.2	**Verordnung (EG) 1272/2008 Anhang 1 Nr. 2.6.1**
„Flammable liquids are liquids or mixtures of liquids, or liquids containing solids in solution or suspension [….] which give off a flammable vapour at temperatures of more than 60 °C, closed-cup test, ore more than 65.6 °C, open-cup test, normally referred to as the flash point. "	*„[…] Flüssigkeiten mit einem Flammpunkt von maximal 60 °C."*

dem Anfangsdruck liegt (DIN EN 1839 Nr. 3.10). Die Druckmessung erfordert eine besondere Prüfapparatur.

Sowohl beim Beobachtungsverfahren als auch für die Druckmessung ist ein iteratives Vorgehen notwendig. Das bedeutet, dass die Messung mit einer Konzentration unterhalb der zu erwartenden UEG startet. Ist keine Reaktion feststellbar, wird die Konzentration schrittweise erhöht, bis UEG und OEG erreicht sind. Sowohl im Beobachtungsverfahren als auch für die Druckmessung sind Messungenauigkeiten nicht auszuschließen. Weiterhin ist davon auszugehen, dass die Ergebnisse für dasselbe Gas-Luft-Gemisch voneinander abweichen.

Auch für Flüssigkeiten gibt es ein ein Explosionsbereich. Allerdings wird dieser für die Klassifizierung und Einstufung nicht verwendet. Die zentrale sicherheitstechnische Kenngröße ist der Flammpunkt. Das gilt übereinstimmend sowohl für das Gefahrgut- als auch für das Chemikalienrecht (▪ Tab. 3.4).

Der Flammpunkt ist definiert als

[…] die niedrigste Temperatur, bezogen auf einen Druck von 101,325 kPa, bei der sich […] aus einer Flüssigkeit Dämpfe in einer solchen Menge entwickeln, dass sich […] ein durch Fremdzündung entflammbares Dampf-Luft-Gemisch bildet.

Verordnung (EG) 440/2008 Anhang A.9. Nr. 1.2

Der Flammpunkt wird üblicherweise in der Einheit °C angegeben.

Je geringer der Flammpunkt, desto größer ist das Risiko einer Entzündung. Dieser Zusammenhang wird sowohl in den UN-Modellvorschriften als auch in der Verordnung (EG) 1272/2008 berücksichtigt, indem eine Abstufung innerhalb der Klasse nach der Größe des Flammpunktes und dem Siedepunkt vorgenommen wird (▪ Tab. 3.5).

▪ Abb. 3.5 zeigt Kennzeichnungselemente und Gefahrzettel für entzündbare Flüssigkeiten.

Gleich mehrere internationale Normen beschäftigen sich mit Methoden zur Flammpunktbestimmung. Dadurch wird die besondere Bedeutung des Flammpunktes für die Praxis deutlich. Trotz der vielen Regelungen unterscheiden sich die Bestimmungsverfahren nur unwesentlich voneinander. Alle Bestimmungsverfahren beginnen mit einer langsamen Erwärmung der Flüssigkeit. In festgelegten Zeitabständen wird eine Zündquelle an die Flüssigkeitsoberfläche herangeführt und beobachtet, ob es zu einer Flammenbildung und -ausbreitung über

■ **Tab. 3.5** Differenzierungsmerkmale für entzündbare Flüssigkeiten nach UN-Modellvorschriften (UN I 2023) und Verordnung (EG) 1272/2008

Unterteilung	UN-Modellvorschriften	Verordnung (EG) 1272/2008
Flammpunkt < 23 °C und Siedepunkt ≤ 35 °C	Verpackungsgruppe I	Kategorie 1
Flammpunkt < 23 °C und Siedepunkt > 35 °C	Verpackungsgruppe II	Kategorie 2
Flammpunkt ≥ 35 °C und ≤ 60 °C und Siedepunkt > 35 °C	Verpackungsgruppe III	Kategorie 3

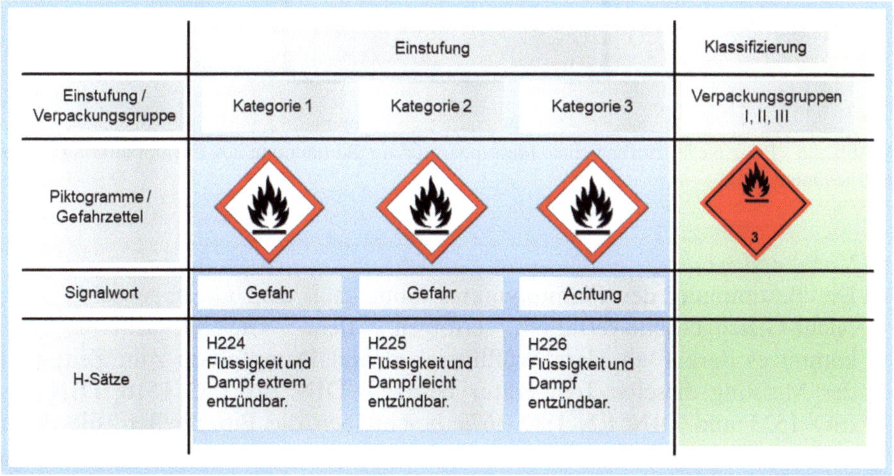

	Einstufung			Klassifizierung
Einstufung / Verpackungsgruppe	Kategorie 1	Kategorie 2	Kategorie 3	Verpackungsgruppen I, II, III
Piktogramme / Gefahrzettel				
Signalwort	Gefahr	Gefahr	Achtung	
H-Sätze	H224 Flüssigkeit und Dampf extrem entzündbar.	H225 Flüssigkeit und Dampf leicht entzündbar.	H226 Flüssigkeit und Dampf entzündbar.	

■ **Abb. 3.5** Kennzeichnungselemente und Gefahrzettel für entzündbare Flüssigkeiten (Quelle: Eigene Darstellung)

der Oberfläche kommt. Ist das der Fall, wird die Temperatur der Flüssigkeit abgelesen und als Flammpunkt definiert. ■ Abb. 3.6 zeigt die vereinfachte Darstellung einer Prüfapparatur zur Bestimmung des Flammpunktes.

Abhängig von den jeweiligen Umgebungsbedingungen ist eine Korrektur des Messwertes auf den Umgebungsdruck von 1013 hPa notwendig. Dazu wird folgende Beziehung genutzt (▶ Gl. 3.3):

$$T_{korrigiert} = T_{gemessen} + 0{,}25 \cdot (101{,}3 - p) \tag{3.3}$$

$T_{korrigiert}$ = Flammpunkt bezogen auf 1013 hPa in °C
$T_{gemessen}$ = Messwert des Flammpunktes bei Umgebungsdruck p in °C
p = Umgebungsdruck während der Messung in kPa
Die verschiedene Prüfverfahren lassen sich wie folgt unterteilen:

3

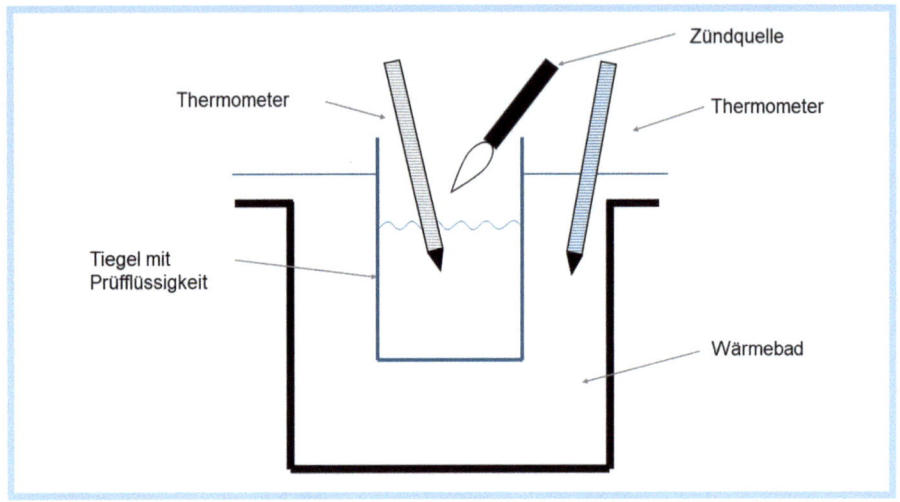

□ Abb. 3.6 Prinzipieller Aufbau einer Messapparatur zur Bestimmung des Flammpunktes (Quelle: Eigene Darstellung)

— Verfahrensart
Die Bestimmung des Flammpunktes kann nach dem Gleichgewichts- oder Nicht-Gleichgewichtsverfahren erfolgen. Beim Gleichgewichtsverfahren kommt es darauf an, dass Prüfflüssigkeit und Dampfphase zum Zeitpunkt der Messung dieselbe Temperatur besitzen. DIN EN ISO 1516, DIN EN ISO 1523 und DIN EN ISO 3679 beschreiben die Einzelheiten, die dafür zu berücksichtigen sind. Für die Registrierung neuer Stoffe im Rahmen des REACH-Verfahrens ist die Anwendung der Gleichgewichtsmethode das bevorzugte Verfahren (▶ Abschn. 1.3.1).

— Messwertbestimmung
Es wird unterschieden zwischen Verfahren, bei denen ein konkreter Messwert bestimmt wird, und solchen, die darauf ausgerichtet sind, eine Aussage darüber zu treffen, ob der Flammpunkt bei einer vorgegebenen Temperatur erreicht wird („Ja/Nein-Verfahren"). DIN EN ISO 1516 beschreibt ein Ja/Nein-Verfahren. Für den REACH-Registrierungsprozess ist dieses Verfahren nicht zugelassen (▶ Abschn. 1.3.1).

— Tiegelart (□ Abb. 3.7)
Ein weithin bekanntes Unterscheidungskriterium ist die Tiegelart. Unterschieden werden Verfahren im offenen Tiegel (engl.: „open cup") von denen in einem geschlossenen Tiegel (engl.: „closed cup"). Die Messwerte sind charakteristisch für die Tiegelart und weichen daher bei derselben Prüfflüssigkeit voneinander ab. Da sich im „open cup" kein dynamisches Gleichgewicht zwischen der Flüssig- und der Dampfphase einstellt, sind die ermittelten Werte in der Regel höher als beim „closed cup"-Verfahren. Die Differenz kann bis zu 20 °C betragen (Brandes, Möller 2003, S. 5). Aus diesem Grund wird

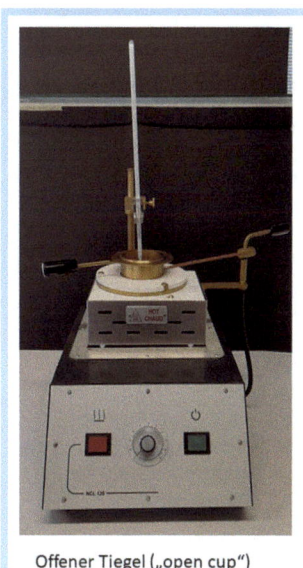

Offener Tiegel („open cup")

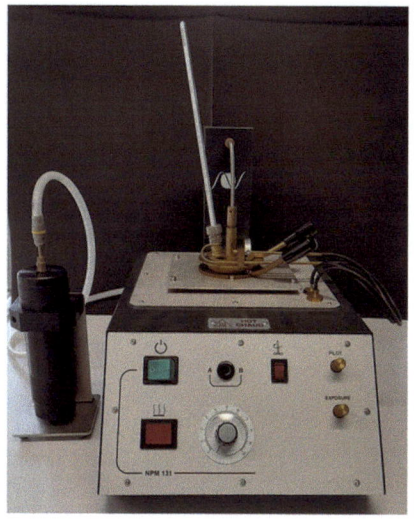

Geschlossener Tiegel („closed cup")

🔲 **Abb. 3.7** Prüfapparaturen zur Flammpunktbestimmung (Quelle: Eigene Aufnahme)

🔲 **Tab. 3.6** Wichtige Flüssigkeiten und deren Flammpunkte (Quelle: ECHA 2024)

Name	CAS-Nummer	Flammpunkt in ° C bei 1013,25 hPa
Ottokraftstoff	8006-61-9	< −40
Dieselkraftstoff	68334-30-5	> 56
Kerosin	8008-20-6	29–70
Aceton	67-64-1	−17
Methanol	67-56-1	9,7

Bestimmung der Messwerte im geschlossenen Tiegel („closed cup")

für Klassifizierungs- und Einstufungszwecke ein Bestimmungsverfahren im geschlossenen Tiegel vorausgesetzt. DIN EN ISO 1516, DIN EN ISO 1523, DIN EN ISO 2719 und DIN EN ISO 13736 enthalten weitere Details.

🔲 Tab. 3.6 zeigt Flammpunkte ausgewählter Flüssigkeiten.

Die unspezifischen Messwerte (z. B. Ottokraftstoff) sowie die Schwankungsbreite (z. B. Kerosin) weisen darauf hin, dass der Flammpunkt von der stofflichen Zusammensetzung der Flüssigkeit abhängt. Beispielsweise führen niedrigsiedende Komponenten in einem Gemisch zu einer Absenkung des Flammpunktes. Dieser Zusammenhang ist besonders für die Gefahrgut- und Gefahrstofflogistik von

3

■ Tab. 3.7   Entzündbare Feststoffe

UN-Modellvorschriften (UN I 2023)	Verordnung (EG) Nr. 1272/2008
„Flammable solids are readily combustible solids and solids which may cause fire through friction." *Nr. 2.4.2.2.1.1* *„Readily combustible solids are powdered granular, or pasty substances which are dangerous if they can easily ignited by brief contact with an ignition source, such as a burning match, and if the flame spreads rapidly. [….]* *Nr. 2.4.2.2.1.2* *„Metal powders are powders of metals or metals alloy."* *Nr. 2.4.2.2.1.3*	*„Entzündbarer Feststoff: Feststoff, der leicht brennbar ist oder durch Reibung Brand verursachen oder fördern kann.* *Leicht brennbare Feststoffe: pulverförmige, körnige oder pastöse Stoffe oder Gemische, die gefährlich sind, wenn sie durch kurzen Kontakt mit einer Zündquelle wie einem brennenden Streichholz leicht entzündet werden können und die Flammen sich rasch ausbreiten."* *Anhang 1 Nr. 2.7.1.1* *Metallpulver oder Pulver von Metalllegierungen sind als entzündbare Feststoffe einzustufen, wenn sie entzündet werden können und die Reaktion sich in 10 min oder weniger über die gesamte Länge der Probe (100 mm) ausbreitet* *Anhang 1 Nr. 2.7.2.2*

Bedeutung, denn er bedeutet, dass vor jedem Produktwechsel eine gründliche Reinigung der Tanks und Behälter notwendig wird, um Schadensfälle zu vermeiden.

Im Alltag haben wir es sehr viel häufiger mit Feststoffen als mit Gasen und Flüssigkeiten zu tun. Schließlich beruht unsere gesamte materielle Welt auf festen Stoffe. Die Mehrheit der bekannten Elemente befindet sich unter Normbedingungen in einem festen Aggregatzustand. Die Entzündbarkeit fester Stoffe hängt allerdings nicht nur von den physikalischen und chemischen Eigenschaften ab, sondern auch von der Form. Pulverförmige, körnige und pastenförmige Stoffe entzünden sich bereitwilliger als kompakte Feststoffe. Die Definition entzündbarer Feststoffe berücksichtigt diesen Umstand und unterscheidet daher für die Einstufung und Klassifizierung zwischen Art und Form des Feststoffs (■ Tab. 3.7).

Für alle Feststoffe ist die Abbrandzeit die zentrale sicherheitstechnische Kenngröße. Sie ist definiert als die Zeit, die eine Flamme benötigt, um eine festgelegte Strecke eines Feststoffs zu durchlaufen.

Zur Bestimmung der Entzündbarkeit wird ein zweistufiges Verfahren vorgeschlagen, das sowohl im UN-Manual als auch in der Verordnung (EG) 440/2008 gleichlautend beschrieben ist und für pulverförmige, körnige und pastenförmige Feststoffe gilt. Die erste Stufe zielt darauf ab festzustellen, ob es sich bei dem Feststoff um einen leicht entzündlichen Stoff handelt. Ist das der Fall, folgt die eigentliche Messung. Dazu wird der Feststoff in einer Prüfapparatur zu einer durchgehenden Schüttung geformt und an einem Ende durch die Flamme eines Gasbrenners entzündet. Gemessen wird die Zeit, die die Flamme zum Durchlaufen einer Strecke von 100 mm benötigt (■ Abb. 3.8).

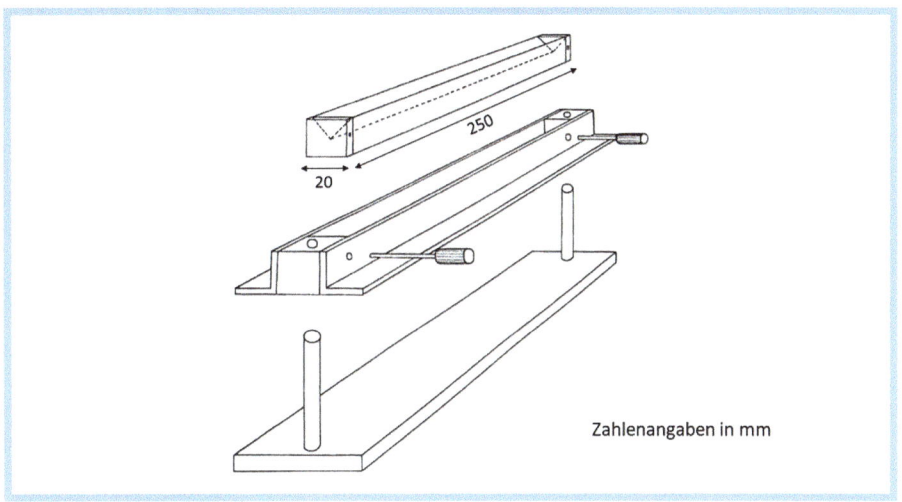

Abb. 3.8 Messapparatur zur Bestimmung der Abbrandzeit entzündbarer Feststoffe (Quelle: modifiziert nach Verordnung (EG) 440/2008 Anhang A10)

Tab. 3.8 Kriterien für die Festlegung der Verpackungsgruppe bzw. der Kategorie (Michael-Schulz et al. 2023 S. 455)

Kriterien	UN-Modellvorschriften (UN I 2023)	Verordnung (EG) 1272/2008
Befeuchtete Zone hält Brand nicht auf und Abbrandzeit < 45 S oder Abbrandgeschwindigkeit > 2,2 mm/s. *Für Metallpulver:* Ausbreitung der Reaktion über Gesamtlänge innerhalb einer Zeitspanne von ≤ 5 min	Verpackungsgruppe II	Kategorie 1
Befeuchtete Zone hält Brand für mindestens 4 min auf und Abbrandzeit < 45 S oder Abbrandgeschwindigkeit > 2,2 mm/s; *Für Metallpulver:* Ausbreitung der Reaktion über Gesamtlänge innerhalb einer Zeitspanne von > 5 min bis ≤ 10 min.	Verpackungsgruppe III	Kategorie 2

Die Dauer der Abbrandzeit bestimmt die Zuordnung zur Verpackungsgruppe bzw. Kategorie (Tab. 3.8).

Die Kennzeichnungselemente und den Gefahrzettel zeigen Abb. 3.9.

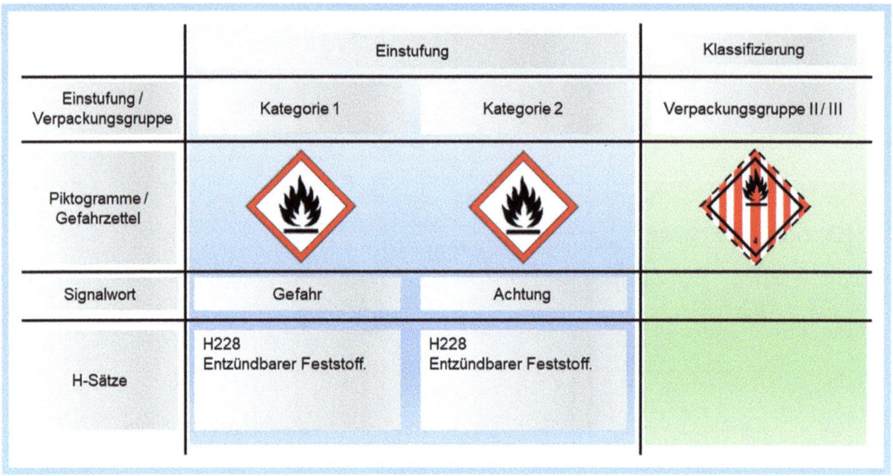

3

Einstufung / Verpackungsgruppe	Einstufung		Klassifizierung
	Kategorie 1	Kategorie 2	Verpackungsgruppe II / III
Piktogramme / Gefahrzettel			
Signalwort	Gefahr	Achtung	
H-Sätze	H228 Entzündbarer Feststoff.	H228 Entzündbarer Feststoff.	

◘ **Abb. 3.9**   Kennzeichnungselemente und Gefahrzettel entzündbarer Feststoffe (Quelle: Eigene Darstellung)

3.3 Beurteilung der Explosionsgefährdung

Die Klassifizierung und Einstufung entzündbarer Stoffe liefert wichtige Hinweise für die Planung der Schutzmaßnahmen. Insbesondere die Gefahren- und Sicherheitshinweise können dazu genutzt werden. Allerdings reichen diese Informationen bei weitem nicht aus, um Menschen und Umwelt angemessen vor den Risiken zu schützen. Art und Umfang der Verwendung bleiben ebenso unberücksichtigt wie das Umfeld, in dem die Stoffe eingesetzt werden. Zweck der betrieblichen Gefährdungsbeurteilung ist es, diese Lücke zu schließen. Wie schon bei der Klassifizierung und Einstufung wird auch bei der Beurteilung der Explosionsgefährdung auf sicherheitstechnische Kenngrößen zurückgegriffen. ◘ Tab. 3.9 listet typische sicherheitstechnische Kenngrößen auf und ordnet sie den jeweiligen Schritten zur Beurteilung der Explosionsgefährdung zu.

Die Beurteilung der Explosionsgefährdung beginnt zunächst mit der Frage nach dem Auftreten brennbarer Stoffe und deren Mengen (▶ Abschn. 2.4). In den allermeisten Fällen kann diese Frage mit Blick auf die Klassifizierungs- und Einstufungskriterien beantwortet werden. Ein größerer Aufwand ist in der Regel mit der Abschätzung der möglichen Mengen verbunden. Außer den Transport- und Lagermengen sind die physikalischen Stoffeigenschaften zu berücksichtigen. Dazu zählen insbesondere der Aggregatzustand, die Umgebungsbedingungen, der Dampfdruck sowie die Siede- und Schmelztemperatur. Sind die Mengen bekannt und ist trotz Umsetzung grundlegender Schutzmaßnahmen die Entstehung einer gefährlichen explosionsfähigen Atmosphäre nicht auszuschließen, beginnt die eigentliche Analysearbeit. Sie umfasst folgende Schritte (TRGS 720 Nr. 3):

◻ **Tab. 3.9** Sicherheitstechnische Kenngrößen und deren Zuordnung zu den Vorgehensschritten zur Beurteilung der Explosionsgefährdungen

Vorgehensschritt	Sicherheitstechnische Kenngrößen
Feststellung der Explosionsfähigkeit	*Gase:* Explosionsbereich (UEG, OEG) *Flüssigkeiten:* Flammpunkt, Explosionspunkt (▶ Abschn. 2.3.2) *Feststoffe:* Abbrandzeit, Explosionsbereich, Schwelpunkt
Verhinderung oder Einschränkung gefährlicher explosionsfähiger Atmosphäre	Sauerstoffgrenzkonzentration (▶ Abschn. 2.3.2)
Vermeidung der Entzündung	Mindestzündenergie Zündtemperatur Flammendurchlagsichere Spaltweite
Beschränkung der Auswirkung einer Explosion	Explosionsdruck oder maximaler Explosionsdruck Zeitlicher Druckanstieg bzw. maximaler zeitlicher Druckanstieg K_G-Wert

1. Vermeidung oder Einschränkung gefährlicher explosionsfähiger Atmosphäre – Primärer Explosionsschutz;
2. Vermeidung der Entzündung – Sekundärer Explosionsschutz;
3. Beschränkung der Ausbreitung oder der Auswirkungen einer Explosion – Tertiärer Explosionsschutz.

Für jeden Schritt besteht die Möglichkeit, spezifische sicherheitstechnische Kenngrößen zu nutzen. Obwohl praxisnahe Bestimmungsmethoden zur Verfügung stehen, besteht häufig der Wunsch, Messungen durch Berechnungsverfahren zu ersetzen. Rechnerische Verfahren sind jedoch nicht für alle sicherheitstechnischen Kenngrößen anwendbar. Der Grund dafür ist denkbar einfach: Die rechnerischen Abschätzungen beruhen auf empirischen Daten und gelten nur unter spezifischen Bedingungen. Schon geringe Abweichungen von diesen Randbedingungen führen zu fehlerhaften Ergebnissen. Daher sind Messverfahren den Rechenverfahren stets vorzuziehen.

Im Folgenden werden bedeutsame sicherheitstechnische Kenngrößen und deren rechnerische Abschätzungsverfahren beschrieben. Die Erläuterung beginnt mit den sicherheitstechnischen Kenngrößen, die für die Festlegung primärer Explosionsschutzmaßnahmen genutzt werden.

Für entzündbare Gas-Luft-Gemische sind primäre Explosionsschutzmaßnahmen in aller Regel ausreichend, wenn sichergestellt ist, dass die auftretenden Konzentrationen außerhalb des Explosionsbereichs liegen. Das bedeutet, dass die UEG sicher unterschritten bzw. die OEG sicher überschritten wird. Dabei ist zu beachten, dass sich die Konzentrationsverhältnisse im Einzelfall ändern können. Damit ist beispielsweise bei einem plötzlichen Luftzutritt zu rechnen. In diesem Fall ist es möglich, dass die Konzentration den Schwellenwert der OEG unterschreitet und der Explosionsbereich erreicht wird. Bei Einhaltung der UEG hat ein Luftzutritt dagegen eher eine risikomindernde Wirkung. Überdies ist ein weiterer Aspekt zu bedenken. Die tatsächlichen Verhältnisse am Arbeitsplatz können im Einzelfall von den Randbedingungen der gewählten Bestimmungsmethode abweichen. In diesem Fall sind rechnerische Abschätzungen hilfreich. Folgende Aspekte sind zu berücksichtigen:

— Umgebungsbedingungen

Die Bestimmungsmethoden für UEG und OEG gehen von einem Umgebungsdruck von 1013 hPa und einer Temperatur von 20 °C aus. Davon abweichende Bedingungen wirken sich auf den Explosionsbereich aus. In experimentellen Untersuchungen wurde festgestellt, dass sich der Explosionsbereich im Gemisch mit Luft bei steigenden Temperaturen vergrößert. Die UEG sinkt in diesem Fall, während gleichzeitig die OEG steigt. Kann eine Spontanentzündung ausgeschlossen werden, gilt folgender Zusammenhang (Brandes et al. 2004, S. 279) (▶ Gl. 3.4):

$$UEG(T) = UEG(T_0)[1 - K_U(T - T_0)]$$
$$OEG(T) = OEG(T_0)[1 + K_O(T - T_0)]$$

(3.4)

UEG (T)/OEG (T) = Untere bzw. obere Explosionsgrenze (Stoffmengen-, Volumen- oder Massenanteil) bei Temperatur T
UEG (T_0)/OEG (T_0) = untere bzw. obere Explosionsgrenze bei Bezugstemperatur T_0 (z. B. Raumtemperatur)
K_U/K_O = Korrekturfaktor für UEG bzw. OEG in 1/K
T = Temperatur in K
Der Korrekturfaktor K ist stoffspezifisch und nimmt üblicherweise Werte zwischen 0,0007 1/K und 0,0013 1/K an (◘ Tab. 3.10).
Im Unterschied zur Temperatur ist für den Druckeinfluss kein entsprechender Zusammenhang bekannt. Es ist allerdings davon auszugehen, dass die UEG mit steigendem Druck abnimmt, während die OEG ansteigt. Bei sehr niedrigen Drücken nähern sich UEG und OEG sogar an. Ein davon abweichendes Verhalten zeigen Wasserstoff und Kohlenstoffmonoxid. Für Wasserstoff steigt die UEG mit dem Druck geringfügig, während die OEG deutlich zunimmt, um bei weiterer Druckerhöhung wieder abzunehmen. Bei Kohlenmonoxid verengt sich der Explosionsbereich mit steigendem Druck sogar und verändert sich bei weiterer Druckerhöhung nicht weiter.

◘ **Tab. 3.10** Korrekturfaktoren zur Abschätzung des Temperatureinflusses ausgewählter entzündbarer Gase (Quelle: Hauptmanns 2020, S. 16)

Entzündbares Gas	K_U in 1/K	K_O in 1/K
Wasserstoff	0,00162	0,00042
Methan	0,00162	0,00111
Propan	0,00128	0,00107
Kohlenmonoxid	0,00138	0,00035

— Gemischbildung
Nicht immer hat man es in der Praxis mit Reinstoffen zu tun. Im Allgemeinen sind Gemische weitaus häufiger anzutreffen. Für diese sind in der Regel keine Literaturwerte vorhanden. Auch wenn unter diesen Umständen eine messtechnische Bestimmung die sicherste Möglichkeit ist, kann eine Abschätzung des Explosionsbereichs erforderlich werden. Dazu ist folgender Zusammenhang zu berücksichtigen (▶ Gl. 3.5):

$$
\begin{aligned}
UEG_{Gemisch} &= 1 \left/ \sum_{i=1}^{n} \frac{y_i}{UEG_i} \right. \\
OEG_{Gemisch} &= 1 \left/ \sum_{i=1}^{n} \frac{y_i}{OEG_i} \right.
\end{aligned}
\tag{3.5}
$$

mit $UEG_{Gemisch}$/$OEG_{Gemisch}$ = Untere bzw. ober Explosionsgrenze des Gemisches
y_i = Stoffmengenanteil des Stoffes i im Gemisch
UEG_i/OEG_i = Untere bzw. obere Explosionsgrenze des Stoffes i im Gemisch
▶ Gl. 3.5 gilt in Näherung für Gasgemische entzündbarer Gase mit Luft (DIN EN ISO 10156 Nr. 4.5.2) und nur für den Fall, dass eine Reaktion zwischen den Bestandteilen des Gasgemisches ausgeschlossen ist (Crowl 2019, S. 23-8). Einige Literaturquellen machen auf eine weitere Einschränkung aufmerksam. Danach liefert ▶ Gl. 3.5 lediglich für die UEG eine gute Übereinstimmung mit den Messwerten. Für die OEG sind die Abweichungen im Einzelfall sehr groß, sodass davor gewarnt wird, die errechneten Werte unbestätigt zu übernehmen (Brandes et al. 2004, S. 282).

Zahlreiche Veröffentlichungen beschäftigen sich mit weiteren rechnerischen Methoden für die Bestimmung des Explosionsbereichs. Besonders häufig trifft man auf eine Abschätzungsmethode, die auf die stöchiometrischen Verhältnisse eingeht (Info-Box: „Abschätzung der Explosionsgrenzen für Kohlenwasserstoffe"). Vor Übernahme der durch diese Methode errechneten Werte ist zu beachten, dass das Abschätzungsverfahren nur unter folgenden Voraussetzungen anwendbar ist (Crowl 2019, S. 23-8):
1. Das Gas-Luft-Gemisch wird ausschließlich durch entzündbare Kohlenwasserstoffdämpfe gebildet.
2. Es liegt eine vollständige Verbrennung vor.

Die Praxis zeigt, dass selbst bei Vorliegen der genannten Voraussetzungen Abweichungen von den tatsächlichen Werten nicht auszuschließen sind. Eine ungeprüfte Übernahme der errechneten Konzentrationswerte sollte daher unterbleiben.

Beim Auftreten entzündbarer Dämpfe eignet sich der Flammpunkt zur Beurteilung der Explosionsgefährdung. Es gilt der Zusammenhang, dass immer dann, wenn die Flüssigkeitstemperatur den Flammpunkt erreicht oder überschreitet, von der Entstehung einer explosionsfähigen Atmosphäre auszugehen ist. Dabei ist zu berücksichtigen, dass bereits geringe Verunreinigungen durch

3

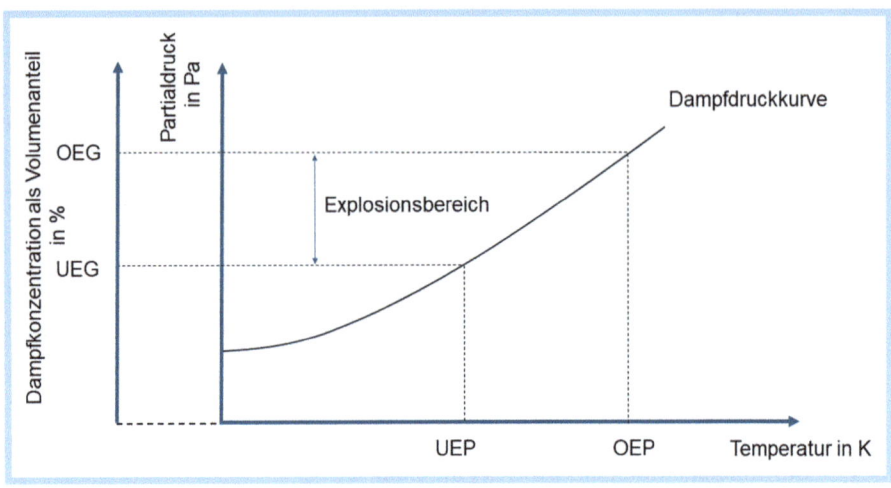

■ **Abb. 3.10**   Zusammenhang zwischen Dampfdruckkurve, Explosionsgrenzen UEG, OEG und Explosionspunkte UEP, OEP (Quelle: Eigene Darstellung)

niedrigsiedende Flüssigkeiten den Flammpunkt deutlich absenken. Dieser Aspekt ist vor allem für die Gefahrgut- und Gefahrstoff-Logistik von Bedeutung. Wird beispielsweise nach der Entleerung auf die Reinigung der Umschließung verzichtet, kann die Restmenge möglicherweise ausreichen, um den Flammpunkt herabzusetzen. Als Faustregel gilt: Der Flammpunkt sinkt im Fall der Beimischung niedrigsiedender Komponenten um annähernd denselben Betrag wie der Siedepunkt, solange sich letzterer um nicht mehr als 10 K verändert (Brandes et a. 2004, S. 296).

Zwischen dem Flammpunkt und dem Dampfdruck besteht ein Zusammenhang. Unter idealen Voraussetzungen entspricht der Flammpunkt der Temperatur auf der Dampfdruckkurve, an dem die untere Explosionsgrenze erreicht ist. Diese Temperatur wird als unterer Explosionspunkt (UEP) bezeichnet. Gemäß dieser Sprachregelung gibt es auch einen oberen Explosionspunkt (OEP). Den Zusammenhang zwischen Dampfdruckkurve, UEG und OEG sowie UEP und OEP zeigt ■ Abb. 3.10.

Unter der Voraussetzung, dass sich der Dampf einer entzündbaren Flüssigkeit wie ein ideales Gas verhält, errechnet sich die Konzentration des entzündbaren Dampfes im Gemisch aus dem Quotienten zwischen dem Partialdruck p_i und dem Gesamtdruck p_{gesamt}. Bildet man eine zweite Ordinatenachse, die die Konzentration des entzündbaren Dampfes im Gesamtgemisch repräsentiert, liefern die Schnittpunkte der UEG bzw. der OEG mit der Dampfdruckkurve zwei Temperaturwerte auf der Abszisse, die als UEP bzw. OEP bezeichnet werden (▶ Abschn. 2.3.2).

In der Theorie entspricht der Flammpunkt dem UEP. In der Praxis zeigen sich jedoch Abweichungen. Diese betragen bei Reinstoffen bis zu 5 K und bei Gemischen zwischen 15 K und 20 K (Brandes et al. 2004, S. 294). Der Unterschied zwischen den beiden Werten ist darauf zurückzuführen, dass eine Übereinstimmung nur unter Gleichgewichtsbedingungen zu erwarten ist. In der Praxis ist diese jedoch nur schwer herzustellen.

Trotz der Abweichungen lässt sich der Zusammenhang zwischen UEG und UEP zur rechnerischen Abschätzung des Flammpunktes nutzen (Übung: „Vorgehensweise zur Abschätzung des Flammpunktes mithilfe der Dampfdruckkurve").

Übung: „Vorgehensweise zur Abschätzung des Flammpunktes mithilfe der Dampfdruckkurve"

Der Flammpunkt für Aceton soll mithilfe der Dampfdruckkurve bestimmt werden. Folgende Daten sind gegeben:

Dampfdruck: $p_1 = 246$ mbar für T = 20 °C, $p_2 = 563$ mbar für T = 40 °C.

Volumenanteile: UEG = 2,5 %; OEG = 14,3 %.

Lösungsweg:

1. Konstruktion der Dampfdruckkurve

   Die Clausius-Clapeyron-Gleichung beschreibt den mathematischen Zusammenhang zwischen dem Dampfdruck und der Temperatur für zwei verschiedene Zustände 1 und 2. Es gilt:

   $$\ln\frac{p_1}{p_2} = \frac{-\Delta H_{Verdampfungsenthalpie}}{R} \cdot \left(\frac{1}{T_1} - \frac{1}{T_2}\right)$$

   mit

   p_1, p_2 = Dampfdrücke bei den Temperaturen T_1 bzw. T_2 in Pa

   $-\Delta H_{Verdampfungsenthalpie}$ = molare Verdampfungsenthalpie in $\frac{J}{mol}$

   R = universelle Gaskonstante 8,314 $\frac{J}{mol x K}$

   Die Clausius-Clapeyron-Gleichung lässt sich als Funktion der Variablen $\ln p$ und $\frac{1}{T}$ darstellen. Zwischen beiden Variablen besteht ein linearer Zusammenhang mit der Steigung $\frac{-\Delta H_{Verdampfungsenthalpie}}{R}$. Mit Hilfe der Geradengleichung ist es möglich, die Dampfdruckkurve zu bestimmen, wenn mindestens zwei Wertepaare bekannt sind.

   Für Aceton lässt sich die Dampfdruckkurve näherungsweise durch die Funktion

   $$\ln p = -4000K \cdot \frac{1}{T} + 23,7$$

   beschreiben.

2. Bestimmung Partialdrücke bei UEG bzw. OEG

   Unter der Voraussetzung, dass Dämpfe ein ideales Gasverhalten zeigen, können die Partialdrücke an der UEG bzw. OEG mithilfe folgender Beziehung ermittelt werden:

   $$UEG bzw. OEG = \frac{p_i}{p_{gesamt}}$$

   P_i = Partialdruck des Stoffes i im Gemisch in Pa;

3

P_{gesamt} = Gesamtdruck des Stoffgemisches in Pa

Für Aceton ergeben sich für einen angenommenen Gesamtdruck von p_{gesamt} = 1013 hPa folgende Partialdrücke:

p_{UEG} = 0,025 · 101300 Pa = 2532,5 Pa und

p_{OEG} = 0,143 · 101300 Pa = 14485,9 Pa

3. Berechnung UEP/OEP

Mithilfe der Dampfdruckkurve für Aceton errechnen sich die UEP zu

$$UEP = -\frac{4000K}{\ln p_{UEG} - 23,7} = \frac{4000K}{15,9} = 251,6\,K = -21,6\,°C$$

4. Abschätzung des Flammpunktes

Für Reinstoffe gilt zwischen UEP und Flammpunkt FP folgender Zusammenhang

$$FP = UEP + 5\,°C = -21,6\,°C + 5\,°C = -16,6\,°C$$

FP = Flammpunkt in °C

UEP = unterer Explosionspunkt in °C.

Zum Vergleich: Der Messwert für den Flammpunkt des Aceton beträgt < -20 °C (PTB).

Für entzündbare Feststoffe ist eine Brand- und Explosionsgefährdung immer dann anzunehmen, wenn der Feststoff staubförmig vorliegt (▶ Abschn. 2.1). Dabei hängt es u. a. vom Zustand des Staubes ab, ob eher ein Brand oder eine Explosion möglich ist. Ist der Staub abgelagert, kommt es eher zu einem Brand. Wird der Staub dagegen aufgewirbelt, erhöht sich die Wahrscheinlichkeit für eine Staubexplosion. Staubexplosionen funktionieren nach demselben Muster wie Gas- oder Dampfexplosionen. Das bedeutet, eine ausreichende Durchmischung mit der Luft ist Voraussetzung. Da Staubteilchen allerdings einen deutlich größeren Durchmesser haben als Gas- oder Dampfmoleküle, ist eine homogene Gemischbildung nicht zu erwarten (Bartknecht 1987, S. 51).

Abgelagerte Stäube bilden grundsätzlich eine potenzielle Brandquelle. Die Brennzahl gibt Aufschluss darüber, ob der Staub zur Entzündung neigt und welches Brennverhalten zu erwarten ist (▶ Abschn. 2.2.1). Eine Explosionsgefährdung abgelagerter Stäube ist allenfalls dann anzunehmen, wenn sie entzündbare Gase freisetzen. In diesem Fall ist die Kenntnis der Temperatur wichtig, bei der diese „Schwelgase" auftreten. Der „Schwelpunkt" ist eine sicherheitstechnische Kenngröße und ist definiert als

» *„[...] die unter festgelegten Versuchsbedingungen ermittelte niedrigste Temperatur, bei der ein Staub brennbare dampf- oder gasförmige Produkte („Schwelgas") in solchen Mengen entwickelt, dass diese im Luftraum oberhalb der Schüttung durch eine kleine Flamme entzündet werden können."*
TRGS 720 Nr. 2.3 Abs.11

Eine standardisierte Bestimmungsmethode für den Schwelpunkt gibt es nicht. Üblich ist eine Bestimmungsmethode analog der Flammpunktbestimmung (Hensel, Cashdollar 2004, S. 389, DGUV Information 213-065 2016, S. 39). Vom Schwelpunkt hängt ab, ob weitere Untersuchungen zur Erfassung der Explosionsneigung notwendig sind.

Aufgewirbelte Stäube neigen zur Explosion. Die Explosionsgefährdung unterliegt mehreren Einflussfaktoren. Neben der chemischen Zusammensetzung sind Feuchtegehalt und Korngrößenverteilung ausschlaggebend. Besonders feinkörnige Stäube zeigen in aller Regel heftige Reaktionen. Die Beurteilung der Explosionsgefährdung beginnt daher mit der Bestimmung der Korngrößenverteilung. Dazu reicht eine einfache Siebanalyse aus, bei der die Staubprobe mehrere Prüfsiebe durchläuft. Die Prüfsiebe unterscheiden sich im Durchmesser voneinander. Die jeweiligen Siebrückstände werden gewogen und daraus eine Summenverteilungskurve erstellt, aus der der Median abgelesen wird. Der Medianwert bezeichnet die mittlere Korngröße und markiert die Grenze zwischen Grob- und Feinstaub. Die Feuchte des Staubmaterials wird durch Wägung vor und nach einem Trocknungsvorgang bestimmt. Eine Staubexplosionsfähigkeit ist immer dann anzunehmen, wenn der Staub einer Staubexplosionsklasse zugeordnet wird (▶ Abschn. 2.3.2).

Die Staubkonzentration in der Luft ist ausschlaggebend für die Geschwindigkeit, mit der sich die Reaktion ausbreitet. Aus diesem Grund ist der Explosionsbereich von Interesse. Da sich Stäube im Unterschied zu Gasen und Dämpfen aufgrund ihrer Größe und Form nur inhomogen mit der Luft mischen, ist die OEG von untergeordneter Bedeutung. Die Messwerte weisen im Allgemeinen keine ausgeprägte OEG für Stäube auf.

Die Bestimmung der UEG erfolgt nach derselben Methode, die für die Ermittlung des maximalen Explosionsdrucks verwendet wird (▶ Abschn. 2.3.2). Dazu wird der Staub in den kugelförmigen Behälter eingeblasen und dessen Menge stufenweise verändert. Die Staubkonzentration wird über die eingeblasene Masse errechnet. Die Einheit der UEG ist daher üblicherweise g/m^3 (Hensel, Cashdollar 2004, S. 405).

Die UEG von Stäuben ist von folgenden Faktoren abhängig:

— Korngrößenverteilung
  Für Korngrößen < 100 μm ist die UEG nahezu konstant. Mit zunehmendem Korndurchmesser steigt die UEG. Jenseits einer Korngröße von 500 μm ist eine Explosionsfähigkeit auszuschließen.
— Temperatur- und Druck
  Die UEG verringert sich mit steigender Temperatur. Zur rechnerischen Abschätzung wird folgender Zusammenhang genutzt (Hensel, Cashdollar 2004, S. 408) (▶ Gl. 3.6):

$$UEG_{t_i} = UEG_{t_0} \left(\frac{273 + t_0}{273 + t_i} \right) [1 - 0{,}000721 \, (t_i - t_0)] \qquad (3.6)$$

UEG t_i = untere Explosionsgrenze bei der Temperatur t in °C
UEG t_o = untere Explosionsgrenze bei Bezugstemperatur t0 in °C

◘ Tab. 3.11 Explosionskenngrößen ausgewählter Staubarten (Quelle: IAG 2024)

Name	Medianwert in µm	Untere Explosionsgrenze in g/m^3
Cellulose	51	60
Weizenmehl	30	125
Polypropylen	58,3	15
Aluminiumpulver	11	60
Toner	21	60

t_0 = Bezugstemperatur in °C
t_i = gesuchte Temperatur in °C
Mit einer Zunahme der UEG ist bei steigendem Umgebungsdruck zu rechnen.

◘ Tab. 3.11 zeigt eine Auswahl bekannter Stäube und deren Explosionskenngrößen. Die Daten gelten für atmosphärische Bedingungen (0,9 bar $\leq$ p $\leq$ 1,1 bar, 0 °C $\leq$ T $\leq$ 30 °C).

Wenn das Auftreten einer gefährlichen explosionsfähigen Atmosphäre durch Schutzmaßnahmen nicht sicher auszuschließen ist, geht es darum, deren Zündung wirksam zu verhindern. Nachdem die Zündquellen identifiziert sind, kann deren Wirksamkeit mithilfe sicherheitstechnischer Kenngrößen bewertet werden. Dazu gehören

— Mindestzündenergie (MZE)
Die MZE dient dazu, die Zündwirkung elektrischer Funken und elektrischer Entladungen einzuschätzen. Sie ist definiert als

» *„[…] die unter festgelegten Versuchsbedingungen ermittelte, kleinste in einem Konden-sator gespeicherte elektrische Energie, die bei Entladung ausreicht, das zündwilligste Gemisch einer explosionsfähigen Atmosphäre zu entzünden.“*
TRGS 720 Nr. 2.3 Abs. 6

Zur Bestimmung der MZE wird das Prüfgemisch in wechselnden Konzentrationen durch eine Funkenentladung zwischen den Platten eines Kondensators entzündet. Die Messung beginnt mit einer Konzentration nahe der UEG und endet bei der OEG. Das zündwilligste Gemisch ist in der Nähe der stöchiometrischen Konzentration zu erwarten (◘ Abb. 3.11).
Die MZE wird aus der maximal gespeicherten Energie des Kondensators berechnet. Mögliche Energieverluste während des Zündvorgangs werden nicht berücksichtigt.

— Zündtemperatur
Die Zündtemperatur wird genutzt, um festzustellen, ob eine Zündung eines Gas- oder Dampf-Luft-Gemisches an heißen Oberflächen möglich ist. Das zentrale Element der Prüfapparatur ist ein Erlenmeyerkolben (Volumen: 200 ml), der sich in einem Heizofen befindet. Ein Thermoelement an der Außenseite des Erlenmeyerkolbens misst die Oberflächentemperatur (◘ Abb. 3.12).

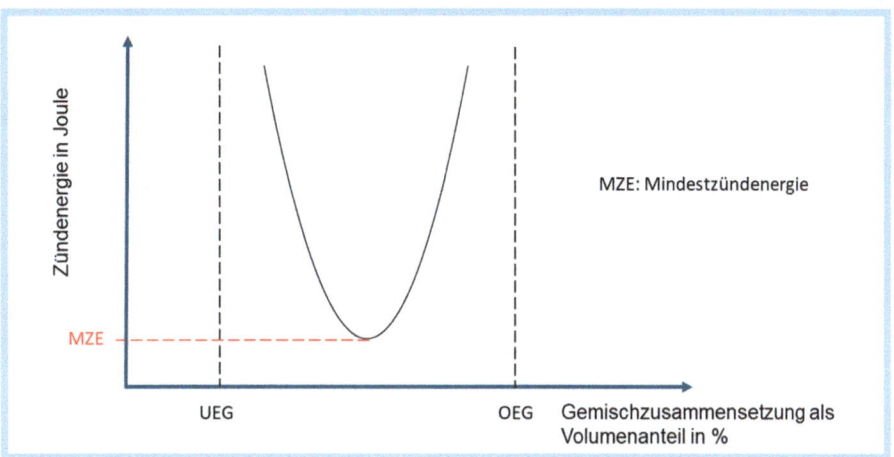

Abb. 3.11 Schematischer Verlauf der MZE in Abhängigkeit von der Gemischzusammensetzung (Quelle: Eigene Darstellung)

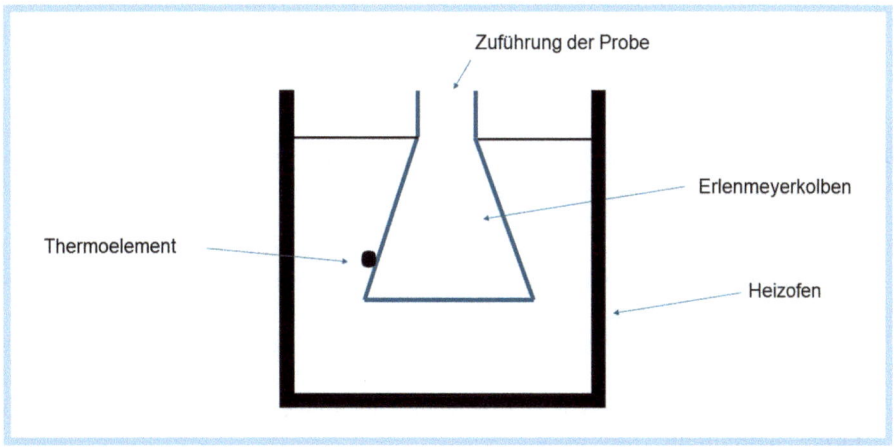

Abb. 3.12 Schematische Darstellung der Prüfapparatur zur Bestimmung der Zündtemperatur nach DIN 51794 (Quelle: Eigene Darstellung)

Sobald eine Entzündung beobachtet wird, wird die Oberflächentemperatur am Erlenmeyerkolben abgelesen. Im Rahmen einer Prüfserie wird die niedrigste Temperatur als Zündtemperatur gewählt.

Die Höhe der Zündtemperatur ist vom Druck und vom Inertgasanteil abhängig. Mit steigendem Druck und mit abnehmendem Inertgasanteil nimmt die Zündtemperatur deutlich ab. Die Zündtemperatur erreicht den geringsten Wert in einer reinen Sauerstoffatmosphäre.

In der Praxis wird die Zündtemperatur fälschlicherweise häufig als Selbstentzündungstemperatur bezeichnet. Der Grund für diese Verwechslung ist mög-

3

licherweise die englische Bezeichnung, nämlich *autoignition temperature* bzw. *self ignition temperature.*

— Flammendurchschlagsichere Spaltweite

Die flammendurchschlagsichere Spaltweite wird sowohl zur Bewertung der Zündwirkung als auch für die Wahl von Geräten zur Verwendung innerhalb explosionsfähiger Atmosphären genutzt. Es besteht die Möglichkeit, dass entzündbare Gas- bzw. Dampf-Luft-Gemische in das Innere eines Gerätes eindringen und sich dort entzünden. Da sich das Eindringen technisch nicht vollkommen verhindern lässt, konzentrieren sich die Maßnahmen darauf, die Übertragung einer Entzündung im Inneren nach außen auszuschließen. Die flammendurchschlagsichere Spaltweite gibt das maximale Spaltmaß an, das einen Flammenüberschlag nach außen gerade noch verhindert.

Zur Bestimmung dieser Grenzspaltweite wird eine Prüfapparatur genutzt, die aus einer äußeren und inneren Kammer besteht, zwischen denen ein Ringspalt eingestellt werden kann. Das Prüfgemisch wird in die innere Kammer geleitet und zur Entzündung gebracht. Dabei wird beobachtet, ob es zu einem Flammendurchschlag über einen 25 mm langen Spalt in die äußere Kammer kommt. Die Messung besteht aus einer Prüfserie, bei der die Spaltbreite für verschiedene Konzentrationen des Gas-bzw. Dampf-Luft-Gemisches solange stufenweise variiert wird, bis ein Flammenübertritt nicht mehr beobachtet wird. Die niedrigste Spaltweite ist der Grenzspalt. Dieser Wert wird als Normspaltweite bezeichnet und ist definiert als

» *„maximaler Abstand eines Ringspaltes von 25 mm Breite, bei dem die Übertragung einer Explosion […] noch unterdrückt wird.“*
DIN EN ISO/IEC 80079-20-1 Nr. 3.4

Die Normspaltweite wird zur Einteilung der Gase und Gemische in Explosionsgruppen genutzt (◘ Tab. 3.12).

Die Normspaltweite wird unter atmosphärischen Bedingungen (T = 20 °C, p = 1013 hPa) ermittelt. Für die Beurteilung der Explosionsgefährdung ist zu berücksichtigen, dass die Spaltweite mit steigenden Temperaturen und Drücken abnimmt.

Die Normspaltweite ist ein wichtiges Kriterium für die Auswahl geeigneter Zündschutzarten elektrischer und nichtelektrischer Geräte zur Verwendung in explosionsfähiger Atmosphäre (Info: „Zündschutzart“).

◘ **Tab. 3.12** Kriterien für die Zuordnung entzündbarer Gase und Dämpfe zu Explosionsgruppen (DIN EN ISO/IEC 80079-20-1)

Normspaltweite NSW	Explosionsgruppe	Beispiele
NSW ≥ 0,90 mm	II A	Methan, Propan
0,50 < NSW < 0,90	II B	Kohlenmonoxid im Gemisch mit aus Feuchtigkeit gesättigter Luft
NSW ≤ 0,50 mm	II C	Wasserstoff

Kommt man bei der Bewertung der Zündschutzmaßnahmen zu dem Ergebnis, dass eine Gefährdung nicht vollkommen ausgeschlossen werden kann, besteht der letzte Schritt in der Überprüfung tertiärer Explosionsschutzmaßnahmen. Dazu werden der maximale Explosionsdruck p_{max} und der maximale zeitliche Druckanstieg $\frac{dp}{dt}max$ herangezogen ($\blacktriangleright$ Abschn. 2.3.2). Beide Kenngrößen sind vom Druck und von der Temperatur abhängig und folgen den Beziehungen ($\blacktriangleright$ Gl. 3.7):

$$p_{max}(T) = p_{max}(T_0) \cdot \frac{T_0}{T} \tag{3.7}$$

beziehungsweise

$$p_{max}(p) = p_{max}(p_0) \cdot \frac{p_0}{p}$$

p_{max} (T) und p_{max} (p) = maximaler Explosionsdruck bei Anfangstemperatur T bzw. Anfangsdruck p

T_0 = Anfangstemperatur
p_0 = Anfangsdruck

Info-Box: „Abschätzung der Explosionsgrenzen für Kohlenwasserstoffe"
Eine rechnerische Ermittlung der UEG und der OEG von Kohlenwasserstoffen in der Luft ist näherungsweise mithilfe folgender Zusammenhänge möglich (Crowl 2019, S. 23–28):

$$UEG = 0,55 \cdot c_{st}$$

$$OEG = 3,50 \cdot c_{st}$$

UEG/OEG = untere bzw. obere Explosionsgrenze (Angabe als Volumenanteil)
C_{St} = stöchiometrische Konzentration bei vollständiger Verbrennung (Angabe als Volumenanteil)
Die stöchiometrische Konzentration c_{St} (Angabe als Volumenanteil in der Luft) errechnet sich aus

$$c_{St} = \frac{100}{1 + z/0{,}21}$$

wobei die Variable z für den stöchiometrischen Koeffizienten des Sauerstoffs O_2 auf der Eduktenseite der Reaktionsgleichung für die vollständige Verbrennung des entzündbaren Gases in Luft steht.
Am Beispiel der Verbrennung von Pentan in der Luft wird der Rechenweg dargestellt:
1. Aufstellen der Reaktionsgleichung für den Fall einer vollständigen Verbrennung

$$C_5H_{12} + 8O_2 \leftrightharpoons 5CO_2 + 6H_2O$$

2. Berechnung der stöchiometrischen Konzentration von Pentan in der Luft

$$c_{st} = \frac{100}{1 + 8/0{,}21} = \frac{100}{39{,}09} = 2{,}56$$

Die stöchiometrische Konzentration des Pentan in der Luft entspricht einem Volumenanteil von 2,56 %.

3. Berechnung der UEG bzw. OEG (Angabe als Volumenanteil)

UEG = 0,55 · 2,56 = 1,41 %

OEG = 3,50 · 2,56 = 8,96 %

4. Bewertung

Die errechneten Werte zeigen bei der UEG eine gute Übereinstimmung, während das Rechenergebnis für die OEG deutlich vom Messwert abweicht (Abweichung mehr als 15 %).

Info-Box: „Zündschutzart"

Die Zündschutzart gibt Auskunft darüber, auf welche Weise die technische Gestaltung eines elektrischen oder nichtelektrischen Gerätes der Entzündung einer explosionsfähigen Atmosphäre entgegenwirkt. Einzelheiten zu den technischen Ausführungen sind in europäischen und internationalen Normen festgelegt. Es wird zwischen Zündschutzarten für elektrische und nichtelektrischen Geräte unterschieden. In der Gruppe der elektrischen Geräte findet eine weitere Unterteilung nach Gasen bzw. Dämpfen und Stäuben statt:

Elektrische Geräte zur Verwendung in gas-explosionsfähigen Atmosphären	12 Zündschutzarten (z. B. druckfeste Kapselung Eigensicherheit etc.)	Normenreihe DIN EN IEC 60079-0 ff.
Elektrische Geräte zur Verwendung in staub-explosionsgefährdeten Atmosphären	Vier Zündschutzarten, d. h. Schutz durch Gehäuse, Eigensicherheit, Überdruckkapselung, Vergusskapselung	Normenreihe DIN EN IEC 60079-0 ff.
Nichtelektrische Geräte	Drei Zündschutzarten, d. h. konstruktive Sicherheit, Zündquellenüberwachung, Flüssigkeitskapselung	Normenreihe DIN EN ISO 80079-0 ff.

Die Zündschutzart ist an der Buchstabenfolge der Gerätekennzeichnung abzulesen. Elektrischen Geräten ist das Kürzel „Ex" vorangestellt.

Beispiele:

„*Ex d*" für Zündschutzart „Druckfeste Kapselung" elektrischer Geräte in gasexplosionsgefährdeter Atmosphäre.

„*c*" für die Zündschutzart „Konstruktive Sicherheit" nichtelektrischer Geräte

3.4 Beispielhafte Schutzmaßnahmen

Die Bandbreite der Brand- und Explosionsschutzmaßnahmen ist groß. Zurückzuführen ist das zum einen auf die Vielzahl der Stoffe und deren unterschiedliche Eigenschaften und zum anderen auf die verschiedenen Einsatz- und Verwendungsfälle. Auch die abweichenden Ansätze des Gefahrgut- und Chemikalienrechts tragen zur Komplexität bei. Während das Gefahrgutrecht auf eine detaillierte Festlegung der Maßnahmen setzt, folgt das Chemikalienrecht dem Prinzip der Eigenverantwortung und überlässt die Maßnahmenplanung weitestgehend dem Arbeitgeber und den Ergebnissen der betrieblichen Gefährdungsbeurteilung. Eine vollständige Auflistung aller erforderlichen Maßnahmen ist daher nur bei Kenntnis des konkreten Einzelfalls möglich.

Der Anspruch dieses Kapitels ist es, einen Überblick über die spezifischen Maßnahmen zu liefern, die zur Bewältigung der Brand- und Explosionsgefährdung beim Befördern und Verwenden entzündbarer Stoffe zu beachten sind und die Bedeutung der sicherheitstechnischen Kenngrößen herauszustellen. Zunächst werden zentrale Maßnahmen für die sichere Beförderung vorgestellt werden, bevor auf ausgewählte Aspekte zur sicheren Verwendung eingegangen wird.

3.4.1 Beförderung entzündbarer Stoffe

Die Schutzmaßnahmen für eine sichere Beförderung entzündbarer Stoffe ergeben sich aus der Zugehörigkeit zur Gefahrklasse. Die Kriterien für die Klassifizierung sind sicherheitstechnische Kenngrößen und physikalische Eigenschaften. Innerhalb der Gefahrklassen für entzündbare Stoffe ist eine Abstufung nach Verpackungsgruppen vorgesehen. Auf diese Weise wird den unterschiedlichen Risiken Rechnung getragen (◘ Tab. 3.13). Lediglich bei entzündbaren Gasen wird auf die Angabe einer Verpackungsgruppe verzichtet.

Sicherheitstechnische und physikalisch-chemische Größen greifen für den Klassifizierungsvorgang ineinander (Fallbeispiel „Klassifizierung von Hexan").

▶ **Fallbeispiel: „Klassifizierung von Hexan"**

Hexan (CAS-Nr. 110-54-3) wird in der Öl- und Fettextraktion, als Lösungsmittel für die Kunststoffindustrie und zur Verdünnung in Lacken und Farben verwendet (Berger 2024). Folgende physikalisch-chemische Daten sind bekannt (ECHA 2024; DGUV 2024):

3

◘ Tab. 3.13 Verpackungsgruppen und deren Bedeutung für entzündbare Flüssigkeiten und Feststoffe

Verpackungs-gruppe	Bedeutung	Zuordnungskriterien
I	Stoffe mit hoher Gefahr	Entzündbare Flüssigkeiten: Siedebeginn
II	Stoffe mit mittlerer Gefahr	Entzündbare Flüssigkeiten: Flammpunkt (geschlossener Tiegel) und Siedebeginn; entzündbare Feststoffe: Abbrandzeit, Reaktionsausbreitung für Metalle.
III	Stoffe mit geringer Gefahr	Entzündbare Flüssigkeiten: Flammpunkt (geschlossener Tiegel) und Siedebeginn; entzündbare Feststoffe: Abbrandzeit, Reaktionsausbreitung für Metalle.

Summenformel	C_6H_{14}
Dichte	0,661 g/cm³ bei T = 20 °C
Siedepunkt /Schmelzpunkt	68,73 °C/– 95,35 °C bei p = 1013 hPa
Dampfdruck (Quelle: GESTIS)	162 hPa bei 20 °C 540 hPa bei 50 °C
Flammpunkt (geschlossener Tiegel)	–22 °C bei p = 1013 hPa
Untere bzw. obere Explosionsgrenze	1,1/7,5 Volumenanteil in Prozent
Nennspaltweite (Quelle: GESTIS)	0,93 mm
Maximaler Explosionsdruck (Quelle: GESTIS)	9,5 bar

An der Höhe des Siede- und Schmelzpunkts ist zu erkennen, dass Hexan unter atmosphärischen Bedingungen als Flüssigkeit vorliegt. Der Dampfdruck bei 50 °C liegt weit unterhalb des Schwellenwertes von 300 kPa. Gleichzeitig überschreitet der Flammpunkt den Wert von 60 °C nicht. Damit erfüllt Hexan die Kriterien der Klasse „Entzündbare Flüssigkeit" (Klasse 3).

Für die Zuordnung zur Verpackungsgruppe ist außer der Größe des Flammpunktes der Siedebeginn ausschlaggebend. Da der Flammpunkt kleiner als 23 °C und der Siedebeginn größer als 35 °C ist, wird Hexan der Verpackungsgruppe II zugeordnet (UN I 2023, ▶ Abschn. 2.2). ◄

Die Schutzmaßnahmen für die sichere Beförderung entzündbarere Stoffe sind darauf ausgelegt, unbeabsichtigte Freisetzungen auszuschließen. Das wird durch eine ausreichende Widerstandsfähigkeit der Umschließungen gegenüber schädigenden Einflüssen durch mechanische und chemische Belastungen erreicht. Zu den Umschließungen zählen Verpackungen und Tanks.

Unter Verpackungen versteht man alle Behältnisse einschließlich zugehöriger Sicherheitsbauteile, die zur Aufnahme gefährlicher Stoffe vorgesehen sind. Dazu

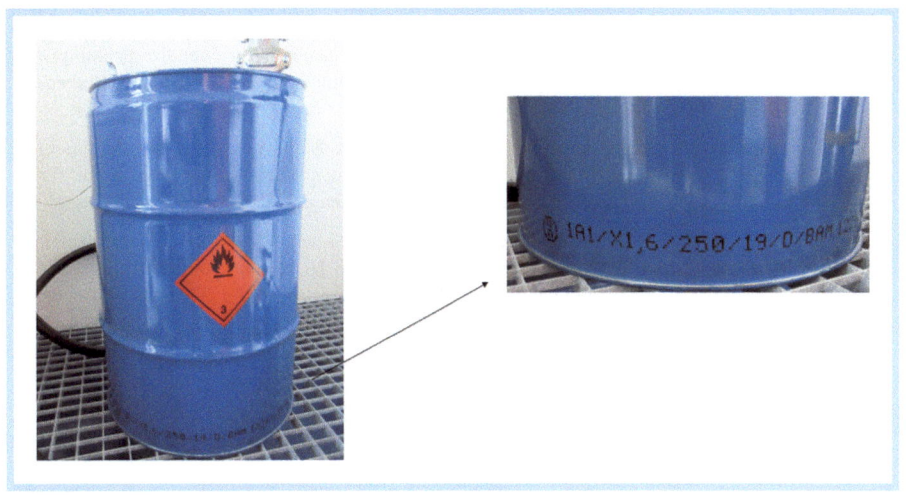

■ **Abb. 3.13**   Fass aus Stahl als Einzelverpackung (Quelle: Eigene Aufnahme)

zählen z. B. Kanister, Druckgasflaschen oder Fässer. Die Anforderungen an Bau und Konstruktion dieser Verpackungen sind in den UN-Modellvorschriften und den verkehrsträgerspezifischen Regelungen detailliert beschrieben und reichen von der Werkstoffauswahl über Öffnungsweiten und Verschlussarten bis hin zu Schutzauskleidungen, um mögliche Werkstoffunverträglichkeiten vorzubeugen. Diese Festlegungen sollen Freisetzungen verhindern, die durch Vibration, Temperatur, Feuchtigkeits- und Druckwechsel ausgelöst werden können. Ergänzend zu den Bau- und Konstruktionsanforderungen gibt es organisatorische Regelungen zum Füllvorgang. Besonders ausführlich sind die Vorgaben über den füllungsfreien Raum (UN II ▶ Abschn 4.1).

Die Einhaltung der technischen Vorgaben wird durch ein Zulassungsverfahren sichergestellt, zu dem der Nachweis über erfolgreich durchgeführte Bauartprüfungen gehört. Eine Kennzeichnung auf der Verpackung informiert über die Eigenschaften und den Prüfstatus (■ Abb. 3.13) (UN II 2023 Abschn. 6.1). Die Kennzeichnung auf der Verpackung besteht aus mehreren Elementen, die in codierter Form u. a. Auskunft über die Verpackungsart, die zugelassene Verpackungsgruppe und die Ergebnisse der Bauartprüfung liefert (Fallbeispiel „Verpackung entzündbarer Feststoffe für die Verwendung im Straßenverkehr").

▶ **Fallbeispiel: „Einzelverpackung von Hexan zur Verwendung im Straßenverkehr"**

Hexan (UN 1208) soll auf der Straße befördert werden. Als Einzelverpackung wird ein Fass aus Stahl ausgewählt, das folgende Verpackungskennzeichnung trägt (■ Abb. 3.13):

ⓤ 1A1 / X 1,6 / 250 / 19 / D / BAM 12217-BPOL

Es bedeuten

3

(U N)	Symbol der Vereinten Nationen als Bestätigung, dass die Verpackung den jeweils geltenden Vorschriften genügt. Für Metallverpackungen mit einer geprägten Codierung genügt die Angabe der Buchstabenfolge „UN".
1A1	Verpackungstyp – hier: Fass aus Stahl mit nicht abnehmbarem Deckel, d. h. mit einem maximalen Durchmesser von 7 cm für Öffnungen, die zum Füllen, Entleeren und Entlüften vorgesehen sind.
X 1,6	Buchstabe X bezeichnet die zugelassenen Verpackungsgruppen (hier: X = Verpackungsgruppen I, II und III) gefolgt vom Zahlenwert der relativen Dichte.
250	Zahlenwert der im Rahmen der Bauartprüfung erfolgreich durchgeführten Flüssigdruckprüfung in kPa. Der Betrag ist auf die nächsten 10 kPa abgerundet. Im Beispiel: 250 kPa. Ist die Verpackung für die Aufnahme von Feststoffen vorgesehen, wird anstelle des Zahlenwerts die Buchstabe „S" (*solid*: engl.: fest) aufgeführt.
19	Die Zahl gibt die beiden letzten Ziffern des Herstellungsjahres an. Im Beispiel: 19 = 2019
D	Zeichen des Staates, in dem die Verpackung zugelassen wurde
BAM 12217-BPOL	Name des Herstellers oder Identifizierungszeichen der zuständigen Behörde. Im Beispiel: BAM 12217-BPOL: Zulassung durch die Bundesanstalt für Materialforschung und -prüfung (BAM) unter der Zulassungsscheinnummer 12217. Das Kurzzeichen „BPOL" steht für den Hersteller. Im Beispiel: *Wytwornia Opakowan Blaszanych, „Beczkopol" Sp. z o.o., Ul. Mlynska 78, PL – 86320 Lasin.*

Zur Bauartprüfung gehören eine Fall- und einer Stapeldruckprüfung. Zusätzliche Prüfungen sind für Verpackungen zur Aufnahme entzündbarer Flüssigkeiten vorgesehen. Für Druckgefäße zur Aufnahme entzündbarer Gase gelten besondere Vorschriften. ◄

Große Mengen flüssiger und gasförmiger Stoffe werden üblicherweise in Tanks transportiert (▣ Abb. 3.14). Ein Tank ist definiert als

» *„Ein Tankkörper mit seiner Bedienungsausrüstung und baulichen Ausrüstung. […]"* *Holzhäuser und Ridder 2025 Abschn.* 1.2

Tank ist eine Oberbezeichnung für unterschiedliche Umschließungen. Im Straßenverkehr zählen beispielsweise Tankfahrzeuge und Tankcontainer dazu. Für die Aufnahme von Gasen gibt es besondere Tankkonstruktionen. Schüttgut-Container werden für die Aufnahme fester Stoffe verwendet. Neben dem Aggregatzustand werden Tanks nach Art des Werkstoffs und nach den Befüll- und Entleerungsmöglichkeiten unterteilt.

Die Konstruktionsanforderungen an Tanks und Schüttgut-Container sind im Regelwerk zum Gefahrgut detailliert beschrieben und werden durch technische Normen konkretisiert. Zentrale Vorgaben betreffen:

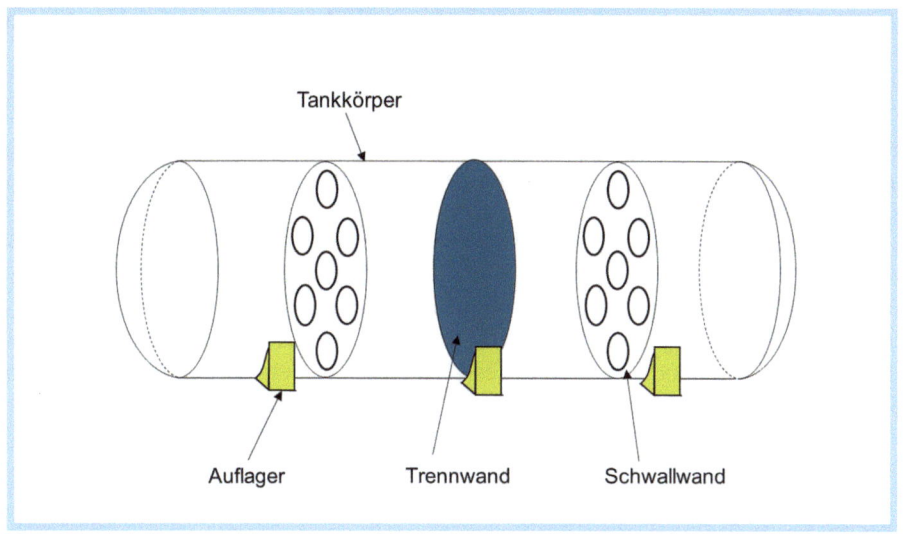

◘ Abb. 3.14   Tank und typische Bezeichnungen der Bestandteile (Quelle: Eigene Darstellung)

— Mindestbeanspruchung
Tanks und Schüttgut-Container müssen so ausgelegt sein, dass sie die statischen und dynamischen Beanspruchungen, die im Rahmen der Beförderung zu erwarten sind, sicher aufnehmen. Neben den äußeren Beanspruchungen durch die Beförderung werden die physikalischen und chemischen Eigenschaften der entzündbaren Stoffe berücksichtigt. Dazu gehören beispielsweise der Dampfdruck und eine mögliche korrosive Wirkung. Zusätzlich ist der Tankkörper gegenüber standardmäßigen Über- und Unterdrücken auszulegen, wie sie beispielsweise bei Befüllung oder Entleerung auftreten. Die Mindestbeanspruchung bestimmt die Wanddicke des Tankkörpers.
— Öffnungen
Tanköffnungen sind potenzielle Schwachstellen. Sie sind entweder an der Tankober- oder -unterseite angebracht. Für Tanks mit einer Entleerung an der Unterseite sind mindestens zwei separate Verschlusseinrichtungen notwendig. Davon muss sich eine am Ende des Auslaufstutzens befinden. Für besonders risikoreiche Stoffe werden drei Verschlusseinrichtungen gefordert, wovon eine innerhalb des Tankkörpers oder als Teil der Flanschverbindung vorgeschrieben ist. Auch für die Entleerung gibt es Vorgaben.
Für einige Stoffe sind nur Tanks mit Öffnungen an der Oberseite zugelassen. Um in diesem Fall den Tank entleeren zu können, wird das Tankinnere mit Druckluft beaufschlagt und der Inhalt über eine Steigleitung nach außen befördert.
— Sicherheitseinrichtungen
Je nach Tanktyp und -ausführung sind zusätzliche Sicherheitseinrichtungen notwendig. Hierzu gehören z. B. Belüftungseinrichtungen zur Vermeidung

eines Über- oder Unterdrucks sowie Auslaufsicherungen, die bei Umstürzen des Tanks ansprechen.

Die Einhaltung dieser Anforderungen wird durch technische Prüfungen festgestellt. Dazu zählen Bau-, Wasserdruck- und Dichtheitsprüfung. Durch regelmäßig wiederkehrende Prüfungen ist die Erhaltung des sicheren technischen Zustandes gewährleistet.

Die Eignung des Tanks für die Aufnahme entzündbarer Stoffe ist an der Tankcodierung abzulesen. Unterschieden wird zwischen der Tankcodierung für entzündbare Gase und der Tankcodierung für entzündbare Flüssigkeiten und Feststoffe. Die Tankcodierung ist vierstellig und besteht aus Buchstaben und Zahlen (Fallbeispiel „Tankcodierung eines festverbundenen metallischen Tanks für den Straßentransport von Hexan").

► **Fallbeispiel: „Tankcodierung eines festverbundenen metallischen Tanks für den Straßentransport von Hexan"**

Ein Tank für den Straßentransport von Hexan muss mindestens der Tankcodierung „LGBF" entsprechen. Die Buchstabenfolge bedeutet:

1. Teil: Tanktyp
   Der erste Buchstabe informiert über den Tanktyp. Für flüssige Stoffe sind Tanks mit der Codierung „L" (*liquid*: engl.: flüssig) vorgesehen. Tanks für feste Stoffe sind an dem Buchstaben „S" (*solid*: engl.: fest) zu erkennen.

2. Teil: Berechnungsdruck
   Der Berechnungsdruck ist für die Bemessung der Wanddicke eines metallischen Tankkörpers ausschlaggebend. Die Angabe besteht entweder aus dem Buchstaben „G" für den Mindestberechnungsdruck oder einer Zahl (z. B. 1,5) die den Mindestberechnungsdruck in bar angibt.
   Der Buchstabe „G" wird für Tankkörper vergeben, die zur Aufnahme von Stoffen mit einem Dampfdruck von höchstens 110 kPa bei 50 °C vorgesehen sind und deren Berechnungsdruck (Holzhäuser und Ridder 2025 Absatz 6.8.2.1.14 a)
   ▬ bei Schwerkraftentleerung dem zweifachen statischen Druck des Stoffes bzw. mindestens dem zweifachen statischen Druck von Wasser entspricht oder
   ▬ bei Druckbefüllung und -entleerung mindestens dem 1,3-fachen des beaufschlagten Drucks entspricht.
   Da Hexan den Anforderungen, die an den Dampfdruck gestellt werden, entspricht, ist die Angabe „G" ausreichend.

3. Teil: Öffnungen
   Die Buchstaben A, B, C und D repräsentieren Tanks mit unterschiedlich angeordneten Öffnungen. Buchstabe A und B bezeichnen Tanks mit Bodenöffnungen und Buchstabe C und D Tanks mit Öffnungen im oberen Tankbereich.
   Für Hexan ist ein Tank mit der Tankcodierung „B" ausreichend. Das bedeutet, dass die Bodenöffnungen des Tanks über drei Verschlüsse verfügen, die in Reihe angeordnet sind und unabhängig voneinander betätigt werden können (Holzhäuser und Ridder 2025 Absatz 6.8.2.2.2). Davon befindet sich ein Verschluss im Inneren

des Tankkörpers, ein weiterer Verschluss ist am Ende des Auslaufstutzens angebracht. Der dritte Verschluss besteht aus einer Schraubkappe am Ende des Auslaufstutzens und ist auf den Gesamtdruck ausgelegt.

4. Teil: Sicherheitseinrichtung

Es werden vier Varianten unterschieden, die mit den Buchstaben V, F, N oder H codiert werden. Der Buchstabe „F" steht für einen Tank mit Überdruck- und Unterdruckbelüftungseinrichtung, die mit einer Einrichtung zur Verhinderung einer Flammenausbreitung ausgerüstet sind. Das ist beispielsweise durch eine Flammensperre möglich, die ein Überschlagen in das Tankinnere verhindert. Für die Auslegung einer Flammensperre wird die „experimentell ermittelte höchste sichere Spaltweite" herangezogen. Alternativ ist die Verwendung eines explosionsdruckstoßfesten Tanks möglich.

Die Normspaltweite (NSW) für Hexan beträgt 0,93 mm. Hexan gehört damit zur Explosionsgruppe IIA (Tabelle 3.12). Das Schutzsystem muss also mindestens den Anforderungen dieser Explosionsgruppe genügen.

Als gleichwertig zur Flammensperre gilt ein explosionsdruckstoßfester Tank. Dessen Bemessung erfolgt nach dem maximalen Explosionsdruck p_{max}. Für Hexan ist p_{max} mit 9,5 bar angegeben.

Ergänzend zu den genannten Anforderungen besteht für metallene Tanks die Forderung nach einer Erdungsmöglichkeit, sofern entzündbare Flüssigkeiten mit einem Flammpunkt von höchstens 60 °C befördert werden. Für Hexan mit einem Flammpunkt von – 22 °C ist eine Erdung notwendig. ◄

Ebenso wie bei den Verpackungen besteht auch für Tanks die Forderung nach Einhaltung eines füllungsfreien Volumens. Dieser errechnet sich nach (▶ Gl. 3.8)

$$F_A = \frac{100}{1 + \gamma(50 - t_f)} \tag{3.8}$$

bzw.

$$F_B = \frac{97}{1 + \gamma(50 - t_f)}$$

mit F_A = Füllungsgrad in % für entzündbare Stoffe in Tanks mit Unter- bzw. Überdruckbelüftungseinrichtungen oder Sicherheitseinrichtung

F_B = Füllungsgrad in % für entzündbare Stoffe in luftdicht verschlossenen Tanks ohne Sicherheitseinrichtung

γ = mittlerer kubischer Ausdehnungskoeffizient in 1/K

t_f = mittlere Temperatur des entzündbaren Stoffes zum Zeitpunkt der Befüllung in 1/K

Das füllungsfreie Volumen soll sicherstellen, dass die Tankfestigkeit auch bei möglichen Temperaturschwankungen während des Beförderungsvorganges gegeben bleibt.

3

3.4.2 Verwendung entzündbarer Stoffe

Verwenden ist der Oberbegriff für zahlreiche Tätigkeiten im Zusammenhang mit gefährlichen Stoffen (▶ Abschn. 1.1). In der Gefahrgut- und Gefahrstoff-Logistik gehören der innerbetriebliche Transport, die Ein- und Auslagerung sowie die Um- und Abfüllung dazu. Jede dieser Tätigkeit hat ein spezifisches Freisetzungspotenzial. Daher sind generalisierende Maßnahmen auf regulatorischer Ebene wenig hilfreich. Vielmehr kommt es darauf an, die jeweiligen betrieblichen Umstände zu berücksichtigen und daraus spezifische Maßnahmen zu entwickeln. Die Gefährdungsbeurteilung liefert dafür das methodische Rüstzeug. Ihre Anwendung erfordert jedoch Kenntnisse über mögliche Maßnahmen und über die Bedeutung sicherheitstechnischer Kenngrößen. Weitergehende Informationen liefern die Technischen Regeln für Gefahrstoffe (TRGS). Einen Überblick über die Technischen Regeln, die für den Umgang mit entzündbaren Stoffen zu berücksichtigen sind, gibt ◘ Tab. 3.14.

Die Gefährdungsbeurteilung beginnt mit der Frage nach dem Auftreten brennbarer Stoffe und nach den Umständen, unter denen eine gefährliche explosionsfähige Atmosphäre auftreten kann. Ist letztere nicht sicher auszuschließen, wird die Beurteilung mit der Auswahl geeigneter Schutzmaßnahmen fortgesetzt. Dazu sind insgesamt drei aufeinanderfolgende Prüfschritte vorzunehmen (▶ Abschn. 2.4).

Der erste Schritt befasst sich mit der Einschätzung, inwieweit die Bildung einer gefährlichen explosionsfähigen Atmosphäre zu verhindern oder durch Schutzmaßnahmen einzuschränken ist.

Eine gefährliche explosionsfähige Atmosphäre kann am wirkungsvollsten vermieden werden, wenn auf den Umgang mit entzündbaren Stoffen gänzlich verzichtet wird. Für die Unternehmen der Gefahrgut- und Gefahrstoff-Logistik ist dieser Ansatz nur dann möglich, wenn die Entscheidungshoheit über die Stoffverwendung bei ihnen liegt. Handelt es sich jedoch um eine Dienstleistung, ist diese Forderung nicht ohne weiteres realisierbar. In diesem Fall schließt sich die Frage an, wie die Bildung einer gefährlichen explosionsfähigen Atmosphäre verhindert werden kann. TRGS 722 liefert hierzu mehrere Vorschläge, von denen folgende für die Tätigkeitsfelder der Gefahrgut- und Gefahrstoff-Logistik besonders geeignet sind:

– Konzentrationsbegrenzung
   Ziel dieser Maßnahme ist es, durch technische Schutzmaßnahmen ein Erreichen des Explosionsbereiches auszuschließen. Für entzündbare Stoffe bedeutet dies vor allen Dingen, ein Unterschreiten der UEG sicherzustellen. Davon ist auszugehen, wenn die Stofftemperaturen Werte unterhalb des UEP annehmen. Ist der UEP unbekannt, eignet sich alternativ der Flammpunkt zur Orientierung. Für die Anwendung des Flammpunktes ist zu beachten, dass die Bildung einer gefährlichen explosionsfähigen Atmosphäre ausgeschlossen ist, wenn die Stofftemperatur
   – für reine, nicht halogenierte Flüssigkeiten 5 K unterhalb des Flammpunktes liegt bzw.

◻ Tab. 3.14 Übersicht über relevante TRGS für den Umgang mit entzündbaren Stoffen

Kurzbezeichnung	Titel	Kurzbezeichnung	Titel
TRGS 720	Gefährliche explosions-fähige Gemische – Allgemeines	TRGS 727	Vermeidung von Zündgefahren infolge elektrostatischer Aufladungen
TRGS 721	Gefährliche explosions-fähige Gemische – Beurteilung der Explosionsgefährdung	TRGS 727	Vermeidung von Zündgefahren infolge elektrostatischer Aufladungen
TRGS 722	Vermeidung oder Einschränkung gefährlicher explosionsfähiger Gemische	TRGS 745	Ortsbewegliche Druckgasbehälter – Füllen, Bereithalten, innerbetriebliche Beförderung, Entleeren
TRGS 723	Gefährliche explosions-fähige Gemische – Vermeidung der Entzündung gefährlicher explosionsfähiger Gemische	TRGS 746	Ortsfeste Druckanlagen für Gase
TRGS 724	Gefährliche explosionsfähige Gemische – Maßnahmen des konstruktiven Explosionsschutzes, welche die Auswirkung einer Explosion auf ein unbedenkliches Maß beschränken	TRGS 751	Vermeidung von Brand-, Explosions- und Druckgefährdungen an Tankstellen und Gasfüllanlagen zur Befüllung von Landfahrzeugen
TRGS 725	Gefährliche, explosionsfähige Gemische – Mess-, Steuer- und Regeleinrichtungen im Rahmen von Explosionsschutzmaßnahmen	TRGS 509 / TRGS 510	Lagern von flüssigen und festen Gefahrstoffen in ortsfesten Behältern sowie Füll- und Entleerstellen für ortsbewegliche Behälter/Lagerung von Gefahrstoffen in ortsbeweglichen Behältern

– den Flammpunkt bei nicht halogenierten Lösungsmitteln um mindestens 15 K unterschreitet (TRGS 722 Nr. 4.2.2 Abs. 3).

Im innerbetrieblichen Transport, bei der Ein- und Auslagerung und auch bei der Ab- und Umfüllung entspricht die Stofftemperatur in der Regel der Umgebungstemperatur.

3

— Dichtheit von Anlagenteilen

Ziel dieser Maßnahme ist es, unbeabsichtigte Freisetzungen konstruktiv auszuschließen. Für die Gefahrgut- und Gefahrstoff-Logistik ist diese Maßnahme wirkungsvoll umgesetzt, wenn Umschließungen verwendet werden, die den gefahrgutrechtlichen Bestimmungen entsprechen (Abschn. 3.3.1). Ergänzend ist sicherzustellen, dass Beschädigungen während des Einsatzes verhindert werden.

— Lüftungsmaßnahmen

Lüftungsmaßnahmen zielen darauf ab, die Entstehung einer gefährlichen explosionsfähigen Atmosphäre zu verhindern, indem das Gas- bzw. Dampf-Luft-Gemisch stetig aus dem Raum abgeführt und durch unbelastete Außenluft ersetzt wird. Das kann grundsätzlich durch freie Lüftung, durch technische Raumlüftung oder durch Absaugung erreicht werden (▶ Abschn. 2.3.2). Welche Lüftungsform im Einzelfall am wirkungsvollsten ist, hängt vom Volumenstrom ab, der im speziellen Fall für den Luftaustausch erforderlich ist. Dazu muss die Freisetzungsrate bekannt sein. Möglicherweise ist eine rechnerische Abschätzung notwendig (Fallbeispiel: „Mindestvolumenstrom für die Fasslagerung von Hexan").

▶ **Fallbeispiel: „Mindestvolumenstrom für die Fasslagerung von Hexan"**

Gesucht ist der Mindestvolumenstrom für ein Lager, das für die Fasslagerung von Hexan vorgesehen ist. Der Lagerraum ist ebenerdig und hat die Abmessungen 6,0 m x 5,0 m x 4,0 m (Länge x Breite x Höhe). Über ein Tor (Breite: 3,5 m, Höhe: 3,0 m) ist eine Zufahrt zum Lager möglich. Der Lagerraum ist mit einer Fluchttür ausgestattet. Zur Einlagerung sind ausschließlich Metallfässer, Verpackungstyp 1A1, mit einem Fassungsraum von 60 l und einer Höhe von 610 mm vorgesehen. Die Fässer werden dreifach gestapelt. Die Behälter sind verschlossen. Die Ein- und Auslagerung erfolgt durch einen Gegengewichtsstapler, der mit einem Fassgreifer als Anbaugerät ausgerüstet ist. Der Mindestvolumenstrom errechnet sich nach ▶ Gl. 3.9 (Dyrba 2019, S. 65):

$$\dot{V}_{min} \geq \frac{\dot{G}_{max} \cdot f \cdot T}{k_{zul} \cdot UEG \cdot 293K} \tag{3.9}$$

mit

$\dot{V}_{min}$ = Mindestvolumenstrom in m^3/min

$\dot{G}_{max}$ = Maximale Freisetzungsrate entzündbarer Gase und Dämpfe in g/min

T = maximale Lufttemperatur im belüfteten Raum in K

UEG = untere Explosionsgrenze in g/m^3

k_{zul} = Sicherheitsfaktor für das Unterschreiten der UEG (üblicherweise k_{zul} = 0,5)

f = Gütefaktor zur Bewertung der Luftführung (im Idealfall f = 1, bei ungünstigen Strömungsverhältnissen f = 5).

Da ausschließlich eine Lagerung und keine Um- oder Abfüllung vorgesehen ist, ist mit der Bildung eines entzündbaren Dampf-Luft-Gemisches nur im Schadensfall zu rechnen. Hexan ist leichtflüchtig und wird daher bei Raumtemperatur in kurzer Zeit verdunsten. Es wird angenommen, dass der Verdunstungsstrom 10 g Dampf je Minute nicht übersteigt. Hexan besitzt eine UEG von 35 g/m^3. Das Dichteverhältnis des Hexandampf-Luft-Gemisches zur trockenen Luft beträgt 2,97, sodass sich das Dampf-Luft-Gemisch bevorzugt in Bodennähe sammelt. Es ist weiter davon auszugehen, dass die freie Luftführung durch die Fasslagerung behindert wird. Für den Gütefaktor f wird daher der Wert 5 angesetzt. Für den Sicherheitsfaktor k_{zul} wird der Wert 0,5 angenommen.

Unter diesen Annahmen errechnet sich mithilfe der ▶ Gl. 3.9 ein Mindestvolumenstrom von

$$\dot{V}_{min} = \frac{10 \, \frac{g}{min} \cdot 5 \cdot 303 \text{ K}}{0,5 \cdot 35 \, \frac{g}{m^3} \cdot 293 \text{ K}} = 2,9 \text{ m}^3/\text{min}$$

Der Lagerraum befindet sich oberhalb der Erdgleiche, sodass eine Luftwechselzahl von 1 pro Stunde anzunehmen ist (TRGS 722 Nr. 4.6.2 Abs. 2). Eine Luftwechselzahl 1 bedeutet, dass sich die gesamte Raumluft innerhalb von einer Stunde durch natürliche Temperatur- und Druckunterschiede erneuert. Unter der Annahme, dass der Luftaustausch kontinuierlich erfolgt, errechnet sich daraus für das Fasslager mit dem Raumvolumen von 120 m^3 ein Luftwechselstrom von maximal 2 m^3/min. Die vorhandene Lüftung des Lagerraums reicht daher nicht aus. Eine Verbesserung des Luftwechsels ist notwendig und kann beispielsweise durch zusätzliche Be- und Entlüftungsöffnungen erreicht werden. Alternativ kommt der Einbau einer technischen Lüftungsanlage infrage. ◀

— Konzentrationsüberwachung
Konzentrationsbegrenzende Maßnahmen sind in der Regel nur bei gleichzeitigem Einsatz von Gaswarneinrichtungen sinnvoll. Gaswarneinrichtungen bezeichnen technische Systeme, die die Konzentration des entzündbaren Stoffes kontinuierlich erfassen und ein Signal auslösen, wenn ein Schwellenwert erreicht ist.

Gaswarneinrichtungen bestehen aus dem Gaswarngerät, einem Probenahmesystem und einem Signalgeber. Die Detektion beruht auf physikalischen und chemischen Effekten. Gaswarneinrichtungen können ortsfest und ortsveränderlich betrieben werden. Für Inspektionsarbeiten eignen sich tragbare Gaswarneinrichtungen. Gaswarngeräte werden nach ihrer Funktion unterteilt in (TRGS 722 Nr. 4.7):

– Gaswarneinrichtung mit Alarmierung
  Eine Alarmierung wird ausgelöst, sobald der Schwellenwert erreicht ist. Dieser liegt üblicherweise bei 10 – 40 % der UEG, sodass ausreichend Zeit für die Einleitung von Gegenmaßnahmen bleibt.
– Gaswarneinrichtungen mit Schaltfunktion
  Bei Erreichen des Schwellenwertes werden automatisch zusätzliche Sicherheitsmaßnahmen eingeleitet. Sie richten sich nach den jeweiligen betrieblichen Gegebenheiten. Üblich ist die Zuschaltung technischer Lüftungsanlagen oder die Ausschaltung potenzieller elektrischer Zündquellen.

3

– Gaswarneinrichtungen mit automatischer Auslösung von Notfunktionen
Die Aktivierung der Notfunktion erfolgt automatisch bei Erreichen eines Schwellenwertes und bedeutet, dass der technische Prozess, auf den die Freisetzung entzündbarer Stoffe zurückgeht, abgeschaltet wird. Diese Funktion kommt vor allem in verfahrenstechnischen Anlagen zum Einsatz. In der Gefahrgut- und Gefahrstoff-Logistik ist diese Funktion eher unüblich.
Auswahl und Installation von Gaswarneinrichtungen erfordern eine große Sorgfalt. Vor dem Einsatz sind neben der Frage der technischen Umsetzbarkeit auch mögliche Freisetzungsszenarien und deren Stärke zu klären. Gaswarneinrichtungen unterliegen den Anforderungen der Richtlinie 2014/34/EU. In der Gefahrgut- und Gefahrstoff-Logistik werden Gaswarneinrichtungen insbesondere an Abfüllstellen und in großen Lagerräumen eingesetzt.

Auch nach Ausschöpfung aller technischen Möglichkeiten ist die Bildung einer gefährlichen explosionsfähigen Atmosphäre nach allgemeiner Erfahrung nicht vollständig auszuschließen. Im besten Fall tragen sie jedoch dazu bei, die räumliche Ausdehnung der Explosionsbereiche zu reduzieren oder die Wahrscheinlichkeit für das Auftreten einer gefährlichen explosionsfähigen Atmosphäre zu verringern. Umso wichtiger ist es, die Explosionsbereiche festzulegen und die Zündquellen innerhalb dieser Bereiche zu identifizieren. An dieser Stelle hilft die Zoneneinteilung (▶ Abschn. 2.3.2).
Es werden folgende Zonen unterschieden (GefStoffV Anhang I Nr. 1.7):
– Zone 0 bzw. Zone 20
Bereich, in dem eine gefährliche explosionsfähige Atmosphäre durch Gase, Dämpfe, Nebel (Zone 0) bzw. in Form einer Staubwolke (Zone 20) ständig, über lange Zeiträume oder häufig vorhanden ist.
– Zone 1 bzw. Zone 21
Bereich, in dem sich im Normalbetrieb gelegentlich eine gefährliche explosionsfähige Atmosphäre durch Gase, Dämpfe, Neben (Zone 1) bzw. in Form einer Staubwolke (Zone 21) bilden kann.
– Zone 2 bzw. Zone 22
Bereich, in dem eine gefährliche explosionsfähige Atmosphäre durch Gase, Dämpfe und Nebel (Zone 2) bzw. in Form einer Staubwolke im Normalbetrieb nicht zu erwarten ist. Tritt sie dennoch auf, dann handelt es sich um ein seltenes Ereignis und ist nicht von langer Dauer.

Die Definition der Zonen ist abstrakt und eine Übertragung auf betriebliche Gegebenheiten im Allgemeinen schwierig. Die TRGS 722 liefert eine Orientierungshilfe und einen Rahmen (◘ Tab. 3.15). Eine weitere Unterstützung bietet die Beispielsammlung der DGUV Regel 113-001 „Explosionsschutz-Regeln" (Ex-RL).
Die Zoneneinteilung unterstützt bei der Auswahl elektrischer und nichtelektrischer Betriebsmittel (▶ Abschn. 2.3.2). Die Kennzeichnung gibt Auskunft,

◼ **Tab. 3.15** Orientierungsrahmen zur Festlegung der Zonen für beispielhafte Anwendungsfälle in der Gefahrgut- und Gefahrstoff-Logistik (TRGS 722 Nr. 3.3 Absatz 3)

Zone	Beispiele
0	Im Inneren geschlossener Umschließungen (Behälter, Tank)
1	– nähere Umgebung der Zone 0; – Bereich von Füll- und Entleereinrichtungen.
2	Räumliche Bereiche, die die Zone 0 und 1 umschließen
20	Im Inneren von Behältern
21	– im Inneren von Silos und unmittelbare Umgebung der Entnahme oder Befüllung; – Bereiche mit Möglichkeit zur Staubaufwirbelung.
22	Umgebung von Behältern und Apparaturen, die Staub enthalten.

ob ein Betriebsmittel für die Verwendung in einer bestimmten Zone geeignet ist. Sie besteht aus zwei Teilen:

▬ Rechtliche Kennzeichnung
Der erste Teil umfasst die Kennzeichnungselemente nach Richtlinie 2014/34/EU und setzt sich zusammen aus der Gerätegruppe und der Gerätekategorie sowie den Buchstaben G und D für die Zuordnung zur Art der explosionsfähigen Atmosphäre (▶ Abschn. 2.3.2).

▬ Technische Kennzeichnung
Der zweite Teil informiert über die Zündschutzart, die Explosionsgruppe (◼ Tab. 3.12), die Temperaturklasse (▶ Abschn. 2.2.1 ◼ Tab. 2.8) und das Geräteschutzniveau. Das Geräteschutzniveau (Abkürzung EPL für engl.: *Equipment Protection Level*) gibt Auskunft über die Wahrscheinlichkeit einer Zündung durch das Gerät und geht zurück auf die internationale Normenreihe DIN EN IEC 60079-0. Hintergrund für die Einführung des Geräteschutzniveaus ist die Annahme, dass trotz gewissenhafter Fertigung der Geräte Fehlerzustände nicht ausgeschlossen werden können und daher Zündungen möglich sind. Es ist jedoch möglich, Einfluss auf die Fehlerwahrscheinlichkeit zu nehmen. Dazu werden die Geräte nach Art der explosionsfähigen Atmosphäre durch Gase (Buchstabe „G") und Stäube (Buchstabe „D") unterteilt. Innerhalb dieser beiden Gruppen erfolgt eine Zuweisung zu einer von drei Kategorien. Es bedeuten (Engelmann et al. 2023, S. 121)

– EPL Ga/Da
Die Konstruktion dieser Geräte gewährleistet ein sehr hohes Schutzniveau. Auch in dem seltenen Fall einer Fehlfunktion ist eine Zündung ausgeschlossen.

– EPL Gb/Db
Entsprechend gekennzeichnete Geräte bieten gegenüber allen Fehlern, die in der Praxis auftreten, ein hohes Schutzniveau. Eine Zündung ist ausgeschlossen.

◼ Tab. 3.16 Geräteschutzniveau nach DIN EN IEC 60079-0 und dessen Zuordnung zu den Zonen (PTB 2025)

EPL	Schutzniveau	Zoneneignung
Ga /Da	sehr hoch	0,1,2 bzw. 20,21,22
Gb /Db	hoch	1,2 bzw. 21, 22
Gc /Dc	erweitert	2 bzw. 22

– EPL Gc/Dc
  Geräte mit dieser Kennzeichnung haben ein erweitertes Schutzniveau. Von diesen Geräten ist bei Normalbetrieb und bei vorhersehbaren Störungen kein Zündrisiko zu erwarten.

◼ Tab. 3.16 zeigt die Zuordnung des Geräteschutzniveaus zu den Zonen.

Von der Zoneneinteilung hängt die Auswahl der geeigneten Betriebsmittel ab (Fallbeispiel „Zoneneinteilung und Auswahl elektrischer Betriebsmittel in einem Lager für Hexan").

▶ **Fallbeispiel: „Zoneneinteilung und Auswahl elektrischer Betriebsmittel in einem Lager für Hexan"**

Die Lüftung des Lagerraums für die Fasslagerung von Hexan (Fallbeispiel: „Mindestvolumenstrom für die Fasslagerung von Hexan") ist durch eine Querlüftung verbessert worden, sodass der Mindestvolumenstrom erreicht wird. Weiterhin gelten folgende Randbedingungen:

— Hexan besitzt einen Flammpunkt von -22 °C („closed cup"-Bestimmung) und eine Zündtemperatur von 225 °C (ECHA 2024). Die Normspaltweite beträgt 0,93 mm (DGUV 2024). Die Umgebungstemperatur wird mit 30 °C angenommen. Eine Begrenzung der Konzentration ist nicht möglich.

— Die Lagerung des Hexans erfolgt in gefahrgutrechtlich zugelassenen Metallfässern. Sie gelten als dauerhaft dicht im Sinne der TRGS 722 Nr. 4.5. Da eine Ab- oder Umfüllung nicht vorgesehen ist, bleiben die Metallfässer dicht verschlossen. Die Einhaltung dieser Bedingung wird stichprobenweise arbeitstäglich überprüft.

— Die Lagerhöhe bei Dreifach-Stapelung beträgt 1,8 m. Da die Fallprüfung eine Fallhöhe von lediglich 1,2 m beinhaltet, ist eine Beschädigung des Fasses mit anschließender Freisetzung nicht auszuschließen. Aufgrund der relativen Dichte wird sich der Hexandampf in Bodennähe sammeln.

Unter Berücksichtigung der genannten Umstände ist folgende Zonenfestlegung sinnvoll:

— Zone 0: im Inneren der Metallfässer.
— Zone 2 im gesamten Raum bis zur Stapelhöhe von 1,8 m.

Nehmen wir an, dass in dem Lagerraum Decken- und Wandleuchten installiert sind, dann befinden sich die Deckenleuchten außerhalb des explosionsgefährdeten Bereichs.

Eine explosionsgeschützte Ausführung der Deckenleuchten ist daher nicht erforderlich. Für die Wand sind folgende Anforderungen zu erfüllen:

- Richtlinie 2014/34/EU

  Ex (im Hexagon), Gerätegruppe II, Gerätekategorie 3 G

- Kennzeichnung nach DIN EN IEC 60079-0

  - „Ex" für elektrische Betriebsmittel
  - „d" = Zündschutzart (hier: „druckfeste Kapselung")
  - IIA = Explosionsgruppe, da Nennspaltweite 0,93 mm (■ Tab. 3.12)
  - T3 = Temperaturklasse (■ Tab. 1.8, ▶ Abschn. 2.2.1)
  - Gc = Geräteschutzniveau (■ Tab. 3.16).

Damit ist folgende Kennzeichnung für die Wandleuchte erforderlich:

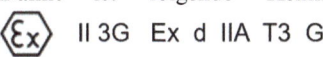 II 3G Ex d IIA T3 Gc ◀

Die Beurteilung der Explosionsgefährdung endet mit einer Analyse der Maßnahmen, die die Ausbreitung oder die Auswirkung einer Explosion verhindern. Für das Verwenden entzündbarer Stoffe kommen die bereits bekannten tertiären Explosionsschutzmaßnahmen infrage (▶ Abschn. 2.3.2).

Zum Schluss der Beurteilung werden alle getroffenen Maßnahmen und betrieblichen Festlegungen im Explosionsschutzkonzept dokumentiert (▶ Abschn. 2.4).

3.5 Zusammenfassung

Entzündbare Stoffe machen den Großteil aller brennbaren Stoffe aus. Sie werden nach ihrem Aggregatzustand unterteilt. Dieser bestimmt den Grad der Durchmischung mit der Luft. Während sich entzündbare Gase stets homogen mit der Luft mischen, ist die Durchmischung bei Flüssigkeiten von ihrer Verdunstungsneigung abhängig. Mithilfe der Verdunstungszahl ist eine Abschätzung möglich. Im Unterschied zu entzündbaren Gasen und Flüssigkeiten ist die Verbrennung von Feststoffen komplex und beruht auf einer Wechselwirkung physikalischer und physikalisch-chemischer Vorgänge.

Sicherheitstechnische Kenngrößen dienen der Klassifizierung und Einstufung entzündbarer Stoffe. Für entzündbare Gase ist der Explosionsbereich maßgeblich, der Flammpunkt für entzündbare Flüssigkeiten und die Abbrandzeit für entzündbare Feststoffe. Zur Bewertung der Explosionsschutzmaßnahmen werden zusätzliche sicherheitstechnische Kenngrößen genutzt. Beispielhaft zu nennen sind Sauerstoffgrenzkonzentration, Mindestzündenergie, flammendurchlagsichere Spaltweite und maximaler Explosionsdruck. Aus Gründen der Vergleichbarkeit sind viele Bestimmungsverfahren standardisiert. Rechnerische Abschätzungsverfahren sind im Einzelfall möglich. Allerdings ist ihre Zuverlässigkeit gering, sodass sie in keinem Fall praktische Bestimmungsmethoden ersetzen.

Sicherheitstechnische Kenngrößen sind für die Maßnahmenplanung beim Verwenden entzündbarer Stoffe unentbehrlich. Die mit ihrer Hilfe festgelegten Maßnahmen stützen sich auf die gefahrgutrechtlichen Vorkehrungen, die darauf ausgerichtet sind, unbeabsichtigte Freisetzungen zu verhindern.

3

3.6 Aufgaben und Fragen zur Vertiefung

1. Wie verhält sich Propan bei einer unbeabsichtigten Freisetzung in der Luft?
2. Für ein Gas wurde die UEG mit 15,3 % und die OEG mit 23,5 % als Volumenanteil bestimmt. Welche Werte sind bei einer Umgebungstemperatur von 30 °C zu berücksichtigen?
3. Ermitteln Sie UEG bzw. OEG für ein Gasgemisch bestehend aus 30 % Butan und 70 % Propan gemessen als Volumenanteil!
4. Von einer nicht näher spezifizierten Flüssigkeit sind folgende Daten bekannt:
Dampfdruck: p_1 = 186 mbar bei T = 20 °C und p_2 = 315 mbar bei 35 °C
UEG bzw. OEG: 15,3 % bzw. 29,5 % als Volumenanteil.
Welcher Flammpunkt ist zu erwarten?
5. Nehmen Sie eine Einstufung nach der Verordnung (EG) 1272/2008 für Hexan vor und vergleichen Sie das Ergebnis mit der Klassifizierung.
6. Auf einer Verpackung für Sicherheitszündhölzer findet sich das Gefahren-piktogramm GHS02 und das Signalwort „Gefahr".
   - Welcher Kategorie sind die Sicherheitszündhölzer zugeordnet?
   - Von welcher Abbrandzeit ist auszugehen?
   - Welcher H-Satz muss auf der Verpackung angegeben werden?
7. Bei einer Flüssigkeitsdruckprüfung eines Stahlkanisters wird ein Prüfdruck von 1,86 bar gemessen. Wie wird dieses Ergebnis auf der Verpackungskenn-zeichnung dargestellt?
8. Welchen Füllungsgrad darf ein Tank, der mit Benzin ($\gamma = 1,0 \cdot 10^{-3}$) gefüllt werden soll, nicht überschreiten?
9. Welchen Einfluss nehmen zusätzliche Be- und Entlüftungsöffnungen im Falle einer freien Lüftung auf die Luftwechselzahl?
10. Ist der Einsatz eines elektrischen Gerätes mit der Kennzeichnung II 1G für die Zone 2 möglich? Bitte begründen Sie!

Literatur

Bartknecht, W. 1987. *Staubexplosionen Ablauf und Schutzmaßnahmen.* Berlin u. a.: Springer-Verlag, 1987.

Berger, A. 2024. Hexan, RD-08-01199. [Buchverf.] Dill B., Eisenbrand G., Faupel F., Fugmann B., Gamse T., Heretsch P., Matissek R., Pohnert G., Rühling A., Schmidt S., Sprenger G. Böckler F. *RÖMPP [Online].* Stuttgart: Georg Thieme Verlag, 2024.

BG Bau. 2024. *Verdunstungszahl VD.* [Online] Berufsgenossenschaft der Bauwirtschaft, 2024. [Zitat vom: 13. Juni 2025.] ▶ https://www.bgbau.de/themen/sicherheit-und-gesundheit/gefahrstoffe/sicherheitsdatenblatt/verdunstungszahl-vd.

Brandes E. et al. 2004. Properties of Reactive Gases and Vapours (Safety Characteristics). [Buchverf.] M. Hattwig und H. Steen. *Handbook of Explosion Prevention and Protection.* Weinheim: Wiley-VCH, 2004, S. 271–378.

Brandes, E., Möller W. 2003. *Sicherheitstechnische Kenngrößen Band 1: Brennbare Flüssigkeiten und Gase.* Bremerhaven: Wirtschaftsverlag NW, 2003.

Bussenius, S. 1996. *Wissenschaftliche Grundlagen des Brand- und Explosionsschutzes.* Stuttgart, Berlin, Köln: W. Kohlhammer GmbH, 1996.

Crowl, D. A. et al. 2019. Process Safety. [Hrsg.] Don W. Green und Marylee Z. Southard. *Perry's Chemical Engineers' Handbook.* 9 th Edition. New York: McGraw-Hill, 2019.

DGUV. 2022. DGUV Regel 113-001. *Explosionsschutz-Regeln (EX-RL).* [Online] 12 2022. [Zitat vom: 5. 2 2025.] ▶ https://www.bgrci.de/exinfode/dokumente/explosionsschutz-regeln-ex-rl-dguv-regel-113-001/.

DGUV. 2024. Gestis-Stoffdatenbank. *Hexan.* [Online] Deutsche Gesetzliche Unfallversicherung e. V. (DGUV), 2024. [Zitat vom: 13. Juni 2025.] ▶ https://gestis.dguv.de/.

DGUV Information 213-065. 2016. *Anlagensicherheit Sicherheitstechnische Kenngrößen ermitteln und bewerten.* s.l.: Berufsgenossenschaft Rohstoffe und chemische Industrie, 2016.

DIN 51794. 2003. *Prüfung von Mineralölkohlenwasserstoffen Bestimmung der Zündtemperatur.* Mai 2003.

DIN 53170. 2009. *Lösemittel für Beschichtungsstoffe – Bestimmung der Verdunstungszahl.* 2009.

DIN EN 1839. 2017. DIN EN 1839. *Bestimmung der Explosionsgrenzen von Gasen und Dämpfen und Bestimmung der Sauerstoffgrenzkonzentration (SGK) für brennbare Gase und Dämpfe; Deutsche Fassung EN 1839:2017.* 2017.

DIN EN IEC 60079-0. 2019. VDE 0170-1:2019-09. *Explosionsgefährdete Bereiche – Teil 0: Betriebsmittel – Allgemeine Anforderungen (IEC 60079-0:2017); Deutsche Fassung EN IEC 60079-0:2018.* 2019.

DIN EN ISO 10156. 2017. *Gasflaschen – Gase und Gasgemische – Bestimmung der Brennbarkeit und des Oxidationsvermögens zur Auswahl von Ventilausgängen (ISO 10156:2017); Deutsche Fassung EN ISO 10156:2017.* Berlin: s.n., 2017.

DIN EN ISO 13736. 2022. DIN EN ISO 13736. *Bestimmung des Flammpunktes – Verfahren mit geschlossenem Tiegel nach Abel (ISO 13736:2021 + Amd 1:2022); Deutsche Fassung EN ISO 13736:2021 + A1:2022.* 2022.

DIN EN ISO 1516. 2002. DIN EN ISO 1516. *Flammpunktbestimmung – Ja/Nein-Verfahren – Gleichgewichtsverfahren mit geschlossenem Tiegel (ISO 1516:2002); Deutsche Fassung EN ISO 1516:2002.* 2002.

DIN EN ISO 1523. 2002. DIN EN ISO 1523. *Bestimmung des Flammpunktes – Gleichgewichtsverfahren mit geschlossenem Tiegel (ISO 1523:2002); Deutsche Fassung EN ISO 1523:2002.* 2002.

DIN EN ISO 2719. 2021. DIN EN ISO 2719. *Bestimmung des Flammpunktes – Verfahren nach Pensky-Martens mit geschlossenem Tiegel (ISO 2719:2016 + Amd 1:2021); Deutsche Fassung EN ISO 2719:2016 + A1:2021.* 2021.

DIN EN ISO 3679. 2023. DIN EN ISO 3679. *Bestimmung des Flammpunkts – Ja/Nein-Verfahren zur Bestimmung des Flammpunkts mit einem kleinen geschlossenen Tiegelprüfgerät (ISO 3679:2022); Deutsche Fassung EN ISO 3679:2022.* 2023.

DIN EN ISO/IEC 80079-20-1. 2020. *Explosionsfähige Atmosphären – Teil 20-1: Stoffliche Eigenschaften zur Klassifizierung von Gasen und Dämpfen – Prüfverfahren und Daten (ISO/IEC 80079-20-1:2017, einschließlich Cor 1:2018); Deutsche Fassung EN ISO/IEC 80079-20-1:20192020.* 2020.

Drysdale, D. 2011. *An Introduction to Fire Dynamics.* 3rd ed. Chichester, West Sussex: John Wiley & Sons Ltd., 2011.

Dyrba, B. 2019. *Praxishandbuch Zoneneinteilung Einteilung explosionsgefährdeter Bereiche in Zonen.* 3. Auflage. Köln: Wolters Kluwer Deutschland GmbH, 2019.

3

ECHA. 2024. *Informationen über Chemikalien.* [Online] European Chemical Agency, 2024. [Zitat vom: 11. April 2024.] ▶ https://echa.europa.eu/de/information-on-chemicals.

Engelmann F., et al. 2023. *Nicht-elektrischer Explosionsschutz Grundlagen – Zündgefahrenbewertung – Zündschutzarten.* Berlin: Springer Vieweg, 2023.

Eurostat. 2024. *Straßenbeförderung gefährlicher Güter nach Art des Gefahrguts und Gebietsabdeckung.* [Online] Eurostat, 06. 08 2024. [Zitat vom: 05. Juni 2025.] ▶ https://ec.europa.eu/eurostat/databrowser/view/road_go_ta_dg/default/table?lang=de.

GefStoffV. *Verordnung zum Schutz vor Gefahrstoffen (Gefahrstoffverordnung – GefStoffV) Gefahrstoffverordnung vom 26. November 2010 (BGBl. I S. 1643, 1644), zuletzt geändert durch Artikel 1 der Verordnung vom 2. Dezember 2024 (BGBl. 2024 I Nr. 384).*

Hauptmanns, U. 2020. *Prozess- und Anlagensicherheit.* Berlin: Springer Vieweg, 2020.

Hensel, W. und Cashdollar, K. L. 2004. Properties of Combustible Dusts (Safety Characteristics). [Buchverf.] M. Hattwig und H. Steen. *Handbook of Explosion Prevention and Protection.* Weinheim: Wiley-VCH Verlag, 2004, S. 379–418.

Holzhäuser. 2025. *ADR 2025.* Landsberg am Lech: ecomed-Storck, 2025.

IAG. 2024. Institut für Arbeitsschutz der Deutschen Gesetzlichen Unfallversicherung (IAG). *GESTIS-STAUB-EX Datenbank Brenn- und Explosionskenngrößen von Stäuben.* [Online] Deutsche Gesetzliche Unfallversicherung e. V. (DGUV), 2024. [Zitat vom: 13. Juni 2025.] ▶ https://staubex.ifa.dguv.de/.

Kramer, P., Braun, M., Bendels, K. H. 2019. Was ist eine Staubexplosion? *Zentralblatt für Arbeitsmedizin, Arbeitsschutz und Ergonomie.* 1, 2019, S. 33–37.

Michael-Schulz, H, et al. 2023. *Empfehlungen für die Beförderung gefährlicher Güter – Handbuch für Prüfungen und Kriterien.* [Online] 25. 04 2023. [Zitat vom: 04. Juli 2025.] ▶ https://opus4.kobv.de/opus4-bam/frontdoor/index/index/docId/57317.

Nussbaumer, Thomas, et al. 2009. Direkte thermo-chemische Umwandlung (Verbrennung). [Buchverf.] Martin Kaltschmitt, Hans Hartmann und Hermann Hofbauer. *Energie aus Biomasse Grundlagen, Techniken und Verfahren.* Berlin: Springer, 2009, S. 463–598.

PTB. *Chemsafe Stoffsuche "2-Propanon".* [Online] Physikalisch-Technische Bundesanstalt (PTB). [Zitat vom: 13. juni 2025.] ▶ https://www.chemsafe.ptb.de/de/suche.

—. 2025. *Zuordnung Gerätekategorien.* [Online] Physikalisch-technische Bundesanstalt, 2025. [Zitat vom: 13. Juni 2025.] ▶ https://www.ptb.de/cms/en/ptb/fachabteilungen/abt3/exschutz/ex-grundlagen/zuordnung-geraetekategorie-zone.html.

Redeker, T. 1993. Methoden zur verläßlichen Bewertung und Abschätzung sicherheitstechnischer Kenngrößen für den primären Explosionsschutz. [Buchverf.] Dirk-Hans Frobese und Helmut Krämer. *Physikalisch-Technische Bundesanstalt PTB-Bericht W-54. 6. Sicherheitstechnische Vortragsveranstaltung über Fragen des Explosionsschutzes Vorträge des 107. PTB-Seminars.* Braunschweig: s.n., 1993.

Richtlinie 2014/34/EU. *Richtlinie 2014/34/EU des Europäischen Parlaments und des Rates vom 26. Februar 2014 zur Harmonisierung der Rechtsvorschriften der Mitgliedstaaten für Geräte und Schutzsysteme zur bestimmungsgemäßen Verwendung in explosionsgefährdeten Bereichen.* ABl. L 96 vom 29.3.2014, p. 309–356: s.n.

TRGS 720. *Gefährliche explosionsfähige Gemische – Allgemeines.* s.l.: GMBl 2020 S. 419-426 [Nr. 21] (v. 24.07.2020), berichtigt: GMBl 2021 S.399 [Nr. 17-19] (v. 16.03.2021). Juli 2020.

TRGS 722. *Vermeidung oder Einschränkung gefährlicher explosionsfähiger Gemische.* s.l.: GMBl 2021 S. 399-415 [Nr. 17-19] (vom 16.03.2021), geändert und ergänzt: GMBl 2022 S. 196 [Nr. 8] (v. 14.3.2022). Februar 2021.

UN I. 2023. Recommendations on the Transport of Dangerous Goods Model Regulations Volume I Twenty-third revised edition. *United Nations Economic Commission for Europe.* [Online] 2023. [Zitat vom: 13. Juni 2025.] ▶ https://unece.org/transport/documents/2023/08/standards/model-regulations-rev23-volume-i.

UN II. 2023. Recommendations on the Transport of Dangerous Goods Model Regulations Volume II Twenty-third revised edition. *United Nations Economic Commission for Europe.* [Online] 2023. [Zitat vom: 13. juni 2025.] ▶ https://unece.org/transport/documents/2023/08/standards/model-regulations-rev23-volume-ii.

Verordnung (EG) Nr. 1272/2008. Verordnung (EG) Nr. 1272/2008 d. Europäischen Parlaments und d. Rates v. 16. Dezember 2008 über die Einstufung, Kennzeichnung u. Verpackung v. Stoffen u. Gemischen,. *z. Änderung u. Aufhebung d. Richtlinien 67/548/EWG u. 1999/45/EG u. zur Änderung d. Verordnung (EG) Nr. 1907/2006.* ABl. L 353 vom 31.12.2008, S. 1: s.n.

Verordnung (EG) Nr. 440/2008. *VERORDNUNG (EG) Nr. 440/2008 DER KOMMISSION v. 30. Mai 2008 zur Festlegung v. Prüfmethoden gemäß der Verordnung (EG) Nr. 1907/2006 des Europäischen Parlaments u. des Rates zur Registrierung, Bewertung, Zulassung u. Beschränkung chemischer Stoffe (REACH).* ABl. L 142 vom 31.5.2008, S. 1: s.n.

Selbstbeschleunigende Stoffsysteme

Inhaltsverzeichnis

© Der/die Autor(en), exklusiv lizenziert an Springer-Verlag GmbH, DE, ein Teil von Springer Nature 2026
U. Arens, *Gefahrgut und Gefahrstoffe in der Logistik*,
https://doi.org/10.1007/978-3-662-72200-8_4

4

Was Sie im vorherigen Kapitel gelernt haben

Entzündbare Stoffe machen den Großteil der Transportmengen aus. Entsprechend umfangreich sind die Sicherheitsanforderungen. Entzündbare Eigenschaften findet man sowohl bei Gasen als auch bei Flüssigkeiten und Feststoffen. Eine wichtige Voraussetzung für die Verbrennung ist die stoffliche Durchmischung mit der Luft.

Für die Klassifizierung und Einstufung entzündbarer Stoffe werden sicherheitstechnische Kenngrößen herangezogen. Dazu gehören beispielsweise die Explosionsgrenzen und der Flammpunkt. Beide Kenngrößen werden auch genutzt, um die Risiken beim betrieblichen Umgang zu ermitteln. Neben der experimentellen Bestimmung existieren für einzelne Kenngrößen Berechnungs- und Abschätzungsverfahren.

Für die Beförderung entzündbarer Stoffe konzentrieren sich die Schutzmaßnahmen auf die sichere Umschließung. Auf diese Weise ist eine Freisetzung und damit in den allermeisten Fällen ein Brand oder eine Explosion verhindert. Für den innerbetrieblichen Transport und die Lagerung sind die Vorkehrungen auf die Tätigkeit und das betriebliche Umfeld ausgerichtet. Primäre, sekundäre und tertiäre Maßnahmen werden durch die betriebliche Gefährdungsbeurteilung konkretisiert.

Was Sie in diesem Kapitel erwartet

Nicht immer ist zur Entstehung eines Brandes oder einer Explosion eine äußere Zündquelle oder gar der Sauerstoff der Luft notwendig. In der Praxis trifft man auch auf Stoffe, die sich selbst entzünden. Nur kleine Veränderungen in der Umgebung reichen dafür aus. Die einsetzende Reaktion verläuft häufig so schnell, dass von einer „Thermischen Explosion" die Rede ist. Die rasch steigende Reaktionsgeschwindigkeit ist das zentrale gemeinsame Merkmal dieser Stoffe und daher Namensgeber dieses Kapitels. Selbstbeschleunigende Stoffsysteme füllen die Lücke zwischen den entzündbaren Stoffen (▶ Kap. 3) und den Explosivstoffen (▶ Kap. 5). Dabei handelt es sich nicht um einen Fachbegriff im eigentlichen Sinn, sondern vielmehr um eine Sammelbezeichnung für diverse Stoffgruppen und Gegenstände.

In diesem Kapitel werden zunächst typische selbstbeschleunigende Stoffsysteme und deren Eigenschaften vorgestellt. Daran schließen sich Betrachtungen über die besonderen physikalisch-chemischen Zusammenhänge an. Es folgt eine Darstellung sicherheitstechnischer Kenngrößen, die sowohl für die Klassifizierung und Einstufung als auch für die betriebliche Gefährdungsbeurteilung genutzt werden. Spezifische Schutzmaßnahmen runden das Thema inhaltlich ab. Am Schluss dieses Kapitels geht es um Lithium-Akkumulatoren, die ein ähnliches Verhalten wie selbstbeschleunigende Stoffsysteme zeigen, sich aber ansonsten von diesen unterscheiden.

4.1 **Einführung**

Gemeinsames Merkmal selbstbeschleunigender Stoffsysteme ist eine schnell ablaufende exotherme Reaktion, die durch eine Störung des Wärmeaustausches ausgelöst wird. Die Wärmeproduktion ist so stark, dass sie nicht durch die Umgebung kompensiert wird. In der Folge steigt die Temperatur des Stoffsystems immer weiter an und damit auch die Reaktionsgeschwindigkeit. Es entsteht ein Teufelskreis, der erst unterbrochen wird, wenn das Stoffsystem in Brand gerät oder explodiert. Bei einigen dieser Stoffsysteme verläuft dieser Prozess so schnell, dass kaum Zeit zur Reaktion bleibt. Daher sind selbstbeschleunigende Stoffsysteme in der Praxis sehr gefürchtet.

Wie unberechenbar diese Stoffsysteme sind, zeigt das folgende Unfallbeispiel:

Die Betriebshalle eines Entsorgungsunternehmens, das auf gebrauchte Speiseöle spezialisiert ist, wurde durch einen Brand vollständig zerstört. Was war passiert?

Das Unternehmen erhielt eine Anlieferung gebrauchter Speiseöle, die in Kunststoffgebinden abgefüllt waren. Nach der Entleerung wurden die Gebinde maschinell gereinigt und anschließend von Hand mit Putztüchern nachbehandelt. Nach Abschluss der Arbeiten legten die Mitarbeitenden die Putztücher als Bündel in der Betriebshalle ab. Als ein Mitarbeitender am nächsten Tag das Unternehmen betrat, nahm er Brandgeruch wahr und alarmierte daraufhin sofort die Feuerwehr. Diese konnte trotz unverzüglicher Reaktion den Brand nicht mehr löschen, sondern lediglich die Brandausbreitung verhindern (IFS 2017).

Die anschließende Branduntersuchung führte zu folgendem Ergebnis:

Speiseöle reagieren unter bestimmten Voraussetzungen exotherm mit dem Sauerstoff der Luft. Im Normalfall wird die freiwerdende Wärme an die Umgebung abgegeben. Durch die Bündelung der Putztücher war der Wärmeübergang jedoch behindert, sodass die Temperatur und damit auch die Reaktionsgeschwindigkeit innerhalb des Bündels stetig anstiegen und zwar so lange, bis die Zündtemperatur erreicht war und die Putztücher in Brand setzte.

Mit Ölen getränkte Putztücher sind nur ein Beispiel für selbstbeschleunigende Stoffsysteme. Es gibt weitere Stoffe und Verbindungen, die weitaus heftiger reagieren, als es bei getränkten Putzlappen der Fall ist. Befinden sich selbstbeschleunigende Stoffe in einer festen Umschließung (z. B. Verpackung, Tank), ist es möglich, dass sich Gase und Dämpfe infolge des Temperaturanstiegs lösen und zu einer Druckerhöhung innerhalb der Umschließung führen. Versagen die Umschließungen daraufhin, treten plötzlich große Mengen an Gasen und Dämpfen aus, die sich je nach Art explosionsartig entzünden können. Dieser Vorgang wird als „Wärmeexplosion" oder „thermische Explosion" bezeichnet (Stoessel 2020, S. 51). In der Verfahrenstechnik sind solche Reaktionen als „durchgehende Reaktion" (engl.: runaway reaction) bekannt (BGRCI 2014; Grewer 1994, S. 23). Allgemein versteht man unter thermischen Explosionen eine exotherme chemische Reaktion, die sich infolge einer Störung des Wärmeaustausches selbst beschleunigt und dazu führt, dass die Temperatur des Systems steigt, bis es in Brand gerät oder explodiert. Dieser Selbsterhitzungsmechanismus durchläuft verschiedene Phasen (Crowl et al. 2019 Abschn. 23–20, Karl 2004, S. 256):

1. Am Anfang steht eine exotherme Reaktion, die zunächst zu einem Temperaturanstieg innerhalb des Stoffsystems führt. In der Folge nimmt die Reaktionsgeschwindigkeit und damit die Wärmeproduktion zu.
2. Nach einer gewissen Zeit übersteigt die Wärmeproduktion den Wärmeverlust an die Umgebung, sodass die Temperatur im Inneren des Stoffsystems weiter ansteigt. Je nach Stoffsystem sind Temperatursteigerungen von bis zu mehreren hundert Grad pro Minute möglich (Crowl et al. 2019, 23–20).
3. Der Temperaturanstieg führt zu einer Verdampfung der Flüssigkeitsbestandteile und einer Freisetzung von Gasen. Der Druck innerhalb der Umschließung nimmt zu und führt im schlimmsten Fall zum Versagen. Wird der Inhalt plötzlich freigesetzt, können sich Gase und Dämpfe entzünden und explodieren.

Thermische Explosionen unterscheiden sich von einer herkömmlichen Verbrennung. Insbesondere folgende Aspekte sind zu benennen:

- Bei einer thermischen Explosion ist die gesamte Stoffmasse an der Reaktion beteiligt, während bei einer herkömmlichen Verbrennung lediglich die Stoffmengen an der Reaktionsfront umgesetzt werden. In der Folge ist der Reaktionsverlauf schwieriger abzuschätzen. Das Risikopotenzial ist größer.
- Thermische Explosionen gehen von festen und flüssigen Stoffsystemen aus. Herkömmliche Verbrennungsreaktionen finden dagegen in der Gas- oder Dampfphase statt.

Thermische Explosionen sind unberechenbar, denn in der Regel ist es nicht ohne weiteres möglich, den Beginn und den Verlauf der Reaktion abzuschätzen. Bereits kleine Veränderungen in der Umgebung können die Reaktion auslösen. In der Verfahrenstechnik sind es häufig Schwankungen der Prozessparameter. In der Transport- und Logistikbranche fürchtet man vor allem Temperaturänderungen. Für die Prävention geht es vor allem darum, selbstbeschleunigende Stoffsysteme rechtzeitig zu erkennen.

Selbstbeschleunigende Stoffsysteme lassen sich in folgende Gruppen unterteilen:

- Einstoffsysteme;
- Mehrstoffsysteme.

Einstoffsysteme umfassen reaktive Stoffe, die für sich allein oder in Kombination mit weiteren, nicht an der Reaktion direkt beteiligten Stoffen gefährlich reagieren. Die von Einstoffsystemen ausgehende Reaktion wird als Zersetzungs- oder Polymerisationsreaktion bezeichnet (Karl 2004, S. 257).

Unter einer Zersetzung im Sinne der thermischen Explosion versteht man eine Stoffzerlegung unter Freisetzung von Wärme. Der Stoff befindet sich in einem metastabilen Zustand. Geringe Energiemengen reichen aus, um das System aus dem Gleichgewicht zu bringen und den Stoff in kleinere Moleküle aufzuspalten. Da die Zersetzungsprodukte häufig unbekannt sind, ist eine Abschätzung freiwerdender Energiemengen mithilfe der Standardbildungsenthalpien nicht möglich (▶ Abschn. 2.2.3).

Im Gefahrgut- und Chemikalienrecht werden Stoffe, die zur Zersetzung neigen, als selbstzersetzliche Stoffe bezeichnet. Sie sind definiert als

» *„[…] thermisch instabile, flüssige oder feste Stoffe oder Gemische, die sich auch ohne Beteiligung von Sauerstoff (Luft) stark exotherm zersetzen können."*
Verordnung (EG) Nr. 1272/2008 Anhang I Nr. 2.8.1.1

Typische Stoffvertreter dieser Gruppe sind aliphatische Azo- und Nitroso-Verbindungen, die als Treib- oder Bleichmittel verwendet werden. Technisch interessant ist Azodicarbonamid, das zum Aufschäumen von Dichtungsmassen eingesetzt wird.

Die auslösenden Mechanismen sind stoffabhängig. Infrage kommen Wärmezufuhr, der Kontakt zu Verunreinigungen (z. B. Säurereste, Basen) oder mechanische Einwirkungen wie z. B. Reibung oder Stoß. Die Zersetzungsgeschwindigkeit steigt mit der Temperatur.

Ein ähnliches Verhalten wie selbstzersetzliche Stoffe zeigen organische Peroxide. Dabei handelt es sich um Derivate des Wasserstoffperoxids, bei denen die Wasserstoffatome durch organische Gruppen ersetzt werden. Bekannte Vertreter dieser Stoffgruppe sind Persäuren, Hydroperoxide, Ketonperoxide, Diacylperoxide und Perester. Gemeinsame Eigenschaft organischer Peroxide ist die thermische Instabilität, die sich bereits bei geringen Temperaturänderungen oder mechanischen Beanspruchungen zeigt. Die Reaktionen verlaufen stets exotherm und enden in der Regel in einer Explosion. Organische Peroxide werden vor allem als Initiator in der Kunststoffherstellung und als Desinfektionsmittel in der Lebensmittelindustrie eingesetzt. Weit verbreitet sind Dibenzoylperoxid und Peroxyessigsäure.

Während selbstzersetzliche Stoffe und organische Peroxide in ihre Bestandteile zerfallen, findet bei polymerisierenden Stoffen das Gegenteil statt. Das bedeutet, es werden immer größere Molekülgruppen gebildet. In der Chemie bezeichnen Polymere hochmolekulare Verbindungen, deren Moleküle aus wiederkehrenden Bausteinen, den Monomeren, zusammengesetzt sind. Zur Aneinanderreihung der Monomere kommt es im Zuge einer Polymerisationsreaktion, die durch Wärme oder Strahlung initiiert wird. Auf diese Weise werden immer größere Strukturen gebildet, wobei der Bildungsprozess mit einer Wärmeabgabe einhergeht. Die freiwerdende Energie erreicht Werte von bis zu 100 kJ/mol und ist damit geringer als die bei der Zerfallsreaktion selbstzersetzlicher Stoffe und organischer Peroxide gemessene Energie (Schwister 2010, S. 590).

Eine typische Polymerisationsreaktion ist die Additionspolymerisation. Sie verläuft in drei Phasen:

— Startreaktion
   Initiatoren werden zugegeben, die unter Wärme- oder Strahlungseinfluss in Radikale zerfallen und sich an die Monomere anlagern.
— Kettenwachstum

Durch die Anlagerung der Radikale erlangen die Monomere eine besondere Reaktivität. In der Folge lagern sich weitere Monomere an. Es entsteht ein langkettiges Molekül.

— Kettenabbruch
Der Wachstumsprozess wird durch die Zugabe von Inhibitoren gestoppt.

Polymerisationsreaktionen sind Grundlage für die Herstellung von Kunststoffen. Kurzbezeichnungen wie PVC für Polyvinylchlorid oder PE für Polyethylen sind allgemein bekannt.

Im Unterschied zu den Einstoffsystemen sind Mehrstoffsysteme nur zur thermischen Explosion fähig, wenn ein weiterer Stoff hinzutritt. In der Regel handelt es sich dabei um Sauerstoff. Mehrstoffsysteme sind vielfältig. In der Praxis trifft man auf Reinstoffe ebenso wie auf Gemische. Besondere Risiken gehen von Gegenständen und Erzeugnissen aus, von denen man im Allgemeinen keine heftige Reaktion erwartet, wie das eingangs geschilderte Unfallbeispiel zeigt. Neben der Notwendigkeit eines Reaktionspartners ist die Zeit ein weiteres Unterscheidungsmerkmal. In der Regel vergehen mindestens mehrere Minuten bis Stunden, bevor sich die Reaktion zeigt. Daher ist die Chance, die thermische Explosion eines Mehrstoffsystems zu verhindern, größer als bei Einstoffsystemen.

In der Gefahrgut- und Gefahrstoff-Logistik sind folgende Mehrstoffsysteme bekannt:

— Pyrophore Stoffe
Flüssige oder feste Stoffe sind pyrophor (griech: *phoreïn:* in sich tragen), wenn sie sich bereits in kleinen Mengen bei Kontakt mit Luft innerhalb von fünf Minuten entzünden (UN I Nr. 2.4.3.1.1 a, Verordnung (EG) Nr. 1272/2008 Anhang I Nr. 2.9.1).

— Selbsterhitzungsfähige Stoffe
Eine Entzündung findet erst nach mehreren Stunden oder Tagen statt. Zur Reaktion kommt es erst dann, wenn große Mengen vorhanden sind (UN I Nr. 2.4.3.1.1.b; Verordnung (EG) Nr. 1272/2008 Anhang I Nr. 2.11.1.1).

▶ Tab. 4.1 enthält typische Beispiele für Mehrstoffsysteme.

Neben physikalisch-chemischen Reaktionen können auch biologische Prozesse thermische Explosionen hervorrufen. Insbesondere durch das Wirken von Bakterien heizen sich organische Stoffe auf und geraten in Brand. In aller Regel bedarf es dazu allerdings längerer Zeiträume und großer Mengen. Typische Beispiele aus der Logistik sind Schüttungen aus Mischfutter, Naturdünger, Tabak und verunreinigten Sägespänen oder Holzschnitzel.

Eine besondere Rolle innerhalb der selbstbeschleunigenden Stoffsysteme übernehmen Lithium-Akkumulatoren. In den Medien wird immer wieder über Brandfälle im Zusammenhang mit Lithium-Akkumulatoren berichtet. Ob die Schadensfälle tatsächlich in jedem Einzelfall auf die Akkumulatoren zurückzuführen sind, ist nicht bewiesen. Tatsächlich geht von Lithium-Akkumulatoren ein höheres Brandrisiko als von herkömmlichen Batterien aus. Die Mechanismen sind mit denen einer thermischen Explosion vergleichbar. Allerdings sind

◨ Tab. 4.1 Beispiele für selbsterhitzungsfähige brennbare Systeme (DGUV 2019)

Brennbares System	Erläuterung
Trocknende Öle	Öle mit ungesättigten Fettsäuren (z. B. Holzöl, Leinöl) reagieren während der Trocknungsphase mit dem Sauerstoff der Luft. Der Prozess benötigt mehrere Stunden bis Monate. Ein Risiko besteht insbesondere bei der Abfallsammlung und Entsorgung
Lackreste	Betroffen sind Mehrstoffsysteme bestehend aus Kunstharz- oder ölhaltigen Lacken in feiner Verteilung auf saugfähigen Materialien (z. B. Putztücher)
Metallstäube und -späne	Insbesondere feuchte Aluminium- und Magnesiumstäube können explosionsartig reagieren
Holzstäube und -späne	Es ist bekannt, dass sich in Silos mit einem Feuchtigkeitsgehalt von mehr als 15 % Glutnester innerhalb der Schüttungen bilden
Heu, Stroh, Kompost	Das Risiko einer Selbstzündung steigt mit dem Restfeuchtegehalt

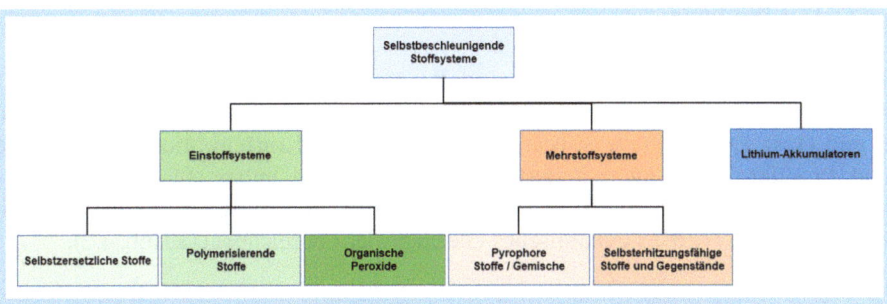

◨ Abb. 4.1 Selbstbeschleunigende Stoffsysteme – Übersicht. (Quelle: Eigene Darstellung)

die auslösenden Faktoren andere. Aufgrund ihrer besonderen Eigenschaften und ihrer Bedeutung für die Gefahrgut- und Gefahrstoff-Logistik wird den Lithium-Akkumulatoren ein eigenes Kapitel gewidmet (▶ Abschn. 4.5).

◨ Abb. 4.1 liefert einen Überblick über die selbstbeschleunigenden Stoffsysteme.

4.2 Thermische Explosion

Ausgangspunkt einer thermischen Explosion ist das Stoffsystem und die Wärmeproduktion. Zur thermischen Explosion kommt es jedoch nur, wenn neben den stofflichen Eigenschaften gleichzeitig weitere Bedingungen hinzukommen. Um die Mechanismen zu verstehen, ist es notwendig, sich mit den physikalisch-chemischen Grundlagen vertraut zu machen. Sie stehen daher am Anfang dieses

4

Kapitels. Es folgen Betrachtungen zu den Wärmetransporten und der Wärmebilanz. Am Ende geht es um relevante sicherheitstechnische Kenngrößen selbstbeschleunigender Stoffsysteme.

4.2.1 Physikalisch-chemische Grundlagen

Eine thermische Explosion nimmt ihren Ausgang stets im Stoffsystem. Genauer gesagt beginnt die thermische Explosion mit dem Einsetzen der exothermen Reaktion und der Wärmeproduktion. Der Schlüssel zum Verständnis ist die Reaktionsgeschwindigkeit. Von ihr hängt die Wärmeproduktion ab und damit letztlich auch die Temperatur, die das Stoffsystem erreicht.

Als Maß für die Reaktionsgeschwindigkeit gilt die zeitliche Änderung der Konzentrationen der Edukte und Produkte. Betrachten wir dazu eine allgemeine Reaktion nach Art (▶ Gl. 4.1).

$$A + B \leftrightharpoons C + D \tag{4.1}$$

mit A, B = Edukte
   C, D = Produkte

Die Konzentration der Edukte A und B ist zu Beginn der Reaktion hoch und nimmt im Reaktionsverlauf ab. Gleichzeitig nimmt die Konzentration der Produkte C und D zu. Die Reaktion ist beendet, sobald sich die Konzentrationen der Edukte und Produkte nicht mehr ändern. An diesem Punkt entspricht die Reaktionsgeschwindigkeit der Hinreaktion der Reaktionsgeschwindigkeit der Rückreaktion. Dieser Zustand wird als dynamisches Gleichgewicht bezeichnet (◨ Abb. 4.2).

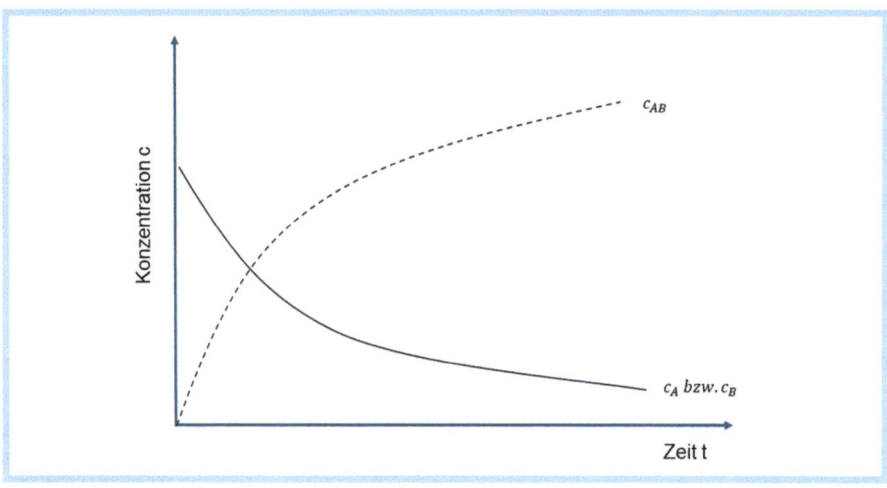

◨ **Abb. 4.2**   Konzentrationsverlauf c in Abhängigkeit von der Zeit t. (Quelle: Eigene Darstellung)

Mithilfe dieser Überlegungen ist es möglich, die Reaktionsgeschwindigkeit als zeitliche Konzentrationsänderung der Edukte oder Produkte zu beschreiben. Für einen beliebigen Stoff A folgt die Reaktionsgeschwindigkeit damit der Beziehung (▶ Gl. 4.2):

$$r = \frac{dc_A}{dt} \tag{4.2}$$

mit r = Reaktionsgeschwindigkeit in mol/ (l · s)
c_A = Konzentration des Stoffes A in mol/l
t = Zeit in s

Aus ▶ Gl. 4.2 leitet sich ab, dass eine schnelle Konzentrationsänderung zu einer hohen Reaktionsgeschwindigkeit führt. Trägt man in einem Diagramm die Konzentration über die Zeit auf, dann stellt ▶ Gl. 4.2 nichts anderes dar als die Steigung einer Tangente an den Kurvenverlauf.

Mithilfe einer Proportionalitätskonstante kann die Reaktionsgeschwindigkeit als lineare Funktion beschrieben werden. Es gilt folgender Zusammenhang (▶ Gl. 4.3):

$$r_H = k_H \cdot c_A \cdot c_B \tag{4.3}$$

mit r_H = Reaktionsgeschwindigkeit der Hinreaktion in mol/ (l · s)
k_H = Geschwindigkeitskonstante für Hinreaktion
c_A bzw. c_B = Konzentration der Edukte A bzw. B in mol/l

Die Gleichung für die Rückreaktion ergibt sich analog zur ▶ Gl. 4.3. Die Proportionalitätskonstante k_H wird auch als Geschwindigkeitskonstante bezeichnet. Der Quotient, der sich aus den beiden Gleichgewichtskonstanten der Hin- und Rückreaktion ergibt, entspricht der Gleichgewichtskonstanten k des Massenwirkungsgesetzes. k_H ist keine Naturkonstante, sondern hängt von den Reaktionspartnern ab. Eine experimentelle Bestimmung ist daher notwendig. Die Einheit ist nicht festgelegt, sondern von der Einheit der Reaktionsgeschwindigkeit abhängig.

In der Praxis zeigt sich, dass die Reaktionsgeschwindigkeit nicht nur von der Konzentration abhängt, sondern auch vom Aggregatzustand, dem Druck und der Temperatur. Der niederländische Chemiker *J. H. van't Hoff* (1852–1911) hat sich mit dem Einfluss der Temperatur auf die Reaktionsgeschwindigkeit beschäftigt. Von ihm stammt die nach ihm benannte Abschätzungsregel, nach der sich die Reaktionsgeschwindigkeit bei einem Temperaturanstieg um ca. 10 K verdoppelt bis vervierfacht.

Die Temperaturabhängigkeit der Reaktionsgeschwindigkeit ist in der Geschwindigkeitskonstanten k enthalten. Dem schwedische Naturwissenschaftler *S. Arrhenius* (1859–1927) gelang es, den Temperatureinfluss der Geschwindigkeitskonstanten zu quantifizieren. Die nach ihm benannte *Arrheniussche Gleichung* lautet (▶ Gl. 4.4):

$$k = A \cdot e^{\frac{-E_A}{R \cdot T}} \tag{4.4}$$

mit k = Geschwindigkeitskonstante

A = Frequenzfaktor

E_A = Aktivierungsenergie in J/mol

R = universelle Gaskonstante = 8314 J/ mol · K

T = absolute Temperatur in K

Der Frequenzfaktor A hat dieselbe Einheit wie die Geschwindigkeitskonstante k und gilt als Maß für die zur Reaktion führenden Zusammenstöße der Reaktanden. Dahinter steckt die Annahme, dass die kinetische Energie bei einem Temperaturanstieg zunimmt, sodass reaktionshemmende Faktoren leichter überwunden werden.

Aus ▶ Gl. 4.4 ist zu schließen, dass sich Temperaturänderungen auf den Geschwindigkeitsfaktor k auswirken und damit auch Einfluss auf die Reaktionsgeschwindigkeit nehmen. Dieser Zusammenhang hat zur Folge, dass die Wärmeproduktion im Fall einer exothermen Reaktion mit der Reaktionsgeschwindigkeit steigt. Es gilt folgender Zusammenhang (Stoessel 2020, S. 43) (▶ Gl. 4.5):

$$\frac{dQ_P}{dt} = r \cdot V \cdot (-\Delta H) \tag{4.5}$$

mit $\frac{dQ_P}{dt}$ = Wärmeproduktionsrate in J/s

r = Reaktionsgeschwindigkeit in mol/ (l s)

V = Volumen des Stoffsystems in l

ΔH = molare Reaktionsenthalpie in J/mol

Der Term $\frac{dQ_P}{dt}$ wird als Wärmeproduktionsrate bezeichnet. Er beschreibt die Geschwindigkeit, mit der sich die Wärmeenergie verändert. Ist der Betrag $\frac{dQ_P}{dt}$ besonders groß, dann bedeutet dies, dass die Wärmeproduktion innerhalb kurzer Zeit deutlich ansteigt. Aus ▶ Gl. 4.5 ergeben sich darüber hinaus folgende Schlussfolgerungen:

- Die Wärmeproduktionsrate $\frac{dQ_P}{dt}$ nimmt mit steigender Temperatur exponentiell zu;
- Die Wärmeproduktionsrate $\frac{dQ_P}{dt}$ steigt, wenn sich das Stoffvolumen vergrößert.

Diese Schlussfolgerungen gelten allerdings nur unter der Annahme, dass die freiwerdende Wärme aus der exothermen Reaktion vollständig innerhalb des Stoffsystems verbleibt. In der Praxis ist davon nicht immer auszugehen. Überdies ist zu berücksichtigen, dass insbesondere zu Beginn der chemischen Reaktion die Anfangskonzentration der Edukte deutlich abnimmt. Dadurch sinkt aber gleichzeitig die Reaktionsgeschwindigkeit (▶ Gl. 4.3) und damit auch die Wärmeproduktionsrate. Das Verhältnis beider Einflussgrößen bestimmt den weiteren Reaktionsverlauf. Überwiegt der Temperatureinfluss, ist mit einem deutlichen Anstieg der Wärmeproduktionsrate zu rechnen. Dominiert dagegen die Konzentrationsabnahme, wird sich die Wärmeproduktion verringern. Letztlich entscheiden damit die jeweiligen Stoffeigenschaften und die Umgebungsbedingungen über die weiteren Folgen.

Dass die durch die Reaktion erzeugte Wärme vollständig innerhalb des Systems verbleibt, ist nicht realistisch. Tatsächlich ist davon auszugehen, dass mindestens ein Teil der Wärme abgeführt wird, sodass sich der Temperaturanstieg verringert. Dabei ist zu berücksichtigen, dass ein Wärmetransport sowohl innerhalb des Stoffsystems als auch zwischen Stoffsystem und Umgebung stattfindet. Um den Reaktionsverlauf abzuschätzen, ist es notwendig, die Wärmetransportmechanismen zu kennen. Hierzu existieren verschiedene Theorien und Berechnungsmodelle (Info-Box: „Zur Theorie der thermischen Explosion").

Info-Box: „Zur Theorie der thermischen Explosion"

Die wissenschaftlichen Erklärungen für die Entstehung thermischer Explosionen basieren auf den grundlegenden Arbeiten von *Semenoff**, *Frank-Kamenetzki* und *Thomas*. Alle drei Theorien beschäftigen sich mit Berechnungsmodellen zur Vorhersage thermischer Explosionen. Die Modelle unterscheiden sich vor allem in ihren Annahmen über die Art des Wärmetransports.

Semenoff-Modell*

Das *Semenoff-Modell* aus dem Jahr 1928 beruht auf der Annahme, dass die Temperatur innerhalb des Stoffsystems konstant ist. An der Grenzfläche zwischen Stoffsystem und Umgebung kommt es zu einem Wärmeverlust durch Wärmeübergang. Das *Semenoff-Modell* beschreibt damit einen Grenzfall, der nur für homogene Stoffsysteme mit einer ausgeglichenen Temperaturverteilung gültig ist. Trotz dieser Einschränkung ist das *Semenoff-Modell* weit verbreitet und wird vielfach in der Fachliteratur zitiert. Zur Stärke dieses Modells gehört die Anschaulichkeit. Das *Semenoff*-Diagramm stellt den Verlauf der Wärmeproduktion und des Wärmeverlustes in Abhängigkeit von der Temperatur einander gegenüber und ermöglicht auf diese Weise eine Wärmebilanzierung (Semenoff 1928, S. 572).

Modell von Frank-Kamenetzki

Das Modell von *Frank-Kamenetzki* geht von einem ungleichmäßigen Temperaturverlauf innerhalb des Stoffsystems aus. Sein Modell beruht auf der Annahme eines Temperaturgefälles innerhalb des Stoffsystems, das die höchste Temperatur im Zentrum aufweist und an der Grenzfläche auf die Umgebungstemperatur abfällt. Zu einer thermischen Explosion kommt es dann, wenn die Temperaturdifferenz nicht mehr aufrechterhalten werden kann (Frank-Kamenetzki 1959, S. 149). Dieses Berechnungsmodell eignet sich besonders für Feststoffe großer Ausdehnung (Michael-Schulz et al. 2023, S. 383; Hensel et al. 2004, S. 229).

Thomas-Modell

Das *Thomas*-Modell führt die Annahmen von *Semenoff* und *Frank-Kamenetzki* zusammen und berücksichtigt damit sowohl einen ungleichmäßigen Temperaturverlauf im Inneren des Stoffsystems als auch einen realen Wärmeübergang an der Grenzfläche (Thomas 1957, S. 60).

Alle drei Modelle eignen sich zur mathematischen Herleitung der Bedingungen, unter denen eine Reaktion des Stoffsystems möglich ist. Einzelheiten finden sich in genannten Literaturquellen.

* Diese Schreibweise des Autors entspricht der Angabe aus der Originalquelle. In vielen Literaturstellen findet sich dagegen die Schreibweise „Semenov".

4

Auch wenn es streng genommen nur für einen Grenzfall gilt, eignet sich das *Semenoff-Modell* besonders gut, um das Zustandekommen thermischer Explosionen darzustellen. Voraussetzung für die Anwendung des *Semenoff-Modells* ist die Annahme, dass die Temperaturverteilung im Inneren des Stoffsystems konstant ist, sodass es lediglich an der Grenzfläche zwischen Stoffsystem und Umschließung zu einem Wärmeverlust durch Wärmeübergang kommt. An der Grenzfläche sorgt die erwärmte Luft durch Auftrieb für eine ständige Wärmeabfuhr. Dadurch wiederum gelangt kühlere Luft an die Grenzfläche, sodass die Temperaturdifferenz zwischen dem Stoffsystem und der Umgebung aufrechterhalten wird. Für die auf diese Weise abgeführte Wärme Q_A gilt (▶ Gl. 4.6).

$$\frac{dQ_A}{dt} = \alpha \cdot A \cdot (T - T_U) \tag{4.6}$$

mit $\frac{dQ_A}{dt}$ = Wärmeübergangsrate in J/s

α = Wärmeübergangskoeffizient in W/ ($m^2 \cdot$ K)

A = Wärmeaustauschfläche des Stoffsystems in m^2

T = absolute Temperatur des Stoffsystems in K

T_U = absolute Temperatur der unmittelbaren Stoffsystemumgebung in K

▶ Gl. 4.6 ist zu entnehmen, dass die Wärmeübergangsrate $\frac{dQ_A}{dt}$ zur Austauschfläche A und zur Temperaturdifferenz zwischen Stoffsystem und Umgebung direkt proportional ist. Der Betrag $\frac{dQ_A}{dt}$ steigt, wenn

— sich die Austauschfläche zwischen der Umschließung des Stoffsystems und der umströmenden Luft vergrößert oder

— die Temperaturdifferenz zunimmt.

Die durch ▶ Gl. 4.6 beschriebene Funktion $\frac{dQ_A}{dt}$ = f(T) lässt sich durch eine Gerade mit der Steigung ($\alpha \cdot$ A) darstellen. Diese Gerade schneidet die Temperaturachse im Punkt T_U. Für T=T_U gilt $\frac{dQ_A}{dt}$ = 0 (◘ Abb. 4.3). Bei T_U handelt es sich um die Umgebungs- oder Lagertemperatur.

Die Steigung der Wärmeübergangsfunktion wird maßgeblich durch den Betrag des Wärmeübergangskoeffizienten α bestimmt. Dieser ist von der Oberflächenbeschaffenheit der Umschließung, der Art des umströmenden Stoffes und dem Strömungszustand abhängig. Aus sicherheitstechnischer Sicht sind diese Abhängigkeiten von großer Bedeutung, denn sie bedeuten, dass die Wärmeübergangsrate durch Veränderung der Strömung beeinflusst werden kann.

Da der Wärmeübergangskoeffizient α von den jeweiligen Umgebungsbedingungen abhängt, existieren keine universell anwendbaren Werte. ◘ Tab. 4.2 enthält ausgewählte Richtwerte für den Wärmeübergangskoeffizienten für Luft bei einer senkrechten Anströmung. Diese Fallkonstellation kann beispielsweise bei einem metallenen Tank oder Behälter gegeben sein.

Neben dem Wärmeübergangskoeffizienten α wird die Wärmeübergangsrate auch durch die Temperaturänderung in unmittelbarer Nähe des Stoffsystems

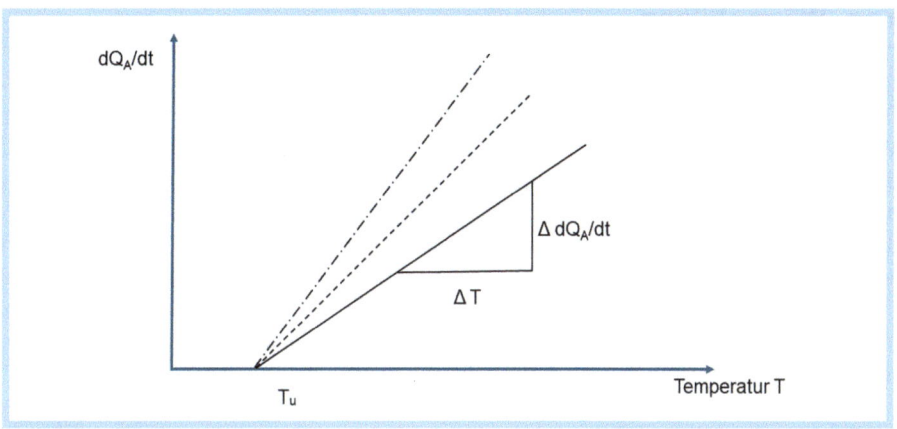

Abb. 4.3 Wärmeübergangsrate $\frac{dQ_A}{dt}$ in Abhängigkeit von der Temperatur. (Quelle: Eigene Darstellung)

Tab. 4.2 Richtwerte für den Wärmeübergangskoeffizienten der atmosphärischen Luft. (Quelle: Kuchling 2014, S. 646).

Situation	Wärmeübergangskoeffizient α in W/ (m² ·K)
Luft senkrecht zur Metallwand	3,5–35
– ruhend	23–70
– mäßig bewegt	58–290
– kräftig bewegt	

beeinflusst. Vergrößert sich der Differenzbetrag, dann nimmt die Wärmeübergangsrate zu. Aus sicherheitstechnischer Sicht ist diese Wirkung erstrebenswert und wird beispielsweise durch Kühlung der Umschließung erreicht.

Zusammenfassend leiten sich aus ▶ Gl. 4.6 folgende Schlussfolgerungen ab:

— Die Wärmeübergangsrate $\frac{dQ_A}{dt}$ ist proportional zur Austauschfläche A der Umschließung mit der umgebenden Luft;

— Die Wärmeübergangsrate $\frac{dQ_A}{dt}$ ist umso größer, je niedriger die Temperatur der unmittelbaren Stoffsystemumgebung T_U ist;

— Die Wärmeübergangsrate $\frac{dQ_A}{dt}$ nimmt mit steigender Strömungsgeschwindigkeit der umgebenden Luft zu.

Zum Schluss sei darauf hingewiesen, dass in der einschlägigen Literatur verschiedene Bezeichnungen für die Wärmeproduktions- und Wärmeübergangsrate verwendet werden. Insbesondere in der chemischen Verfahrenstechnik sind anstelle der Wärmeübergangsrate die Begriffe Wärmeproduktionsgeschwindigkeit und Wärmeabfuhrleistung üblich (TRAS 410).

4.2.2 **Wärmebilanz**

Die Theorie der thermischen Explosion geht davon aus, dass es zu einer gefährlichen Reaktion kommt, wenn die Wärmeproduktionsrate größer ist als der Wärmeverlust. Unter der Annahme, dass adiabatische Bedingungen vorliegen, ist das praktisch immer der Fall. Dann ist eine thermische Explosion unausweichlich. In der Regel haben wir es in der Praxis jedoch nicht mit adiabatischen Bedingungen zu tun. Eine thermische Explosion ist daher nur unter bestimmten Voraussetzungen möglich (Info-Box: „Zur Theorie der thermischen Explosion").

Für praktische Anwendungen in der Gefahrgut- und Gefahrstoff-Logistik liefert das *Semenoff-Modell* eine anschauliche Erklärung für die Entstehung thermischer Explosionen. Folgende Fallkonstellationen sind möglich:

— 1. Fall: Positive Wärmebilanz

Eine positive Wärmebilanz ist anzunehmen, wenn der Betrag der Wärmeproduktionsrate $\frac{dQ_P}{dt}$ den Betrag der Wärmeübergangsrate $\frac{dQ_A}{dt}$ bei allen Temperaturen übersteigt. Unter der Voraussetzung, dass sich die Wärmekapazität des Stoffsystems nicht ändert, führt die positive Wärmebilanz zu einem stetigen Temperaturanstieg innerhalb des Stoffsystems. ▣ Abb. 4.4 veranschaulicht diese Fallkonstellation.

▣ Abb. 4.4 ist zu entnehmen, dass die Wärmebilanz von der Temperatur abhängt. Oberhalb der Temperatur T_B überwiegt der Wärmeüberschuss, was einen immer schnelleren Temperaturanstieg zur Folge hat. Unterhalb von T_B verringert sich der Wärmeüberschuss bei Annäherung an T_B und erreicht schließlich bei T_B den kleinsten Wert. Ein Stoffsystem, dessen exotherme Reaktion bei einer Temperatur deutlich unterhalb von T_B startet, wird seine Temperatur also folgendermaßen entwickeln:

Bei $T \ll T_B$ gibt es zunächst einen raschen Temperaturanstieg, der sich bei Annäherung an T_B verlangsamt und sich bei $T \gg T_B$ wieder beschleunigt. In dem

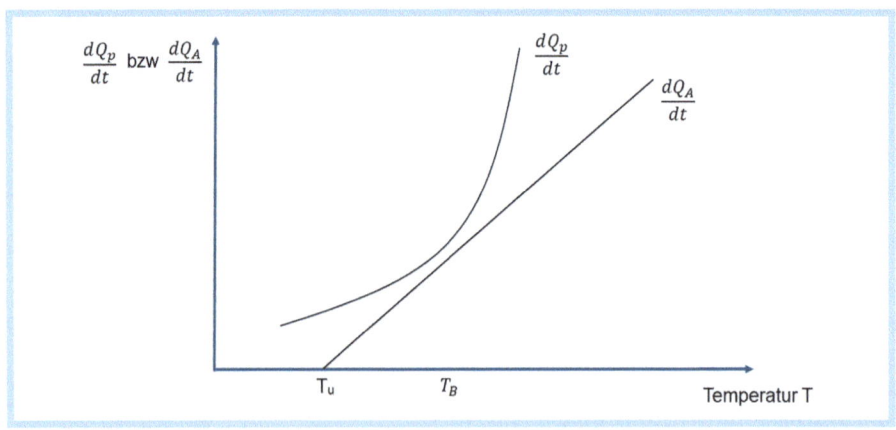

▣ **Abb. 4.4**   Fallkonstellation „Positive Wärmebilanz". (Quelle: Eigene Darstellung)

Temperaturbereich oberhalb von T_B wird der Temperaturanstieg je Zeiteinheit so schnell, dass das Stoffsystem in Brand gerät oder explodiert. Beispiele für charakteristische Temperatur-Zeit-Verläufe zeigt ◻ Abb. 4.5.

Der zeitliche Temperaturverlauf ΔT_1 zeigt einen sprunghaften Anstieg der Systemtemperatur, wie er beispielsweise im Temperaturbereich oberhalb von T_B zu erwarten ist.

— 2. Fall: Negative Wärmebilanz

Eine negative Wärmebilanz stellt sich ein, wenn die Wärmeübergangsrate $\frac{dQ_A}{dt}$ die Wärmeproduktionsrate $\frac{dQ_P}{dt}$ übersteigt. Diese Situation führt zu einem Absinken der Systemtemperatur. Aus sicherheitstechnischer Sicht ist dies der bevorzugte Zustand. Es stellt sich daher die Frage, unter welchen Voraussetzungen mit einer negativen Wärmebilanz zu rechnen ist.

Mit Blick auf die graphische Darstellung in ◻ Abb. 4.6 ist eine negative Wärmebilanz anzunehmen, wenn die Wärmeübergangsrate die Wärmeproduktionsrate schneidet. Unter der Annahme, dass die Wärmeproduktionsrate stetig steigt, schneidet die Funktion der Wärmeübergangsrate den Kurvenverlauf der Wärmeproduktionsrate in maximal zwei Punkten. Innerhalb dieses Temperaturintervalls besteht eine negative Wärmebilanz. Die Stoffsystemtemperatur wird sinken. Allerdings wird die Temperatur keine Werte unterhalb von T_A annehmen, da in diesem Fall die Wärmebilanz wieder positiv wird und damit zu einem Anstieg der Systemtemperatur führt.

Der Zustand, der durch die beiden Schnittpunkte A und B repräsentiert wird, ist erstrebenswert. Aus sicherheitstechnischer Sicht sind beide Schnittpunkte allerdings unterschiedlich zu bewerten.

Betrachten wir zunächst den Schnittpunkt A (◻ Abb. 4.6). Für Temperaturen $T < T_A$ ist die Wärmebilanz positiv (1. Fall) Das bedeutet, die Stoffsystemtemperatur steigt zunächst an, bis T_A erreicht ist. An diesem Punkt

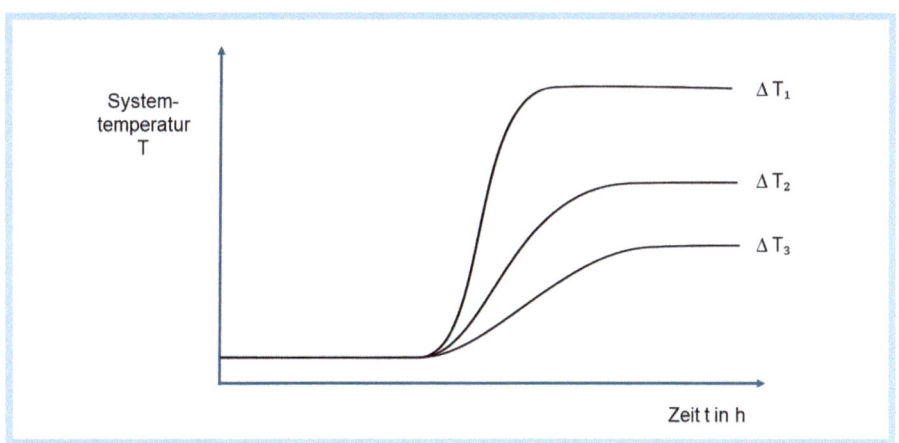

◻ **Abb. 4.5** Charakteristische Temperatur-Zeit-Verläufe thermischer Explosionen (Quelle: Eigene Darstellung)

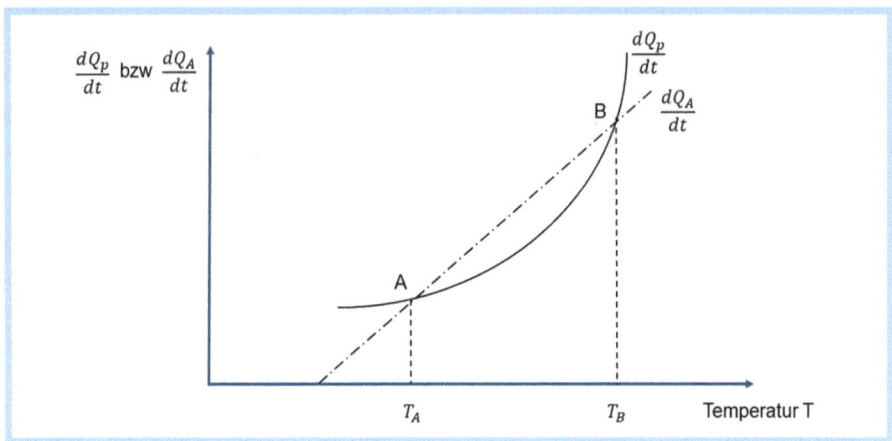

◘ Abb. 4.6   Fallkonstellation „Negative Wärmebilanz" (Quelle: Eigene Darstellung)

entspricht die Wärmeproduktionsrate der Wärmeübergangsrate. Eine weitere Temperatursteigerung des Stoffsystems ist nicht zu erwarten. Kommt es an diesem Punkt jedoch zu einem leichten Temperaturanstieg (z. B. durch Veränderung der Systemumgebungstemperatur), dann nimmt in der Folge die Reaktionsgeschwindigkeit und damit auch die Wärmeproduktionsrate zu. Gleichzeitig steigt jedoch auch die Wärmeübergangsrate und übersteigt sogar die Wärmeproduktionsrate. Übertragen auf das Stoffsystem bedeutet dies, dass die Systemtemperatur sinkt, bis sie wieder den Zustand im Schnittpunkt A erreicht. Eine thermische Explosion ist verhindert.

Am Schnittpunkt B verhält sich das Stoffsystem vollkommen anders, obwohl auch in diesem Punkt die Wärmeproduktionsrate mit der Wärmeübergangsrate übereinstimmt. Eine leichte Temperaturerhöhung führt dazu, dass die Wärmeproduktionsrate steigt. Die erzeugte Wärme wird nicht vollständig durch den Wärmeübergang kompensiert. In der Folge steigt die Temperatur des Stoffsystems weiter an und damit auch die Reaktionsgeschwindigkeit. Das System gerät außer Kontrolle. Eine thermische Explosion ist unausweichlich.

Der Schnittpunkt A wird als stabiler Arbeitspunkt bezeichnet und ist aus sicherheitstechnischer Sicht anzustreben. Beim Schnittpunkt B handelt es sich um einen labilen Zustandspunkt. Das Risiko einer thermischen Explosion ist hoch.

— 3. Fall: Ausgeglichene Wärmebilanz

Zu einer ausgeglichenen Wärmebilanz kommt es ausschließlich an den beiden Schnittpunkten A und B (◘ Abb. 4.6). Denkbar ist aber auch, dass sich die Wärmeproduktionskurve und die Wärmeübergangsgerade in einem einzigen Punkt schneiden. Dieser Zustand ist nicht stabil. Bereits geringe Temperaturabweichungen nach oben führen zu einem unkontrollierten Temperaturanstieg innerhalb des Stoffsystems. Wir werden sehen, dass dieser Schnittpunkt eine besondere Bedeutung für die Sicherheitstechnik hat.

4.2.3 **Sicherheitstechnische Kenngrößen**

Die theoretischen Betrachtungen über das Zustandekommen einer thermischen Explosion helfen bei der Abschätzung der thermischen Stabilität selbstbeschleunigender Stoffsysteme. Allerdings sind die Ausgangsgrößen in der Praxis nur schwer zu ermitteln. Für sicherheitstechnische Betrachtungen werden daher besondere sicherheitstechnische Kenngrößen herangezogen. Das gilt aufgrund der hohen Risiken insbesondere für die Gruppe der selbstzersetzlichen Stoffe und der organischen Peroxide. Für diese Stoffsysteme werden Grenztemperaturen bestimmt. Unterschieden werden

- Temperatur für die selbstbeschleunigende Zersetzung (engl.: *Self Accelerating Decomposition Temperature*, SADT) und
- Temperatur der selbstbeschleunigenden Polymerisation (engl.: *Self Accelerating Polymerisation Temperature*, SAPT).

SADT bzw. SAPT sind definiert als die niedrigsten Umgebungstemperaturen, bei denen eine selbstbeschleunigende Zersetzung bzw. Polymerisation eines Stoffes in einer Transportverpackung auftreten kann (Michael-Schulz et al. 2023 Nr. 20.4.1.3 bzw. 20.4.1.4).

SADT- bzw. SAPT werden direkt oder indirekt ermittelt.

Bei den direkten Bestimmungsmethoden wird das Stoffsystem veränderlichen Temperaturen ausgesetzt. Aus dem Temperaturverlauf werden SADT bzw. SAPT direkt abgelesen. Bei der indirekten Bestimmung werden SADT bzw. SAPT aus der Wärmeproduktionsfunktion abgeleitet. Beide Bestimmungsmethoden eignen sich für die Klassifizierung und Einstufung.

Für die direkte Bestimmung wird eine Prüfapparatur benötigt, die aus einer Prüfkammer, einem Thermoelement zur Bestimmung der Probentemperatur und einem Aufzeichnungsgerät besteht. Bei der Prüfkammer handelt es sich um einen Ofen, der so dimensioniert ist, dass das Stoffsystem einschließlich seiner Verpackung aufgenommen und gleichzeitig eine konstante Temperatur für die Dauer von mindestens zehn Tage sichergestellt werden kann.

Bevor die Probe eingebracht wird, werden Prüfkammer und Probe auf dieselbe Temperatur gebracht. Anschließend wird die Prüfkammer auf eine Temperatur voreingestellt und die Entwicklung der Probentemperatur aufgezeichnet. Die Prüfung ist beendet, sobald die Probentemperatur einen Wert erreicht, der die Prüfkammertemperatur um mindestens 6 °C übersteigt. Dieser Wert wird als SADT oder SAPT übernommen (Michael-Schulz et al. 2023 Nr. 28.4.1).

Bei der indirekten Bestimmung wird die Wärmeproduktionsfunktion ermittelt, um daraus SADT bzw. SAPT abzuleiten. Das zentrale Element der Prüfapparatur ist ein Dewargefäß aus Glas, in dem die Probe einschließlich Teile der Verpackung eingebracht werden (Info-Box: „Kalorimetrie"). Die Probe wird über einen Heizdraht erwärmt. Die Prüfung erfolgt unter adiabatischen Bedingungen. Der Prüfablauf umfasst folgende Schritte:

1. Ermittlung der Wärmeverlustfunktion des Dewar-Gefäßes unter Verwendung einer Testsubstanz;
2. Befüllung des Dewargefäßes mit der Probe und dem Verpackungsmaterial;
3. Start der Temperaturaufzeichnung und Erhöhung der Probentemperatur in Schritten von je 5 °C;
4. Beendigung des Verfahrens, sobald Probentemperatur die maximale Ofentemperatur erreicht.

Zur Auswertung wird die Steigung der Wärmeübergangsgeraden bestimmt und als Tangente an die Wärmeproduktionskurve gelegt. Der Schnittpunkt der Tangente mit der Temperaturachse führt zur SADT bzw. SAPT, indem der abgelesene Wert auf das nächsthöhere Vielfache von 5 °C angehoben wird (◨ Abb. 4.7).

In ◨ Abb. 4.7 schneidet die Tangente die Temperaturachse bei $T_{Schnitt} = 11$ °C. Das nächsthöhere Vielfache von 5 °C ist 15 °C. Die SADT bzw. SAPT wird somit auf 15 °C festgelegt.

Für die Maßnahmenplanung im Rahmen der betrieblichen Gefährdungsbeurteilung sind SADT und SAPT weniger gut geeignet. Der Grund ist, dass bei Erreichen der Grenztemperatur in der Regel nur noch wenig Zeit bleibt, um die Reaktion zu stoppen. Dazu kommt, dass bei innerbetrieblichen Transport- und Lagerprozessen schleichende Veränderungen zu einer Reaktion führen. Das belegen die Ergebnisse der Ursachenanalyse thermischer Explosionen im Lager. Insbesondere folgende Veränderungen gelten als kritisch (DGUV Information 213-067 2015, S. 25):

— Hohe Lagertemperaturen;
— Behinderung der Wärmeabfuhr;
— Einlagerung erwärmter Lagergüter;

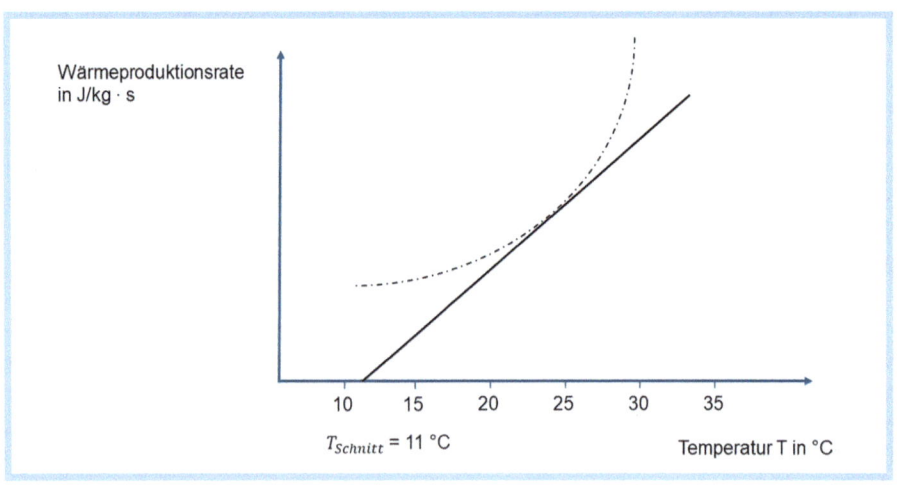

◨ Abb. 4.7　Bestimmung der SADT bzw. SAPT. (Modifiziert nach Michael-Schulz et al. 2023, S. 401)

- Nicht angepasste Heiztemperaturen;
- Feuer- und Heißarbeiten im Umfeld der Lagerung.

Für die Gefährdungsbeurteilung stationärer Tätigkeiten werden daher andere Kenngrößen herangezogen. Dazu zählen vor allem die adiabatische Temperaturerhöhung ΔT_{adiab} und die adiabatische Induktionszeit t_{adiab}.

Unter der adiabatischen Temperaturerhöhung ΔT_{adiab} versteht man den Temperaturanstieg, der sich infolge einer thermischen Explosion einstellt, ohne dass ein Stoff- oder Wärmeaustausch mit der Umgebung stattfindet (TRAS 410 Nr. 3.3). ΔT_{adiab} ist definiert als ($\blacktriangleright$ Gl. 4.7):

$$\Delta T_{adiab} = \frac{Q}{C} \tag{4.7}$$

mit ΔT = Temperaturänderung unter adiabatischen Bedingungen in K
Q = Reaktionswärme in J
C = Wärmekapazität des Stoffsystems in J/K

ΔT_{adiab} eignet sich als Maß für die Schwere der Reaktion ($\square$ Abb. 4.8). Je höher der Betrag, desto größer ist die freiwerdende Energie und damit das Schadenspotenzial. Gleichzeitig ist davon auszugehen, dass sich bei großem ΔT_{adiab} das Risiko einer Gas- oder Dampffreisetzung erhöht und damit die Wahrscheinlichkeit für ein Versagen des Umschließungsmittels steigt. ΔT_{adiab} eignet sich daher besonders für die Maßnahmenplanung. Es ist davon auszugehen, dass das Risiko einer thermischen Explosion gering ist, wenn ΔT_{adiab} den Betrag von 50 K nicht überschreitet (TRAS 410 Nr. 4.1).

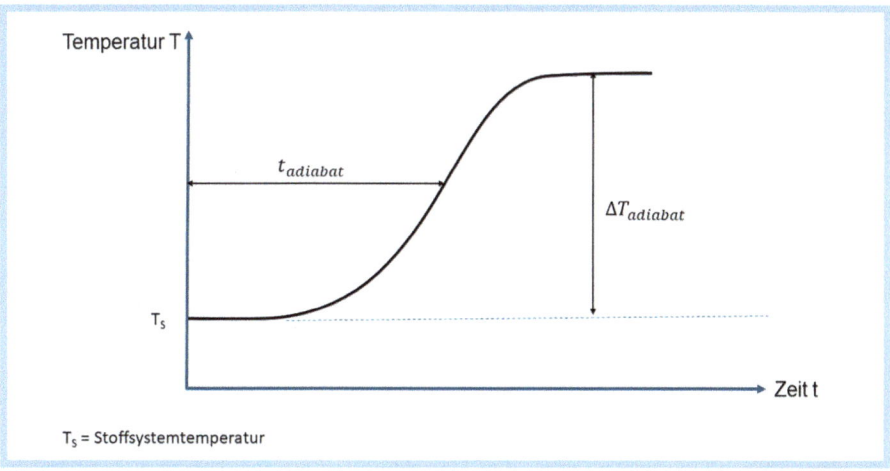

$\square$ **Abb. 4.8** Adiabatische Temperaturänderung $\Delta T_{adiabat}$ und adiabatische Induktionszeit $t_{adiabat}$ (Quelle: Eigene Darstellung)

Eine weitere Kenngröße ist die adiabatische Induktionszeit t_{adiab} (◘ Abb. 4.8). Sie ist definiert als

» *„[…] die Zeitspanne, innerhalb der ein […] Reaktionssystem ohne Wärme- und Stoffaustausch mit der Umgebung das Maximum der Temperaturanstiegsgeschwindig-keit erreicht."*
TRAS 410 Nr. 3.2

4

Je kürzer t_{adiab}, desto höher ist das Risiko für eine thermische Explosion. Die adiabatische Induktionszeit t_{adiab} wird für die Festlegung von Sofortmaßnahmen genutzt. Sie wird aus dem zeitlichen Temperaturverlauf bestimmt und um-fasst das Zeitintervall von Beginn der Reaktion bis zum Zeitpunkt des größten Temperaturanstiegs (◘ Abb. 4.8). In der Praxis besteht die Schwierigkeit, t_{adiab} adäquat zu bestimmen. Deutlich einfacher ist es, die Temperatur zu messen und als Maß für die Reaktionszeit zu nutzen. Dazu dient die Grenztemperatur T_{24}. Sie gibt die Temperatur an, bei deren Erreichen eine Zeitspanne von 24 h bis zur thermischen Explosion verbleibt.

Im Allgemeinen geht man davon aus, dass die für die Reaktion verbleibende Zeit nach Feststellen der Grenztemperatur T_{24} kleiner als 24 h ist, da in der Regel zwischen dem Einsetzen der Reaktion und deren Feststellung eine gewisse Zeit-spanne verstreicht. Überdies muss eine gewisse Reaktionszeit bis zur Wirksamkeit der Maßnahmen einkalkuliert werden. Daher wird in der Praxis ein zusätzlicher Zeitpuffer eingeplant, indem die Grenztemperatur T_{24} um 10 K abgesenkt wird. Nach allgemeiner Erfahrung ist bei Unterschreiten dieser Temperatur das Risiko einer thermischen Explosion weitgehend ausgeschlossen (TRAS 410 Nr. 4.1).

Zur Bestimmung der adiabatischen Temperaturerhöhung und der adiabatischen Induktionszeit werden thermische Verfahren genutzt. Die dynamische Differenzkalorimetrie (engl. *Differential Scanning Calorimetry*, DSC) eignet sich dazu besonders (Info-Box: „Kalorimetrie").

Info-Box: „Kalorimetrie"

Die Kalorimetrie (lat. *calor:* Wärme; griech. *metran:* messen) beschäftigt sich mit experimentellen Verfahren zur Bestimmung der Wärmeenergie infolge chemischer Reaktionen oder physikalischer und biologischer Prozesse. Zur Messung werden besondere Geräte und Apparaturen, sogenannte Kalorimeter, eingesetzt, bei denen die Wärmeenergie durch Temperaturmessung bestimmt wird. Alternativ ist auch eine Wärmemessung möglich.

Adiabatische Kalorimeter sind derart konstruiert, dass ein Wärmeaustausch mit der Umgebung verhindert ist. Auf diese Weise kann eine Temperaturänderung im Kalorimeter dazu genutzt werden, auf die Wärmeenergie zu schließen. Bei einem isoperibolen Kalorimeter wird die Umgebungstemperatur konstant gehalten, während sich die Probentemperatur ändert. In diesem Fall erübrigt sich eine Korrektur der Messwerte, da der Wärmeverlust als gering anzunehmen ist.

Das Dewar-Kalorimeter arbeitet nach dem adiabatischen Prinzip und geht zurück auf den schottischen Physiker *J. Dewar (1842–1923)*. Das zentrale Element der Messapparatur ist das Probeaufnahmegefäß („Dewar-Gefäß"). Es ist so konstruiert, dass ein Wärmeaustausch mit der Umgebung ausgeschlossen ist. In der Praxis ist ein Wärmeübergang jedoch gegeben. Daher ist eine Korrektur des Messwertes notwendig. Der Wärmeverlust nimmt mit steigendem Gefäßvolumen zu (Stoessel 2020, S. 118).

Die dynamische Differenzkalorimetrie zählt zu den diathermischen Messverfahren. Das Besondere an diesem Messprinzip ist die Annahme, dass es einen idealen Wärmefluss vom Inneren der Reaktionskammer an die Umgebung gibt. Zur Messung werden zwei Tiegel benötigt, von denen einer mit der Probe und der andere mit einem Referenzstoff gefüllt wird. Die Tiegel werden in einen Ofen gestellt und die Temperatur erhöht. Über die zugeführte elektrische Energie wird auf die Reaktionswärme geschlossen. Ein anderes Messprinzip nutzt die Temperaturdifferenz zwischen der Probe und dem Referenzstoff. Der Temperaturunterschied wird als Funktion der Zeit aufgezeichnet. Um den Zusammenhang zwischen Temperaturdifferenz und Wärmeenergie zu erhalten, ist eine Kalibrierung notwendig (Stoessel 2020, S. 98; Hemminger u. Cammenga 1989, S. 6).

Adiabatische Temperaturerhöhung ΔT_{adiab} und adiabatische Induktionszeit t_{adiab} sind vor allem für die Gefährdungsbeurteilung selbstzersetzlicher Stoffe und organischer Peroxide nützlich. Für Mehrkomponentensysteme wie z. B. Staubschüttungen eignen sie sich weniger. Für diese Stoffsysteme wird die Selbstentzündungstemperatur genutzt. Sie ist definiert als

» *„höchste Temperatur, bei der ein gegebenes Staubvolumen gerade noch nicht entzündet wird"*
DIN EN 15188:2021-07 Nr. 3.1

Das Selbstentzündungsverhalten einer Staubschüttung ist von der chemischen Beschaffenheit, der Form und der Größe der Schüttung abhängig. Da die Selbstentzündungstemperatur mit zunehmendem Volumen abnimmt, sind die Probenvolumina für die Messung zu berücksichtigen.

Eine typische Bestimmungsmethode für die Selbstentzündungstemperatur ist der Warmlagerversuch. Zur Übertragung auf reale Verhältnisse empfiehlt sich eine isoperibole Durchführung. So ist sichergestellt, dass die Wärmeproduktionsrate auf Veränderungen der äußeren Bedingungen reagiert.

Die Prüfapparatur besteht aus einem ausreichend dimensionierten Ofen, doppelwandigen Drahtnetzkörben und Thermoelementen. Zur Messung wird die Probe in den Ofen eingebracht und zuvor mit einem Thermoelement ausgestattet. Zwei weitere Thermoelemente zur Bestimmung der Ofentemperatur befinden sich zwischen Ofenwandung und Probe. Der Temperaturverlauf wird aufgezeichnet.

Die Messung startet bei einer Temperatur, von der anzunehmen ist, dass sie unterhalb der Selbstentzündungstemperatur liegt. Anschließend wird die Ofentemperatur schrittweise erhöht, und zwar solange, bis die Selbstentzündung beobachtet wird. In diesem Fall wird die Messung wiederholt, wobei die Temperatur um 2 K reduziert wird. Wird bei der reduzierten Temperatur keine Selbstentzündung festgestellt, ist davon auszugehen, dass die Selbstentzündungstemperatur erreicht ist (DIN EN 15188 Nr. 6.2). Da das Messergebnis u. a. von der Geometrie der Schüttung abhängt, ist eine Skalierung auf die realen Verhältnisse notwendig. Hierzu werden sowohl mathematische als auch empirische Verfahren angewendet. Eine detaillierte Beschreibung kann der Norm DIN EN 15188 entnommen werden.

4.3 Klassifizierung und Einstufung

Die Klassifizierung und Einstufung selbstbeschleunigender Stoffsysteme beruhen in erster Linie auf beobachtbaren Kriterien und werden im Rahmen spezifischer Prüfverfahren ermittelt. SADT und SAPT sind vor allem für selbstzersetzliche Stoffe und organische Peroxide relevant.

Zur Bestimmung der Klasse eines unbekannten Stoffs müssen im Allgemeinen mehrerer Prüfserien durchlaufen werden. Diese bauen aufeinander auf, sodass das Ergebnis der vorhergehenden Prüfung über die anschließende Prüfung entscheidet. Alle Prüfverfahren orientieren sich an der Praxis. Das zeigt sich vor allem daran, dass die Stoffsysteme in ihren Transportverpackungen und Transportgrößen getestet werden. Außerdem ist zu erwähnen, dass die Verordnung (EG) Nr. 1272/2008 auf die gefahrgutrechtlichen Prüfungen verweist. Unterschiede zwischen den Klassifizierung- und Einstufungskriterien treten damit nicht auf.

Der Prüfaufwand ist unterschiedlich und hängt vom Stoffsystem und dessen Eigenschaften ab. Den höchsten Prüfaufwand erfordern selbstzersetzliche Stoffe und organische Peroxide, da sie in ihrer Reaktion den Explosivstoffen ähneln. Den geringsten Aufwand verursachen dagegen pyrophore Stoffe.

Eine Prüfmethode für pyrophore Feststoffe sieht vor, dass die Stoffprobe aus einer Höhe von einem Meter fallengelassen wird. Entzündet sich die Stoffprobe dabei unmittelbar oder innerhalb eines Zeitraums von 5 min, dann handelt es sich um einen pyrophoren Feststoff mit der Verpackungsgruppe I bzw. der Kategorie 1 (Michael Schulz et al. 2023, Nr. 33.4.4).

Das Testverfahren für pyrophore Flüssigkeiten ist ähnlich einfach. Die Prüfserie startet mit der Beobachtung, ob sich die Stoffprobe, die sich in einer speziell präparierten Porzellanschale befindet, bei Raumtemperatur innerhalb von fünf Minuten entzündet. Ist das auch nach wiederholter Durchführung nicht der Fall, beginnt die zweite Prüfserie. Dazu wird eine Stoffprobe von 0,5 ml bei Temperaturen um die 25 °C und einer Luftfeuchtigkeit von ca. 50 % auf ein Filterpapier aufgebracht. Zeigt sich innerhalb von fünf Minuten eine

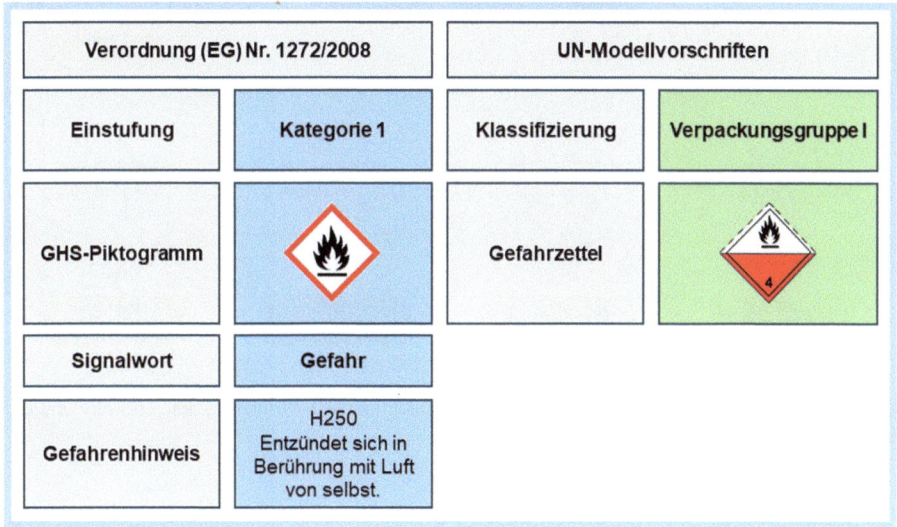

◘ **Abb. 4.9** Kennzeichnungselemente und Gefahrzettelmuster pyrophorer Feststoffe und Flüssig-keiten. (Quelle: Eigene Darstellung)

Entzündung oder Verkohlung des Filterpapiers, sind die Kriterien für die Zu-ordnung zur Klasse der pyrophoren Flüssigkeiten erfüllt und der Stoff wird der Klasse der pyrophoren Flüssigkeiten mit der Verpackungsgruppe I bzw. der Kategorie 1 zugewiesen. ◘ Abb. 4.9 zeigt Kennzeichnungselemente und Klassi-fizierungsmerkmale pyrophorer Feststoffe und Flüssigkeiten.

Einen größeren Aufwand erfordert die Klassifizierung bzw. Einstufung selbsterhitzungsfähiger Stoffe und Gemische. Das gesamte Prüfverfahren um-fasst zwei Prüfserien, bei denen eine definierte Menge des Stoffes für die Dauer von 24 h festgelegten Temperaturen ausgesetzt ist. Die Prüfapparatur besteht aus einem Heizofen, einem Probebehälter und Thermoelementen. Die Prüfung beginnt mit der Platzierung der Probe im Heizofen. Anschließend wird die Ofen-temperatur auf 140 °C eingestellt und für 24 h beibehalten. Während dieser Zeit wird sowohl die Ofen- als auch die Probentemperatur aufgezeichnet. Kommt es während des Messzeitraums zu einer Selbstentzündung oder übersteigt die Probentemperatur die Ofentemperatur um 60 °C, liegt ein positives Messergebnis vor.

Für die Zuordnung zur Verpackungsgruppe sind weitere Messungen not-wendig. Diese unterscheiden sich von der ersten Messung durch das Proben-volumen. Außerdem wird die tatsächliche Verpackungsgröße herangezogen (Michael-Schulz et al. 33.4.6, Verordnung (EG) Nr. 1272/2008 Anhang 1 Nr. 2.11.2). Beide Anpassungen dienen dazu, den Einfluss der Menge auf die Selbst-erhitzung zu berücksichtigen. Das Prüfschema und die Bewertung der Prüfungen zeigt ◘ Abb. 4.10.

Kennzeichnungselemente und Gefahrzettelmuster zeigt ◘ Abb. 4.11.

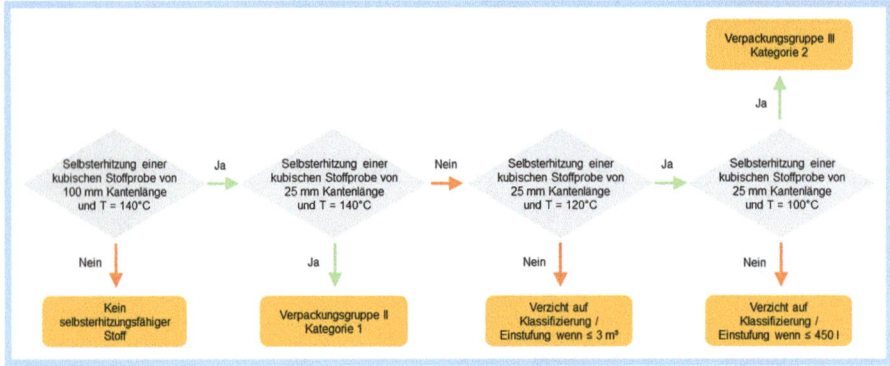

◼ **Abb. 4.10** Prüfschema zur Klassifizierung und Einstufung selbsterhitzungsfähiger Stoffe und Gemische (Quelle: Eigene Darstellung)

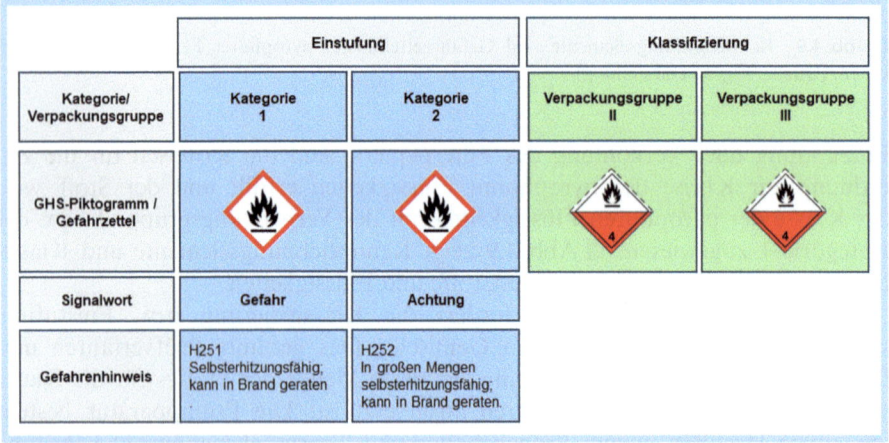

◼ **Abb. 4.11** Kennzeichnungselemente und Gefahrzettel selbsterhitzungsfähiger Stoffe und Gemische (Quelle: Eigene Darstellung)

Besonders intensive Prüfungen erfordert das Klassifizierungs- und Einstufungsverfahren selbstzersetzlicher Stoffe und organischer Peroxide. Das ist angesichts der hohen Risiken, die von diesen Stoffsystemen ausgehen, absolut verständlich. Zweck der Prüfungen ist nicht nur die Bestätigung, dass die Stoffsysteme den Eigenschaften der jeweiligen Klassen entsprechen, sondern auch die Zuordnung zu einem von insgesamt sieben Typen (◼ Tab. 4.3). Die Typdefinitionen selbstzersetzlicher Stoffe und organischer Peroxide stimmen weitestgehend überein.

Das vollständige Prüfprogramm besteht aus acht Prüfserien, die aufeinander aufbauen und nacheinander zu durchlaufen sind (◼ Tab. 4.4).

◻ Tab. 4.3 Klassifizierung und Einstufung selbstzersetzlicher Stoffe und organischer Peroxide

Typ	Selbstzersetzlicher Stoff	Organisches Peroxid
A	…, der in seiner Verpackung detonieren oder schnell deflagrieren kann	…, das in seiner Verpackung detonieren oder schnell deflagrieren kann
B	…, der explosive Eigenschaften hat und in der Verpackung weder detoniert noch schnell deflagriert, aber in dieser Verpackung zur thermischen Explosion neigt	…, das explosive Eigenschaften besitzt und in seiner Verpackung weder detoniert noch schnell deflagriert, aber in der Lage ist, eine thermische Explosion in dieser Verpackung zu durchlaufen
C	…, der explosive Eigenschaften hat, aber in der Verpackung weder detoniert noch schnell deflagriert oder thermisch explodieren kann	…, das explosive Eigenschaften besitzt, aber in seiner Verpackung weder detoniert noch schnell deflagriert oder in eine thermische Explosion übergeht
D	…, der im Laborversuch i) teilweise detoniert, nicht schnell deflagriert und bei Erhitzen unter Einschluss keine heftige Wirkung zeigt; oder ii) überhaupt nicht detoniert, langsam deflagriert und bei Erhitzen unter Einschluss keine heftige Wirkung zeigt; oder iii) überhaupt nicht detoniert oder deflagriert und bei Erhitzen unter Einschluss eine mittlere Wirkung zeigt	…, das in der Laborprüfung: (i) teilweise detoniert, nicht schnell deflagriert und bei Erwärmen keine heftige Wirkung zeigt; oder (ii) überhaupt nicht detoniert, langsam deflagriert und bei Erwärmen keine heftige Wirkung zeigt; oder (iii) überhaupt nicht detoniert und nicht deflagriert, und bei Erwärmen unter Einschluss eine mittlere Wirkung zeigt
E	…, der im Laborversuch nicht detoniert, überhaupt nicht deflagriert und bei Erhitzen unter Einschluss geringe oder keine Wirkung zeigt	…, das in der Laborprüfung weder detoniert noch deflagriert und bei Erwärmen unter Einschluss nur eine geringe oder keine Wirkung zeigt
F	…, der im Laborversuch im kavitierten Zustand nicht detoniert, überhaupt nicht deflagriert und bei Erhitzen unter Einschluss nur geringe oder keine Wirkung sowie nur eine geringe oder keine explosive Kraft zeigt	…, das in der Laborprüfung im kavitierten Zustand nicht detoniert, nicht deflagriert, bei Erwärmen unter Einschluss nur eine geringe oder gar keine Wirkung zeigt und nur eine geringe oder keine explosive Kraft besitzt
G	…, der im Laborversuch im kavitierten Zustand nicht detoniert, überhaupt nicht deflagriert und bei Erhitzen unter Einschluss keinerlei Wirkung und auch keine explosive Kraft zeigt, vorausgesetzt der Stoff ist thermisch stabil […] und im Fall flüssiger Gemische wird ein Verdünnungsmittel mit einem Siedepunkt von mindestens 150 °C zur Desensibilisierung verwendet	…, das in der Laborprüfung im kavitierten Zustand nicht detoniert, nicht deflagriert, bei Erwärmen unter Einschluss keinerlei Wirkung zeigt und keinerlei explosive Kraft besitzt, vorausgesetzt es ist thermisch stabil (selbstbeschleunigende Zersetzungstemperatur 60 °C oder höher für ein 50-kg-Versandstück) und im Fall flüssiger Gemische wird ein Verdünnungsmittel mit einem Siedepunkt von mindestens 150 °C zur Desensibilisierung verwendet

□ Tab. 4.4 Prüfserien zur Klassifizierung und Einstufung selbstzersetzlicher Stoffe und organischer Peroxide (Michael-Schulz et al. 2023, Nr. 20.4.5)

Bezeichnung	Inhalt, Fragestellung
Prüfserie A	Laborprüfungen und Kriterien in Bezug auf die Weiterleitung einer Detonation
Prüfserie B	Prüfung und Kriterien in Bezug auf die Weiterleitung einer Detonation des Stoffes in seiner Verpackung
Prüfserie C	Laborprüfungen und Kriterien in Bezug auf die Weiterleitung einer Deflagration
Prüfserie D	Prüfung und Kriterien in Bezug auf die Weiterleitung einer schnellen Deflagration des Stoffes in seiner Verpackung
Prüfserie E	Laborprüfungen und Kriterien in Bezug auf den Effekt bei Erwärmen unter definiertem Einschluss
Prüfserie F	Laborprüfungen und Kriterien in Bezug auf die explosive Kraft von Stoffen, die für ein Großpackmittel (IBC) oder einen Tank vorgesehen sind oder freigestellt werden sollen
Prüfserie G	Prüfungen und Kriterien in Bezug auf die Bestimmung der Wirkung einer thermischen Explosion des Stoffes in der Verpackung
Prüfserie H	Prüfungen und Kriterien in Bezug auf die Bestimmung der selbstbeschleunigenden Zersetzungstemperatur organischer Peroxide, selbstzersetzlicher oder potenziell selbstzersetzlicher Stoffe und für die Bestimmung der selbstbeschleunigenden Polymerisationstemperatur

Vom Ergebnis jeder Prüfserie hängt ab, ob weitere Prüfungen notwendig sind. Zu den Besonderheiten gehört, dass die Prüfserien A und B in der jeweiligen Verpackung durchlaufen werden. Auf diese Weise wird Praxisnähe erreicht. Für einige Prüfserien werden Prüfapparaturen und -verfahren vorgeschlagen, die auch für die Klassifizierung und Einstufung von Explosivstoffen genutzt werden (z. B. UN Gap-Prüfung in Prüfserie A, Koenen-Prüfung in Prüfserie E). Als spezifisch für die selbstzersetzlichen Stoffe und organischen Peroxide gilt dagegen die Prüfserie H. Sie beschreibt das Verfahren zur Bestimmung der SADT bzw. SAPT (► Abschn. 4.2).

□ Abb. 4.12 zeigt die Kennzeichnungselemente und die Gefahrzettelmuster für selbstzersetzliche Stoffe und organische Peroxide.

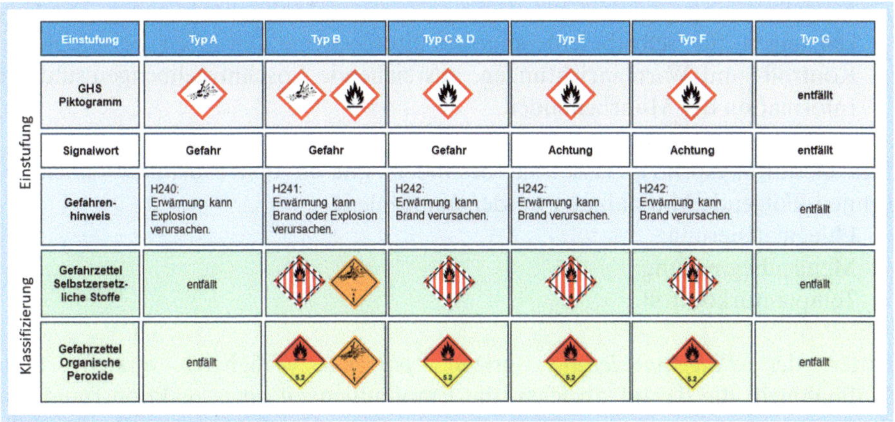

Einstufung		Typ A	Typ B	Typ C & D	Typ E	Typ F	Typ G
Einstufung	GHS Piktogramm						entfällt
	Signalwort	Gefahr	Gefahr	Gefahr	Achtung	Achtung	entfällt
	Gefahren-hinweis	H240: Erwärmung kann Explosion verursachen.	H241: Erwärmung kann Brand oder Explosion verursachen.	H242: Erwärmung kann Brand verursachen.	H242: Erwärmung kann Brand verursachen.	H242: Erwärmung kann Brand verursachen.	entfällt
Klassifizierung	Gefahrzettel Selbstzersetz-liche Stoffe	entfällt					entfällt
	Gefahrzettel Organische Peroxide	entfällt					entfällt

◘ **Abb. 4.12** Kennzeichnungselemente und Gefahrzettel selbstzersetzlicher Stoffe und organischer Peroxide. (Quelle: Eigene Darstellung)

4.4 Spezifische Schutzmaßnahmen

Die Risiken, die von selbstbeschleunigenden Stoffsystemen ausgehen, sind hoch. Das liegt zum einen daran, dass Beginn und Verlauf der Reaktion nur schwer abzuschätzen sind, und zum anderen, dass mit großen Schadensfolgen zu rechnen ist. Die Planung der Schutzmaßnahmen erfordert daher eine besondere Sorgfalt.

Grundsätzlich gilt für selbstbeschleunigende Stoffsysteme das STOP-Prinzip (▶ Abschn. 1.3.3). Angesichts der Tatsache, dass bereits kleine Veränderungen des Umfeldes verheerende Folgen haben können, empfiehlt es sich, zusätzliche Vorsorge für den Schadensfall zu treffen. Die Notfallplanung sollte daher zum festen Bestandteil der Schutzvorkehrungen gehören.

Für die Risikominderung selbstbeschleunigender Stoffsysteme ist das folgende Gestaltungsprinzip empfehlenswert:

1. Verhinderung oder Reduzierung der Wärmeproduktion
   Die Wärmeproduktion ist die Ursache für den Reaktionsverlauf und ist stoffabhängig. Maßnahmen, die eine unkontrollierte Wärmeproduktion wirkungsvoll verhindern, setzen daher am Stoff an.
2. Förderung des Wärmeübergangs
   Besteht keine Möglichkeit, den Stoff durch einen weniger gefährlichen zu ersetzen, muss es darum gehen, den Wärmeübergang an die Umgebung zu verbessern. Für Mehrstoffsysteme bedeutet dies beispielsweise, den Zutritt des Luftsauerstoffs auszuschließen. Geeignete Schutzmaßnahmen beginnen daher an der Umschließung und dem Umfeld.
3. Notfallplanung
   Die Notfallplanung gehört zu den reaktiven Maßnahmen, denn sie verhindert nicht den Schadenseintritt, sondern reduziert deren Folgen. Die

Notfallplanung setzt dort an, wo die präventiven Maßnahmen enden. Die Vorkehrungen für selbstbeschleunigende Stoffsysteme umfassen beispielsweise Kontroll- und Warneinrichtungen, ausreichende Löschmittelmengen und die Information der Mitarbeitenden.

Das Gestaltungsprinzip lässt sich besonders gut an den Einstoffsystemen erkennen. Folgende Maßnahmen werden empfohlen:
- Phlegmatisierung;
- Mengenbegrenzung;
- Temperaturkontrolle.

Unter der *Phlegmatisierung* (griech. *phlegma*: Trägheit) versteht man Maßnahmen, die darauf abzielen, die Empfindlichkeit eines reaktionsfreudigen Stoffs zu reduzieren (Leiber 2006). Dazu werden dem Stoffsystem Zusatzstoffe zugegeben, sodass sich Reaktionsmasse und damit auch die Wärmeproduktionsrate verringern (▶ Gl. 4.3). Im günstigsten Fall wird die Wärmeproduktion derart verändert, dass sich innerhalb des Stoffsystems ein stabiler Arbeitspunkt einstellt (▶ Abschn. 4.2.2). In der Regel werden Flüssigkeiten (z. B. Wasser) oder Feststoffe zur Phlegmatisierung eingesetzt. Voraussetzung für die Auswahl geeigneter Phlegmatisierungsmittel ist es, eine Reaktion mit dem selbstbeschleunigenden Stoffsystem auszuschließen (UN I 2023, Nr. 2.4.2.3.5). Dazu sind spezielle Prüfungen vorgesehen (UN I 2023, Nr. 2.5.3.5.4).

Für organische Peroxide fordern die gefahrgutrechtlichen Regelungen den Einsatz spezifischer „Verdünnungsmittel". Sie werden in zwei Gruppen unterteilt (UN I 2023, Nr. 2.5.3.5.2):
- Verdünnungsmittel Typ A
  In diese Gruppe fallen organische flüssige Stoffe mit einem Siedepunkt von mindestens 150 °C. Verdünnungsmittel Typ A sind für alle organischen Peroxide anwendbar.
- Verdünnungsmittel Typ B
  Zu dieser Gruppe gehören organische flüssige Stoffe mit einem Siedepunkt zwischen 60 °C und höchsten 149 °C und einen Flammpunkt von mindestens 5 °C. Verdünnungsmittel Typ B eignen sich für organische Peroxide, bei denen der Siedepunkt mindestens 60 °C oberhalb der SADT liegt, gemessen in einem Versandstück von 50 kg.

Welches Verdünnungsmittel auszuwählen ist und welche Massenanteilen zuzusetzen sind, ist Gegenstand gefahrgutrechtlicher Regelungen (UN I 2023 Nr. 2.5.3.2.4).

Für polymerisierende Stoffe ist die Phlegmatisierung aus nachvollziehbaren Gründen vollkommen ungeeignet. Um die Reaktionsverläufe zu beenden, sind spezifische Inhibitoren notwendig (Kolter et al. 2008).

Ist eine Phlegmatisierung nicht anwendbar, steht mit der *Mengenbegrenzung* eine weitere wirkungsvolle Maßnahme zur Verfügung, um die Wärmeproduktionsrate zu beeinflussen. Im Unterschied zur Phlegmatisierung wird die reaktionsfähige Masse über das Volumen reduziert. Dabei hängt die Wirksamkeit dieser Maßnahmen von der Gestalt der Verpackung ab. Der Grund dafür ist der unterschiedliche Einfluss, den die Abmessungen auf die Wärmeproduktion und den Wärmeübergang ausüben. So führt beispielsweise eine Volumenverkleinerung zu einer Reduzierung der Wärmeproduktionsrate (▶ Gl. 4.5). Gleichzeitig verändert sich aber auch die Wärmeübergangsrate, da sich mit dem Volumen auch die Oberfläche ändert (▶ Gl. 4.6). Welcher Einfluss überwiegt, hängt von dem Verhältnis $\frac{A}{V}$ der Umschließung ab.

Aus wirtschaftlichen Gründen werden in der Gefahrgut- und Gefahrstoff-Logistik in der Regel größere Umschließungsmittel bevorzugt. Dadurch verringert sich tendenziell das Verhältnis $\frac{A}{V}$. Im Einzelfall kann das dazu führen, dass sich kein stabiler Arbeitspunkt einstellt. Aus sicherheitstechnischer Sicht sind daher kleinere Verpackungsgrößen zu bevorzugen. Sie sorgen eher für eine steilere Wärmeübergangsgerade und beschleunigen damit das Erreichen eines stabilen Arbeitspunktes (▶ Abschn. 4.2.2).

Das Gefahrgutrecht kennt strikte Vorgaben für Verpackungsart und -größe. Dazu werden selbstzersetzliche Stoffe und organische Peroxide einer von insgesamt acht Verpackungsmethoden zugewiesen, die als OP 1 bis OP 8 codiert sind und Einzelheiten zum Verpackungstyp und zur höchstzulässigen Menge wiedergeben (◖ Tab. 4.5).

Auch wenn es keine entsprechenden Festlegungen für pyrophore und selbsterhitzungsfähige Stoffe gibt, ist eine Mengenbegrenzung auch für diese Stoffsysteme sinnvoll.

Die *Temperaturkontrolle* zählt zu den bekanntesten Maßnahmen. Durch das Absenken der Temperatur wird erreicht, dass sich die Wärmeübergangsrate zu tieferen Temperaturbereichen verschiebt. Im günstigsten Fall stellt sich der stabile Arbeitspunkt ein. Allerdings ist die Wirksamkeit der Temperaturkontrolle von folgenden Aspekten abhängig:

- Um sicher zu gehen, dass sich der stabile Arbeitspunkt tatsächlich einstellt, ist die Kenntnis der Wärmeproduktionsrate in Abhängigkeit von der Temperatur notwendig.
- Die Einhaltung der Temperaturobergrenze ist fortlaufend zu kontrollieren, damit Abweichungen unmittelbar erkannt werden und ein rechtzeitiges Eingreifen möglich wird.

Zur Abschätzung der Temperaturobergrenzen eignen sich grundsätzlich SADT bzw. SAPT. Allerdings sollte aus praktischen Erwägungen ein Temperaturpuffer vorgesehen werden, um den Handlungsspielraum zu erweitern. Zu diesem Zweck unterscheiden die Gefahrgutregelungen zwischen einer Kontroll- und einer Notfalltemperatur. Die Kontrolltemperatur bezeichnet die maximale Temperatur, unter der eine Beförderung des Stoffsystems stattfinden kann, solange diese 55 °C in unmittelbarere Nähe der Umschließung nicht übersteigt (UN II 2023 Nr. 7.1.5.3.4). Die Kontrolltemperatur wird auf der Basis der SADT bzw. SAPT abgeleitet. Durch die Einhaltung der Kontrolltemperatur wird eine exotherme Reaktion verhindert. Damit sich dieser Effekt einstellt, sind ergänzende technische

4

◉ **Tab. 4.5** Verpackungsmethoden und höchstzulässige Mengen (UN I 2023 Nr. 4.1.4.1)

Höchstzulässige Menge	OP1	OP2	OP3	OP4	OP5	OP6	OP7	OP8
Nettomasse für feste Stoffe sowie für flüssige und feste Stoffe in zusammengesetzter Verpackung	0,5 kg	0,5 kg je Innenverpackung und 10 kg für Versandstück	5 kg	5 kg für Innenverpackung und 25 kg für Versandstück	25 kg	50 kg	50 kg	400 kg*
Inhalt für flüssige Stoffe	0,5 l	–	5 l	–	30 l	60 l	60 l	225 l*

* Maximalwert mit spezifischen Regelungen in Abhängigkeit von Verpackungsart und Aggregatzustand

und organisatorische Maßnahmen umzusetzen. Dazu zählen z. B. (UN II 2023 Nr. 7.1.5.4):

- eine ausreichende Wärmedämmung, um ein Ansteigen der Temperatur im Umkreis des Stoffsystems zu verhindern;
- Kühleinrichtungen, die bei Abweichungen der Sollbedingungen für eine Temperaturabsenkung sorgen. Möglicherweise ist ein redundantes Kühlsystem notwendig;
- Alarmierungseinrichtungen, die bei Überschreitung der Kontrolltemperatur reagieren.

Die Kontrolltemperatur ist nur sinnvoll, wenn festgelegt ist, welche Maßnahmen bei einer Überschreitung zu ergreifen sind. Das gilt auch für die Notfalltemperatur. Sie ist geringer als die Kontrolltemperatur. Überschreitet die Temperatur in der unmittelbaren Umgebung der Umschließung die festgelegte Notfalltemperatur, sind Notfallmaßnahmen zu ergreifen. Grundsätzlich bestehen folgende Optionen, die Wärmebilanz zu beeinflussen:

- Verringerung der Wärmeproduktionsrate
  Zu den möglichen Maßnahmen zählt die Verdünnung mit einem inerten Stoff. Im Einzelfall kann das bedeuten, den Behälter vollständig zu fluten.
- Verbesserung der Wärmeübergangsrate
  Mögliche Maßnahmen sind das Anblasen der Umschließung mit Luft, das Berieseln mit Wasser oder die Absenkung der Temperatur in unmittelbarer Umgebung der Umschließung.

Der Zusammenhang zwischen SADT bzw. SAPT, Kontroll- und Notfalltemperatur zeigt ◘ Tab. 4.6

Um im Notfall gerüstet zu sein, ist es notwendig, Kühlmittel bereitzustellen und geeignete Feuerlöschmittel und Bergungsmaterial vorzuhalten. Überdies sind spezifische Handlungsanweisungen festzulegen, die die Mitarbeitenden zum richtigen Verhalten befähigen.

◘ **Tab. 4.6** Kontroll- und Notfalltemperaturen für die sichere Beförderung (UN II 2023 Nr. 7.1.5.3.5)

Umschließung	SADT/SAPT in °C	Kontrolltemperatur in °C	Notfalltemperatur in °C
Einzelverpackung und IBC	≤ 20	20 °C unterhalb SADT/SAPT	10 °C unterhalb SADT/SAPT
	> 20 und ≤ 35 °C	15 °C unterhalb SAD/SAPT	10 °C unterhalb SADT/SAPT
	> 35	10 °C unterhalb SADT/SAPT	5 °C unterhalb SADT/SAPT
Tank	≤ 45 °X	10 °C unterhalb SADT/SAPT	5 °C unterhalb SADT/SAPT

Im Unterschied zu den Gefahrgutvorschriften fehlt es für die innerbetriebliche Verwendung selbstbeschleunigender Stoffsysteme an detaillierten Vorgaben. Eine Ausnahme bilden lediglich Tätigkeiten mit organischen Peroxiden (Info-Box: „Tätigkeiten mit organischen Peroxiden"). An Stelle konkreter Regelungen tritt die betriebliche Gefährdungsbeurteilung. Ihren Ergebnissen ist vorbehalten, welche Maßnahmen im Einzelfall umzusetzen sind. Aus sicherheitstechnischer Sicht ist es allerdings sinnvoll, Phlegmatisierung, Mengenbegrenzung und Temperaturkontrolle auch für innerbetriebliche Tätigkeiten zu berücksichtigen. Über die bereits bekannten Aspekte hinaus, sind folgende Besonderheiten zu beachten:

- Desensibilisierung
  Die Desensibilisierung entspricht der Phlegmatisierung. Für desensibilisierte Einstoffsysteme besteht grundsätzlich das Risiko einer Entmischung. Daher sollten sie nur für kurze Zeiträume eingelagert werden. Hierzu empfiehlt es sich, die Konzentration des Verdünnungsmittels vor der Einlagerung zu messen und die maximale Lagerdauer festzulegen. Gegebenenfalls kann es notwendig sein, eine Entmischung durch regelmäßiges Umfüllen oder durch Rühren vorzubeugen.

- Mengenbegrenzung
  Es empfiehlt sich, die in der Gefahrgutbeförderung festgeschriebenen Verpackungsgrößen auch für den innerbetrieblichen Transport und die Lagerung zu übernehmen. Gleichzeitig ist es sinnvoll, die Gesamtlagermenge zu begrenzen. Räumliche Abstände zwischen den Lagergebinden sorgen für einen verbesserten Wärmeübergang. Um eskalierende Effekte auszuschließen, sind Regeln für die Zusammenlagerung zu berücksichtigen (TRGS 510 Nr. 13.3).
  Für Mehrstoffsysteme ist es sinnvoll, größere Mengen auf mehrere kleine Einheiten zu verteilen.

- Temperaturkontrolle
  Eine Temperaturüberwachung während der Lagerung ist empfehlenswert. Dazu wirkt eine ausreichende Wärmedämmung unterstützend auf die Einhaltung der Temperaturobergrenzen. Je nach Stoffsystem können zusätzlich Kühleinrichtungen erforderlich werden. Zusätzlich ist dafür zu sorgen, dass Lichtquellen und UV-Strahlung nicht zu einer Temperaturerhöhung führen.
  Für Mehrstoffsysteme empfiehlt sich eine Überwachung der Selbstentzündungstemperatur.

Sollten die Risiken einer thermischen Explosion bei innerbetrieblichen Transport- und Lagervorgängen trotz sorgfältiger Planung nicht vollständig ausgeschlossen werden können, empfiehlt sich auch für diesen Fall die Planung von Notfallmaßnahmen. Die aus dem Gefahrgutrecht bekannten Regelungen erweisen sich auch bei stationären Tätigkeiten als sinnvoll. Weitere Vorschläge für die Lagerung selbstbeschleunigender Stoffsysteme enthält TRGS 510.

Info-Box: „Tätigkeiten mit organischen Peroxiden"

Tätigkeiten mit organischen Peroxiden erfordern besondere Aufmerksamkeit. Aufgrund der hohen Risiken liefert die Gefahrstoffverordnung spezifische Hinweise, die im Rahmen der Gefährdungsbeurteilung zu berücksichtigen sind.

Der Umfang der Schutzmaßnahmen ist u. a. von der Zuordnung organischer Peroxide zu einer Gefahrgruppe abhängig. Die Bundesanstalt für Materialforschung und -prüfung (BAM) nimmt die Zuordnung zur Gefahrgruppe vor und veröffentlicht eine entsprechende Liste (BAM 2024). Die Zuordnung geht auf das Sprengstoffrecht zurück (▶ Kap. 5). Folgende Gefahrgruppen werden unterschieden (GefStoffV 2010 Anhang III Nr. 2.3 Abs. 3):

Gefahrgruppe OP I	Brennen heftig unter starker Wärmeentwicklung ab; Brand breitet sich rasch aus; einzelne Umschließungen können unter Druck explodieren oder fortgeschleudert werden; geringe Gefährdung durch Wurfstücke; Gebäudeschäden durch Druck sind nicht zu erwarten; Unterteilung in OP Ia und OP Ib Stoffbeispiel: Peroxyessigsäure Typ D, stabilisiert (Konzentration ≤ 43 %)
Gefahrgruppe OP II	Heftiger Brand mit starker Wärmeentwicklung und rascher Ausbreitung; Umschließungen können bei geringer Druckwirkung explodieren; Gefährdung der Umgebung besteht durch Flammen und Wärmestrahlung Stoffbeispiele: Acetylbenzoylperoxid (Konzentration ≤ 42 %) Peroxyessigsäure; Typ E, stabilisiert (Konzentration ≤ 43 %)
Gefahrgruppe OP III	Eigenschaften vergleichbar zu OP II aber mit geringerem Stoffdurchsatz *Stoffbeispiele:* Dicetylperoxydicarbonat (Konzentration ≤ 27 %) Peroxyessigsäure; Typ F, stabilisiert (Konzentration ≤ 43 %)
Gefahrgruppe OP IV	Schwer entzündbar und brennen langsam ab; eine Gefährdung für Umgebung ist nicht zu erwarten *Stoffbeispiel:* Dilauroylperoxid (Konzentration ≤ 42 % als stabile Dispersion in Wasser)

Auswahl und Umfang der Schutzmaßnahmen orientieren sich an der Gefahrgruppe. U. a. sind folgende Maßnahmen zum Schutz von Menschen und Umwelt notwendig (GefStoffV 2010 Anhang III):

— Einhaltung von Schutz- und Sicherheitsabständen zu benachbarten Wohngebäuden, Verkehrswegen und innerbetrieblichen Gebäuden und Anlagen;

— Ausführung baulicher Anlagen unter Berücksichtigung möglicher Druckwirkung durch Explosionen;

— Zündquellenvermeidung;

— Besondere Bauanforderungen für Gebäude zur Aufbewahrung organischer Peroxide;

Einzelheiten zu den Schutzmaßnahmen liefert TRGS 741 „Organische Peroxide".

4.5 Lithium-Akkumulatoren

Lithium-Akkumulatoren haben eine rasante Entwicklung hinter sich. In nicht einmal 35 Jahren haben sie es geschafft, in nahezu alle Lebensbereiche vorzudringen (Welter 2019, S. 363). Es gibt kaum noch eine Anwendung, in der sich die Technik nicht durchgesetzt hat. Mit der Verbreitung häufen sich jedoch gleichzeitig Meldungen über hohe Brand- und Explosionsrisiken. Tatsache ist, dass Lithium-Akkumulatoren in Brand geraten oder gar explodieren können. Der Ablauf ist mit einer thermischen Explosion vergleichbar. Allerdings sind die auslösenden Faktoren vollkommen andere.

Der Zweck dieses Kapitels ist es, die Zusammenhänge aufzuzeigen, die zu gefährlichen Reaktionen beim Transport und beim Einsatz von Lithium-Akkumulatoren führen. Dazu ist es notwendig, auf die elektrochemischen Grundlagen der Lithium-Technik einzugehen, denn sie sind Voraussetzung für das Verständnis über die Ursachen der Schadensereignisse. Am Ende dieses Kapitels geht es um die Frage, was Hersteller tun, um Risiken zu vermeiden, und welche Maßnahmen darüber hinaus von den Anwendern zu beachten sind.

4.5.1 Grundlagen

Lithium-Akkumulatoren haben es geschafft, die herkömmliche Batterie-technik nahezu vollständig zu verdrängen. Waren sie zunächst nur auf moderne Kommunikationsmittel beschränkt, so finden sie sich heute in nahezu allen Lebens- und Arbeitsbereichen, d. h. vom Küchengerät über Arbeitsmittel bis hin zu Fahrzeugen und elektrischen Großspeichersystemen. Überall dort, wo große Leistungen und lange Laufzeiten gefordert sind, zeigen sie ihre Stärken (Reddy und Beard 2019, S. 237). Gleichzeitig sind Lithium-Akkumulatoren Treiber neuer Technologien wie z. B. die Weiterentwicklung elektrischer Antriebsysteme im Verkehrswesen. Unter diesem Gesichtspunkt verwundert es nicht, dass der Bedarf nach Lithium-Akkumulatoren in den vergangenen Jahren deutlich gestiegen ist. Und auch zukünftig ist mit einer steigenden Nachfrage insbesondere durch die Verkehrswende zu rechnen (◘ Abb. 4.13) (Walter et al. 2023, S. 26).

Jede neue Technologie hat nicht nur Vorteile, sondern auch Schwächen. Das gilt offensichtlich auch für Lithium-Akkumulatoren, denn immer wieder tauchen Medienberichte über Brand- und Explosionereignisse im Zusammenhang mit dem Laden und dem Betrieb auf. Allerdings existieren keine belastbaren Statistiken, so dass die Zunahme der Berichte auch auf die stärkere Nachfrage zurückzuführen sei kann. Tatsache ist, dass von Lithium-Akkumulatoren höhere Risiken ausgehen, als es bei herkömmlichen Akkumulatoren der Fall ist. Ein Grund ist die spezifische Energie, die im Vergleich zu herkömmlichen Akkumulatoren deutlich größer ist (◘ Tab. 4.7) Im Falle eines Fehlers wird die

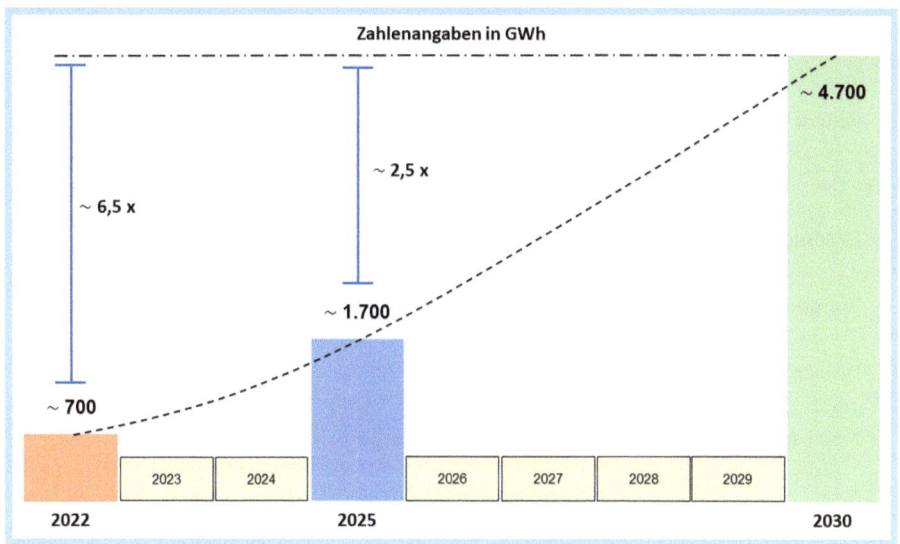

Abb. 4.13 Prognose zur Entwicklung des weltweiten Bedarfs an Lithium-Akkumulatoren. (Quelle: Eigene Darstellung nach Fleischmann et al. 2023)

Tab. 4.7 Vergleich der Energien gängiger Akkumulatoren (Reddy und Beard 2019, S. 231)

Art	Spezifische Energie in Wh/kg	Energiedichte in Wh/l
Blei-Säure- Akkumulator	30–50	70
Nickel-Cadmium-Akkumulator	45–80	100
Nickel-Metallhydrid-Akkumulator	60–120	>250
Lithium-Ionen-Akkumulator	120–300	400–650

gespeicherte Energie in Wärmeenergie umgewandelt, sodass das Risiko für einen Brand oder eine Explosion generell steigt. Da die Prognosen davon ausgehen, dass sich die spezifische Energie bis zum Jahr 2030 verdoppelt oder gar verdreifacht, ist auch in der Zukunft mit Schadensereignissen zu rechnen (Walter et al. 2023, S. 21).

Um die Ursachen der Brand- und Explosionsrisiken zu verstehen, ist es notwendig, sich mit dem Aufbau und der Funktionsweise eines Lithium-Akkumulators zu beschäftigen. Dazu gehört es auch, die grundlegenden Begriffe der Energiespeichertechnik zu kennen (Info-Box „Zentrale Begriffe der Energiespeichertechnik).

4

Info-Box: „Zentrale Begriffe der Energiespeichertechnik"

Batterie	Eine Batterie ist eine Einheit, die aus mehreren galvanischen Zellen besteht, die elektrisch miteinander verbunden werden, um nutzbare Spannungswerte zu erhalten Batterien werden in Primär- und Sekundärelemente unterteilt
Dendriten	(griech. dendron: Baum) In der Chemie übliche Bezeichnung für baum- oder moosförmige Kristallgebilde
Energiedichte	Kenngröße zur Beschreibung des Energievermögens. Sie bezeichnet die Energie je Volumeneinheit – Einheit: Wh/l
Nennenergie	Kenngröße für die Leistung der Zelle/Batterie. Sie errechnet sich aus dem Produkt von Nennkapazität und Nennspannung
Nennkapazität	Kenngröße für die Ladungsmenge einer Zelle/Batterie bei Nennstrom und Nenntemperatur unter der Bedingung einer vollständig geladenen Batterie – Einheit: C oder Ah
Primärelement	Bezeichnung für eine nicht wiederaufladbare Batterie
Sekundärelement	Batterie mit Möglichkeit zur Wiederaufladung. Sekundärelemente werden auch als Akkumulatoren bezeichnet
Spezifische Energie	Die spezifische Energie beschreibt das Energievermögen bezogen auf die Masse – Einheit: Wh/kg

Kern einer jeden Batterie ist die galvanische Zelle. Sie besteht aus zwei Elektroden (Anode und Kathode), einem Separator und einem Elektrolyten. Innerhalb dieser Zelle findet ein Elektronentausch statt. An der Anode werden Elektronen abgegeben und an der Kathode aufgenommen. Die Reaktion wird als Redox-Reaktion bezeichnet, ein Kunstwort, das sich aus den Bestandteilen *Reduktion* (lat.: *reducere*: zurückführen) und *Oxidation* zusammensetzt. Ursprünglich wurden als Oxidation nur Reaktionen mit dem Element Sauerstoff (lat.: *Oxygenium*) bezeichnet. Außerdem wird der Begriff für Reaktionen von Metallen mit Sauerstoff verwendet (Arens 2023. S. 236). Verallgemeinernd spricht man von einer Oxidation, wenn infolge einer chemischen Reaktion Elektronen abgegeben werden.

Das Besondere an einer Redox-Reaktion ist die Umwandlung der chemischen Energie in elektrische Energie. Dazu kommt es nur, wenn weitere Bedingungen eingehalten werden, zu denen u. a. eine geeignete Materialkombination und ein darauf abgestimmter Elektrolyt gehören.

Lithium-Akkumulatoren unterscheiden sich in Aufbau und Funktionsweise grundsätzlich nicht von herkömmlichen Akkumulatoren. Das Besondere an ihnen sind die Materialien. Folgende Aspekte machen den Unterschied aus:
- Das Element Lithium
  Das Metall Lithium ist der zentrale Baustein eines jeden Lithium-Akkumulators und für dessen besondere Eigenschaften verantwortlich. Lithium zählt zu den Alkalimetallen mit der Ordnungszahl 3. Es gilt als das

leichteste Metall innerhalb des Periodensystems der Elemente. Lithium ist unedel. Das bedeutet, dass es sehr leicht in Lösung geht. Mit einem Betrag von – 3,05 V hat es das höchste elektrochemische Standardpotenzial aller bekannten Metalle. Insbesondere diese Eigenschaft macht Lithium für die Batterienutzung besonders interessant. Lithium reagiert mit Wasser unter Bildung von Wasserstoff.

— Elektrodenkombination
Lithium wirkt sowohl an der Anode als auch an der Kathode als Aktivmaterial. An der Anode liegt es ionisch vor, während es an der Kathode Teil einer Verbindung ist. Das Besondere ist die Speicherung des Lithiums an der Anode. In den Anfängen wurde metallisches Lithium als Anodenmaterial verwendet. Allerdings entstanden dadurch mehrere Probleme. Beispielsweise sorgten die Lade- und Entladezyklen für einem stetigen Verlust an Lithiummetall und ließen die Batterien dadurch vorzeitig altern. Seit Mitte der 1980 Jahre besteht die Anode aus Kohlenstoff, in den Lithium eingelagert ist. Man spricht von *Interkalation* (lat: *intercalare:* einschieben). Insbesondere Graphit eignet sich besonders für Interkalationsverbindungen. Kleine Lithiumatome besetzen die Lücken im Kristallgitter des Kohlenstoffs. Der Verzicht auf reines Lithium als Anodenmaterial trägt zu einer höheren Sicherheit bei (Welter 2019, S. 363).

Als Kathodenmaterial wird häufig Lithiumkobaltoxid $LiCoO_2$ verwendet. Es verfügt über eine hohe spezifische Kapazität und liefert eine mittlere Spannung von 3,9 V (Dahn, Ehrlich 2019, S. 766). Daneben kommen weitere Lithiumverbindungen zum Einsatz. Dabei handelt es sich vor allem um Metalloxide (■ Tab. 4.8).

— Stromableitung
Metallfolien, die auf die Elektrodenmaterialien aufgebracht werden, sorgen für die Stromableitung. Wichtige Auswahlkriterien sind Leitfähigkeit und die Eigenschaft, unerwünschte Reaktionen mit den Elektrodenmaterial auszuschließen. Es ist üblich, Kupfer an der Anode und Aluminium an der Kathode zu verwenden.

■ **Tab. 4.8** Gängige Kathodenmaterialien zur Verwendung in Lithium-Ionen-Batterien (Jossen und Weydanz 2021, S. 137)

	Kurzbezeichnung, Bemerkung	Mittlere Entladespannung in V
$LiCoO_2$	Für lange Zeit als Standardmaterial verwendet	3,9
$LiNiO_2$	Ähnliche Eigenschaften wie $LiCoO_2$	3,8
$LiNi_xCo_yAl_zO_2$	Kurzbezeichnung: NCA; Weiterentwicklung von $LiNiO_2$	3,85
$LiMn_2O_4$	Kurzbezeichnung: LMO	4,0
$LiNi_xCo_yMn_zO_2$	Kurzbezeichnung: NCM bzw. NMC	3,9
$LiFePO_4$	Kurzbezeichnung: LFP; hohe thermische Stabilität	3,45

4

— Separatoren
   Separatoren haben die Aufgabe, die Elektroden mechanisch voneinander zu trennen, um einen inneren Kurzschluss zu verhindern. Die Herausforderung besteht darin, eine Barrierefunktion zu gewährleisten und gleichzeitig den Durchfluss der Lithiumionen von der Anode zur Kathode nicht zu behindern. Diese Doppelfunktion erfüllen hochporöse Kunststoffe. Zum Einsatz kommen in aller Regel Polypropylen (Kurzzeichen: PP) oder Polyethylen (Kurzzeichen: PE). Separatoren sind mit 10–25 µm hauchdünn (Dahn Ehrlich 2019, S. 792).

— Elektrolyt
   Die vorrangige Aufgabe des Elektrolyten ist es, den Ionentransport zu unterstützen. Gleichzeitig müssen Reaktionen mit den Zellkomponenten ausgeschlossen sein. In Lithium-Akkumulatoren kommen vor allem Gemische aus organischen, wasserfreien Lösungsmitteln oder Lithiumsalzen (z. B. $LiPF_6$) zum Einsatz. Nach Bedarf werden Additive in Konzentrationen von bis zu 5 % zugesetzt (Dahn, Ehrlich 2019, S. 791). Alternativ stehen viskose Gel- oder Polymerelektrolyte und Festkörperelektrolyte zur Verfügung.
   Bei der erstmaligen Inbetriebnahme eines Lithium-Akkumulators bildet sich an der Kontaktfläche zwischen Anode und Elektrolyt eine Grenzschicht, die als *solid electrolyte interface* (SEI) bezeichnet wird. Diese Grenzschicht verhindert die Zersetzung des Elektrolyten und trägt damit zur hohen Lebensdauer der Lithium-Akkumulatoren bei. Allerdings behindert SEI den Lithiumtransport. Durch geeignete Materialauswahl versuchen die Hersteller, die Behinderung des Lithiumtransports soweit wie möglich abzuschwächen.

Fasst man die besonderen technischen Voraussetzungen eines Lithium-Akkumulators zusammen, ergibt sich folgende Funktionsweise (◘ Abb. 4.14):

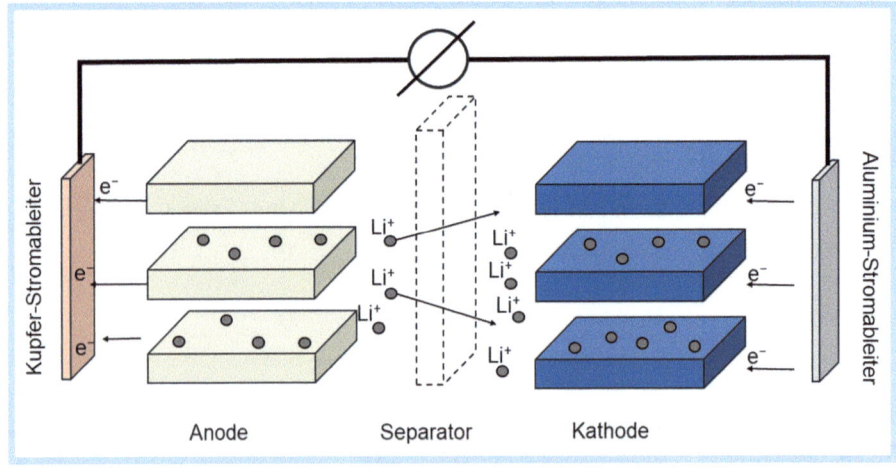

◘ **Abb. 4.14**   Aufbau einer Lithium-Zelle. (Quelle: Eigene Darstellung)

Beim Ladevorgang werden die positiven Lithiumionen von der Kathode zur Anode getrieben und dort reduziert, bevor sie in das Graphit-Kristallgitter eingelagert werden. Beim Entladen findet der umgekehrte Vorgang statt. Die Lithiumatome geben Elektronen an die Anode ab, und bewegen sich daraufhin zur Kathode. Auf dem Weg dorthin passieren sie den Separator. An der Kathode nehmen sie Elektronen aus dem äußeren Stromkreis auf und werden reduziert.

Am Beispiel von $LiCoO_2$ als Kathodenmaterial kann die Reaktion durch folgende Reaktionsgleichungen veranschaulicht werden:

Anode	$LiC \rightleftharpoons Li^+ + C + e-$
Kathode	$Li+ + CoO_2 + e- \rightleftharpoons LiCoO_2$
Gesamtreaktion	$LiC + CoO_2 \rightleftharpoons LiCoO_2 + C$

$\rightarrow$ Entladevorgang, $\leftarrow$ Ladevorgang

Der Innovationsgehalt der Lithium-Akkumulatoren liegt nicht nur in der Auswahl und Kombination der Materialien, sondern auch im Herstellungsprozess der Zelle. Am Anfang des Produktionsprozesses steht die Elektrodenfertigung. Dazu werden die Aktivmaterialien auf hauchdünne Metallfolien (Schichtdicke 10 μm – 15 μm) aufgebracht. Die Metallfolien übernehmen die Funktion der Stromableitung. Die Elektroden erhalten durch diesen Fertigungsschritt eine Schichtdicke von ca. 100 μm. Um die Aufnahme des Elektrolyten innerhalb der Zelle zu ermöglichen, weisen die Aktivmaterialien eine Porosität von ca. 30 % auf. Die Schichtdicke der Elektroden und deren Porosität bestimmen das Leistungsverhalten der Zelle. Bevor die Elektroden zusammengefügt werden, wird der Separator zwischen den Elektroden positioniert. Am Schluss des Fertigungsprozesses wird die Zelle in ein Gehäuse eingebacht. Es hat die Aufgabe, die Zelle vor mechanischen Beschädigungen zu schützen. Gleichzeitig verhindert es das Eindringen von Feuchtigkeit und den Austritt des Elektrolyten (Jossen u. Weydanz 2021, S. 116/117; Wöhrle 2013, 112).

Lithium-Zellen werden nach ihrer Form unterteilt (■ Abb. 4.15). Es gibt
- Zylindrische Zelle
  Zylindrische Zellen erhalten ihre Form durch die Wicklung der Elektroden. Das Gehäuse besteht aus nickellegiertem Stahl, mit dem die Elektroden am Boden und am Deckel verschweißt werden. Zylindrische Zellen besitzen eine hohe mechanische Festigkeit. Sie werden mit einer fünfstelligen Zahlenfolge bezeichnet. Dabei geben die ersten beiden Ziffern den Durchmesser der Zelle und die zwei folgenden ihre Länge in Millimeter an. Die Zahl „0" am Ende der fünfstelligen Zahlenfolge gilt als Kennung für die zylindrische Zelle. Ein gängiges Zellenformat ist „18650". Es findet sich vor allem in Verbraucheranwendungen. Für den Automobilbereich kommen zylindrische Zellen im Format „21700" und „46800" zum Einsatz.
- Prismatische Zelle
  Die Elektroden und die Separatoren einer prismatischen Zelle werden gestapelt und in ein metallisches Gehäuse eingefügt. Die Elektroden werden an

4

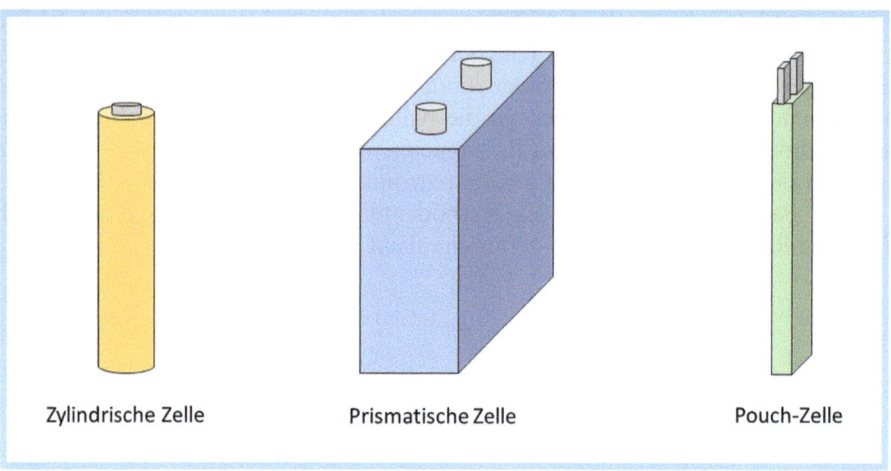

Zylindrische Zelle   Prismatische Zelle   Pouch-Zelle

□ Abb. 4.15   Zellformate. (Quelle: Eigene Darstellung)

der Schmalseite herausgeführt. Kennzeichen prismatischer Zellen ist eine im Verhältnis zum Volumen große Oberfläche.
- Pouch-Zelle
Pouch-Zellen sind wie prismatische Zellen in stapelartig zusammengefügt. Sie sind mit einer weichen Aluminiumfolie umgeben. Daher eignen sie sich besonders für flexible Anwendungen. Die Flexibilität geht allerdings zu Lasten der Stabilität, die besonders bei der Freisetzung von Gasen und Dämpfen aus dem Elektrolyten erforderlich wird. Alternative Bezeichnungen für die Pouch-Zelle sind „Coffee Bag" oder „Soft Pack" (Köllner 2021).

□ Tab. 4.9 vergleicht die Zellformate miteinander.
Um einen zufriedenstellenden Betrieb zu ermöglichen, ist die Nutzung einer einzigen Zelle in den allermeisten Fällen nicht ausreichend. Daher werden die Zellen durch elektrische Parallel- oder Reihenschaltung zu einem größeren Verbund zusammengeschaltet. Auf diese Weise entstehen Module oder Batteriesysteme. Module erreichen Spannungen von bis zu 60 V, Batteriesysteme dagegen zwischen 300 V und 1000 V (Bisshop 2019, S. 21). Prismatische Zellen

□ Tab. 4.9   Stärken und Schwächen der Lithium-Zellformate (Köllner 2021)

Kategorie	Zylindrisch	Prismatisch	Pouch
Energiedichte	Hoch	Eher gering	Hoch
Lebensdauer	Gut	Gut	Gut
Packungsdichte	Niedrig	Hoch	Hoch
Oberflächen-Volumen-Verhältnis	Ungünstig	Günstig	Günstig

und Pouch-Zellen eignen sich wegen ihrer Form besonders für die Verwendung in Modulen oder Batteriesystemen, da sie das Volumen optimal ausfüllen. Dieser Vorteil geht jedoch zu Lasten der Wärmeabfuhr und damit der Sicherheit.

4.5.2 Thermisches Durchgehen

Zellchemie und Zellform sind die ausschlaggebenden Merkmale, wenn es darum geht, die Risiken für einen Brand oder eine Explosion abzuschätzen. Beide Ereignisse markieren den Endpunkt einer Entwicklung, der sich in drei Phasen vollzieht (■ Abb. 4.16) (Doughty and Roth 2012, S. 39; Feng et al. 2018; S. 253):

— Startphase
Innerhalb der Lithium-Zelle kommt es zu einem moderaten Temperaturanstieg. Bei Temperaturen ab ca. 70 °C beginnt der Auflösungsprozess der SEI-Grenzschicht an der Anode. Der Elektrolyt gerät in direktem Kontakt zur Elektrode. Der Dampfdruck des Elektrolyten im Zelleninneren steigt.

— Beschleunigungsphase
Der Temperaturanstieg je Zeiteinheit nimmt zu. In der Folge steigt auch der Dampfdruck innerhalb der Lithium-Zelle. In diesem Stadium ist damit zu rechnen, dass Gase und Dämpfe austreten. Die Separatoren beginnen zu schmelzen. Das Risiko für einen internen Kurzschluss steigt.

— Thermisches Durchgehen
Die Temperatur innerhalb der Lithium-Zelle steigt sprunghaft an und erreicht Werte von mehr als 10 °C je Minute. In diesem Stadium ist das thermische Durchgehen nicht mehr zu stoppen. Durch den plötzlichen Temperaturanstieg versagen die Separatoren. Es kommt zu einem internen Kurzschluss.

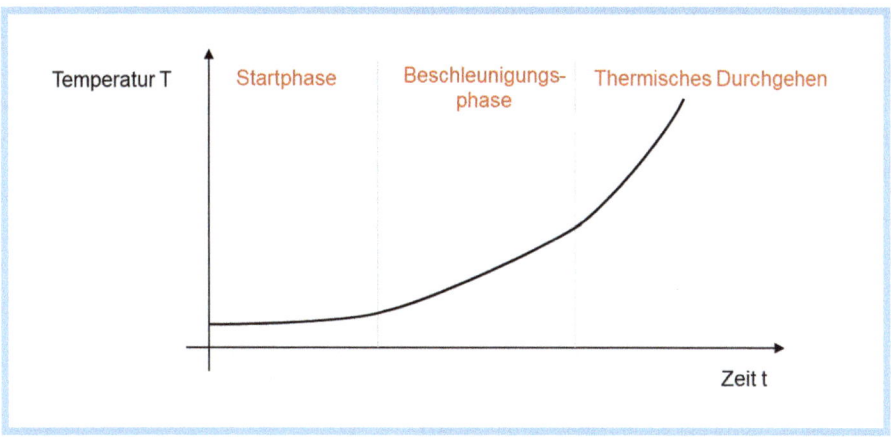

■ **Abb. 4.16** Phasenentwicklung bis zum thermischen Durchgehen eine Lithium-Zelle. (Quelle: Eigene Darstellung)

Die freigesetzte Energie befeuert den Temperaturanstieg. Die Wahrscheinlich-keit für einen Zellbrand steigt. Gleichzeitig ist mit einer vollständigen Zer-setzung des Elektrolyten zu rechnen mit der Folge, dass gesundheitsschädliche und entzündbare Zersetzungsprodukte freigesetzt werden. In dieser Phase sind Gesundheitsschäden, Brände oder Explosionen möglich.

Eine Erklärung für den plötzlichen Temperaturanstieg liefert die Wärmebilanz. Die Zersetzungsreaktion des Elektrolyten verläuft exotherm. Die freiwerdende Energie befeuert den Zersetzungsprozess, sodass die Wärmeproduktions-rate weiterhin steigt. Kann die Wärme nicht abgeführt werden, erhöht sich die Systemtemperatur im Zellinneren und bewirkt ihrerseits einen Anstieg der Re-aktionsgeschwindigkeit und damit eine Beschleunigung der Temperaturzunahme. Dieser Prozess wird durch den inneren Kurzschluss aufgrund des Separatorver-sagens beschleunigt. Das System gerät außer Kontrolle.

Ob es tatsächlich zum thermischen Durchgehen kommt, hängt von der Wärmeabfuhr ab. Diese wiederum wird maßgeblich durch das Zellformat, den Aufbau und durch die Umgebungseinflüsse bestimmt. Dabei ist das Verhältnis A/V ausschlaggebend (▶ Abschn. 4.4). Mit zunehmender Zellgröße reduziert sich der Quotient A/V immer stärker. Damit nimmt gleichzeitig der positive Einfluss der Wärmeabfuhr auf die Wärmebilanz ab. Das wiederum bedeutet, dass das Risiko mit zunehmender Zellgröße steigt.

Neben der Zellgeometrie nimmt auch der Aufbau des Akkumulators Einfluss auf die Brandentstehung. Sind die Zellen zu einem Modul oder einem Batterie-system zusammengeführt, dann besteht das Risiko, dass sich das thermische Durchgehen einer Zelle auf die benachbarte Zelle überträgt. Es entsteht ein Dominoeffekt, der den gesamten Akkumulator erfasst. Am Ende steht dessen vollständige Zerstörung. Dieser Vorgang wird als thermische Propagation (lat.: *propagare*: fortpflanzen, fortsetzen) bezeichnet. Man versteht darunter die Über-tragung der Zellerwärmung auf benachbarte Zellen.

Die Wärme, die unter günstigen Bedingungen von einer vollständig geladenen Lithium-Zelle erzeugt wird, kann überschlägig aus der spezifischen Energie be-rechnet werden. Ist die spezifische Wärmekapazität der Zelle bekannt, ist es sogar möglich, den Temperaturanstieg zu bestimmen (Übung: „Berechnung der Zer-setzungsenthalpie und der maximalen Temperaturerhöhung").

Übung: „Berechnung der Zersetzungsenthalpie und der maximalen Temperaturerhöhung"

Eine Lithium-Zelle mit einer spezifischen Energie E von 180 Wh/kg hat eine spezi-fische Wärmekapazität von 850 J $\cdot$ kg^{-1} $\cdot$ K^{-1}. Gesucht sind die Zersetzungsenthalpie und die zu erwartende Temperaturerhöhung.

 ▬ Berechnung der Zersetzungsenthalpie ΔH

Unter der Annahme, dass die Lithium-Zelle vollständig geladen ist und Wärme-verluste an die Umgebung ausgeschlossen sind, entspricht die Zersetzungsenthalpie der spezifischen Energie. Es ist lediglich eine Einheitenumrechnung notwendig. Es gilt das Umrechnungsverhältnis 1 Wh = 3600 Joule.

Für die Aufgabenstellung gilt

$$E = \Delta H = 648000 \frac{J}{kg} = 648 \frac{J}{g}$$

— Berechnung der maximalen Temperaturerhöhung
Für die zur Erwärmung eines Körpers notwendige Wärmeenergie Q gilt

$$Q = c \cdot m \cdot \Delta T$$

mit Q = Wärmeenergie in Joule
c = spezifische Wärmekapazität in $\frac{J}{kg \cdot K}$

ΔT = Temperaturdifferenz, die mit der Wärmeenergie Q erzeugt wird in Kelvin
Unter der Annahme, dass die Zersetzungsenthalpie vollständig zur Temperaturerhöhung genutzt wird, errechnet sich ΔT für 1 kg

$$\Delta T = \frac{\Delta H}{m \cdot c} = \frac{648000J \cdot kg \cdot K}{1kg \cdot 850J} = 762,36 \ K$$

Für die Sicherheitstechnik sind die initiierenden Faktoren für den Temperaturanstieg von Interesse. Die Ursachen sind sowohl im Zellinneren als auch in der äußeren Umgebung zu suchen.

Im Inneren der Zelle können Fremdkörper, die während des Fertigungsprozesses unerkannt geblieben sind, oder Materialfehler das thermische Durchgehen einleiten. Dabei wird angenommen, dass diese Verunreinigungen zu einem Kurzschluss im Zellinneren führen. Ebenso gut sind aber auch äußere Umstände als Auslöser denkbar. Sie leiten sich aus den Einsatzbedingungen oder der Art der Verwendung ab. Folgende äußere Einflüsse sind möglich:
— Mechanisch
Schläge, Stöße, Vibrationen und Schwingungen sowie Penetrationen durch Fremdkörper infolge eines Unfalls können Elektroden und Separator beschädigen und dadurch die Reaktion einleiten.
— Thermisch
Hierunter fallen alle Ereignisse, die direkt zu einem Temperaturanstieg führen. Plötzlicher Temperaturwechsel, Feuer oder Überhitzung sind typische Beispiele.
— Elektrisch
Durch Überladung oder Tiefenentladung werden im Zelleninneren Prozesse ausgelöst, die zu einem Kurzschluss führen und damit eine unkontrollierte Wärmeentwicklung einleiten.

◘ Abb. 4.17 gibt einen Überblick über die Kausalkette.

Kurzschlüse sind sowohl durch innere als auch durch äußere Einflüsse möglich. Unabhängig vom Zustandekommen fließt innerhalb kurzer Zeit ein hoher

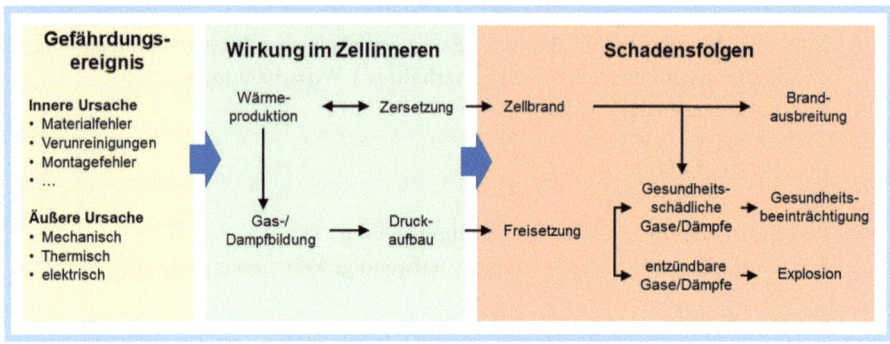

□ Abb. 4.17   Kausalkette zur Entstehung von Schadensereignissen durch Lithium-Zellen. (Quelle: Eigene Darstellung)

Strom, der zu einem Wärmeeintrag in die Zelle führt und einen Temperaturanstieg bewirkt (Übung: „Berechnung der Zersetzungsenthalpie und der maximalen Temperaturerhöhung").

Zu einem äußeren Kurzschluss kann es beispielsweise bei einem Anschluss eines Verbrauchers mit zu geringem Widerstand kommen. In der Folge fließt kurzzeitig ein sehr hoher Strom, der den Separator und das Anodenmaterial irreparabel schädigt. Mit einem besonders hohen Schaden ist zu rechnen, wenn sich die Zelle in einem guten Ladezustand befindet, da in diesem Fall ein hoher Strom über einen längeren Zeitraum fließt.

Von einem inneren Kurzschluss spricht man, wenn sich Anode und Kathode innerhalb der Zelle berühren. Seitens der Hersteller wird diese Möglichkeit durch den Separator verhindert. Allerdings ist die Zuverlässigkeit dieser Maßnahme bei außergewöhnlichen mechanischen oder thermischen Belastungen nicht sichergestellt. Aber auch zellinterne Einflüsse können die Isolationswirkung beeinträchtigen. Ein besonderes Augenmerk gilt dabei den Dendriten (griech.: *dendron* = Baum). Darunter versteht man die Bildung baumartiger Strukturen (Apel 2015). In der Batterietechnik treten Dendriten in der Regel erst nach mehreren Lade- und Entladezyklen auf. Bei Lithium-Akkumulatoren sind folgende Fallkonstellationen bekannt (Lyners 2019, S. 158, 159):

— Lithium-Dendriten
Lithium-Dendriten bilden sich beim Überladen. Beim Laden werden die Lithiumionen zur Anode transportiert, wo sie Elektronen aufnehmen und interkaliert werden. Bei einer Überladung gelangen mehr Lithiumionen zur Anode, als interkaliert werden können. Das überschüssige Lithium schlägt sich an der Anode nieder. Mit der Zeit entsteht ein inhomogenes Gebilde, das wächst und schließlich den Separator durchdringt und schädigt.
Das Risiko einer Lithium-Dendriten-Bildung hängt von der äußeren Temperatur ab. Sinkt die Temperatur, sind Ausfällungen von Lithiumionen aus dem Elektrolyten zu erwarten, die die Lithiumionenkonzentration und damit die Wahrscheinlichkeit für die Dendritenbildung erhöhen.

- Kupfer-Dendriten
  Im Unterschied zu Lithiumdendriten bilden sich Kupferdendriten bei einer Tiefenentladung. Da Kupfer nicht in Form von Ionen in der Zelle vorhanden ist, ist eine Mindestspannung notwendig, damit sich Kupferionen aus dem Stromableiter lösen und in den Elektrolyten gelangen. Dort angelangt bewegen sie sich zur Kathode, wo sie reduziert werden und sich niederschlagen. Sie haben ebenfalls das Potenzial, den Separator zu schädigen. Dieser Vorgang ist irreversibel, d. h. die Reparatur einer Zelle, in der sich einmal Kupferdendriten gebildet haben, ist nicht möglich.

Es gehört zu den Aufgaben der Hersteller, einen inneren Kurzschluss zu verhindern. Wie gut das in der Vergangenheit gelungen ist, lässt sich an den Daten über die Zuverlässigkeit von Lithium-Akkumulatoren abschätzen. Ernstzunehmende Untersuchungen gehen davon aus, dass die Fehlerrate einer Zelle bei maximal eins zu 10 Mio. liegt (Doughty und Roth 2012, S. 38).

4.5.3 Sicherheitssysteme und Schutzmaßnahmen

Die Kausalkette (🔲 Abb. 4.17) verdeutlicht, dass ein Schadensereignis grundsätzlich in jeder Lebensphase möglich ist. Ein sicherer Einsatz erfordert daher Maßnahmen, die zwischen Hersteller und Anwender abgestimmt sind. Die Sicherheit eines Lithium-Akkumulators wird auf mehreren Ebenen gewährleistet (🔲 Abb. 4.18). Dazu gehören:
- Zellebene
  Das Ziel der Maßnahmen ist es, ein thermisches Durchgehen durch Auswahl und Kombination der Materialien und durch einen qualitätsgesicherten Herstellungsprozess auszuschließen. Auf dieser Ebene sind vor allem die Hersteller gefordert. Wissenschaft und Forschung tragen dazu bei, die Prozesse im Zellinneren besser zu verstehen und durch geeignete Maßnahmen ungewollte Zustände zu minimieren.
- Modul- bzw. Batteriesystemebene
  Das vorrangige Ziel auf Modul- und Batteriesystemebene ist es, eine thermische Propagation zu vermeiden. Im Zentrum stehen Maßnahmen, die eine Wärmeübertragung zwischen den Zellen ausschließen oder aber einschränken. In der Anwendung werden Propagationsschutzbarrieren eingesetzt und getestet. Auch auf dieser Ebene sind die Hersteller gefordert.
- Anwendungsebene
  Ziel ist es, äußere mechanische und thermische Belastungen auszuschließen. Das wird erreicht, wenn den Anwendern ausreichende Informationen über die Risiken und das Verhalten beim Laden und Betreiben von Lithium-Akkumulatoren zur Verfügung stehen. Dieses ist zunächst Aufgabe der Hersteller. Von den Anwendern ist zu erwarten, dass die Sicherheitsinstruktionen beachtet werden. Für die betriebliche Anwendung bedeutet das gleichzeitig, sich auf mögliche Notfälle vorzubereiten und geeignete technische und organisatorische Vorkehrungen zu treffen. Da der Notfall

4

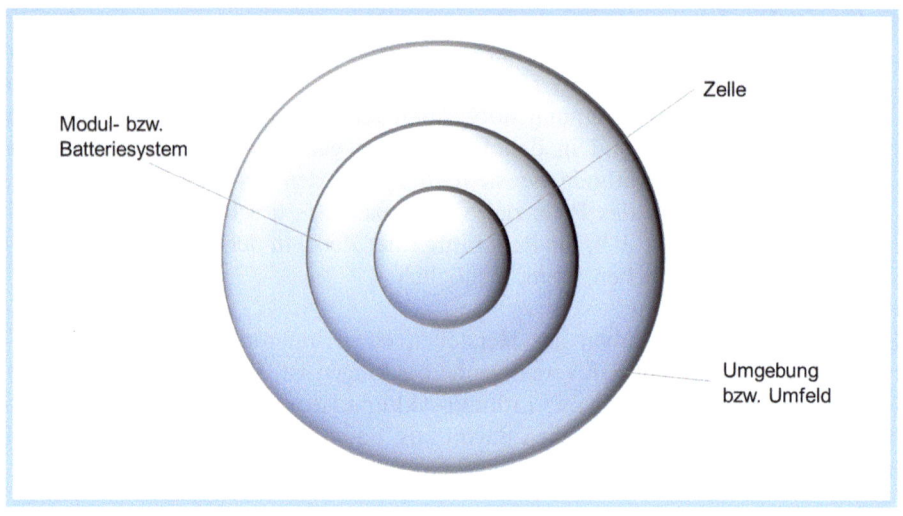

Modul- bzw.
Batteriesystem

Zelle

Umgebung
bzw. Umfeld

☐ **Abb. 4.18**   Sicherheitsebenen eine Lithium-Akkumulators. (Quelle: Eigene Darstellung)

durchaus das Potenzial hat, das gesamte Unternehmen in seinem Bestand zu gefährden, können zusätzliche Vorkehrungen zur Krisenvorsorge sinnvoll sein.

Die Bemühungen der Hersteller konzentrieren sich vor allem darauf, interne Kurzschlüsse zu vermeiden. Ein wirkungsvoller Ansatz auf Zellebene ist die Verbesserung der Separatoren. Ziel ist es, die isolierende Wirkung der Separatoren auch bei veränderten Temperaturbedingungen sicherzustellen. Neben der Verwendung keramischer Materialien wird an der Verbesserung sogenannter „Shut-Down-Separatoren" gearbeitet. Darunter werden Separatoren verstanden, die bei Erreichen festgelegter Temperaturgrenzen den Durchfluss der Lithiumionen durch die Zelle unterbinden und auf diese Weise den Strom automatisch unterbrechen. Technisch wird dieses durch Separatoren erreicht, die aus verschiedenen Lagen bestehen und bei unterschiedlichen Temperaturwerten ansprechen. Wird der Temperaturwert überschritten, schmilzt die Lage und verklebt in der Folge den Separator, sodass ein Lithiumionentransport nicht mehr möglich ist. Damit ist gleichzeitig eine weitere Erwärmung innerhalb der Zelle ausgeschlossen und die Zelle kühlt ab. Diese einfache Maßnahme hat einen entscheidenden Nachteil. Durch das Verkleben wird der Separator für den Lithiumionentransport auf Dauer unbrauchbar. Eine Weiterverwendung der Zelle ist nicht mehr möglich (Jossen und Wydanz 2021, S. 142).

Eine weitere Möglichkeit, einen internen Kurzschluss zu verhindern, besteht darin, die Bildung von Lithiumdendriten zu verhindern. Dies wird erreicht, wenn die gesamte Lithiummenge, die von der Kathode geliefert wird, an der Anode interkaliert werden kann (Jossen und Wydanz 2021, S. 184). Dazu ist eine ausgewogene Verteilung des Lithiums in der Zelle notwendig.

Lässt sich die Wärmeproduktion trotz primärer Maßnahmen nicht sicher ausschließen, kommt der Einsatz von Sicherheitssystemen infrage. Sie bestehen aus Sensoren, die bei Erreichen definierter Zustände selbsttätig reagieren. In Lithium-Akkumulatoren sind z. B. folgende Systeme im Einsatz:

- Current Interrupt Device (*CID*, engl: Gerät zur Stromunterbrechung)
  Das CID reagiert auf eine Druckerhöhung innerhalb der Zelle. Kommt es zu einem Kurzschluss und daraufhin zu einer Erwärmung des Elektrolyten oder ist die Lithium-Zelle einer äußeren Wärmequelle ausgesetzt, steigt der Dampfdruck des Elektrolyten. Durch die Drucksteigerung im Zelleninneren wird ein Schalter ausgelöst, der den äußeren Stromkreis unterbricht. Ein Weiterbetrieb ist ausgeschlossen und ein thermisches Durchgehen verhindert.

  Ein vergleichbarer Effekt wird durch den Einbau eines Sicherheitsventils erreicht, das die bei der Erwärmung entstehenden Gase oder Dämpfe kontrolliert aus der Zelle entweichen lässt. Ist der Druck abgebaut, schließt das Sicherheitsventil selbsttätig und ein Weiterbetrieb ist möglich. Aber auch dieses System hat einen Nachteil. Bei jedem Ansprechen des Sicherheitsventils entweicht eine geringe Elektrolytmenge mit der Folge, dass der Innenwiderstand steigt und damit wiederum das Risiko einer Erwärmung zunimmt.

  Eine dritte Option besteht in der Konstruktion einer Sollbruchstelle. Sie gibt bei Erreichen eines vordefinierten Ansprechdruckes Gas bzw. Dämpfe an die Umgebung ab, sodass ein unkontrolliertes Versagen der Zelle ausgeschlossen ist. Auch in diesem Fall ist ein Weiterbetrieb der Zelle ausgeschlossen.

- Positive Temperature Coefficient (*PTC*, engl: Thermoschalter)
  Ziel des PTC ist die Begrenzung des Kurzschlussstromes. Dazu wird die Zelle mit einem Thermoschalter ausgestattet, der den Strom bei Erreichen festgelegter Schwellentemperaturen unterbricht. Die Temperaturgrenzen liegen im Allgemeinen bei 60 °C bis 70 °C. Dieses Sicherheitssystem findet sich bevorzugt in Mobilfunk- und Laptopanwendungen.

- Batteriemanagementsystem
  Batteriemanagementsystem ist die Bezeichnung für ein übergeordnetes Sicherheitssystem, das den Zustand der Zelle fortlaufend überwacht und bei Erreichen festgelegter Schwellenwerte den Zellbetrieb selbsttätig unterbricht (Jossen und Weydanz 2021, S. 216). Das ist beispielsweise bei folgenden Situationen der Fall (Bisshop et al. 2019, S. 61)
  – Unter- oder Überspannung,
  – Moderate Temperaturzunahme,
  – Isolationsfehler,
  – Überladung und Tiefenentladung.
  Ein Batteriemanagementsystem ist bei allen Batterieanwendungen möglich, die aus mehreren Zellen gebildet werden. Sie kommen insbesondere bei mobilen Anwendungen zum Einsatz (Sweney 2019, S. 1093).

Allein durch die Sicherheitssysteme der Hersteller sind Schadensfälle nicht vollkommen zu verhindern. Auch vom Anwender sind besondere Vorsichtsmaßnahmen zu treffen. Dazu gehört vor allem, unzulässige Betriebsweisen auszuschließen und auf entsprechende Vorfälle vorbereitet zu sein. Vor dieser Herausforderung stehen die Unternehmen der Gefahrgut- und Gefahrstoff-Logistik gleich in zweifacher Hinsicht. Zum einen sind sie aufgrund der Verkehrswende Anwender der neuen Technologie. Zum anderen sind sie als Dienstleister mit der Frage konfrontiert, wie sich eine sichere Beförderung und Lagerung von Lithium-Akkumulatoren bewerkstelligen lässt. Vor diesem Hintergrund ist es nachvollziehbar, dass sich die Gefahrgut- und Gefahrstoff-Logistik schon seit geraumer Zeit mit den Risiken der Lithium-Akkumulatoren auseinandersetzt. Insbesondere die Gefahrgutvorschriften haben Pionier-charakter, denn deren Maßnahmen haben Eingang in die innerbetrieblichen Schutzmaßnahmen gefunden.

Lithium-Zellen und Lithium-Akkumulatoren gelten als Gefahrgut im Sinne des Gefahrgutrechts und sind der Klasse 9 zugewiesen. Innerhalb dieser Klasse werden die Lithium-Batteriesystemen unter verschiedenen Bezeichnungen geführt (◘ Tab. 4.10).

◘ **Tab. 4.10**   Klassifizierung der Lithium-Akkumulatoren

UN-Nummer	Bezeichnung	Beispiele
UN 3090	LITHIUM-METALL-BATTERIEN (einschließlich Batterien aus Lithium-legierungen)	Einzelne Batterien z. B. Zylindrische Zellen, prismatische Zellen, Batteriemodule
UN 3091	LITHIUM-METALL-BATTERIEN IN AUSRÜSTUNGEN oder LITHIUM-METALL-BATTERIEN MIT AUSRÜSTUNGEN VER-PACKT (einschließlich Batterien aus Lithiumlegierung)	Batterien, die im Gerät verbaut oder eingesteckt sind z. B. Akku-schrauber ohne oder mit Koffer, Laptop
UN 3171	BATTERIEBETRIEBENES FAHRZEUG oder BATTERIE-BETRIEBENES GERÄT	Personenkraftwagen, Motorräder, Fahrräder, Aufsitzrasenmäher, Modellflugzeuge
UN 3480	LITHIUM-IONEN-BATTERIEN (einschließlich Lithium-Ionen-Polymer-Batterien)	s. UN 3090
UN 3481	LITHIUM-IONEN-BATTERIEN IN AUSRÜSTUNGEN oder LITHIUM-IONEN-BATTERIEN MIT AUS-RÜSTUNGEN VERPACKT (einschließlich Batterien aus Lithium-legierung)	s. UN 3091
UN 3536	LITHIUM-BATTERIEN, IN GÜTERBEFÖRDE-RUNGSEINHEITEN EINGEBAUT, Lithium-Ionen-Batterien oder Lithium-Metall-Batterien	Zweck: Energiebereitstellung für Anwendungen außerhalb der Güterbeförderungseinheit, z. B. Container zur Energieversorgung bei Veranstaltungen o. ä
UN 3556/ UN3557	Fahrzeug mit Antrieb durch Lithium-Ionen-Batterien / Fahrzeug mit Antrieb durch Lithium-Metall-Batterien	Personenkraftwagen, Lastkraft-wagen, Busse

Um Risiken zu minimieren, ist eine Beförderung nur möglich, wenn Lithium-Akkumulatoren spezifische Sicherheitstests erfolgreich abgeschlossen haben. Art, Umfang und Kriterien enthält das *UN-Handbuch über Prüfungen und Kriterien* Teil III Unterabschnitt 38.3 im Detail (UN I 2023 Nr. 2.9.4). ◘ Tab. 4.11 gibt einen Überblick über die Testverfahren und deren Ziele.

Welcher Test im Einzelfall anzuwenden ist, ist im *UN-Handbuch über Prüfungen und Kriterien* im Einzelnen festgelegt und vom Batterietyp abhängig. Damit sich die Anwender über die Testergebnisse informieren können, ist jeder Hersteller verpflichtet, eine Prüfzusammenfassung zu erstellen und allen Transportbeteiligten auf Verlangen zugänglich zu machen. Inhalt dieser Prüfzusammenfassung sind neben den Identifikations- und Leistungsmerkmalen vor allem eine Übersicht über die vollzogenen Tests und deren Ergebnisse.

In der Praxis werden nicht nur einsatzbereite Lithium-Akkumulatoren versendet, sondern es kann auch vorkommen, dass beschädigte Batterien, die zur Entsorgung oder zur Wiederaufarbeitung vorgesehen sind, transportiert werden müssen. Für diese Fälle sind ebenso wie für Zellen und Batterien mit geringen Nennenergien oder geringen Lithiummetallgehalten besondere Regelungen zu berücksichtigen. Dazu gehört u. a. die Kennzeichnung (◘ Abb. 4.19).

Für den regulären Versand von Lithium-Metall-Zellen bzw. -batterien mit einem Lithiumgehalt von mehr als 1 g bzw. 2 g und Lithium-Ionen-Zellen bzw. -batterien mit einer Nennleistung von mehr als 20 Wh bzw. 100 Wh gelten u. a. folgende Regelungen für den Straßen-, Eisenbahn- und Seeverkehr:

— Verwendung bauartgeprüfter Verpackungen
  Die Verpackungen müssen mindestens den Anforderungen der Verpackungsgruppe II entsprechen. Lediglich für Lithium-Akkumulatoren, die Teil einer Ausrüstung sind, sind Verpackungen ohne Bauartprüfung zulässig.

◘ **Tab. 4.11** Prüfverfahren für Lithium-Akkumulatoren nach UN-Modellvorschriften (Michael-Schulz et al. 2023 Nr. 38.4)

Bezeichnung	Prüfzweck
T.1 Höhensimulation	Simulation des Lufttransports unter Unterdruckbedingungen
T.2 Thermische Prüfung	Verhalten der Dichtungen und innerer elektrischer Verbindungen bei Temperaturänderungen
T.3 Schwingungen	Simulation von Schwingungen während der Beförderung
T.4 Schlag	Bewertung der Widerstandsfähigkeit gegen kumulative Schläge
T.5 Äußerer Kurzschluss	Simulation eines äußeren Kurzschlusses
T.6 Aufprall/ Quetschung	Auftreten eines internen Kurzschlusses durch Simulation einer mechanischen Beschädigung durch Aufprall oder Quetschung
T.7 Überladung	Bewertung der Reaktion eines Sekundärelements durch Simulation eines Überladungszustandes
T.8 Erzwungene Entladung	Bewertung der Reaktion eines Primär- und Sekundärelements durch Simulation einer erzwungenen Entladung

4

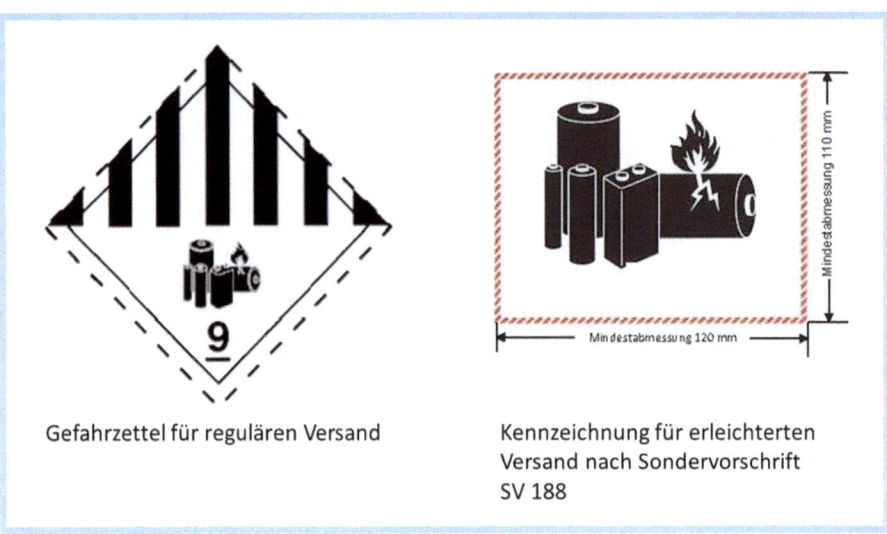

Gefahrzettel für regulären Versand   Kennzeichnung für erleichterten
                                           Versand nach Sondervorschrift
                                           SV 188

■ **Abb. 4.19** Gefahrzettelmuster und Kennzeichnungselement für die Beförderung von Lithium-Akkumulatoren. (Quelle: BMV 2025)

— Kennzeichnung
   Das Versandstück ist mit der UN-Nummer und dem Gefahrzettelmuster Nr. 9 A (■ Abb. 4.19) zu versehen. Im Seeverkehr ist zusätzlich die Angabe des richtigen technischen Namens erforderlich.
— Kurzschlusssicherung
   Die Kontakte sind zur Vermeidung eines äußeren Kurzschlusses zu sichern. Infrage kommen z. B. Polkappen oder das Abkleben der Kontakte.
— Schutz vor unbeabsichtigtem Betätigen
   Für Geräte mit aktiven Zellen und Batterien ist ein Schutz vor unbeabsichtigtem Betätigen notwendig, um dadurch eine Aktivierung des Lithium-Batteriesystems sicher auszuschließen.

Für den Lufttransport gelten weitreichendere Maßnahmen. Das ist u. a. damit begründet, dass Brände oder Explosionen an Bord eines Flugzeugs besonders verheerende Auswirkungen haben. Einen Eindruck davon, wie sensibel die Luftfahrt den Transport von Lithium-Akkumulatoren beobachtet, liefern die Unfallberichte des amerikanischen U. S. Department of Transportation. In der von der Behörde veröffentlichten Datenbank sind 36 Brand- und Explosionsereignisse für den Zeitraum vom 01.01.2022 bis zum 31.12.2023 registriert (U.S. Department 2024).

Im Unterschied zum Gefahrgutrecht fehlt es für das innerbetriebliche Verwenden bislang an regulatorischen Vorgaben. Einer der Gründe ist sicherlich, dass Lithium-Akkumulatoren nicht den Einstufungs- und Kennzeichnungspflichten der Verordnung (EG) Nr. 1272/2008 unterliegen. Allerdings besteht die Notwendigkeit, Transport und Lagerung von Lithium-Akkumulatoren im Rahmen der betrieblichen Gefährdungsbeurteilung zu berücksichtigen und betriebsspezifische Maßnahmen zum Schutz der Mitarbeitenden zu treffen. Zur Unterstützung bei der Durchführung der Gefährdungsbeurteilung wird die Publikation VdS 3103 „Lithium-Batterien" empfohlen (GDV 2019). Sie ist vom Gesamtverband der Versicherungswirtschaft e. V. (GDV) herausgegeben und enthält Maßnahmen zur Vermeidung von Brand- und Explosionsgefährdungen.

Die Empfehlungen der Versicherungswirtschaft greifen auf die Gefahrgutregelungen zurück, indem sie darauf verweisen, dass nur solche Lithium-Akkumulatoren gelagert werden dürfen, die die vorgesehenen Testverfahren erfolgreich absolviert haben. Weiterhin wird vorausgesetzt, dass ausschließlich Lithium-Akkumulatoren eingelagert werden, die über eine Kurzschlusssicherung verfügen und keine Defekte aufweisen. Eine Lagerung an Orten mit zusätzlichen Wärmequellen ist zu vermeiden. Darüber hinaus sind zusätzliche Schutzmaßnahmen notwendig, deren Art und Umfang von der Lithiummmenge und der Nennleistung der Lithium-Akkumulatoren abhängen. Zu diesem Zweck werden drei Kategorien unterschieden (◘ Tab. 4.12).

◘ **Tab. 4.12**   Leistungsgrenzen und Schutzmaßnahmen bei Lagerung von Lithium-Akkumulatoren (GDV 2019)

Kategorie	Kriterien	Lagerung
Geringe Leistung	Lithium-Metall-Batterie: ≤ 2 g Lithium je Batterie Lithium-Ionen-Batterie: Nennleistung ≤ 100 Wh je Batterie	Keine spezifischen Anforderungen, sofern die Lagermenge 7 m^3 bzw. maximal sechs Europaletten nicht übersteigt
Mittlere Leistung	Bruttogewicht je Batterie ≤ 12 kg und Lithium-Metall-Batterie: > 2 g Lithium je Batterie bzw Lithium-Ionen-Batterie: Nennleistung > 100 Wh je Batterie	Für Lagerfläche ≤ 60 m^2 und Lagerhöhe ≤ 3 m: Räumliche Trennung (Abstand mindestens 5 m) oder feuerbeständige Abtrennung; Brandmeldezentrale mit Verbindung zu einer ständig besetzten Stelle; Verbot der Zusammenlagerung mit Stoffen, die zur Brandbeschleunigung beitragen (z. B. entzündbare Stoffe, organische Peroxide)
Hohe Leistung	Bruttogewicht je Batterie > 12 kg und Lithium-Metall-Batterie: > 2 g Lithium je Batterie bzw Lithium-Ionen-Batterie: Nennleistung > 100 Wh je Batterie	Festlegung der Schutzmaßnahmen in Absprache mit Sachversicherer z. B Mengenbegrenzung, feuerbeständige Abgrenzung; Automatische Löschanlage

Die DGUV Information „Brandschutz beim Umgang mit Lithium-Ionen-Batterien" (DGUV Information 205-041) bietet den Unternehmen ebenfalls eine Hilfestellung für die Gefährdungsbeurteilung. Sie greift auf die Gefahrgut-vorschriften zurück und zitiert darüber hinaus die Empfehlungen der VdS 3103 „Lithium-Batterien" (GDV 2019). Angesichts der rasanten Entwicklungen der Lithium-Technologie ist zukünftig sicherlich mit weiteren Veröffentlichungen zum Thema zu rechnen.

4

4.6 Zusammenfassung

Gemeinsames Kennzeichen selbstbeschleunigender Stoffsysteme ist das „thermische Durchgehen". Damit wird das Phänomen einer plötzlichen Wärme-reaktion bezeichnet, die in einem Brand oder einer Explosion endet. In der Ge-fahrgut- und Gefahrstoff-Logistik ist diese Reaktion auch unter dem Begriff der „thermischen Explosion" bekannt. Die Wärmebilanzierung liefert eine Er-klärung für dieses Phänomen. Sie vergleicht die Wärmeproduktion durch das Stoffsystem mit dem Wärmeverlust an die Umgebung. Nach dieser Theorie ist das Auftreten einer thermischen Explosion wahrscheinlich, wenn die Wärme-produktion innerhalb des Stoffsystems größer als der Wärmeverlust ist. In diesem Fall steigt die Systemtemperatur und mit ihr auch die Wärmeproduktion, bis die Selbstentzündungstemperatur erreicht wird und das Stoffsystem in Brand ge-rät oder gar explodiert. Zu den Stoffsystemen, die zur thermischen Explosion neigen, zählen selbstzersetzliche Stoffe und organische Peroxide. Beide gehören zur Gruppe der Einstoffsysteme, womit zum Ausdruck gebracht wird, dass diese Stoffe keine weiteren Reaktionspartner benötigen. Zu den Mehrstoffsystemen ge-hören pyrophore und selbsterhitzungsfähige Stoffe.

Für die Klassifizierung und Einstufung sowie zur Maßnahmenplanung bei Transport und Lagerung werden sicherheitstechnische Kenngrößen heran-gezogen. Zentrale Größen sind SADT bzw. SAPT, deren Bestimmungsmethoden im *UN-Handbuch über Prüfungen und Kriterien* festgelegt sind. Für den sicheren Transport und die sichere Lagerung sind besondere Schutzmaßnahmen um-zusetzen, zu denen die Phlegmatisierung, die Mengenbegrenzung und die Temperaturkontrolle zählen.

Auch bei Lithium-Akkumulatoren ist ein thermisches Durchgehen mög-lich. Allerdings unterscheiden sich die Auslöser von denen der Ein- und Mehrstoffsysteme. Daher werden für Transport und Lagerung spezifische Schutzmaßnahmen notwendig, die sich nach dem Lithiumgehalt und der Nenn-leistung der Lithium-Akkumulatoren richten. Besondere Kennzeichnungs-vorschriften auf den Versandstücken informieren über die Risiken. Auch für stationäre Tätigkeiten im Unternehmen sind Maßnahmen vorzusehen, die im Wesentlichen auf Empfehlungen der Versicherungen beruhen und sich auf den Brandschutz konzentrieren.

4.7 Aufgaben und Fragen zur Vertiefung

1. Weisen Sie mithilfe der Gleichung 4.4 nach, dass die Reaktionsgeschwindigkeit mit zunehmender Temperatur steigt!

2. Welche Größen in der Wärmebilanz selbstbeschleunigender Stoffsysteme sind auf die Stoffeigenschaften und welche auf die Umschließung und die Umgebung zurückzuführen?

3. Bitte begründen Sie, warum eine geringe Probenmenge zu einer Risikoreduzierung bei der dynamischen Differenzkalorimetrie DSC führt!

4. Warum nimmt der Wärmeverlust bei einem Dewar-Gefäß mit dessen Größe zu?

5. Erläutern Sie folgende Abhängigkeiten durch Diagramme:
   - Geschwindigkeit der volumenbezogenen Wärmeproduktion durch eine exotherme chemische Reaktion bei verschiedenen Temperaturen;
   - Auswirkung einer Verdünnung der reagierenden Substanz durch ein nichtreagierendes Verdünnungsmittel;
   - Temperaturabhängigkeit der Geschwindigkeit des volumenbezogenen Wärmeverlustes einer aufgeheizten, kleinen zylinderförmigen Umschließung durch Wärmeübergang an die Umgebungsluft;
   - Temperaturabhängigkeit der Geschwindigkeit des volumenbezogenen Wärmeverlustes einer sehr großen zylinderförmigen Umschließung durch Wärmeübergang an die Umgebungsluft bei unveränderter Umgebungstemperatur bezogen auf die kleine Umschließung.

6. Verdeutlichen Sie in einem Diagramm, wie sich folgende Schutzmaßnahmen auf ein selbstbeschleunigendes Ein- oder Mehrstoffsystem auswirken:
   - Temperaturgeführter Transport eines Tankcontainers bei abgesenkten Temperaturen in unmittelbarer Umgebung des Tanks;
   - Zusatz eines sog. „Reaktions-Stoppers" in einem Tank, dessen Inhalt sich bereits gefährlich erwärmt hat;
   - Wasserberieselung eines Tanks;
   - Wechsel vom Transport im Tank auf eine Beförderung im IBC.

7. Wie verhält sich der Quotient $\frac{A}{V}$ im Fall einer kugelförmigen Umschließung für ein Einstoffsystem? Welche Schlussfolgerung ziehen Sie?

8. Ein Stoff mit dem Handelsnamen „Superschnell" neigt zur exothermen Selbstzersetzung. Die dadurch bedingte Wärmefreisetzung je Zeit- und Volumeneinheit lässt sich annäherungsweise durch die folgende Beziehung beschreiben:

$$\frac{dQ_P}{dt} \cdot \frac{1}{V} = B \cdot e^{\frac{-C}{T}}$$

mit B, C sind Stoffkonstanten, für die nach Laboruntersuchung folgende Werte gelten:
B $= 8{,}3 \cdot 10^6$ Wm^{-3}
C $= 9500$ K

4

„Superschnell" soll in einer quaderförmigen Umschließung mit den Kantenlängen 20 cm · 40 cm · 40 cm verpackt werden. Für den Wärmeübergangskoeffizient α kann ein Wert von 10 Wm^{-2}K^{-1} angenommen werden.

- Berechnen Sie die Wärmefreisetzung je Zeit- und Volumeneinheit zwischen 10 °C und 50 °C und stellen Sie diese als Funktion der Temperatur graphisch dar.
- Berechnen Sie für verschiedene Temperaturen den Wärmeübergang je Zeit- und Flächeneinheit für das o. g. Versandstück bei einer Umgebungstemperatur von 15 °C und stellen Sie diese als Funktion der Temperatur graphisch dar.
- Lässt sich das Versandstück sicher lagern bzw. befördern? Welche stationäre Temperatur stellt sich ein?
- Welche SADT ergibt sich für das System? Welche SADT ergibt sich für ein doppelt so großes Versandstück?

9. Durch welche Merkmale unterscheidet sich ein Lithium-Akkumulator von herkömmlichen Akkumulatoren?
10. Weisen Sie durch Rechnung nach, warum das Oberflächen-Volumen-Verhältnis zylindrischer Zellen im Vergleich zu prismatischen Zellen ungünstiger ist!
11. Ein Lithium-Akkumulator hat eine spezifische Energie von 300 Wh/kg und eine spezifische Wärmekapazität von 800 Joule · kg^{-1} · K^{-1}.
- Mit welcher Wärmemenge ist im Fall eines thermischen Durchgehens zu rechnen?
- Welcher Fallhöhe entspricht der Wärmeenergiebetrag bei einem Gegenstand mit einer Masse von 1 kg?
- Skizzieren Sie das Temperatur-Zeit-Diagramm!

Literatur

Apel, M. Dendriten, RD-04-00512 (2015). RÖMPP Online - Chemie-Lexikon. [Online] Georg Thieme Verlag. [Zitat vom: 02. Juli 2025.] ► https://roempp.thieme.de/lexicon/RD-04-00512.

Arens, U. 2023. Gefahrgut und Gefahrstoffe in der Logistik Rechtliche und physikalisch-chemische Grundlagen. München: Hanser Verlag, 2023.

BAM. 2024. Gefahrstoffverordnung (GefStoffV) Organische Peroxide. [Online] Bundesanstalt für Materailforschung und -prüfung (BAM), 2024. [Zitat vom: 02. Juli 2025.] ► https://tes.bam.de/TES/Navigation/DE/Recht-und-Regelwerke/Organische-Peroxide/organische-peroxide.html.

BGRCI. 2014. Berufsgenossenschaft Rohstoffe und chemische Industrie. R 001 Exotherme chemische Reaktionen Grundlagen. Heidelberg: Jedermann-Verlag, 2014.

Bisshop, R, et al. 2019. Fire Safety of Lithium-Ion-Batteries in Road Vehicles RISE Report 2019:50. Boras: Research Institutes of Sweden, 2019.

BMV. 2025. Gefahrgut - Kennzeichnungen. [Online] Bundesministerium für Verkehr, 28. 02 2025. [Zitat vom: 02. Juli 2025.] ► https://www.bmv.de/SharedDocs/DE/Artikel/G/Gefahrgut/gefahr-gut-kennzeichen.html.

Crowl, D. A. et al. 2019. Process Safety. [Buchverf.] D. W. Green und M. Z. Southard. Perry´s Chemical Engineers´Handbook. 8 th Edition. New York: McGraw-Hill, 2019.

Dahn, J und Ehrlich, G M. 2019. Lithium-Ion-Batteries. [Buchverf.] K. B. Beard und T. B. Reddy. LINDEN`S HANDBOOK OF BATTERIES. New York et al.: McGraw-Hill, 2019, S. 757–824.

DGUV. 2019. Fachbereich AKTUELL FBFHB-004 Sachgebiet Betrieblicher Brandschutz. Brand-gefährdung durch Selbstentzündung brennbarer Materialien. [Online] 25. 11 2019. [Zitat vom: 02. Juli 2025.] ▶ https://publikationen.dguv.de/widgets/pdf/download/article/3711.

DGUV Information 205-041. 2024. Brandschutz beim Umgang mit Lithium-Ionen-Batterien. Berlin: Deutsche Gesetzliche Unfallversicherung e. V. (DGUV), 2024.

DGUV Information 213-067. 2015. Anlagensicherheit Thermische Sicherheit chemischer Prozesse. 2015.

DIN EN 15188. 2021. Bestimmung des Selbstentzündungsverhaltens von Staubschüttungen; Deutsche Fassung EN 15188:2020. Berlin: Beuth Verlag, 2021.

Doughty, D. H. und Roth, E. P. 2012. A General Discussion of Li Ion Battery Safety. The Elektro-chemical Society Interface. 21 37, 2012, S. 37–44.

Feng, X, et al. 2018. Thermal runaway mechanism of lithium ion battery for electric vehicles: A review. Energy Storage Materials. 10, 2018, S. 246-267.

Fleischmann, J, et al. 2023. Battery demand is growing—and so is the need for better solutions along the value chain. Battery 2030: Resilient, sustainable, and circular. [Online] McKinsey & Company, 16. Januar 2023. [Zitat vom: 02. Juli 2025.] ▶ https://www.mckinsey.com/industries/automoti-ve-and-assembly/our-insights/battery-2030-resilient-sustainable-and-circular/.

Frank-Kamenetzki, D. A. 1959. Stoff- und Wärmeübertragung in der chemischen Kinetik. Berlin/Göttingen/Heidelberg: Springer-Verlag, 1959.

GDV. 2019. VdS 3103 "Lithium-Batterien". [Online] 2019. [Zitat vom: 02. Juli 2025.] ▶ https://shop.vds.de/download/vds-3103.

GefstoffV. 2010. Gefahrstoffverordnung vom 26. November 2010 (BGBl. I S. 1643, 1644), zuletzt ge-ändert durch Artikel 1 der Verordnung vom 2. Dezember 2024 (BGBl. 2024 I Nr. 384). 2010.

Grewer, T. 1994. Thermal Hazards of Chemical Reactions. Amsterdam: Elsvier Science B. V., 1994.

Hemminger W. F. und Cammenga H. K. 1989. Methoden der Thermischen Analyse. Berlin Heidel-berg New York: Springer-Verlag, 1989.

Hensel, W., Krause, U. und Löffler, U. 2004. Self-Ignition of Solid Materials (Including Dusts). [Buchverf.] M. Hattwig und H. Steen. Handbook of Explosion Prevention and Protection. Wein-heim: WILEY-VCH Verlag, 2004, S. 227–256.

IFS. 2017. Selbstentzündung in einem Entsorgungsbetrieb – keine Zündquelle notwendig. [Online] Institut für Schadenverhütung und Schadenforschung der öffentlichen Versicherer e. V. (IFS), 04. 08 2017. [Zitat vom: 02. Juli 2025.] ▶ https://www.ifs-ev.org/selbstzuendung-in-einem-entsor-gungsbetrieb-keine-zuendquelle-notwendig/.

Jossen A. und Weydanz, W. 2021. Moderne Akkumulatoren richtig einsetzen. 2. Auflage. Göttingen: MatrixMedia Verlag, 2021.

Karl W. 2004. Chemical Reactions. [Buchverf.] M. Hattwig und H. Steen. Handbook of Explosion Prevention and Protection. Weinheim: Wiley-VCH, 2004.

Köllner, C. 2021. Was sind die Vor- und Nachteile verschiedener Zellformate? [Online] Springer Professional, 23. 12 2021. [Zitat vom: 01. Juli 2025.] ▶ https://www.springerprofessional.de/batte-rie/energiespeicher/was-sind-die-vor--und-nachteile-verschiedener-zellformate-/19085588.

Kolter, T, Weinhold, B und Behler, A. 2008. Inhibitoren RD-09-00684. [RÖMPP (Online)] Stuttgart: Georg Thieme Verlag, 2008.

Kuchling H. 2014. Taschenbuch der Physik. München: Carl Hanser Verlag, 2014.

Leiber C. 2006. Phlegmatisierung RD-16-01800. Stuttgart: Georg Thieme Verlag, 2006. RÖMPP [On-line].

Lyners, C. 2019. Sources of Risk. [Buchverf.] Brandt K. Garche J. Electrochemical Power Sources: Fundamentals, Systems and Applications Li-Battery Safety. Amsterdam: Elsevier, 2019, S. 145–166.

Michael-Schulz, H, et al. 2023. Empfehlungen für die Beförderung gefährlicher Güter - Handbuch für Prüfungen und Kriterien. [Online] 25. 04 2023. [Zitat vom: 04. Juli 2025.] ▶ https://opus4.kobv.de/opus4-bam/frontdoor/index/index/docId/57317.

Reddy, T B und Beard, K W. 2019. An Introduction to Secondary Batteries. [Buchverf.] K W Beard und T B Reddy. LINDEN´S HANDBOOK OF BATTERIES. New York et al.: McGraw Hill, 2019, S. 229–244.

4

Schwister, K. (Hrsg.). 2010. Taschenbuch der Chemie. München: Carl Hanser Verlag, 2010.

Semenoff, N. 1928. Zur Theorie des Verbrennungsprozesses. Zeitschrift für Physik. 48, 1928, S. 571–582.

Stoessel F. 2020. Thermal Safety of Chemical Processes. Second, Completely Revised and Extended Edition. Weinheim: Wiley-VCH Verlag, 2020.

Sweney, R. 2019. Lightweight Electric Vehicles (Riding the wave of technology). [Buchverf.] Beard K. W. und Reddy T. B. Linden's Handbook of Batteries. New York: McGraw-Hill, 2019, S. 1076–1095.

Thomas, P. H. 1957. On the thermal conduction equitation for self-heating materials with surface cooling. Journal of the Chemical Society Transaction of the Faraday Society. 1957, S. 60–65.

TRAS 410. 2020. Technische Regel für Anlagensicherheit (TRAS 410). Erkennen und Beherrschen exothermer chemischer Reaktionen – Ermittlung der Gefahren, Bewertung und zusätzliche Maßnahmen –. s.l.: Veröffentlicht am Dienstag, 23. Februar 2021 BAnz AT 23.02.2021 B5, 2020.

TRGS 510. Lagerung von Gefahrstoffen in ortsbeweglichen Behältern. s.l.: GMBl 2021 S. 178–216 [Nr. 9–10] (v. 16.2.2021). Dezember 2020.

TRGS 741. Technische Regeln für Gefahrstoffe. Organische Peroxide. s.l.: GMBl 2023, S. 831–859 [Nr. 40] (v. 18.8.2023). August 2023.

U.S. Department. 2024. Incident Statistics. [Online] U.S. Department of Transportation Pipeline and Hazardous Materials Safety Administration, 19. März 2024. [Zitat vom: 01. Juli 2025.] ▶ https://www.phmsa.dot.gov/hazmat-program-management-data-and-statistics/data-operations/incident-statistics.

UN I. 2023. Recommendations on the Transport of Dangerous Goods Model Regulations Volume I Twenty-third revised edition. United Nations Economic Commission for Europe. [Online] 2023. [Zitat vom: 02. Juli 2025.] ▶ https://unece.org/transport/documents/2023/08/standards/model-regulations-rev23-volume-i.

UN II. 2023. Recommendations on the Transport of Dangerous Goods Model Regulations Volume II Twenty-third revised edition. United Nations Economic Commission for Europe. [Online] 2023. [Zitat vom: 02. Juli 2025.] ▶ https://unece.org/transport/documents/2023/08/standards/model-regulations-rev23-volume-ii.

Verordnung (EG) Nr. 1272/2008. Verordnung (EG) Nr. 1272/2008 d. Europäischen Parlaments und d. Rates v. 16. Dezember 2008 über die Einstufung, Kennzeichnung u. Verpackung v. Stoffen u. Gemischen,. z. Änderung u. Aufhebung d. Richtlinien 67/548/EWG u. 1999/45/EG u. zur Änderung d. Verordnung (EG) Nr. 1907/2006. ABl. L 353 vom 31.12.2008, S. 1: s.n.

Walter, D., et al. 2023. X-Change: Batteries The Battery Domino Effect. [Online] Dezember 2023. [Zitat vom: 02. Juli 2025.] ▶ https://rmi.org/wp-content/uploads/dlm_uploads/2023/12/xchange_batteries_the_battery_domino_effect.pdf.

Welter, K. 2019. Nobelpreis für Chemie Die Lithium-Ionen-Batterie: Eine Erfindung voller Energie. Chemie in unserer Zeit. 2019, 53, S. 361-371.

Wöhrle, T. 2013. Lithium-Ionen-Zelle. [Buchverf.] R Korthauer. Handbuch Lithium-Ionen-Batterien. Berlin: Springer Vieweg, 2013.

Explosivstoffe

Inhaltsverzeichnis

© Der/die Autor(en), exklusiv lizenziert an Springer-Verlag GmbH, DE, ein Teil von Springer Nature 2026
U. Arens, *Gefahrgut und Gefahrstoffe in der Logistik*,
https://doi.org/10.1007/978-3-662-72200-8_5

5

Was Sie im vorherigen Kapitel gelernt haben

Selbstbeschleunigende Stoffsysteme reagieren bereits auf kleine Änderungen der Umgebungsbedingungen mit heftigen Reaktionen. Äußere Zündquellen sind dazu nicht notwendig. Es gibt Einstoff- und Mehrstoffsysteme, die sich in der Zusammensetzung und der Struktur voneinander unterscheiden. Selbst Gegenstände wie z. B. die Lithium-Akkumulatoren zeigen ein ähnliches Reaktionsverhalten. Für die Klassifizierung und Einstufung selbstbeschleunigender Stoffsysteme werden spezifische sicherheitstechnische Kenngrößen herangezogen. Die hohen Risiken erfordern eine sorgfältige Planung der Schutzmaßnahmen. Diese orientieren sich an dem STOP-Prinzip und werden durch Notfallmaßnahmen ergänzt. Spezifische Schutzmaßnahmen sind für die Verwendung von Lithium-Akkumulatoren vorzusehen.

Was Sie in diesem Kapitel erwartet

Explosivstoffe haben eine besondere Stellung unter den gefährlichen Stoffen und Gütern. Das hat natürlich damit zu tun, dass von ihnen enorme Risiken ausgehen. Doch warum sind diese Stoffe so brandgefährlich? In diesem Kapitel wird diese Frage beantwortet. Dazu geht es zunächst um die Charakterisierung dieser Stoffgruppe und die Einteilungssystematik. Es gehört zum Allgemeinwissen, dass Explosivstoffe detonieren. Aber was bedeutet das und was macht Detonationen eigentlich aus? Im Mittelpunkt steht die hydrodynamische Theorie. Sie liefert eine Erklärung für das Reaktionsverhalten. Im Anschluss geht es um die Klassifizierung und Einstufung. Neben den Grundsätzen werden charakteristische Prüfmethoden vorgestellt. Am Schluss dieses Kapitels geht es um Schutzmaßnahmen, die geeignet sind, den enormen Risiken zu begegnen. Neben einer Übersicht der regulatorischen Anforderungen lernen Sie die Bedeutung quartärer Explosionsschutzmaßnahmen kennen.

5.1 Einführung

Am frühen Abend des 04. August 2020 erschütterte eine schwere Explosion die libanesische Hauptstadt Beirut und forderte mehr als 200 Tote sowie über 6500 Verletzte. Zahlreiche Wohnungen und Gebäude wurden so stark beschädigt, dass zeitweise mehr als 300.000 Personen obdachlos waren. Fachleute beziffern den Sachschaden auf einen Betrag zwischen 10 bis 15 Milliarden US-Dollar. Ursache dieses folgenschweren Ereignisses war die Detonation von Ammoniumnitrat, das in einem Lagergebäude des Hafens gelagert war (Kundu et al. 2021).

Ammoniumnitrat ist den allermeisten Menschen eher als Düngemittel bekannt und weniger als explosionsfähiger Stoff. Die internationalen Gefahrgutvorschriften und das europäische Chemikalienrecht ordnen Ammoniumnitrat allerdings den Explosivstoffen zu. Es gibt also Stoffe, die explosionsfähig sind, ohne dass sie als solche unmittelbar wahrgenommen werden. Ammoniumnitrat gehört beispielsweise dazu.

Auch wenn Explosivstoffe im Allgemeinen mit Tod, Zerstörung und enormen Schäden in Verbindung gebracht werden, ist ihre Verwendung im gewerblichen und privaten Umfeld nicht ungewöhnlich. Der Bau von Straßentunnel, die Gewinnung von Rohstoffen im Bergbau oder der Abriss alter Bauwerke sind ohne Explosivstoffe kaum möglich. Auch in der Raumfahrt geht es nicht ohne explosive Stoffe. Und wahrscheinlich sind sich nur wenige Autofahrer bewusst, dass sie sich in unmittelbarer Nähe zu Explosivstoffen befinden, wenn sie sich ins Auto setzen, denn Airbag- und Gurtstraffersysteme funktionieren nicht ohne den Einsatz explosiver Stoffe. Auch das Feuerwerk am Jahresende gehört zu dieser Stoffgruppe. Alle diese Beispiele belegen, dass eine Reduzierung explosiver Stoffe auf ausschließlich negative Ereignisse nicht der Realität entspricht. Doch was macht dann Explosivstoffe aus?

Verkürzt lässt sich darauf antworten: Explosivstoffe sind Stoffe und Gegenstände, die nach den Gefahrgutvorschriften oder der Verordnung (EG) Nr. 1272/2008 als solche definiert werden (◘ Tab. 5.1).

◘ Tabelle 5.1 zeigt, dass die Gasentwicklung und das Schadenspotenzial die entscheidenden Merkmale für die Definition der Explosivstoffe sind. Beide Merkmale sind miteinander verbunden, denn ohne Gasentwicklung ist das enorme Schadenspotenzial nicht denkbar. Doch worauf ist die Gasentwicklung zurückzuführen? Diese Frage lässt sich mit Blick auf die chemische Struktur beantworten.

Der weitaus größte Teil explosiver Stoffe enthält die Elemente Sauerstoff, Stickstoff und weitere oxidierbare Elemente, zu denen vor allem Kohlenstoff und Wasserstoff gehören. Auf Grund dieser Hauptbestandteile werden Explosivstoffe daher auch als CHNO-Stoffe bezeichnet, womit auf die Kurzbezeichnung der Elemente abgestellt wird. In Explosivstoffen ist Sauerstoff im Allgemeinen an Stickstoff gebunden und tritt in dieser Verbindung als NO, NO_2 oder NO_3 auf. Nur wenige Explosivstoffe durchbrechen diese Regel. Dazu zählen z. B. Bleiazid $Pb(N_3)_2$ oder Iodstickstoff NI_3. Infolge der chemischen Reaktion werden die

◘ Tab. 5.1 Explosivstoffe – Vergleich der Definitionen

UN-Modellvorschriften 2.1.1.3 (UN I 2023)	Verordnung (EG) Nr. 1272/2008 Anhang I Nr. 2.1.1.2
„*Explosive substance* is a solid or liquid substance (or a mixture of substances) which is in itself capable by chemical reaction of producing gas at such a temperature and pressure and at such a speed as to cause damage to the surroundings. […]"	„*Explosive Stoffe/Gemische*: feste oder flüssige Stoffe oder Stoffgemische, die durch chemische Reaktion Gase solcher Temperatur, solchen Drucks und solcher Geschwindigkeit entwickeln können, dass hierdurch in der Umgebung Zerstörungen eintreten. […]"

Stickstoff-Sauerstoff-Verbindungen aufgebrochen und gehen mit den brennbaren Bestandteilen neue Verbindungen ein. Dabei werden binnen kurzer Zeit große Energiemengen und Gasvolumina freigesetzt. Eine Volumenzunahme um den Faktor 10.000 ist bei festen Stoffen durchaus üblich (Fricke 1979; S. 126).

Neben der Zusammensetzung weisen die Molekülgruppen der Explosivstoffe ein gemeinsames Muster auf. ◘ Tab. 5.2 enthält eine Zusammenstellung spezifischer Molekülgruppen, wie sie häufig in Explosivstoffen anzutreffen sind.

Alle in ◘ Tab. 5.2 genannten Stoffgruppen haben eine gemeinsame Eigenschaft: Sie zerfallen sehr leicht in ihre Bestandteile, ohne dass dazu weitere Stoffe notwendig sind. Die beim Zerfall freiwerdende Energie treibt gleichzeitig die Reaktionsgeschwindigkeit an.

Die chemische Zusammensetzung liefert eine erste Orientierung über mögliche explosive Eigenschaften. Gewissheit ergibt sich jedoch erst, wenn bekannt ist, wie die Zersetzungsreaktion ausgelöst wird. Wie wichtig die Kenntnis des Auslösemechanismus ist, zeigen die Unfälle, die sich im Laufe der Historie beim Umgang mit Explosivstoffen ereignet haben. Grundsätzlich benötigen Explosivstoffe ebenso wie entzündbare Stoffe Aktivierungsenergie. Allerdings muss diese nicht zwangsweise thermisch sein. Auch mechanische Beanspruchungen wie z. B. Schlag oder Reibung reichen im Einzelfall aus, um eine exotherme Reaktion in Gang zu setzen (Akhavan 2022, S. 66).

Unter Berücksichtigung der chemischen Zusammensetzung und der besonderen Auslösemechanismen lässt sich folgende allgemeingültige Definition für Explosivstoffe ableiten:

◘ **Tab. 5.2** Ausgewählte Stoffgruppen und deren Bezeichnung. (Nach Michael-Schulz et al. 2023, S. 606, Boileau et al. 2012, S. 631 ff.)

Stoffgruppe	Beispiele
Sauerstoffverbindungen (-O-O- und -O-O-O-)	Anorganische und organische Peroxide
Sauerstoff-Halogenverbindungen	Anorganische und organische Chlorate und Perchlorate
Stickstoff-Halogenverbindungen	Chloramine, Fluoramine
Stickstoff-Sauerstoff-Verbindungen	Hydroxylamine, Nitrate, Nitroverbindungen, Nitrosoverbindungen, N-Oxide, 1,2-Oxazole
Stickstoff-Verbindungen	Azide, aliphatische Azoverbindungen, Diazoniumsalze, Hydrazine, Triazole, Tetrazole, Sulfonylhydrazide
Kohlenstoff-Metall- und Stickstoff-Metall-Verbindungen	Organische Lithiumverbindungen
Ungesättigte Kohlenstoff-Verbindungen (C-C)	Acetylen, Acetylide

Explosivstoffe sind Stoffe und Gemische, die Reduktions- und Oxidationsmittel miteinander vereinen und sich bei Zuführung thermischer oder mechanischer Energie unter Freisetzung von Wärme und Gas spontan zersetzen.

Das Beispiel der Airbag- und Gurtstraffersysteme zeigt, dass Explosivstoffe auch in Gegenständen und Erzeugnissen enthalten sein können. Deshalb werden für die Klassifizierung und Einstufung auch Gegenstände bzw. Erzeugnisse berücksichtigt. Auch folgende Produkte zählen dazu:

— Pyrotechnik
   Als Pyrotechnik (griech. *pyros*: Feuer) wird die Wissenschaft des Feuerwerks bezeichnet. Sie dient dem Vergnügen oder technischen Zwecken, indem thermische (z. B. Wärme), mechanische (z. B. Bewegung), optische (z. B. Licht, Farben, Rauch) und akustische (z. B. Schall) Effekte erzeugt werden (Schwedt 2019, S. 18). Diese Wirkungen werden durch Stoffgemische hervorgerufen, die neben Oxidations- und Reduktionsmitteln weitere Zusatzstoffe enthalten. Pyrotechnische Mischungen werden auch als Sätze bezeichnet (Keller 2012, S. 250).

— Treibmittel
   Treibmittel ist eine übergeordnete Bezeichnung für Treibladungen, die in Waffen und in Raketen verwendet werden und benötigt werden, um Geschosse abzufeuern. Die Raketentechnik nutzt sie, um den Schub zur Überwindung der Erdanziehungskräfte zu erzeugen. In der Regel handelt es sich bei Treibmittel um spezifische Mischungen.

Alle genannten Stoffe und Gegenstände werden nach Gefahrgut- und Chemikalienrecht in der Klasse „Explosive Stoffe/Gemische und Erzeugnisse bzw. Gegenstände mit Explosivstoff" zusammengefasst. In der Praxis wird diese Klasse verkürzt „Explosivstoffe" genannt. Diese Bezeichnung trägt auch die Kapitelüberschrift und wird daher auch im weiteren Verlauf zur Charakterisierung genutzt.

Wie notwendig es ist, sich über die Begriffe zu verständigen, ergibt sich aus der Vielzahl verwendeter Bezeichnungen. Weit verbreitet ist der Begriff „Sprengstoff", der nicht selten synonym verwendet wird. Sprengstoffe im eigentlichen Sinn bezeichnen allerdings nur solche Explosivstoffe, die zum Sprengen oder als Teil der Munition verwendet werden.

In der angelsächsischen Literatur werden Initialsprengstoffe *(„primary explosivses")* von den Sekundärsprengstoffen *(„secondary explosives")* unterschieden (Leiber 2010). Dabei ist der Auslösemechanismus das Kriterium, das zur Unterscheidung herangezogen wird. Während Initialsprengstoffe durch mechanische oder thermische Beanspruchungen zur Reaktion gebracht werden, entwickeln Sekundärsprengstoffe ihre Wirkung in der Regel nur in Kombination mit einem Initialsprengstoff (Akhavan, S. 26)

Die deutsche Sprache kennt weitere Begriffe, mit denen Explosivstoffe bezeichnet werden. Dazu gehören z. B. explosionsfähige und explosionsgefährliche Stoffe.

Als explosionsfähig werden alle festen, flüssigen und gasförmigen Stoffe und Stoffgemische bezeichnet, die zu einer exothermen chemischen Reaktion fähig sind, ohne weitere Reaktionspartner zu benötigen. Der Begriff schließt organische Peroxide ein (▶ Kap. 4).

Explosionsgefährliche Stoffe sind dagegen legal definiert. Der Begriff geht auf das „Gesetz über explosionsgefährliche Stoffe" zurück, das als „Sprengstoffgesetz" bekannt ist (Info-Box: „Sprengstoffrecht") Dort heißt es:

» a) feste oder flüssige Stoffe und Gemische (Stoffe), die

aa) durch eine gewöhnliche thermische, mechanische oder andere Beanspruchung zur Explosion gebracht werden können und

bb) sich bei Durchführung der Prüfverfahren nach [...] Verordnung (EG) Nr. 440/2008 der Kommission vom 30. Mai 2008 zur Festlegung der Prüfmethoden [...] als explosionsgefährlich erwiesen haben,

b) [...] Gegenstände, die Stoffe nach Buchstabe a enthalten

SprengG § 3 Abs. 1 Nr. 1

Zusätzlich zu den explosionsgefährlichen Stoffen kennt das Sprengstoffgesetz auch Explosivstoffe und verweist dazu auf die gleichnamige Klasse der internationalen Gefahrgutvorschriften.

Info-Box: „Sprengstoffrecht"

Das Sprengstoffrecht ist relativ jung. Erst am 25. August 1969 trat das erste bundeseinheitliche Gesetz über explosionsgefährliche Stoffe (Sprengstoffgesetz) in Kraft. Bis zu diesem Zeitpunkt galt das Gesetz gegen den verbrecherischen und den gemeingefährlichen Gebrauch von Sprengstoffen vom 09. Juni 1884, das durch diverse Ländergesetze ergänzt wurde. Das 1969 geschaffene Sprengstoffgesetz enthielt zunächst vor allem gewerbe- und arbeitsschutzrechtliche Regelungen. Der Privatsektor wurde ausgespart. Daher war eine Neufassung notwendig, die am 13. September 1976 in Kraft trat und bis zum gegenwärtigen Zeitpunkt Bestand hat, auch wenn es im Laufe der Jahre an die veränderten Gegebenheiten angepasst wurde. Das war vor allem durch das zwischenzeitliche Inkrafttreten europäischer Gemeinschaftsrichtlinien über die Bereitstellung von Explosivstoffen (Richtlinie 2014/28/EU) und von pyrotechnischen Gegenständen (Richtlinie 2013/29/EU) zum Zwecke der Schaffung eines einheitlichen Binnenmarktes notwendig.

Das Sprengstoffgesetz regelt den Umgang, den Verkehr, die Einfuhr und Durchfuhr explosionsgefährlicher Stoffe. Während die zentrale Definition explosionsgefährlicher Stoffe auf die Auslösemechanismen und die Prüfmethoden nach europäischem Gemeinschaftsrecht abhebt, entsprechen Explosivstoffe den Stoffen und Gegenständen, die nach internationalen Gefahrgutvorschriften der Klasse 1 zugewiesen sind (SprengG § 3 Abs. 1 Nr. 2 in Verbindung mit Richtlinie 2014/28/EU).

Das Sprengstoffgesetz wird durch drei Verordnungen ergänzt, von denen insbesondere die Zweite Verordnung zum Sprengstoffgesetz in den Gestaltungsrahmen der Unternehmen eingreift, indem sie die Aufbewahrung explosionsgefährlicher Stoffe festlegt. Die Vorgaben werden durch Sprengstoff-Richtlinien mit dem Status einer Technischen Regel konkretisiert.

In der Literatur werden verschiedene Möglichkeiten zur Einteilung explosiver Stoffe vorgeschlagen. Üblich ist eine Differenzierung nach Art der Verwendung. 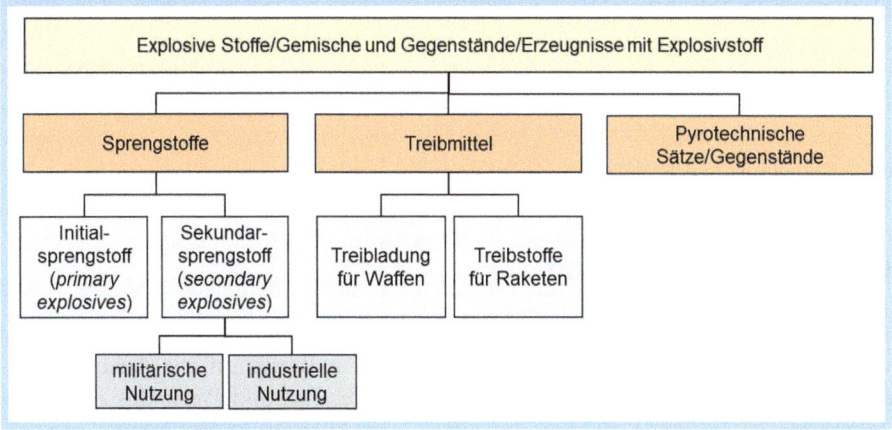 Abb. 5.1 greift diesen Aspekt auf und führt die einzelnen Begriffe zusammen.

Die Geschichte explosiver Stoffe reicht lange zurück. Auch wenn der Beginn der Entwicklung nicht genau bekannt ist, geht man davon aus, dass der Ursprung in China liegt. Vor fast tausend Jahren kannte man dort bereits das Schwarzpulver, eine Mischung aus Kaliumnitrat, Schwefel und Holzkohle. Es wurde vor allem in Feuerwerkskörpern eingesetzt (Schwedt 2019, S. 1). In Europa wurde das Schwarzpulver dagegen erst Mitte des 13. Jahrhunderts bekannt, als dem Franziskanermönch Berthold der Schwarze die Herstellung von Schwarzpulver zur Verwendung in Feuerwaffen gelang (Schwedt 2019, S. 3).

Bis zum nächsten großen Entwicklungsschritt sollten fast 600 Jahre vergehen. Auf das Jahr 1846 ist die Entdeckung von Nitroglycerin datiert. Dem italienischen Chemiker *A. Sobrero* (1812–1888) gelang die Synthetisierung. Nitroglycerin ist äußerst schlagempfindlich, so dass Herstellung und Umgang äußerst risikoreich waren. Das änderte sich, als der schwedische Chemiker *A. Nobel* (1833–1896) Nitroglycerin mit Kieselgur vermischte. Es entstand

Abb. 5.1 Unterteilung explosiver Stoffe/Gemische und Gegenstände bzw. Erzeugnisse mit Explosivstoff. (Nach Meyer et al. 2015, S. 136; Koch 2019, S. 262)

□ Tab. 5.3 Ausgewählte Meilensteine in der Entwicklung explosiver Stoffe. (Nach Klapötke 2022)

Zeit	Stoff (Kurzbezeichnung)	Zusammensetzung/ Summenformel	Bemerkungen
Ca. 13. Jahrhundert	Schwarzpulver	75 % Kalisalpeter 10 % Schwefel 15 % Holzkohle	fest
19. Jahrhundert	Nitroglycerin (NG)	$C_3H_5N_3O_9$	flüssig
	Trinitrotoluol (TNT)	$C_7H_5N_3O_6$	fest; Sekundärspreng- stoff zur militärischen An- wendung
	Bleiazid	$Pb(N_2)_2$	fest, Initialsprengstoff
20. Jahrhundert	Hexogen (RDX)	$C_3H_6N_6O_6$	fest, Sekundärsprengstoff
	Oktogen (HMX)	$C_4H_8N_8O_8$	fest, Sekundärsprengstoff
	Hexanitrostilben (HNS)	$C_{14}H_6N_6O_{12}$	fest, Sekundärspreng- stoff zur industriellen Ver- wendung
	Ammoniumnitrat	NH_4NO_3	fest, Verwendung als Sekundärsprengstoff in Mischung mit brennbaren Materialien während des 2. Weltkriegs; Düngemittel

das Dynamit, das als eingetragenes Patent den Erfolg des Chemikers begründete. In den folgenden Jahren wurden weitere neue Verbindungen entdeckt und geschaffen, die in erster Linie für das Militär von Interesse waren. Besonders in der ersten Hälfte des 20. Jahrhunderts entstanden viele neue Stoffe und Verbindungen (□ Tab. 5.3).

Zu den neueren Entwicklungen zählen kunstoffgebundene Sprengstoffmischungen. Sie bestehen aus einem herkömmlichen Sprengstoff (z. B. RDX), der in Kunststoff eingebettet wird. Auf diese Weise können verschiedenartige Geometrien erzeugt werden. Ein bekannter Vertreter ist „Semtex", der Handelsname eines tschechischen Herstellers (Klapötke 2022, S. 13).

5.2 Detonationsvorgang

Als Detonation wird die Reaktion von Explosivstoffen bezeichnet. Sie ist in vielerlei Hinsicht besonders, und das nicht nur in Bezug auf die Ausbreitungsgeschwindigkeit, sondern auch im Hinblick auf die Art und Weise des Zustandekommens.

In diesem Kapitel dreht sich alles um die Detonation. Zunächst geht es um die Einordnung dieses Phänomens in den Kontext der Verbrennungen. Es folgen theoretische Grundlagen, soweit sie für die Gefahrgut- und Gefahrstoff-Logistik von Bedeutung sind. Den Abschluss bilden thermodynamische Berechnungen, die zur Beurteilung gefährlicher Eigenschaften bei Transport und Lagerung genutzt werden.

5.2.1 Einordnung

Jede chemische Explosion ist eine besondere Art der Verbrennung. Allerdings verläuft sie deutlich schneller und heftiger als eine normale Verbrennung und besitzt daher ein größeres Schadenspotential. Als Verbrennung bezeichnet man eine chemische Reaktion, bei dem ein entzündbarer Stoff oxidiert und infolgedessen Wärme freisetzt. Die produzierte Wärme fördert die Verdampfung flüssiger Bestandteile, so dass in der Folge ein Prozess einsetzt, der sich so lange selbst unterhält, bis die oxidierbaren Stoffe vollständig verbraucht sind. Die Flamme markiert den Bereich, in dem die chemische Reaktion stattfindet.

Auch Explosivstoffe verbrennen. Allerdings unterscheidet sich der Prozess durch folgende Aspekte von einer herkömmlichen Verbrennung:

1. Oxidationsmittel müssen nicht zugeführt werden. Sie sind integraler Bestandteil des Explosivstoffs. In der Regel handelt es sich dabei um Sauerstoff.
2. Die Geschwindigkeit, mit der der Reaktionsprozess abläuft, ist um ein Vielfaches höher und damit auch das Schadenspotential.

Im Hinblick auf die Geschwindigkeit unterscheidet man bei Explosivstoffen zwischen der Deflagration und der Detonation (▶ Abschn. 2.1).

Die Deflagration ist eine besonders heftige Verbrennung, bei der sich die Reaktionszone mit einer Geschwindigkeit unterhalb der Schallgeschwindigkeit ausbreitet. In der Regel wird sie von einem schwachen Geräusch begleitet. Im Falle eines Explosivstoffs zeigt sich nach der Zündung eine Flamme, die sich durch den unverbrannten Teil des Stoffes bewegt. Die unverbrannten Stoffmoleküle erfahren durch den Druck- und Temperaturunterschied einen Impuls, so dass sich die Flamme in dieselbe Richtung ausbreitet. Die Geschwindigkeit setzt sich aus der Bewegung der unverbrannten Stoffmoleküle und der Reaktionsgeschwindigkeit zusammen (Lee 2008, S. 2). Die bei der Deflagration entstehenden Reaktionsprodukte werden entgegengesetzt zur Flammenrichtung freigesetzt. Dieser Umstand ist für Treibmittel von großer Bedeutung, da die ausströmenden Verbrennungsgase die mechanische Arbeit liefern, die für den Vorschub notwendig ist.

Auf den ersten Blick unterscheidet sich eine Deflagration von einer „normalen" Verbrennung allenfalls durch die Geschwindigkeit. Tatsächlich gibt es einen weiteren wichtigen Unterschied. Während die Verbrennung durch die Zufuhr von Wärmeenergie initiiert wird, können Deflagrationen auch mechanisch wie z. B. durch Reibung, Schlag oder Stoß in Gang gesetzt werden. Diese mechanischen Kräfte führen zur Bildung sogenannter „hotspots" innerhalb des Explosivstoffs. In diesen „hotspots" werden einzelne Stoffbestandteile komprimiert, so dass entzündbare Dämpfe freigesetzt werden, die ihrerseits durch den abrupten Temperaturanstieg gezündet werden. Man geht davon aus, dass die Bildung der „hotspots" bei Feststoffen durch interkristalline Reibung gefördert wird. Ebenso wichtig wie die Bildung von "hotspots" ist die Voraussetzung, dass die Wärme nicht an die Umgebung abgeführt wird (Akhavan 2022, S. 79). Das ist z. B. der Fall, wenn die Feststoffteilchen einen kritischen Durchmesser unterschreiten. Unter dieser Voraussetzung ist der Wärmeverlust größer als die Wärmeproduktion, so dass die Zündtemperatur in der Regel nicht erreicht wird.

Einen Einfluss auf den Reaktionsverlauf hat der Einschluss. Darunter versteht man das Material, das den Explosivstoff umgibt. Ist dieses widerstandsfähig und inert, erhöht sich die Wahrscheinlichkeit für eine Deflagration. Der Übergang zur Detonation ist möglich. Ist der Einschluss dagegen schwach oder fehlt ganz, dann kommt es womöglich nur zu einer normalen Verbrennung (Meyer et al. 2015. S. 63).

Zusammenfassend zeigt die Deflagration von Explosivstoffen folgende Merkmale:

- Eine Deflagration wird durch Wärme, Reibung, Schlag oder Stoß eingeleitet.
- Die Reaktion wird von einem Geräusch begleitet.
- Die Ausbreitungsgeschwindigkeit ist hoch. Sie überschreitet jedoch nicht die Schallgeschwindigkeit.
- Innerhalb kurzer Zeit werden große Gas- und Dampfmengen erzeugt.

Die Detonation unterscheidet sich von der Deflagration durch ihre Heftigkeit und das Schadensausmaß. Während die Wirkung einer Deflagration lokal begrenzt bleibt, sind die Folgen einer Detonation auch noch weit entfernt vom Entstehungsort spürbar. Ursache ist die enorme Geschwindigkeit, mit der sich die Detonation ausbreitet, denn sie ist größer als die Schallgeschwindigkeit und in der Regel mit einem lauten Geräusch verbunden. Die Schallgeschwindigkeit ist von der Art des Mediums und von der Temperatur abhängig (◾ Tab. 5.4).

Dass es sich bei der Detonation um eine außergewöhnliche Reaktion handelt, ist schon seit vielen Jahrzehnten bekannt. Allerdings verfügte man anfangs noch nicht über die notwendigen messtechnischen Methoden, um diese Vermutung zu bestätigen. Es wird angenommen, dass es dem englischen Chemiker *S. F. Abel* (1827–1902) zum ersten Mal gelang, die Detonation als besondere Explosions-

◾ **Tab. 5.4** Schallgeschwindigkeit ausgewählter Stoffe bei 20 °C (Kuchling 2014, S. 650)

Stoff	Schallgeschwindigkeit in m/s
Luft	344
Meerwasser	1531
Eisen	5180
Quarzglas	5400

form durch die Messung der Geschwindigkeiten zu beschreiben (Koch 2019, S. 4, Lee 2008, S. 4). Tatsache ist jedoch, dass der französische Chemiker *M. Berthelot* (1827–1907) und der französische Ingenieur *P. Vieille* (1854–1934) systematische Messungen der Detonationsgeschwindigkeiten vornahmen. Beide Wissenschaftler waren es auch, die sich mit der Frage nach den Ursachen für die hohen Geschwindigkeiten befassten und die Rolle einer Stoßwelle diskutierten (Lee 2008, S. 4).

Viele Wissenschaftler beschäftigen sich seither mit der Detonationstheorie. Auch wenn die Details auch heute noch nicht vollständig geklärt sind, besteht in der Fachwelt Einigkeit, dass die Reaktion durch eine Stoßwelle ausgelöst wird. In ihrer Front besteht ein hohes Temperatur- und Druckgefälle, durch das die Reaktion ausgelöst wird. Die eigentliche chemische Reaktion findet dagegen direkt hinter der Stoßwellenfront statt. Stoßwellenfront und Reaktionszone zusammen bilden die Detonationszone (◘ Abb. 5.2). Diese breitet sich mit Überschallgeschwindigkeit aus und erreicht Werte zwischen 1500 m/s und 9000 m/s (Venugopalan 2015, S. 54).

Eine Stoßwelle entsteht, wenn plötzlich große Energiemengen in einem begrenzten Raum freigesetzt werden. Dabei muss es sich nicht um chemische Energie handeln. Auch mechanische Energie ist in der Lage, Stoßwellen zu erzeugen. In der Tat lässt sich der Entstehungsmechanismus am Beispiel mechanischer Energien am anschaulichsten darstellen (◘ Abb. 5.3).

In einem mit Gas gefüllten Zylinder bewegt sich ein Kolben mit konstanter Geschwindigkeit. In der Folge wird das Gas im unmittelbaren Kontaktbereich des Kolbens komprimiert. Druck, Temperatur und Dichte des Gases nehmen zu und breiten sich mit Schallgeschwindigkeit im Zylinder aus. Da sich der Kolben weiter fortbewegt, folgen in kurzen Zeitabständen weitere Änderungen der Zustandsgrößen. Durch die infolge der Kompression zunehmende Dichte nimmt die Schallgeschwindigkeit zu (◘ Tab. 5.4). Das wiederum führt dazu, dass die

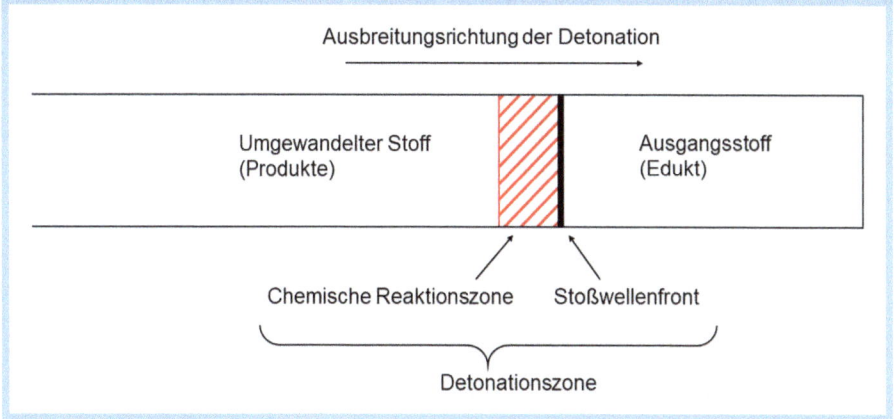

◘ **Abb. 5.2** Schematische Darstellung des Detonationsvorgangs. (Eigene Darstellung nach Venugoplan 2015, S. 15)

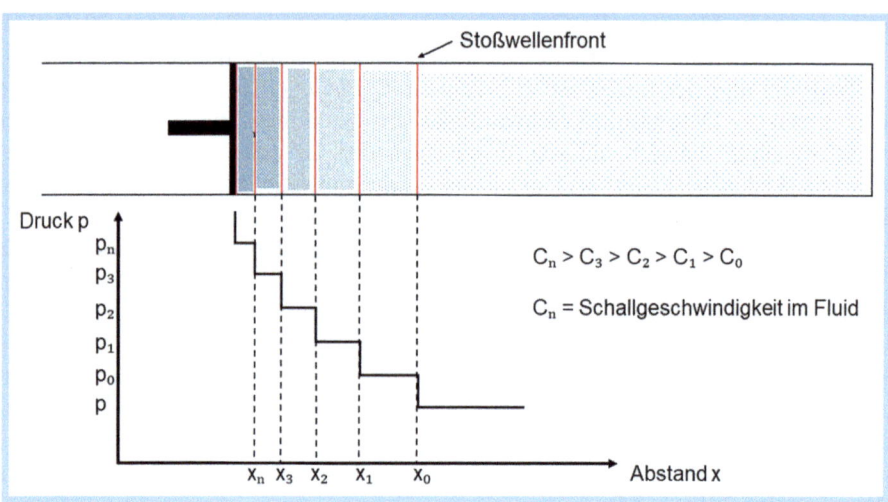

Abb. 5.3   Schematische Darstellung zur Bildung einer Stoßfront. (Eigene Darstellung)

nachfolgenden Druckwellen die Wegstrecke immer schneller durchwandern und schließlich auf die vorhergehenden Wellen treffen. Es bildet sich eine Front, in der Druck, Temperatur und Dichte sprunghaft ansteigen und sich im Weiteren mit Überschallgeschwindigkeit durch den Zylinder bewegen. Dieses Erklärungsmodell wird nicht nur für Gase genutzt, sondern findet im übertragenen Sinn auch für Feststoffe und Flüssigkeiten Anwendung.

Wird eine Stoßwelle in einem Explosivstoff erzeugt, ändern sich die physikalischen Zustandsgrößen an der Kontaktstelle abrupt und setzen dadurch eine chemische Reaktion in Gang. Während die Stoßwellenfront weiter voranschreitet, erfolgt die chemische Umsetzung mit einer zeitlichen Verzögerung. Die gasförmigen Reaktionsprodukte werden durch das Voranschreiten der Stoßwelle mitgerissen und bewegen sich daher in Ausbreitungsrichtung. Auf diese Weise tragen sie zur Stabilität der Stoßwellenfront bei.

Im Vergleich zur normalen Verbrennung oder zur Deflagration kommt das Erklärungsmodell für die Detonation gänzlich ohne Berücksichtigung der Wärmetransportprozesse aus. Diese Erkenntnis führt zu der Frage, wodurch eine Stoßwelle ausgelöst wird. Dazu sind folgende Aspekte zu berücksichtigen:

1. Druck
   Für die Einleitung einer Detonation müssen Drücke im Bereich von Gigapascal erzeugt werden. In der Praxis wird dieses Druckniveau durch spezielle Detonatoren erreicht. Dabei handelt es sich um Initialsprengstoffe, die ihrerseits durch mechanische, elektrische oder thermische Einflüsse ausgelöst werden. Durch engen Kontakt erfolgt eine Übertragung der Stoßwelle auf den explosiven Stoff und damit eine Auslösung der Detonation im Sekundär-

sprengstoff. Zu den typischen Initialsprengstoffen zählen beispielsweise Bleiazid und Silberazid (Koch 2019, S. 338, Matyás und Pachmann 2013, S. 3).
2. Einschlussbedingungen

Ist der „Einschluss", d. h. das Material, das den explosiven Stoff umgibt, widerstandsfähig und inert, so können die gasförmigen Reaktionsprodukte im Falle einer Entzündung nicht entweichen (Meyer et al. 2015, S.
63). Das wiederum führt zu einem weiteren Druck- und damit auch zu einem
Temperaturanstieg an der Oberfläche mit der Folge, dass die Reaktionsgeschwindigkeit nochmals steigt. Werden Druck und Wärme nicht rechtzeitig abgebaut, kann es zur Bildung einer Stoßwelle kommen. Aus einer Deflagration entwickelt sich eine Detonation. Dieser Vorgang wird als DDT (*De-
flagration-to-Detonation-Transition*, engl.: Übergang von der Deflagration zur
Detonation) bezeichnet. Üblicherweise erfolgt die Auslösung zeitverzögert
(Akhavan 2022. S. 53). Aus sicherheitstechnischer Sicht ist DDT besonders
kritisch, da die Entstehung nur schwer abschätzbar ist (Lee 1998, S. 192).
Große Lagermengen haben denselben Effekt wie der Einschluss. Das
gilt besonders, wenn der explosive Stoff in fein verteilter Form vorliegt
(Venugopalan 2015, S. 68).

Zusammenfassend sind die folgenden Merkmale kennzeichnend für eine
Detonation:
- Der Detonationsvorgang wird durch eine Stoßwelle ausgelöst. Wärmetrans-
portvorgänge bleiben unberücksichtigt. Ein zeitverzögerter Übergang von
einer Deflagration in eine Detonation ist möglich.
- Die Detonation wird von einer hohen Geräuschkulisse begleitet.
- Die Detonationsgeschwindigkeit ist erheblich größer als die Schall-
geschwindigkeit.
- Die gasförmigen Reaktionsprodukte bewegen sich in Ausbreitungsrichtung.

Das entscheidende Kriterium für die Unterscheidung zwischen Deflagration
und Detonation ist damit die Geschwindigkeit. Sie ist druck- und temperatur-
abhängig. Als Maß für die Geschwindigkeit dient die Massenumsetzungsrate. Sie
hängt von der Oberfläche, der Dichte und der Abbrandgeschwindigkeit ab. Es gilt
(▶ Gl. 5.1):

$$\dot{m} = u \cdot A \cdot \varrho \tag{5.1}$$

mit $\dot{m}$ = Massenumsetzungsrate des explosiven Stoffes in kg/s
u = Abbrandgeschwindigkeit in m/s
A = Oberfläche des explosiven Stoffes in m^2
ϱ = Dichte des explosiven Stoffes in kg/m^3

Gl. (5.2) macht den Einfluss der Dichte auf die Geschwindigkeit und damit auf
das Schadenspotential deutlich. Insbesondere für militärische Zwecke ist man be-
strebt, die Dichte der explosiven Stoffe zu erhöhen. ◘ Tab. 5.5 vergleicht Dichte
und Detonationsgeschwindigkeit einiger Explosivstoffe miteinander.

◼ **Tab. 5.5** Detonationsgeschwindigkeit und Dichte ausgewählter explosiver Stoffe. (Quelle: Akhavan 2022, S. 72/73)

Explosiver Stoff	Dichte in g/cm³	Detonationsgeschwindigkeit in m/s
Bleiazid	3,8	4500
Nitroglycerin	1,60	7750
TNT	1,55	6850
RDX	1,70	8440
HMX	1,89	9110
HNS	1,70	7000

5.2.2 Hydrodynamische Theorie

Auch wenn Experimente und Beobachtungen die Fachwelt bestärken, dass der Detonationsvorgang durch eine adiabatische Kompression infolge einer Stoßwelle ausgelöst wird, fehlt es an einem theoretischen Unterbau. Als Pioniere auf dem Weg zur Ableitung einer grundlegenden Theorie gelten der französische Ingenieur *P. H. Hugoniot* (1851–1887) und der schottische Mathematiker und Physiker *W. J. M. Rankine* (1820–1872). Ihnen gelang eine wissenschaftlich fundierte Herleitung der Stoßwellentheorie, die auch als hydrodynamische Theorie der Detonation in der Fachliteratur bekannt ist. Ihre Berechnungen beruhen auf der Annahme, dass die Stoßwellenfront einen radikalen Bruch der thermodynamischen und physikalischen Verhältnisse markiert und sich daher mathematisch als Diskontinuität deuten lässt. Obwohl sich die Zustände vor und hinter der Stoßwellenfront fundamental voneinander unterscheiden, stehen sie dennoch durch physikalische Gesetzmäßigkeiten miteinander in Verbindung. Dazu zählen vor allem die Erhaltungssätze für Massen, Impuls und Energien.

Um ein Verständnis für die Ableitung der Erhaltungssätze zu entwickeln, ist es notwendig, die Betrachtungsebene festzulegen. Grundsätzlich gibt es die Möglichkeit, die Bewegung der Stoßwellenfront von außen zu betrachten. In diesem Fall wird man sehen, dass sich die Stoßwellenfront von der einen in die andere Richtung bewegt. Ein anderes Bild ergibt sich, wenn man die Beobachtung als Teil des Systems durchführt. Aus dieser Perspektive wird man erleben, dass die Stoffteilchen auf den Betrachtenden zurasen, sofern man sich auf der Höhe der Stoßwellenfront befindet. Die Gesamtgeschwindigkeit, mit der sich die Stoffteilchen auf den Beobachtenden zubewegen, setzt sich aus der Geschwindigkeit der Stoßwellenfront und der Geschwindigkeit der Stoffteilchen zusammen. Für die Herleitung der Erhaltungssätze wird diese Betrachtungsebene gewählt. Weiterhin gelten die Verhältnisse, wie sie in ◼ Abb. 5.4 dargestellt sind.

Ausgangspunkt der Betrachtung ist ein Explosivstoff unter Einschluss, durch den sich eine Stoßfront A mit der Geschwindigkeit U bewegt. Diese Stoßfront unterteilt den Explosivstoff in zwei Bereiche, nämlich einen Bereich, der voll-

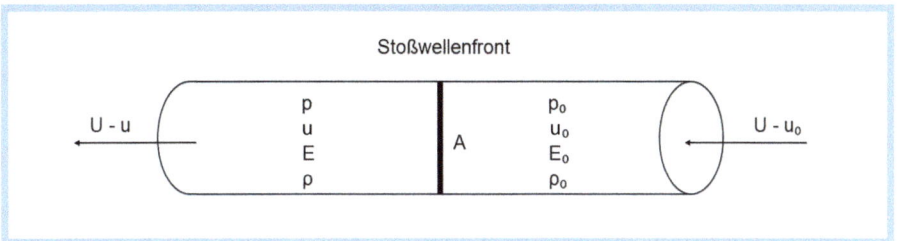

Abb. 5.4 Schematische Darstellung zur Ableitung der Stoßwellentheorie. (Quelle: Eigene Darstellung)

kommen unbeeinflusst von der Stoßfront ist (Index 0), und einen zweiten, der von der Stoßfront bereits durchlaufen wurde (ohne Index). Jeder Bereich ist durch die Zustandsgrößen Druck p, Partikelgeschwindigkeit u, Dichte ρ und innere Energie E eindeutig beschrieben. Es wird außerdem angenommen, dass Energieverluste z. B. durch innere Reibung oder Wärmetransportvorgänge auszuschließen sind.

Unter diesen Voraussetzungen lassen sich folgende Erhaltungssätze aufstellen:

— Massenerhaltung

Die Massenströme in den durch die Stoßwellenfront unterteilten Bereichen entsprechen einander. Ersetzt man die Masse durch das Produkt aus Dichte und Volumen und stellt das Volumen als Produkt aus Fläche und Geschwindigkeit dar, ergibt sich folgender Zusammenhang (▶ Gl. 5.2):

$$\rho_0 \cdot A \cdot t \cdot (U - u_0) = \rho \cdot A \cdot t \cdot (U - u) \tag{5.2}$$

mit ρ = Dichte in kg/m^3
A = Fläche der Umschließung in m^2
U = Geschwindigkeit der Stoßfront in m/s
u = Geschwindigkeit der Partikel in m/s
t = Zeit in s

— Anstelle der Dichte ρ kann das spezifische Volumen v verwendet werden. Ersetzt man die Dichte durch das spezifische Volumen v und kürzt die Fläche A und die Zeit t heraus, so ergibt sich mit Hilfe von Gl. (5.2) folgender Zusammenhang (▶ Gl. 5.3)

$$\frac{\rho}{\rho_0} = \frac{U - u_0}{U - u} = \frac{v_0}{v} \tag{5.3}$$

— Impulserhaltung

Nach dem ersten *Newtonschen Axiom* verharrt ein Körper mit konstanter Masse m in Ruhe oder in einem Zustand der gleichförmigen und geradlinigen Bewegung, solange keine äußere Kraft auf ihn einwirkt. Diese als Trägheit bezeichnet Eigenschaft eines Körpers wird durch den Impuls charakterisiert. Darunter versteht man das Produkt aus Masse und Geschwindigkeit.

Die Geschwindigkeit der Masseteilchen des Explosivstoffs verändert sich durch die Stoßwellenfront. Dazu ist eine Kraft erforderlich, die sich aus der Druckdifferenz vor und hinter der Stoßwellenfront bestimmen lässt. Mit Blick auf Abb. (5.4) gilt (Gl. 5.4)

$$F = (p - p_0) \cdot A \qquad (5.4)$$

Die Masse kann mit Hilfe der Zusammenhänge aus Gl. (5.2) ersetzt werden. Durch Elimination der Fläche A und der Zeit t ergibt sich folgender Zusammenhang (▶ Gl. 5.5)

$$(p - p_0) = \rho \cdot u \cdot (U - u) - \rho_0 \cdot u_0 \cdot (U - u_0) \qquad (5.5)$$

mit p = Druck in Pa
p_0 = Druck vor der Stoßfront in Pa
Setzt man Gl. (5.2) in Gl. (5.5) ein, folgt (Gl. 5.6)

$$(p - p_0) = \rho_0 \cdot (u - u_0) \cdot (U - u_0) \qquad (5.6)$$

— Energieerhaltung
Die Energieverhältnisse vor und hinter der Stoßwellenfront weichen voneinander ab. Es gilt der Energieerhaltungssatz. Das bedeutet, die Arbeit, die für die Bewegung der Stoßwellenfront aufgebracht wird, wirkt sich auf die Bewegungsenergie und die innere Energie aus. Die Arbeit, die an der Masse verrichtet wird, entspricht dem Produkt aus Kraft und zurückgelegter Wegstrecke. Ersetzen wir die Kraft durch das Produkt aus Druck und Fläche und ermitteln die Wegstrecke über die Geschwindigkeit und Zeit, so ergibt sich folgende Beziehung (▶ Gl. 5.7):

$$p \cdot u - p_0 \cdot u_0 = \rho \cdot (U - u) \cdot \left(E + \frac{1}{2}u^2\right) - \rho_0(U - u_0) \cdot \left(E_0 + \frac{1}{2}u_0{}^2\right) \qquad (5.7)$$

mit E, E_0 = spezifische innere Energie in J/kg

Durch Umstellung erhält man (▶ Gl. 5.8).

$$E - E_0 = \frac{p \cdot u - p \cdot u_0}{\rho_0(U - u_0)} - \frac{1}{2}\left(u^2 - u_0\right) \qquad (5.8)$$

Die drei Gleichungen ▶ Gl. 5.3, 5.6 und 5.8 beschreiben die Stoßwellenfront und bilden die theoretische Grundlage der hydrodynamischen Detonationstheorie. Sie werden auch als *Rankine-Hugoniot-Bedingungen* bezeichnet.

Das Gleichungssystem enthält fünf Unbekannte. Da keine weiteren Gleichungen zur Verfügung stehen, ist eine Lösung des Gleichungssystems durch Vorgabe von Zahlenwerten für unbekannte Terme möglich. Da auf Grund experimenteller Untersuchungen besonders viele Messwerte über die Geschwindigkeiten der Partikel u und der Stoßwellenfront vorliegen, liegt die Verwendung dieser Daten nahe.

Im Rahmen einer Datenanalyse zeigt sich ein linearer Zusammenhang zwischen beiden Größen. Für zahlreiche Explosivstoffe gilt (▶ Gl. 5.9)

$$U = C_0 + su \qquad (5.9)$$

C_0 = Konstante in km/s
s = Geradensteigung ohne Einheit
U = Geschwindigkeit der Stoßfront in m/s
u = Geschwindigkeit der Partikel in m/s

Gl. (5.9) beschreibt eine lineare Funktion, die die Ordinate in C_0 schneidet und die Steigung s aufweist. Beide Terme sind ohne physikalische Bedeutung (Cooper 1996, S. 186). Unter der Voraussetzung, dass $p_0 = 0$ und $u_0 = 0$, lässt sich unter Berücksichtigung der Gl. (5.3) und (5.4) die Geschwindigkeit der Verdichtungsfront U ersetzen. Es ergibt sich folgender Zusammenhang (▶ Gl. 5.10)

$$p = C_0{}^2 (v_0 - v) \left[v_0 - s \left(v_0 - v \right) \right]^{-2} \qquad (5.10)$$

C_0 = Konstante in km/s
v, v_0 = spezifisches Volumen in m^3/kg
s = Geradensteigung ohne Einheit

Gl. (5.10) zeigt den Zusammenhang zwischen Druck p und spezifischem Volumen v. Die graphische Darstellung der Funktion liefert eine Kurve, die sich der Abszisse und Ordinate nähert (◉ Abb. 5.5). Sie ist als *Hugoniot-Kurve* bekannt und repräsentiert alle denkbaren p–v – Zustände, die ein explosiver Stoff durch die Einwirkung einer Stoßfront einnehmen kann.

Aus der *Hugoniot-Kurve* ist nicht abzuleiten, auf welchem Weg ein Explosivstoff zur Detonation gebracht wird. Allerdings kann mit ihrer Hilfe auf den Endzustand S geschlossen werden, wenn der Ausgangszustand A bekannt ist (◉ Abb. 5.5).

Versuchen wir zunächst, die Bedeutung der Hugoniot-Kurve für die Detonation zu verstehen. Hierzu benötigen wir zwei Zustandsverläufe, und zwar den p–v -Verlauf E_0, der den Zusammenhang für den inerten Fall ohne Detonation darstellt, und den p– v -Verlauf E_1, der die Verhältnisse für eine Detonation beschreibt (◉ Abb. 5.5). Bei einer Detonation verändert sich die innere Energie abrupt. In der Folge kommt es zu einer chemischen Reaktion. Der Druck steigt plötzlich an (Punkt A), ohne dass sich das spezifische Volumen ändert. Gleichzeitig werden die freiwerdenden Gase durch die Stoßwelle komprimiert, so dass sich der Zustand S einstellt. Die Punkte A und S liegen auf einer Geraden. Machen wir uns die Bedeutung dieser Geraden klar. Beide Punkte bezeichnen den Beginn und das Ende der Detonation. Je steiler die Gerade verläuft, desto schneller wird der Endzustand erreicht. Damit trifft die Gerade eine Aussage über die Geschwindigkeit einer Detonation. Sie wird unter Würdigung der Arbeiten des britischen Naturwissenschaftlers *J. W. Strutt, 3. Baron Rayl-*

5

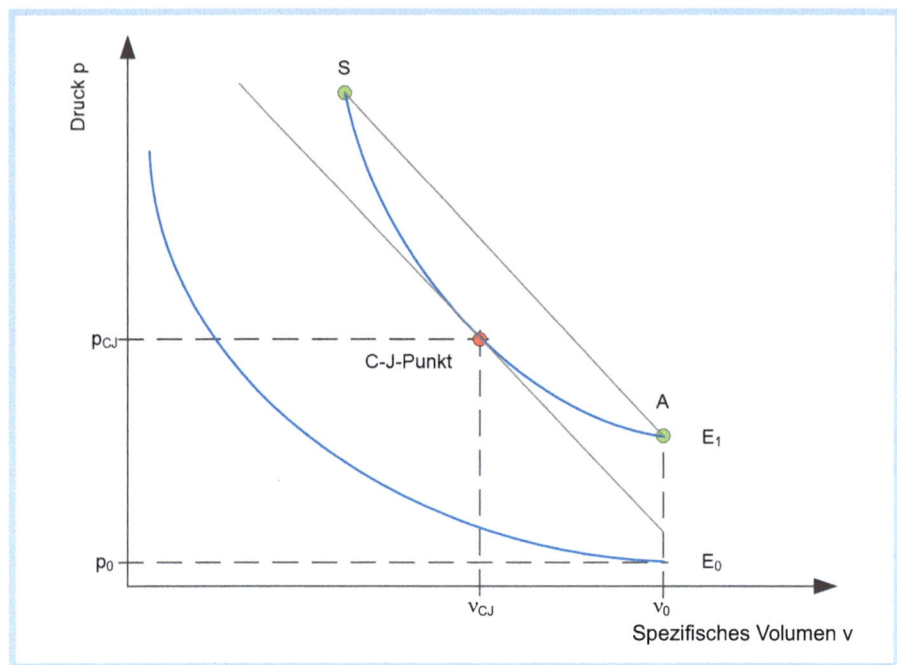

◘ **Abb. 5.5**   Hugoniot-Kurve. (Quelle: Eigene Darstellung)

eigh (1842–1919) auch als *Rayleigh-Gerade* bezeichnet. Die Funktion der *Rayleigh-Gerade* leitet sich aus den Gleichungen für die Massen (▶ Gl. 5.2) und Impulserhaltung (▶ Gl. 5.3) ab. Es gilt (Gl. 5.11):

$$p - p_0 = \rho_0 \cdot U^2 - \frac{\rho_0^2 \cdot U^2}{\rho} = \frac{U^2}{v_0} - \frac{U^2}{v_0^2} \cdot v \tag{5.11}$$

mit p, p_0 = Druck in Pa
ρ, ρ_0 = Dichte in kg/m³
U = Geschwindigkeit der Stoßfront in m/s
v, v_0 = spezifisches Volumen in m³/kg

Die Steigung der *Rayleigh-Geraden* ist $- U^2/v_0^2$ oder unter Berücksichtigung der Dichte $-\rho_0^2 \cdot U^2$.

Einen besonderen Zustand bildet der Schnittpunkt der Tangente der *Rayleigh-Gerade* mit der *Hugoniot-Kurve*. Dieser Punkt wird als „C-J-Punkt" bezeichnet. Hinter den Initialen verbergen sich die Namen des englischen Naturwissenschaftlers *D. L. Chapman* (1869-1958) und des französischen Ingenieurs *E. Jouguet* (1871-1943). Beide Wissenschaftler beschäftigten sich mit der Frage nach den Voraussetzungen einer idealen Detonation und stellten die These auf, dass diese nur möglich ist, wenn die Stoßwellenfront eine bestimmte Geschwindigkeit erreicht, die durch die Tangentensteigung der *Rayleigh-Geraden* an die *Hugoniot-Kurve* gegeben ist. Die Erklärung für diese Annahme ist einfach. Im Zustandsbereich unterhalb des C-J-Punktes nimmt die Tangentensteigung immer weiter ab und damit auch die Geschwindigkeit der Stoßwellenfront. Jenseits des Punktes A nähert sich die Tangente der Form einer horizontalen Geraden. Die Steigung in diesem Zustandsbereich ist sehr gering. Das spezifische Volumen ist sehr groß, der Druck jedoch eher gering. Beide Ausprägungen sind typisch für eine Deflagration.

Das Besondere an der hydrodynamischen Detonationstheorie ist, dass sie vollkommen ohne Kenntnis der chemischen Stoffeigenschaften und des Reaktionsverlaufs auskommt. Es ist nicht einmal notwendig zu wissen, ob der Stoff überhaupt detonationsfähig ist. Für die Bestimmung der Geschwindigkeiten werden einzig die Verhältnisse des Ausgangs- und des Endzustands benötigt. Berechnungen und Vorhersagen sind daher auf einfache Art möglich.

Der Theorieansatz hat aber entscheidende Schwächen. Für die Kenntnis, ob ein Stoff detonationsfähig ist und unter welchen Voraussetzungen die Detonation zustande kommt, ist eine nähere Betrachtung des chemischen Reaktionsprozesses unumgänglich. Einen wichtigen Beitrag zur Vervollständigung der hydrodynamischen Detonationstheorie liefern die Arbeiten der drei Wissenschaftler *Y. B. Zeldovich* (1914–1987), *J. von Neumann* (1903–1957) und *W. Döring* (1911–2006). Ihre Erkenntnisse werden in den einschlägigen Quellen nach den Anfangsbuchstaben ihrer Nachnamen unter der Kurzbezeichnung *ZND-Modell* zusammengefasst.

Aus dem *ZND-Modell leitet sich ab,* dass die Stoßwellenfront eine Diskontinuität darstellt, durch die sich die Zustandsgrößen abrupt ändern, so dass der chemische Zersetzungsprozess eingeleitet wird. Der Druck erreicht den Höchstwert am Anfang der chemische Reaktionszone (Döring 1943, S. 423). Da für die Reaktion eine gewisse Zeitspanne benötigt wird, währenddessen die Stoßfront weiter voranschreitet, bildet sich hinter der Stoßfront eine räumlich begrenzte Reaktionszone, die endet, wenn die gesamte Menge des explosiven Stoffs chemisch umgesetzt ist. Ist dieser Zustand erreicht, dann nehmen Druck und spezifisches Volumen die Werte des C-J-Punktes an. Jenseits des C-J-Punktes kommt es ausschließlich zu einer physikalischen Umwandlung, in deren Folge das Volumen der Reaktionsprodukte zunimmt. Schließlich wird der Umgebungszustand erreicht. Diese zwischenzeitliche Zustandsänderung bleibt ohne Einfluss auf die Detonationsgeschwindigkeit. Stoßwellenfront und Reaktionszone bewegen sich mit konstanter Geschwindigkeit in dieselbe Richtung. ◘ Abb. 5.6 zeigt die Entwicklung des Druckverlaufs nach dem *ZND-Modell.*

Der Druck, der unmittelbar nach der Einwirkung der Stoßwellenfront erreicht wird, wird als *von Neumann-Spike* bezeichnet.

Der Druckverlauf nach dem C-J-Punkt hängt von den Einschlussbedingungen und der Oberflächengestaltung des Explosivstoffs ab. Ist die Menge

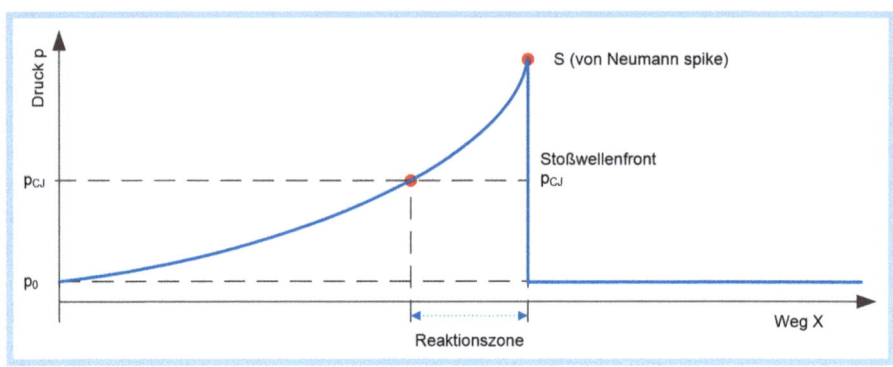

◘ Abb. 5.6   Druckverhältnisse vor und hinter der Stoßwellenfront. (Quelle: Eigene Darstellung)

des Explosivstoffs entlang der Detonationsachse sehr hoch oder sind die Einschlussbedingungen sehr rigide, so wird die Entspannung der entstehenden Reaktionsprodukte behindert. Die Druckabnahme vollzieht sich insgesamt langsamer. Es ist davon auszugehen, dass der Umgebungsdruck nicht erreicht wird. Sind die Einschlussbedingungen dagegen weniger streng, ist eine Druckabnahme bis auf die Umgebungsbedingungen möglich (Cooper 1998, S. 118).

Obwohl das ZND-Modell zum besseren Verständnis des Detonationsverlauf beiträgt, sollte nicht außeracht gelassen werden, dass die hydrodynamische Detonationstheorie auf diversen Annahmen beruht. Dazu zählen z. B.

— Die Stoßwellenfront bewegt sich eindimensional und senkrecht zu ihrer Ausrichtung.
— Die Stoßwellenfront markiert eine Diskontinuität mit einer vernachlässigbaren Schichtdicke. Die Stoßwellenfront ist eben.
— Wärmetransporteffekte zwischen dem Explosivstoff und der Umgebung sowie Reibungsverluste bleiben unberücksichtigt.

Diese Modellannahmen machen deutlich, auf welcher Grundlage die hydrodynamische Detonationstheorie beruht, denn keine der getroffenen Annahmen entspricht der Realität. Dennoch sind die theoretischen Zusammenhänge für Vorausberechnungen und Abschätzungen unverzichtbar, denn sie lassen erkennen, dass die Detonationsgeschwindigkeit die entscheidende Größe für das Zustandekommen einer Detonation ist. Für sicherheitstechnische Betrachtungen ergibt sich daraus die Notwendigkeit, die Detonationsgeschwindigkeit und deren Einflussgrößen zu bestimmen.

Grundsätzlich ist es möglich, die Detonationsgeschwindigkeit mit Hilfe spezifischer Rechenprogramme aus den Erhaltungssätzen abzuleiten. Für die Praxis und damit auch für die sicherheitstechnische Bewertung ist das weniger hilfreich.

Einen einfacheren Weg bieten empirische Ansätze (Info-Box: „Empirische Ansätze zur Bestimmung der Detonationsgeschwindigkeit").

In experimentellen Untersuchungen und Beobachtungen zeigt sich, dass die Detonationsgeschwindigkeit von folgenden Größen abhängig ist:

— Dichte

Für zahlreiche Explosivstoffe besteht zwischen Dichte und Detonationsgeschwindigkeit ein linearer Zusammenhang. So steigt die Detonationsgeschwindigkeit in der Regel mit zunehmender Dichte. Um möglichst hohe Detonationsgeschwindigkeiten zu erreichen, ist daher eine möglichst hohe Dichte anzustreben. ◘ Tab. 5.6 zeigt den Dichteinfluss am Beispiel zweier explosiver Stoffe.

Im Allgemeinen führt eine Zunahme der Dichte um 0,02 g/cm^3 zu einer Steigerung der Detonationsgeschwindigkeit um ca. 100 m/s (Klapötke 2022, S. 150).

— Abmessungen

In einer zylindrischen Anordnung eines Explosivstoffs nimmt die Detonationsgeschwindigkeit mit zunehmendem Durchmesser zu. In einer derartigen Konstellation ist die Stoßwellenfront konvex. Das bedeutet, die Detonationsgeschwindigkeit ist an der Kontaktstelle zur Umschließung am niedrigsten und steigt zum Zentrum an. Für große Durchmesser bleibt dieser Effekt ohne Wirkung. Bei kleineren Durchmessern ist er jedoch nicht vernachlässigbar, da dieser Zustand zu einer instabilen Stoßfront führt, so dass im Grenzfall eine Detonation nicht mehr ausgelöst wird. Dieser Zusammenhang hat Einfluss auf den Herstellungsprozess und ist der Grund dafür, dass Sekundärsprengstoffe im Allgemeinen einen größeren Durchmesser haben als Primärsprengstoffe (Klapötke 2022, S. 144).

Zusammenfassend ist festzuhalten, dass die Detonationsgeschwindigkeit eine entscheidende Größe für die sicherheitstechnische Bewertung explosiver Stoffe ist.

◘ **Tab. 5.6** Einfluss der Dichte auf die Detonationsgeschwindigkeit (Akhavan 2022, S. 72)

Explosiver Stoff	Dichte in g/cm^3	Detonationsgeschwindigkeit in m/s
Quecksilberfulminat	3,07	3925
	3,30	4480
	3,96	4740
Nitroguanidin	0,80	4695
	1,05	6150
	1,20	6775

Info-Box: „Empirische Ansätze zur Bestimmung der Detonations-geschwindigkeit"

In der Vergangenheit gab es mehrere Versuche, die Detonationsgeschwindigkeit und den Detonationsdruck unabhängig von aufwändigen Rechenverfahren durch empirische Methoden zu bestimmen. Ein weit verbreiteter Ansatz ist unter der Bezeichnung *Kamlet-Jacob-Methode* bekannt und geht auf Untersuchungen einer amerikanischen Forschungseinrichtung zurück. Die Bestimmungsmethode setzt voraus, dass der Sauerstoff vollständig für die Bildung von Kohlenstoffdioxid und Wasser verwendet wird. Dagegen ist die Bildung von Kohlenstoffmonoxid ausgeschlossen (Kamlet und Jacobs 1968, S. 23)

Es besteht folgender Zusammenhang (Gl. 5.12):

$$D = 1{,}01\sqrt{\phi} \cdot (1 + 1{,}30 \cdot \rho_0) \tag{5.12}$$

und

$$\phi = N\sqrt{M} \cdot \sqrt{Q}$$

mit M = durchschnittliche Molekülmasse der gasförmigen Detonationsprodukte in g/mol

N = Stoffmenge gasförmiger Detonationsprodukte in mol/g

Q = Detonationsenergie in cal/g

D = Detonationsgeschwindigkeit in mm/µs

ρ_0 = Dichte des explosiven Stoffs vor Beginn der Reaktion in g/cm³

Gleichzeitig gilt für den Zusammenhang zwischen Detonationsdruck und Dichte (Gl. 5.13):

$$p = K \cdot \rho_0{}^2 \cdot \phi \tag{5.13}$$

mit p = Druck in kbar

K = Konstante = 15,88

Grundsätzlich ist bei empirisch bestimmten Gleichungen auf die verwendeten Einheiten zu achten. Da bei der Herleitung häufig der Zusammenhang zwischen den verwendeten Größen im Vordergrund steht, ist nicht immer davon auszugehen, dass SI-Einheiten verwendet werden. Dieses ist auch bei der *Kamlet-Jacobs-Methode* der Fall.

Betrachten wir ein Fallbeispiel:

Gesucht ist die Detonationsgeschwindigkeit D und der Detonationsdruck p für den explosiven Stoff TNT mit der Summenformel $C_7H_5N_3O_6$ (TNT). Folgende Werte sind gegeben:

Dichte ρ	1,64 g/cm³	Molekülmasse M der Reaktionsprodukte	28,5 g/mol
Reaktionsenthalpie Q	1090 cal/g	Stoffmenge N der Reaktionsprodukte	0,025 mol/g

Berechnung der Detonationsgeschwindigkeit

$$\phi = N\sqrt{M} \cdot \sqrt{Q} = 0{,}025 \cdot \sqrt{28{,}5} \cdot \sqrt{1090} = 4{,}41$$

$$D = 1{,}01\sqrt{\phi} \cdot (1 + 1{,}30\rho_0 = 1{,}01 \cdot \sqrt{4{,}40} \cdot (1 + 1{,}30 \cdot 1{,}64) = 6{,}64\ \tfrac{mm}{\mu s} = 6640\ \tfrac{m}{s}$$

Berechnung des Detonationsdrucks

$$p = K \cdot \rho_0{}^2 \cdot \phi = 15{,}88 \cdot 1{,}64^2 \cdot 4{,}40 = 188\ \text{kbar} = 18{,}8\ \text{GPa}$$

Die Ergebnisse zeigen eine gute Übereinstimmung mit den experimentellen Werten.

5.2.3 Sicherheitstechnische Kenngrößen

Die Einsatzmöglichkeiten von Explosivstoffen wird durch diverse Leistungskenngrößen beschrieben. Neben der Detonationsgeschwindigkeit und der Dichte sind vor allem energetische Größen relevant. Einige eignen sich auch für sicherheitstechnische Zwecke.

Dazu gehört z. B. die Sauerstoffbilanz. Sie bezeichnet den Massenanteil des Sauerstoffs innerhalb einer Verbindung, der für eine vollständige Umsetzung des Explosivstoffs in seine Bestandteile notwendig ist. Eine negative Sauerstoffbilanz bedeutet, dass der Anteil des im Explosivstoff gebundenen Sauerstoffs nicht für eine vollständige Umsetzung ausreicht. In diesem Fall steigt das Risiko zur Bildung toxischer Stoffe wie z. B. Kohlenstoffmonoxid CO.

Die Sauerstoffbilanz Ω eines CHNO-Explosivstoffs errechnet sich nach Gl. (5.14)

$$\Omega = \frac{[d - 2a - 0{,}5b] \cdot 15{,}99\,\tfrac{g}{mol}}{M} \cdot 100 \tag{5.14}$$

mit Ω = Sauerstoffbilanz als Massenanteil in %
a, b, c, d = Anzahl der Atome in der Verbindung nach Muster $C_a H_b N_c O_d$
M = Molare Masse in g/mol

Gl. (5.14) ergibt sich aus der stöchiometrischen Berechnung einer Detonationsreaktion explosiver CHNO-Stoffe (Übung: „Berechnung der Sauerstoffbilanz am Beispiel eines CHNO-Stoffes")

Übung: „Berechnung der Sauerstoffbilanz am Beispiel eines CHNO-Stoffes"
Für den Explosivstoff TNT soll die Sauerstoffbilanz Ω berechnet werden. Folgende Informationen stehen zur Verfügung

Summenformel TNT	$C_7H_5N_3O_6$
Molare Masse TNT in g/mol	227
Molare Masse O in g/mol	15,99

Unter der Bedingung einer vollständigen Reaktion ergibt sich folgende Reaktionsgleichung:

$C_7H_5N_3O_6 \rightarrow 7\,CO_2 + 2{,}5\,H_2O + 1{,}5\,N_2\text{-}10{,}5\,O$

Die Reaktionsgleichung weist ein Defizit von 10,5 Sauerstoffatomen auf. Unter Berücksichtigung der molaren Masse ergibt sich damit eine Sauerstoff-Fehlmenge von

$$-10{,}5\,\text{mol} \cdot 15{,}99\,\frac{\text{g}}{\text{mol}} = 168\,\text{g}$$

Bezogen auf ein Mol TNT entspricht diese Masse einem Sauerstoffdefizit von:

$$-\frac{168}{227} \cdot 100 = -74{,}0\,\%$$

Zum Vergleich: Anwendung Gl. (5.14):

$$\Omega = \frac{[6 - 2 \cdot 7 - 0{,}5 \cdot 5] \cdot 15{,}99\,\frac{\text{g}}{\text{mol}}}{227\,\frac{\text{g}}{\text{mol}}} \cdot 100$$

$$\Omega = -74\,\%$$

Die Sauerstoffbilanz von TNT ist deutlich negativ. Es besteht ein besonders hohes Risiko zur Bildung unvollständiger Reaktionsprodukte.

◘ Tab. 5.7 zeigt die Sauerstoffbilanzwerte für ausgewählte Explosivstoffe. Besonders hoch ist die Sauerstoffbilanz bei TNT. Das bedeutet, dass bei der Detonation dieses Stoffes ein besonders hoher Anteil an Kohlenstoffmonoxid zu erwarten ist.

Die Berechnung der Sauerstoffbilanz setzt voraus, dass der Explosivstoff vollständig umgesetzt wird. In der Praxis kann davon nicht immer ausgegangen werden, denn viele Größen beeinflussen den Reaktionsverlauf. Selbst unter der Annahme, dass eine vollständige Umsetzung vorliegt, sind verschiedene Reaktionsverläufe denkbar, wie am Beispiel HMX zu erkennen ist:

- $C_4H_8N_8O_8 \rightarrow 4\,CO + 4\,H_2O + 4\,N_2$
- $C_4H_8N_8O_8 \rightarrow 2\,CO_2 + 2\,C + 4\,H_2O + 4\,N_2$

◘ **Tab. 5.7**   Sauerstoffbilanz Ω ausgewählter explosiver Stoffe (Akhavan 2022, S. 92)

Stoffname	Ω	Stoffname	Ω
Ammoniumnitrat	+19,99	HMX	−21,61
Nitroglyzerin	+3,52	Nitroguanidin	−30,75
Bleiazid	−5,49	HNS	−67,52
RDX	−21,61	TNT	−73,96

Schritt	Kristiakowski-Wilson	Springall-Roberts
	◘ **Tab. 5.8** Regeln für das Aufstellen der Reaktionsgleichungen explosiver Stoffe	
1	Alle Wasserstoffatome reagieren zu Wasser.	Alle Kohlenstoffatome werden zur Bildung von Kohlenstoffmonoxid genutzt.
2	Bleiben Sauerstoffatome übrig, dann werden diese gemeinsam mit Kohlenstoff zur Reaktion von Kohlenstoffmonoxid genutzt.	Bleiben Sauerstoffatome übrig, reagieren diese mit dem Wasserstoff zu Wasser.
3	Gibt es weitere überzählige Sauerstoffatome, dann werden diese gemeinsam mit den Kohlenstoffmonoxidmolekülen zur Bildung von Kohlenstoffdioxid genutzt.	Bleiben weitere Sauerstoffatome übrig, reagieren diese mit dem Kohlenstoffmonoxid zu Kohlenstoffdioxid.
4	Alle Stickstoffatome reagieren zu Stickstoffmolekülen.	Sämtliche Stickstoffatome bilden Stickstoffmoleküle.
5	–	Ein Drittel der gebildeten Kohlenstoffmonoxidmoleküle wird in Kohlenstoff und Kohlenstoffdioxid umgewandelt.
6	–	Ein Sechstel der ursprünglichen Kohlenstoffmonoxidmoleküle wird in Wasser und Kohlenstoff aufgespalten.

— $C_4H_8N_8O_8 \rightarrow 2CO + 2\,CO_2 + 2H_2O + 2H_2 + 4\,N_2$
— $C_4H_8N_8O_8 \rightarrow 3CO_2 + C + 2H_2O + 2\,H_2 + 4N_2.$
— ....

Die Vielzahl der möglichen Reaktionsverläufe hat Folgen. Schließlich lassen sich wichtige Kenngrößen z. B. für thermodynamische Betrachtungen nur berechnen, wenn der Reaktionsverlauf bekannt ist. Aus diesem Grunde ist es folgerichtig, wenn auf eine Standardisierung der Regeln zur Aufstellung der Reaktionsgleichungen hingearbeitet wird. Mehrere Wissenschaftler haben sich dieser Aufgabe gewidmet und Vorschläge für das Vorgehen erarbeitet. ◘ Tab. 5.8 stellt zwei bekannte Vorgehensweisen einander gegenüber. Sie sind unter den Namen der Ersteller bekannt. Für beide Vorgehensweisen gilt: Die vorgegebene Reihenfolge ist strikt einzuhalten.

Wie wichtig die Einigung auf einen Standard ist, zeigt die Übung: „Anwendung der Regeln zur Ableitung der Reaktionsprodukte explosiver Stoffe".

Übung: „Anwendung der Regeln zur Ableitung der Reaktionsprodukte explosiver Stoffe"
Die Reaktionsregeln nach ◘ Tab. 5.8 sollen auf den Explosivstoff TNT (Summenformel $C_7H_5N_3O_6$) angewendet und die Ergebnisse miteinander verglichen werden. Die Regeln nach Kristiakowski-Wilson führen zu folgendem Ergebnis:

Schritt	Vorgehen	Anwendung
1	Alle Wasserstoffatome reagieren zu Wasser.	$5\,H \rightarrow 2,5\,H_2O$
2	Die überzähligen Sauerstoffatome bilden mit dem Kohlenstoff Kohlenstoffmonoxid.	$3,5\,O \rightarrow 3,5\,CO$
3	Weitere überzählige Sauerstoffatome bilden mit den Kohlenstoffmonoxidmolekülen Kohlenstoffdioxid.	Es ist kein weiteres Sauerstoffatom übrig.
4	Alle Stickstoffatome reagieren zu Stickstoffmolekülen.	$3\,N \rightarrow 1,5\,N_2$

Die Gesamtreaktion lautet somit:

$$C_7H_5N_3O_6 \rightarrow 2,5\,H_2O + 3,5\,CO + 1,5\,N_2 + 3,5\,C$$

Die Springall-Roberts-Regeln liefern folgendes Ergebnis

Schritt	Vorgehen	Umsetzung
1	Alle Kohlenstoffatome werden zur Bildung von Kohlenstoffmonoxid genutzt.	$6\,C \rightarrow 6\,CO$
2	Überzählige Sauerstoffatome reagieren mit dem Wasserstoff zu Wasser.	Es gibt keine überzähligen Sauerstoffatome.
3	Weitere überzählige Sauerstoffatome reagieren mit dem Kohlenstoffmonoxid zu Kohlenstoffdioxid.	s. Schritte 2
4	Alle Stickstoffatome reagieren zu Stickstoffmolekülen.	$3\,N \rightarrow 1,5\,N_2$
5	Ein Drittel der gebildeten Kohlenstoffmonoxidmoleküle wird in Kohlenstoff und Kohlenstoffdioxid umgewandelt.	$2\,CO \rightarrow C + CO_2$
6	Ein Sechstel der ursprünglichen Kohlenstoffmonoxidmoleküle wird in Wasser und Kohlenstoff aufgespalten.	$1\,CO \rightarrow C + H_2O$

Daraus ergibt sich folgende Gesamtreaktion

$$C_7H_5N_3O_6 \rightarrow 3\,CO + CO_2 + 1,5\,N_2 + 3\,C + H_2O + 1,5H_2$$

Die Gegenüberstellung der Ergebnisse zeigt, dass sich die Reaktionsprodukte hinsichtlich Stoffmenge und Zusammensetzung unterscheiden. Im Unterschied zu den Regeln von Kristiakowski-Wilson führen die Springall-Roberts-Regeln zur Bildung von Wasserstoff. Aus sicherheitstechnischer Sicht ist dies von großer Bedeutung.

Für energetische Berechnungen ist nicht nur die Zusammensetzung der Reaktionsprodukte relevant, sondern auch die Energie, die freigesetzt wird. Es werden folgende Energien unterschieden:

— Standardbildungs- und Standardreaktionsenthalpie

Chemische Reaktionen verlaufen entweder endotherm oder exotherm. Die durch die Reaktion umgesetzte Energiemenge wird experimentell ermittelt und als Standardbildungsenthalpie bezeichnet, sofern die Bestimmung unter Standardbedingungen, d. h. bei 25 °C und einem Umgebungsdruck von 1013 hPa erfolgt. Für zahlreiche Stoffverbindungen liegen diese Energiewerte in tabellierter Form vor. Unter der Voraussetzung, dass die Standardbildungsenthalpie für Elemente den Wert 0 annimmt, kann die Standardreaktionsenthalpie einer beliebigen Reaktion berechnet werden. Es gilt (Gl. 5.15):

$$\Delta H_R^0 = \sum \nu \cdot H_S^0(\text{Produkte}) - \sum \nu \cdot H_S^0(\text{Edukte}) \qquad (5.15)$$

mit ΔH_R^0 = Standardreaktionsenthalpie in kJ/mol
ν = stöchiometrischer Koeffizient der Reaktionsgleichung
H_S^0 = Standardbildungsenthalpie in kJ/mol

— Standardverbrennungsenthalpie

Die Standardverbrennungsenthalpie bezeichnet einen Spezialfall der Standardreaktionsenthalpie, denn sie bezeichnet die Wärmeenergie, die bei einer Oxidationsreaktion mit Sauerstoff zu erwarten ist. Mithilfe Gl. (5.15) errechnet sich beispielsweise für die Verbrennung von Benzol C_6H_6 folgende Standardverbrennungsenthalpie:

– Reaktionsgleichung: C_6H_6 (l) + 7,5 O_2 (g) → 6 CO_2 (g) + 3 H_2O (l)
– Standardverbrennungsenthalpie:

$$\Delta H_R^0 = \sum 6 \cdot (-393,51) + 3 \cdot (-285,83) - \sum 1 \cdot (-49,0) = -3267,6 \text{ kJ/mol}$$

Bei Annahme einer vollständigen Reaktion liefert die Verbrennung von einem Mol flüssigem Benzol eine Verbrennungsenthalpie von −3267,6 kJ.

— Explosionsenthalpie

Die Explosionsenthalpie beschreibt einen weiteren Spezialfall. Sie bezeichnet die Wärmemenge, die bei der chemischen Reaktion explosiver Stoffe freigesetzt wird und unterscheidet sich von der Standardverbrennungsenthalpie durch die Begrenzung der Sauerstoffmenge. Für die Explosionsenthalpie ΔH_E^0 gilt (▶ Gl. 5.16):

$$\Delta H_E^0 = \sum \nu \cdot H_S^0(\text{Detonationsprodukte}) - \sum \nu \cdot H_S^0(\text{explosiver Stoff}) \qquad (5.16)$$

mit ΔH_E^0 = Explosionsenthalpie in kJ/mol
ν = stöchiometrischer Koeffizient der Reaktionsgleichung

Die Übung „Abschätzung der Explosionsenthalpie von Explosivstoffen" liefert ein Berechnungsbeispiel.

■ **Tab. 5.9** Standardbildungsenthalpie H_S^0 und rechnerisch ermittelte Explosionsenthalpien ΔH_E^0 ausgewählter explosiver Stoffe ermittelt auf Basis der Kristiakowski-Wilson-Regeln (Akhavan 2024, S. 99, 102)

Explosiver Stoff	H_S^0 in kJ/mol	ΔH_E^0 in kJ/mol
Nitroglyzerin (NG)	−370,70	−1.414,40
Bleiazid	+468,61	−469,00
HNS	+78,24	−1.798,46
RDX	+70,29	−1.127,36
HMX	+75,02	−1.484,44
Nitroguanidin	−92.05	−260,31

Trotz bestehender Rechenroutinen sind experimentell ermittelte Werte vorzuziehen. Ausschlaggebend dafür sind die verschiedenen Einflussgrößen wie Dichte, Temperatur und Einschlussbedingungen. ■ Tab. 5.9 enthält rechnerische Explosionsenthalpien ausgewählter explosiver Stoffe und deren Standardbildungsenthalpien. Es zeigt sich deutlich, wie unterschiedlich die Explosionsenthalpien der Explosivstoffe sind.

Ist die Sauerstoffbilanz bekannt, ist es möglich, auf die Explosionsenthalpie zu schließen. Als Faustregel gilt, dass Explosivstoffe mit negativem Sauerstoffüberschutz tendenziell eine geringere Explosionsenthalpie haben.

Übung: „Abschätzung der Explosionsenthalpie von Explosivstoffen"
Es soll die Explosionsenthalpie von Trinitrotoluol (TNT) $C_7H_5N_3O_6$ abgeschätzt werden. Folgende Standardbildungsenthalpien sind gegeben:

TNT $C_7H_5N_3O_6$	−62,07 kJ/mol
Kohlenstoffmonoxid CO (g)	−110,53 kJ/mol
Kohlenstoffdioxid CO_2 (g)	−393,51 kJ/mol
Wasser H_2O	−285,83 kJ/mol für H_2O (l)
	−241,82 kJ/mol für H_2O (g)

Unter Anwendung der Kristiakowski-Wilson-Regeln stellt sich die Gesamtreaktion folgendermaßen dar:
$C_7H_5N_3O_6 \rightarrow 2,5\ H_2O + 3,5\ CO + 1,5\ N_2 + 3,5\ C$
Für die Explosionsenthalpie errechnet sich damit folgender Wert:

$$\Delta H_E^0 = \sum 2,5 \cdot \left(-241,82\ \frac{kJ}{mol}\right) + 3,5 \cdot \left(-110,53\ \frac{kJ}{mol}\right) - (-62,07)\ \frac{kJ}{mol} = -929,34\ \frac{kJ}{mol}$$

■ **Tab. 5.10** Berechnete Gasvolumina ausgewählter explosiver Stoffe (Klapötke 2022, S. 161)

Name	Summenformel	Freigesetztes Gasvolumen in l/kg
Nitroglycerin (NG)	$C_3H_5N_3O_9$	740
TNT	$C_7H_5N_3O_6$	740
RDX	$C_3H_6N_6O_6$	908
HMX	$C_4H_8N_8O_8$	908
HNS	$C_{14}H_6N_6O_{12}$	747

Eine weitere charakteristische Kenngröße ist das freigesetzte Gasvolumen. Es berücksichtigt alle Gase, die bei der chemischen Reaktion eines Explosivstoffs freigesetzt werden. Da das Volumen von Druck und Temperatur abhängig ist, wird das freie Gasvolumen auf die Normbedingungen bezogen. Als weitere Konvention gilt, dass Wasserdampf dem freien Gasvolumen zugerechnet wird.

Das freigesetzte Gasvolumen ist ein Indikator für das Leistungsvermögen eines Explosivstoffs, denn durch die Expansion wird mechanische Arbeit verrichtet. Für die Berechnung ist die Kenntnis der Reaktionsprodukte notwendig. Durch Anwendung der *Avogadro-Regel*, wonach ein Mol eines idealen Gases unter Normbedingungen das Volumen von 22,41 l einnimmt, kann das freigesetzte Gasvolumen berechnet und auf 1 kg des Explosivstoffs bezogen werden. ■ Tab. 5.10 zeigt typische Gasvolumina ausgewählter explosiver Stoffe.

Die Kenngrößen gelten nicht nur für Reinstoffe, sondern auch für Gemische. Allerdings ist in diesem Fall eine Anpassung der Berechnungsgrundlagen notwendig (Übung: „Berechnung ausgewählter Kenngrößen für explosive Stoffgemische")

Übung: „Berechnung ausgewählter Kenngrößen für explosive Stoffgemische"

Ein explosives Gemisch setzt sich aus 60 % RDX und 40 % TNT zusammen. Für dieses explosive Gemisch sollen folgende Kenngrößen berechnet werden:
- Sauerstoffbilanz;
- Explosionswärme;
- Freigesetztes Gasvolumen.

Zur Vorbereitung auf die Berechnung ist die Verteilung der elementaren Bestandteile im Gesamtgemisch zu bestimmen. Diese Betrachtung führt zum folgenden Ergebnis:

		Stoffmenge der einzelnen Elemente in mol			
Name	Molarer Anteil im Gemisch	C	H	N	O
RDX $C_3H_6N_6O_6$	$\frac{0,6 \ mol}{222 \ g} = 0,0027 \frac{mol}{g}$	0,0081	0,0162	0,0162	0,0162
TNT $C_7H_5N_3O_6$	$\frac{0,4 \ mol}{227 \ g} = 0,0018 \frac{mol}{g}$	0,0126	0,009	0,0054	0,0108
Summe		0,0207	0,0252	0,0216	0,027

Unter Anwendung der Springall-Roberts-Regeln ergibt sich folgende Reaktionsgleichung:

$C_{0,0207}H_{0,0252}N_{0,0216}O_{0,027} \rightarrow 0,0103$ CO + 0,007   C + 0,0035 CO_2 + 0,0098 H_2O + 0,0028 H_2 + 0,0108 N_2

Sauerstoffbilanz:

Mittels Gl. (5.14) errechnet sich die Gesamtsauerstoffbilanz des Gemisches zu

$$\Omega = \frac{[0,027 - 2 \cdot 0,0207 - 0,5 \ \cdot 0,0252] \cdot 15,99 \frac{g}{mol}}{1 \frac{g}{mol}} \cdot 100 = -43,2$$

Für Zweistoffgemische ergibt sich die Gesamtsauerstoffbilanz aus dem Produkt aus Sauerstoffbilanz und Anteil der jeweiligen Gemischbestandteile.

Explosionswärme

Unter Anwendung der Gl. (5.16) ergibt sich für die Standardreaktionsenthalpie von 1 g der Detonationsprodukte und des explosiven Gemisches:

$$\Delta H_S^0(\text{Detonationsprodukte}) = \sum 0,0103 \cdot \left(-110,53 \frac{kJ}{mol}\right)$$

$$+ 0,0035 \cdot \left(-393,51 \frac{kJ}{mol}\right) + 0,0098(-241,82) \frac{kJ}{mol} = 4,8954 \ kJ$$

$$\Delta H_S^0(\text{Explosiver Stoff} = \sum \frac{0,6 \ mol}{222 \ g} \cdot \Delta H_S^0(RDX) + \frac{0,4 \ mol}{227 \ g} \Delta H_S^0(TNT)$$

$$= 0,0027 \cdot \left(70,29 \frac{kJ}{mol}\right)$$

$$+ 0,00176 \cdot \left(-62,07 \frac{kJ}{mol}\right) = 0,0806 \ kJ$$

Für ein Gramm des explosiven Gemisches errechnet sich die Explosionsenthalpie ΔH_E^0 zu 4,8148 kJ.

Freigesetztes Gasvolumen

Das freigesetzte Gasvolumen leitet sich aus der Reaktionsgleichung ab. Unter der Annahme, dass Wasser im dampfförmigen Zustand vorliegt, erzeugt 1 g des explosiven Gemisches 0,0372 mol gasförmiger Bestandteile. Das freigesetzte Gasvolumen beträgt somit

$$0,0372 \text{ mol} \cdot 22,41 \frac{1}{\text{mol}} = 0,83 \text{ l}$$

Eine weitere Kenngröße, die die Aussagekraft der Explosionsenthalpie mit dem freiwerdenden Gasvolumen verknüpft, ist die Explosivkraft (engl. *explosive power*). Sie wird im Allgemeinen auf die Explosivkraft von Bleiazid bezogen und als Power Index bezeichnet. Es gilt (▶ Gl. 5.17)

$$\text{Power Index} = \frac{Q \cdot V_0}{Q_{\text{Bleiazid}} \cdot V_{\text{Bleiazid}}} \cdot 100\% \tag{5.17}$$

mit Q = Explosionswärme des explosiven Stoffs in kJ/kg
Q_{Bleiazid} = Explosionswärme Bleiazid = 3301,02 kJ/kg
V_0, = Freigesetztes Gasvolumen des explosiven Stoffs in l/m^3
V_{Bleiazid} = Freigesetztes Gasvolumen Bleiazid = 831,06 l/m^{3}g

In der Praxis kommt es vor, dass anstelle des Power Index das TNT-Äquivalent angeführt wird. Das TNT-Äquivalent wird gebildet, indem man die auf die Masse bezogene Energie eines beliebigen Explosivstoffs auf die Energie bezieht, die eine Kilotonne TNT erzeugt. Diese Größe entspricht einem Betrag von $4,184 \cdot 10^{12}$ J.

Da es für das TNT-Äquivalent keinen allgemeingültigen Standard gibt, trifft man in der Literatur häufig auf unterschiedliche Zahlenwerte für denselben Stoff (Locking 2011, S. 144). Eine weitverbreitete Methode zur Bestimmung des TNT-Äquivalents stützt sich auf die Definition des Power Index und ersetzt Bleiazid durch TNT als Referenzprodukt (Locking 2011, S. 152). Entsprechend Gl. (5.17) gilt damit (▶ Gl. 5.18):

$$\text{TNT} - \text{Äquivalent} = \frac{Q \cdot V_0}{Q_{TNT} \cdot V_{TNT}} \tag{5.18}$$

mit Q, = Explosionswärme des explosiven Stoffs in kJ/kg
Q_{TNT} = Explosionswärme TNT in kJ/kg
V_0, = Freigesetztes Gasvolumen des explosiven Stoffs in l/m^3
V_{TNT} = Freigesetztes Gasvolumen TNT in l/m^{3}g

◘ Tab. 5.11 vergleicht den Power Index mit dem TNT-Äquivalent für ausgewählte Explosivstoffe.

Jede der beschriebenen Kenngrößen hilft, sich ein Bild von den möglichen Wirkungen zu machen. Da die rechnerischen Abschätzungen auf diversen Annahmen beruhen, die in der Praxis nicht immer zutreffen, sind praktische Bestimmungsmethoden den rechnerischen Verfahren grundsätzlich vorzuziehen.

◘ Tab. 5.11 Power Index und TNT-Äquivalente ausgewählter Explosivstoffe (Akhavan 2024, S. 106)

Explosivstoff	Power Index in %	TNT-Äquivalent
Nitroglycerin (NG)	167,97	1,52
TNT	110,32	1,00
RDX	167,92	1,52
HMX	165,85	1,50
HNS	108,66	0,98

5

5.3 Klassifizierung und Einstufung

Das Klassifizierungs- und Einstufungsverfahren für Explosivstoffe besteht aus mehreren Prüfschritten und ist daher im Vergleich zu den anderen entzündbaren Stoffsystemen komplex. Die Prüfschritte bauen aufeinander auf. Vom Ergebnis jedes Prüfschritts hängt es ab, ob und welche weiteren Prüfungen erforderlich sind. Auf diese Weise wird nicht nur ermittelt, ob ein unbekannter Stoff als Explosivstoff anzusehen ist, sondern es wird auch eine Unterklasse festgelegt. Die Prüfungen erfolgen unter Einsatz besonderer Geräte und unter Bedingungen, die eine pragmatische und realitätsnahe Bestimmung sicherheitstechnischer Eigenschaften garantieren.

In diesem Kapitel geht es darum, einen Überblick über das Prüfverfahren zu geben. Dazu wird auf detaillierte Ausführungen zu den einzelnen Prüfschritten und -methoden verzichtet. Es reicht aus, die Zusammenhänge und Hintergründe zu kennen, die zur Feststellung der Klassenzugehörigkeit führen. Zunächst geht es darum, die Untergliederungssystematik und deren Bedeutung kennenzulernen. Daran schließen sich eine Beschreibung der Verfahren und ausgewählter Bestimmungsmethoden an.

5.3.1 Grundlagen

Ein gemeinsames Merkmal der Explosivstoffe ist das hohe Schadenspotenzial. Dieses ist ein wichtiges Zuordnungskriterium und bestimmt nicht nur die Zugehörigkeit zur Klasse, sondern wird auch für die Zuordnung zu einer Unterklasse genutzt. Der zentrale Begriff für die Unterteilung ist die Massenexplosionsfähigkeit. Von einer Massenexplosion spricht man, wenn die Explosion die gesamte Explosivstoffmenge gleichzeitig erfasst (Verordnung (EG) Nr. 1272/2008 Anhang 1 Nr. 2.1.2.2 a). In diesem Fall ist davon auszugehen, dass sich innerhalb kurzer Zeit eine sehr große Druckwelle bildet, die sich rasch ausbreitet und zu großen Schäden in der Umgebung führt.

Die Klasse der Explosivstoffe wird in sechs Unterklassen unterteilt (◘ Tab. 5.12).

◘ **Tab. 5.12** Unterklassen und deren Beschreibung

Unterklasse	Kurzbeschreibung	Beispiel
1.1	Massenexplosionsfähige Stoffe, Gemische und Erzeugnisse/Gegenstände	RDX, Nitroglycerin
1.2	Nicht massenexplosionsfähige Stoffe, Gemische und Erzeugnisse/Gegenstände mit einer Gefahr zur Bildung von Splittern, Spreng- und Wurfstücken	Nebelmunition
1.3	Nicht massenexplosionsfähige Stoffe, Gemische und Erzeugnisse/Gegenstände mit Brandgefahr sowie einer geringen Gefahr durch Luftdruck oder durch Splitter, Spreng- und Wurfstücke […] aufweisen und beträchtliche Strahlungswärme bei der Verbrennung entwickeln oder die nacheinander abbrennen mit der Entstehung geringer Luftdruckwirkung und/oder Splitter-, Sprengstück- oder Wurfstückwirkung.	Munition mit Augenreizstoff, Blitzlichtpatronen, Signalpatronen
1.4	Stoffe, Gemische und Erzeugnisse/Gegenstände ohne erhebliche Gefahr, d. h. Auswirkungen bleiben auf die Verpackung beschränkt, Entstehung von Sprengstücken mit großer Reichweite nicht zu erwarten; ein äußeres Feuer führt nicht zur Explosion des Verpackungsinhalts.	Anzündhütchen, Sprengschnüre, Sicherheitszündschnur
1.5	Sehr unempfindliche massenexplosionsfähige Stoffe und Gemische, d. h. sehr geringes Risiko für Zündung und Übergang zur Detonation	Sprengstoff Typ E
1.6	Extrem unempfindliche Erzeugnisse/Gegenstände, d. h. Inhaltsstoffe mit extrem geringer Detonationsneigung und sehr geringem Risiko der Zündung und Fortpflanzung	Diverse Gegenstände mit Explosivstoff

Zusätzlich zur Unterklasse erfolgt eine Zuordnung zu einer Verträglichkeitsgruppe. Die Verträglichkeitsgruppe erfüllt zwei Funktionen. Zum einen konkretisiert sie die Art des Explosivstoffs und trägt dadurch dazu bei, die Vielfalt der Stoffe und Gegenstände zu strukturieren. Zum anderen wird sie für die Festlegung von Schutzmaßnahmen genutzt, um gefährliche Reaktionen bei gleichzeitigem Transport und gemeinsamer Lagerung auszuschließen (▶ Abschn. 5.4). Insgesamt wird zwischen 13 Verträglichkeitsgruppen unterschieden (◘ Tab. 5.13) und durch Buchstaben abgekürzt. Ihnen wird die Unterklasse vorangestellt, so dass eine eindeutige Zuordnung möglich ist. Die Bezeichnung 1.1 D sagt beispielsweise aus, dass der Stoff der Unterklasse 1.1 und der Verträglichkeitsgruppe D zugeordnet ist.

Die Frage, ob ein unbekannter Stoff oder Gegenstand zur Klasse der Explosivstoffe gehört, kann erst nach einer intensiven Prüfung der stofflichen Eigenschaften beantwortet werden. Dabei werden im Rahmen des Prüfverfahrens unterschiedliche Aspekte herangezogen. Diese sind im Einzelnen im „UN-Handbuch über Prüfungen und Kriterien" aufgeführt (Michael-Schulz et al. 2023 Teil I). Das gesamte Prüfverfahren besteht aus drei Teilen (◘ Abb. 5.7).

◻ Tab. 5.13 Verträglichkeitsgruppen (Holzhäuser und Ridder 2025)

Bezeichnung	Bedeutung
A	Zündstoff
B	Gegenstand mit Zündstoff und weniger als zwei wirksamen Sicherungsvor-richtungen. Eingeschlossen sind einige Gegenstände, wie Sprengkapseln, Zünd-einrichtungen für Sprengungen und Anzündhütchen, selbst wenn diese keinen Zündstoff enthalten.
C	Treibstoff oder anderer deflagrierender explosiver Stoff oder Gegenstand mit solchem explosiven Stoff
D	Detonierender explosiver Stoff oder Schwarzpulver oder Gegenstand mit detonierendem explosivem Stoff, jeweils ohne Zündmittel und ohne treibende Ladung, oder Gegenstand mit Zündstoff mit mindestens zwei wirksamen Sicherungsvorrichtungen
E	Gegenstand mit detonierendem explosivem Stoff ohne Zündmittel mit treibender Ladung (andere als solche, die aus entzündbarer Flüssigkeit oder entzündbarem Gel oder Hypergolen bestehen)
F	Gegenstand mit detonierendem explosivem Stoff mit seinem eigenen Zünd-mittel, mit treibender Ladung (andere als solche, die aus entzündbarer Flüssig-keit oder entzündbarem Gel oder Hypergolen bestehen) oder ohne treibende Ladung
G	Pyrotechnischer Stoff oder Gegenstand mit pyrotechnischem Stoff oder Gegenstand mit sowohl explosivem Stoff als auch Leucht-, Brand-, Augen-reiz- oder Nebelstoff (außer Gegenständen, die durch Wasser aktiviert werden oder weißen Phosphor, Phosphide, einen pyrophoren Stoff, eine entzündbare Flüssigkeit oder ein entzündbares Gel oder Hypergole enthalten)
H	Gegenstand, der sowohl explosiven Stoff als auch weißen Phosphor enthält
J	Gegenstand, der sowohl explosiven Stoff als auch entzündbare Flüssigkeit oder entzündbares Gel enthält
K	Gegenstand, der sowohl explosiven Stoff als auch giftigen chemischen Wirk-stoff enthält
L	Explosiver Stoff oder Gegenstand mit explosivem Stoff, der eine besondere Ge-fahr darstellt (z.B. wegen seiner Aktivierung bei Zutritt von Wasser oder wegen der Anwesenheit von Hypergolen, Phosphiden oder eines pyrophoren Stoffes) und eine Trennung jeder einzelnen Art erfordert
N	Gegenstände, die überwiegend extrem unempfindliche Stoffe enthalten
S	Stoff oder Gegenstand, der so verpackt oder gestaltet ist, dass jede durch nicht beabsichtigte Reaktion auftretende gefährliche Wirkung auf das Versandstück beschränkt bleibt, außer das Versandstück wurde durch Brand beschädigt; in diesem Falle müssen die Luftdruck- und Splitterwirkung auf ein Maß be-schränkt bleiben, dass Feuerbekämpfungs- oder andere Notmaßnahmen in der unmittelbaren Nähe des Versandstückes weder wesentlich eingeschränkt noch verhindert werden.

Das Aufnahmeverfahren dient der Orientierung über die Eigenschaften des zu untersuchenden Stoffes bzw. Gegenstandes. Ziel des Verfahrens ist vor allem die Feststellung, ob der Stoff über explosive Eigenschaften verfügt.

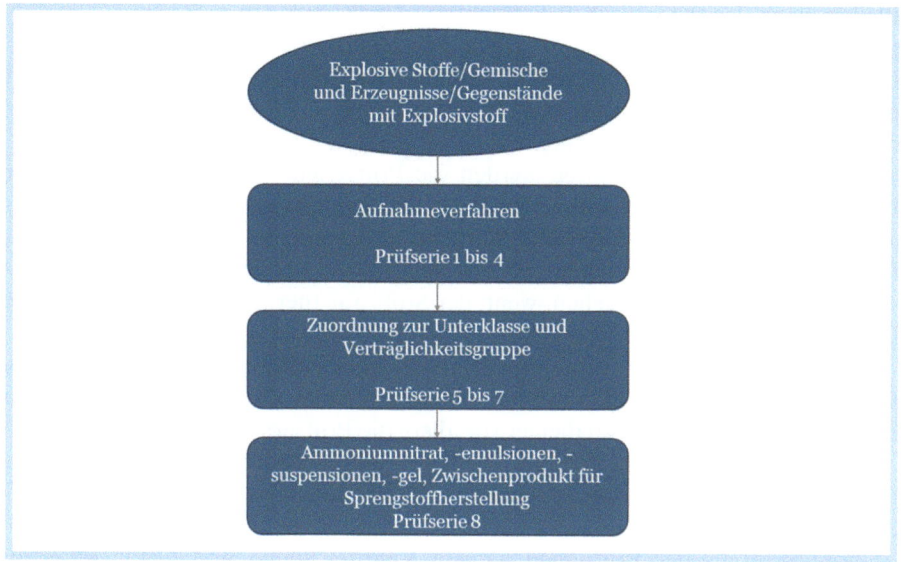

○ **Abb. 5.7** Prüfschema zur Klassifizierung und Einstufung von Explosivstoffen. (Quelle: Eigene Darstellung)

Dazu sind besondere Prüfungen vorgesehen. Es ist aber auch eine Entscheidung auf theoretischer Grundlage möglich. Dazu sind folgende Aspekte zu berücksichtigen:

– Chemische Zusammensetzung

Die chemische Zusammensetzung des Stoffes bzw. des Gemisches weist keine charakteristischen Molekülgruppen auf. Grundlage für die Bewertung sind die Stoffbestandteile in ○ Tab. 5.2.

– Sauerstoffbilanz

Alternativ zur chemischen Zusammensetzung kann die Sauerstoffbilanz Ω herangezogen werden (Gl. 5.14). Ist diese kleiner als -200, wird grundsätzlich von einer Zuordnung zur Klasse der Explosivstoffe abgesehen.

– Zersetzungsenergie

Besteht der unbekannte Stoff aus Molekülgruppen mit explosiven Eigenschaften, ist eine Betrachtung der Zersetzungsenergie notwendig. Ist diese geringer als 500 J/g und setzt die Zersetzung bereits bei Temperaturen unterhalb von 500 °C ein, sind die Kriterien für die Zugehörigkeit zur Klasse der Explosivstoffe nicht erfüllt.

– Massenanteil anorganisch oxidierender Bestandteile für Gemische

Alternativ zur Zersetzungsenergie wird bei Gemischen der Massenanteil anorganisch oxidierender Bestandteile herangezogen. Explosive Eigenschaften werden verneint, wenn folgende Werte unterschritten sind:

– 15 % für anorganisch oxidierende Stoffe der Verpackungsgruppen I und II bzw. der Kategorie 1 und 2;

– 30 % für anorganisch oxidierende Stoffe der Verpackungsgruppen III bzw. der Kategorie 3.

Bleiben nach der theoretischen Betrachtung Unsicherheiten in Bezug auf die explosiven Eigenschaften, sind in jedem Fall praktische Prüfungen erforderlich. Das gesamte Prüfverfahren besteht aus acht Prüfserien. Jede Prüfserie umfasst mehrere Prüfarten und -methoden (◘ Tab. 5.14). Vom Ergebnis einer Prüfserie ist der weitere Prüfverlauf abhängig.

Für das Annahmeverfahren werden die Prüfserien 1 bis 4 genutzt. Ziel der Prüfserie 1 und 2 ist es, die Frage nach den explosiven Eigenschaften zu beantworten, sofern die theoretische Betrachtung kein eindeutiges Ergebnis liefert. Die Prüfserien 3 und 4 dienen der Feststellung, ob der Stoff als instabil anzusehen ist. Davon ist auszugehen, wenn der Stoff auf thermische und mechanische Einflüsse reagiert.

Wird im Rahmen des Aufnahmeverfahrens entschieden, dass es sich um einen Explosivstoff handelt, folgen weitere Prüfserien, deren Zweck die Zuordnung zu einer Unterklasse ist. Hierzu dienen vor allem die Prüfserien 5 bis 7.

Die Prüfserie 8 behandelt einen Sonderfall und gilt nur für Ammoniumnitrat-Emulsion, – Suspensionen oder -Gel bzw. für Zwischenprodukte der Sprengstoffherstellung.

Vom Ergebnis der Prüfungen hängen Kennzeichnung und Gefahrzettel ab (◘ Abb. 5.8).

5.3.2 Charakteristische Bestimmungsmethoden

Ein besonderes Merkmal der Explosivstoffe ist die Auslösung der Reaktion durch mechanische Einwirkungen. Stöße, Schläge oder Reibung sind in der Lage, die chemische Zersetzungsreaktion in Gang zu bringen und innerhalb kurzer Zeit große Drücke und hohe Gasvolumina zu erzeugen. Insbesondere für den sicheren Transport ist die Kenntnis mechanischer Auslösemechanismen von enormer Wichtigkeit, denn schließlich können entsprechende Einwirkungen während der Beförderung nicht ausgeschlossen werden. Selbstverständlich gilt das auch für die Verwendung im Unternehmen, auch wenn die mechanischen Einwirkungen in diesem Fall besser abzuschätzen sind. Aus diesem Grunde ist es naheliegend, dass die Mehrzahl der Prüfserien auf das Verhalten des Explosivstoffs gegenüber mechanischen Beanspruchungen abzielt. Aber auch die Reaktion gegenüber thermischen Einwirkungen ist von Bedeutung. Immerhin kann ein witterungsbedingter Temperaturanstieg bei Transporten ebenso wenig ausgeschlossen werden wie ein Brand bei einem Verkehrsunfall oder bei einer Havarie. Die praktische Bedeutung ist der Grund dafür, dass thermische und mechanische Auslösemechanismen einen Schwerpunkt im Rahmen der Prüfungen bilden. Zu den grundlegenden Prüfarten gehören:

– Koenen-Prüfung
Die Prüfung geht der Frage nach, wie empfindlich explosionsfähige feste oder flüssige Stoffe gegenüber äußerer Wärmeeinwirkung unter Einschlussbedingungen sind. Das Prüfverfahren, das nach dem Namen eines Mitarbeitenden der Bundesanstalt für Materialforschung und -prüfung (BAM)

■ **Tab. 5.14** Prüfserien und Prüfarten nach UN-Handbuch über Prüfungen und Kriterien (Michael-Schulz et al. 2023 Teil I)

Prüfserie	Ziel, Zweck	Prüfarten
1	Feststellung explosiver Eigenschaften im Rahmen des Aufnahmeverfahrens	– Bestimmung der Weiterleitung einer Detonation; – Bestimmung der Wirkung beim Erwärmen unter Einschluss; – Bestimmung der Wirkung bei Anzündung unter Einschluss.
2	Wie Prüfserie 1, jedoch mit weniger restriktiven Kriterien	– Bestimmung der Stoßempfindlichkeit; – Bestimmung der Wirkung beim Erwärmen unter Einschluss; – Bestimmung der Wirkung bei Anzündung unter Einschluss.
3	Ermittlung der thermischen Stabilität und der mechanischen Beanspruchung durch Schlag und Reibung	– Bestimmung der Empfindlichkeit gegenüber Schlag und Reibung (einschließlich Reibschlag); – Bestimmung der thermischen Stabilität; – Bestimmung des Verhaltens gegenüber Feuer.
4	Ermittlung der thermischen Stabilität und der mechanischen Beanspruchung im verpackten Zustand	– Prüfung der thermischen Stabilität für Gegenstände; – Prüfung zur Bestimmung der Gefahr durch Fall.
5	Ermittlung der Unempfindlichkeit und Massenexplosionsfähigkeit	– Stoßprüfung zur Bestimmung der Empfindlichkeit gegenüber intensiver mechanischer Beanspruchung; – Thermische Prüfungen zur DDT-Ermittlung; – Prüfung zur Feststellung, ob Explosion eines in großen Mengen vorliegender Stoff bei Einwirkung eines starken Feuers möglich ist.
6	Konkretisierung der Zuordnung zu den Unterklassen 1.1 bis 1.4 und 1.4S	– Prüfung der Massenexplosionsfähigkeit eines einzelnen Packstücks; – Prüfung auf Explosionsübertragung zwischen Packstücken oder unverpackten Gegenständen; – Prüfung mit Packstücken oder Gegenständen zur Feststellung einer Massenexplosion, Wurfteile, Wärmestrahlung oder Abbrand unter Einfluss eines Außenfeuers; – Prüfung eines Packstücks mit Gegenständen ohne Einschluss zur Feststellung gefährlicher Wirkungen außerhalb des Packstücks bei Anzündung des Inhalts.

(Fortsetzung)

Prüfserie	Ziel, Zweck	Prüfarten
◼ **Tab. 5.14** (Fortsetzung)		
7	Voraussetzung für extrem un-empfindliche Gegenstände	– Stoßprüfung zur Feststellung der Empfindlichkeit gegenüber intensiver mechanischer Beanspruchung; – Stoßprüfung mit definierter Verstärkungsladung und definiertem Einschluss zur Feststellung der Stoßempfindlichkeit; – Prüfung zur Verschlechterung der Empfindlichkeit unter Schlagwirkung; – Prüfung des Reaktionsgrads gegenüber Schlag oder Durchschlagen bei vorgegebener Energiequelle; – Prüfung der Reaktion auf Außenbrand unter Einschlussbedingungen; – Prüfung der Reaktion in Umgebung mit schrittweiser Temperaturerhöhung auf 365 °C; – Prüfung der Reaktion eines Gegenstandes gegenüber Außenbrand; – Prüfung der Reaktion eines Gegenstandes in Umgebung mit schrittweiser Erhöhung der Temperatur auf 365 °C; – Prüfung der Reaktion eines Gegenstandes gegenüber – Schlag oder Durchschlagen bei vorgegebener Energiequelle; – Prüfung der Detonationsübertragung von einem Gegenstand auf einen benachbarten gleichen Gegenstand; – Prüfung der Empfindlichkeit eines Gegenstandes bei Aufprall an gefährdeten Bauteilen.
8	Ammoniumnitrat-Emulsion, -Suspension oder -Gel, Zwischenprodukt für die Sprengstoffherstellung	– Prüfung der thermischen Stabilität; – Stoßprüfung zur Ermittlung der Empfindlichkeit gegen starken Detonationsstoß; – Prüfung zur Bestimmung der Wirkung beim Erwärmen unter Einschluss. – Prüfung zur Bestimmung des Effekts einer intensiven lokalisierten thermischen Anzündung bei hohem Einschluss.

benannt ist, ist auch als „Stahlhülsentest" bekannt (Meyer et al. 2015, S. 166). Die Koenen-Prüfung ist Bestandteil der Prüfserie 2 (Michael-Schulz et al. 2023 Nr. 12.5).

Verordnung (EG) Nr. 1272/2008	Einstufung / Klassifizierung	Instabil, explosiv	Unterklasse 1.1	Unterklasse 1.2	Unterklasse 1.3	Unterklasse 1.4	Unterklasse 1.5	Unterklasse 1.6
	GHS-Piktogramm							
	Signalwort	Gefahr	Gefahr	Gefahr	Gefahr	Achtung	Gefahr	Kein Signalwort
	Gefahrenhinweis	H200: instabil, explosiv	H201: explosiv, Gefahr der Massenexplosion	H202: explosiv, große Gefahr durch Splitter, Spreng- und Wurfstücke	H203: explosiv, Gefahr durch Feuer, Luftdruck oder Splitter, Spreng- und Wurfstücke	H204: Gefahr durch Feuer oder Splitter, Spreng- und Wurfstücke	H205: Gefahr der Massenexplosion bei Feuer	Kein Gefahrenhinweis
UN-Modellvorschriften	Gefahrzettelmuster	Nicht zur Beförderung zugelassen				1.4	1.5	1.6

Abb. 5.8 Kennzeichnung und Gefahrzettel der Klasse „Explosive Stoffe und Gegenstände mit Explosivstoff". (Quelle: Eigene Darstellung)

— Fallhammerprüfung

Die Fallhammerprüfung dient dazu, die Schlagempfindlichkeit fester und flüssiger Stoffe zu ermitteln. Das UN-Handbuch über Prüfungen und Kriterien listet insgesamt sieben Prüfverfahren auf, mit deren Hilfe diese Wirkung festgestellt werden kann (Michael-Schulz et al. 2023 Nr. 13.4). Für Klassifizierungszwecke wird die Fallhammerprüfung der BAM empfohlen. Die Fallhammerprüfung ist Bestandteil der Prüfserie 3.

— Reibprüfung

Explosivstoffe können durch Reibung zur Detonation gebracht werden. Zur Ermittlung der Reibempfindlichkeit sieht das UN-Handbuch über Prüfungen und Kriterien insgesamt sechs Prüfarten vor (Michael-Schulz et al. 2023 Nr. 13.5). Auch für diese Prüfung wird eine Prüfung empfohlen, die von der BAM entwickelt wurde. Sie ist Bestandteil der Prüfserie 3.

— Detonationsstoßprüfung

Es ist bekannt, dass Explosivstoffe, die gegenüber thermischen und mechanischen Beanspruchungen unempfindlich sind, durchaus in der Lage sind, eine Detonation weiterzuleiten (z. B. Ammoniumnitrat). Inwieweit der zu prüfende Explosivstoff über eine solche Eigenschaft verfügt, ist Ziel der UN Gap-Prüfung. Sie gehört zur Prüfserie 2.

Alle Prüfungen werden unabhängig voneinander ausgeführt, da davon auszugehen ist, dass von dem Ergebnis einer Prüfung nicht auf das Ergebnis der nachfolgenden Prüfung geschlossen werden kann. Von dieser Regel gibt es eine Ausnahme. Es kann vorausgesetzt werden, dass ein Stoff, der sich in der Prüfung als reibempfindlich erweist, auch auf Schlagenergie reagiert.

Um eine sicherheitstechnische Einordung vornehmen zu können, ist es notwendig, die verschiedenen Prüfarten in ihren Grundzügen zu kennen. Nur unter dieser Voraussetzung ist eine Interpretation der Prüfergebnisse möglich. Im Folgenden werden daher die wichtigsten Prüfarten vorgestellt.

Den Anfang macht die Koenen-Prüfung. ◘ Abb. 5.9 zeigt den schematischen Aufbau der Prüfapparatur. Sie besteht aus einer Schutzkammer, die mit vier Propangasbrennern ausgestattet ist. Diese sind auf eine Stahlhülse gerichtet, die die Prüfsubstanz enthält. Die Stahlhülse hat einen Durchmesser von 25 mm und eine Länge von 75 mm. Am offenen Ende verbindet ein Schraubdeckel eine Düsenplatte mit der Stahlhülse. Eine Bohrung in der Düsenplatte stellt sicher, dass freiwerdende Gase entweichen können. Der Bohrungsdurchmesser variiert zwischen 1 mm und maximal 20 mm.

Die Prüfung erfolgt mit einer vorgegebenen Füllmenge. Dazu werden feste Stoffe in der Stahlhülse vorgepresst. Anschließend wird die Stahlhülse kontinuierlich erwärmt. In der Folge bilden sich Gase, die durch die Bohrung am Kopf der Stahlhülse entweichen. Entwickeln sich innerhalb kurzer Zeit größere Gasmengen, als durch die Bohrung abgeführt werden können, ist mit einem Druckanstieg in der Stahlhülse zu rechnen. Sie führt zu einer Deformation oder zum vollständigen Versagen der Stahlhülse. Die Prüfung beginnt zunächst mit dem größten Bohrungsdurchmesser und wird stufenweise abgesenkt. Wird bei einem Bohrungsdurchmesser von mindestens 2 mm ein Zerplatzen der Stahlhülse in mindestens drei Einzelteile beobachtet, ist davon auszugehen, dass es sich bei dem zu prüfenden Stoff um einen Explosivstoff handelt.

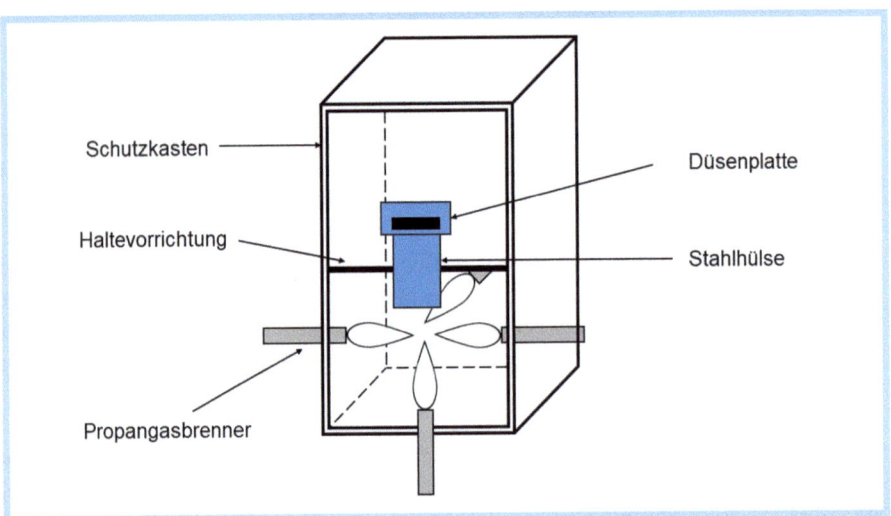

◘ **Abb. 5.9** Schematischer Aufbau der Prüfapparatur für den Stahlhülsentest. (Quelle: Eigene Darstellung)

Die Ermittlung der Empfindlichkeit fester und flüssiger Stoffe gegenüber Schlagbeanspruchungen ist Gegenstand der Fallhammer-Prüfung. ◘ Abb. 5.10 zeigt den schematischen Aufbau einer typischen Prüfapparatur.

Zentrales Element der Prüfapparatur ist das Fallgewicht, das aus einer festgelegten Fallhöhe auf die Explosivstoffprobe herabfällt. Dazu befindet sich die Probe in einer Stempelvorrichtung, die ihrerseits auf dem Amboss zentriert wird. Das Fallgewicht wird an zwei Gleitschienen geführt, so dass ein zielgenaues Auftreffen und eine variable Höheneinstellung möglich sind. Durch die Konstruktion der Prüfapparatur beträgt die Schlagenergie maximal 40 J. Dieser Wert errechnet sich aus den Maximalwerten für das Fallgewicht und der Fallhöhe. Das Prüfergebnis ergibt sich durch Beobachtung und lautet:

- Keine Reaktion
  Das Fallgewicht führt zu keiner beobachtbaren Veränderung der Probe.
- Zersetzung
  Infolge des Fallgewichts verändern sich Geruch oder Farbe. Eine Flamme oder eine Explosion wird dagegen nicht beobachtet.
- Explosion
  Die Probe zeigt eine Flammenbildung oder es wird ein Geräusch wahrgenommen.

Die Prüfreihe beginnt mit einer Schlagenergie von 10 J und wird abhängig vom Ergebnis stufenweise erhöht oder erniedrigt. Auf diese Weise ist es möglich, die Grenzschlagenergie zu ermitteln, die als niedrigste Schlagenergie interpretiert wird. Ein Explosivstoff gilt als schlagempfindlich, wenn in sechs Versuchen mindestens einmal eine Explosion beobachtet wird.

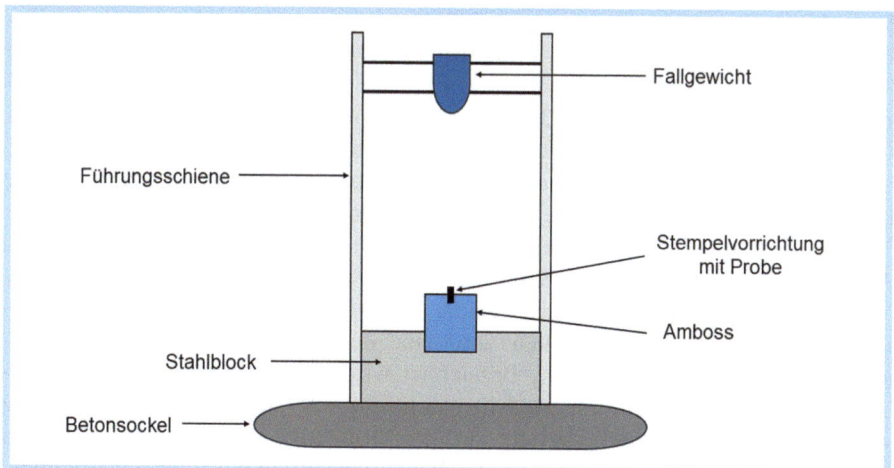

◘ **Abb. 5.10** Fallhammer-Prüfapparatur – schematische Darstellung. (Quelle: Eigene Darstellung)

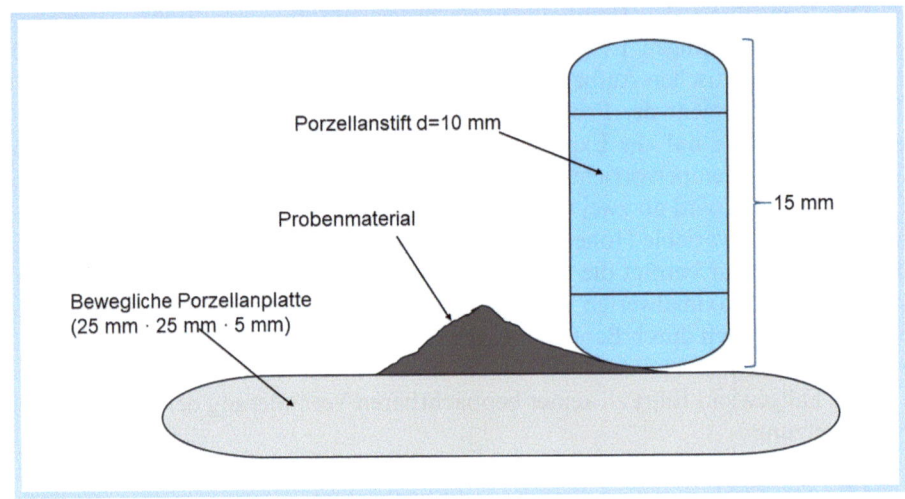

Porzellanstift d=10 mm

Probenmaterial

Bewegliche Porzellanplatte
(25 mm · 25 mm · 5 mm)

15 mm

◘ Abb. 5.11   Schematische Darstellung der Reibapparatur. (Quelle: Eigene Darstellung)

Die Reibprüfung dient der Feststellung, ob es sich um einen instabilen Stoff handelt. Die Prüfapparatur besteht aus einer Porzellanplatte und einem Porzellanstift (◘ Abb. 5.11).

Die Probe wird auf einer Porzellanplatte aufgebracht, die an Gleitschienen geführt ist, so dass sie vor- und zurückbewegt werden kann. Der Porzellanstift ist fest eingespannt und wird mit einem Gewicht zwischen 120 N und 360 N belastet. Durch die Bewegung der Porzellanplatte wird die Stoffprobe einer Reibkraft ausgesetzt, deren Höhe angepasst werden kann. Die Prüfreihe beginnt mit der größten Gewichtsbelastung von 360 N und wird fünfmal wiederholt. Das Prüfergebnis wird durch Beobachtung festgestellt und entspricht dem Schema der Fallhammerprüfung. Kommt es zu einer Explosion, schließt sich eine zweite Prüfreihe mit einem Gewicht von 120 N an. Die Probe gilt als explosionsgefährlich, wenn in mindestens einem der Versuche eine Explosion beobachtet wird.

Wenn eine Stoffprobe als schlag- und wärmeempfindlich gilt, sind weitere Tests notwendig. Dazu gehört u. a. die Detonationsstoßprüfung. Mit dieser Prüfung wird die Empfindlichkeit gegenüber einem Detonationsstoß ermittelt. Besonders bekannt ist der UN Gap-Test (◘ Abb. 5.12)

Die Prüfapparatur besteht aus einem Stahlrohr (Länge 400 mm) zur Aufnahme der Stoffprobe. Zusätzlich wird eine definierte Sprengstoffladung eingeführt, die als Verstärkerladung bezeichnet wird und aus einem RDX-Wachs-Gemisch oder einem Gemisch aus Nitropenta und TNT besteht. Vor der Prüfung wird zwischen der Verstärkerladung und der Stoffprobe eine Distanzscheibe aus Acrylglas eingefügt. Nach Zündung der Verstärkerladung wird der Schädigungsgrad an dem Stahlrohr und der Nachweisplatte festgehalten. Ist das Stahlrohr

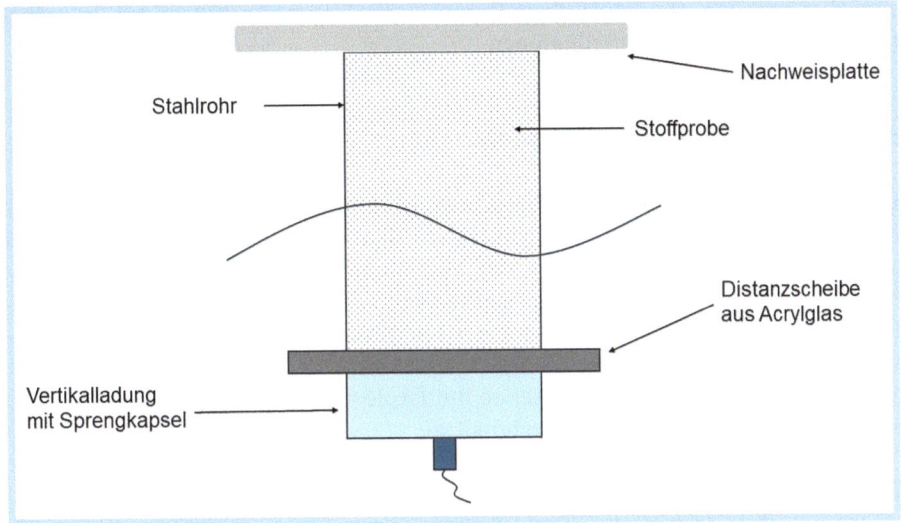

Abb. 5.12 UN Gap-Testapparatur – Prinzipdarstellung. (Quelle: Eigene Darstellung)

vollständig zerlegt oder ist die Nachweisplatte durchlöchert, ist davon auszugehen, dass der Stoff zur Weiterleitung einer Detonation fähig ist.

Zusammenfassend ist festzuhalten, dass die Ermittlung explosiver Eigenschaften auf einfachen und praxisgerechten Prüfmethoden beruht.

5.4 Spezifische Schutzmaßnahmen

Transport und Verwendung von Explosivstoffen sind mit großen Risiken verbunden. Daher ist es folgerichtig, wenn Schutzmaßnahmen sorgfältig geplant und ausgewählt werden. In der Gefahrgutbeförderung sind die Auswahl der Verpackungen, Einschränkungen beim Zusammenpacken sowie strenge Zusammenladeverbote zentrale Schutzmaßnahmen. In speziellen Fällen ist sogar ein Beförderungsverbot vorgesehen. Im Rahmen betrieblicher Tätigkeiten sind diese Schutzmaßnahmen unzureichend, da zusätzlich zu den Eigenschaften des Explosivstoffs auch die Art der Tätigkeit und die Arbeitsumgebung in die Planung einbezogen werden müssen. Daher wird die Gefährdungsbeurteilung zum zentralen Element der Maßnahmenplanung. Allerdings ist es erforderlich, die Betrachtungsebene zu erweitern, denn nicht nur die Mitarbeitenden sind den Risiken ausgesetzt, sondern auch die umliegende Bevölkerung. Daher werden weitergehende Vorkehrungen notwendig. Details liefert im Einzelfall das Sprengstoffrecht.

In diesem Kapitel stehen Schutzmaßnahmen im Vordergrund, die beim betrieblichen Einsatz von Explosivstoffen zu beachten sind. Dabei geht es zunächst um den regulatorischen Rahmen. Es folgen Ausführungen zu spezifischen Explosionsschutzmaßnahmen.

5.4.1 Regulatorischer Rahmen

Die sichere betriebliche Verwendung liegt im Verantwortungsbereich des Unternehmens. Ziel ist es, die Mitarbeitenden vor den Wirkungen explosiver Stoffe zu schützen. Das zentrale Instrument der Maßnahmenplanung ist die Gefährdungsbeurteilung. Rechtliche Grundlage dafür ist das Arbeitsschutzgesetz und die Gefahrstoffverordnung. Das Regelwerk der Unfallversicherungsträger liefert Unterstützung durch folgende Regeln:

- DGUV Regel 113-017 „Tätigkeiten mit Explosivstoff"
- DGUV Regel 113-008 „Pyrotechnik"

Beide Regeln führen die jahrzehntelangen Erfahrungen der Unfallversicherungsträger auf dem Gebiet der Explosivstoffe zusammen und ersetzen damit das Wissen, das über lange Jahre in diversen Unfallverhütungsvorschriften festgehalten war. Eine besondere Hilfestellung für die Gefährdungsbeurteilung liefert die DGUV Regel 113-017. Sie gilt für physikalisch-chemische Gefährdungen, die im Zusammenhang mit Explosivstoffen auftreten. Sie befassen sich mit der gesamten Prozesskette, angefangen von der Herstellung und Verarbeitung über das Aufbewahren und den innerbetrieblichen Transport bis hin zum Wiedergewinnen und Vernichten.

Die Gefährdungsbeurteilung beginnt mit der Zuordnung der Tätigkeiten zu Gefahrgruppen (◘ Tab. 5.15). Das ausschlaggebende Kriterium für die Zuordnung zu einer der sechs Gefahrgruppen ist die Wirkung der Explosivstoffe. Die Bezeichnung der Gefahrgruppen entspricht den Unterklassen (▶ Abschn. 5.3.1). Dadurch ist es möglich, sich bei der Festlegung der Gefahrgruppen an den Unterklassen zu orientieren. Allerdings ist eine ungeprüfte Übernahme nicht zweckmäßig, da auf diese Weise die spezifischen Gefährdungen durch die Arbeitsumgebung und die Tätigkeit unberücksichtigt bleiben.

Die DGUV Regel 113-017 beschränkt sich nicht auf den Schutz der Mitarbeitenden, sondern bezieht auch die umliegende Bevölkerung in die Betrachtung ein (DGUV Regel 113-017, S. 24). Zusätzlich verweist die DGUV Regel auf das Sprengstoffrecht. Für die Unternehmen der Gefahrstofflogistik ist vor allem die 2. Verordnung zum Sprengstoffgesetz (2. SprengV) von Interesse, denn sie regelt in detaillierter Weise die Erfordernisse für die sichere Aufbewahrung und damit für das Lagern und Bereitstellen explosionsgefährlicher Stoffe (Weber und Zahm 2015, Nr. 3.2.6). Die sicherheitstechnischen Anforderungen schließen alle sonstigen explosionsgefährlichen Stoffe mit vergleichbaren Wirkungen ein.

◘ **Tab. 5.15** Gefahrgruppenzuordnung im Rahmen der Gefährdungsbeurteilung (DGUV Regel 113-017 2017, S. 22–24)

Bezeichnung	Bedeutung
Gefahrgruppe 1.1	– Möglichkeit der Massenexplosion mit Umgebungsgefährdung durch Druckwirkung, Flammen, Spreng- und Wurfstücke; – Zusätzliche Gefährdung durch Sprengstücke bei starkmanteligen Gegenständen (z. B. Gegenstände mit Durchmesser > 60 mm); – Einteilung pyrotechnischer Sätze in Untergruppen 1.1-1, 1.1-2 und 1.1-3.
Gefahrgruppe 1.2	– Keine Massenexplosionsfähigkeit; – Bei Brand zeitliche Eskalation der Explosion von Gegenständen; – Beschränkung der Druckwirkung auf unmittelbare Umgebung; Schadenshöhe allenfalls gering; – Gefährdung der weiteren Umgebung durch Sprengstücke und Flugfeuer mit der Möglichkeit einer Explosion fortgeschleuderter Gegenstände bei Aufschlag; – Zusätzliche Gefährdung durch Sprengstücke bei starkmanteligen Gegenständen.
Gefahrgruppe 1.3	– Keine Massenexplosionsfähigkeit; – Heftiges Abbrennen bei starker Wärmeentwicklung und rasche Brandausbreitung; – Umgebungsgefährdung durch Flammen, Wärmestrahlung, Flugfeuer; – Vereinzelt Explosion von Gegenständen und Fortschleudern brennender Packstücke; – Geringe Umgebungsgefährdung durch Sprengstücke und keine Gefährdung der Bauten durch Druckwirkung.
Gefahrgruppe 1.4	– Explosivstoffe brennen ohne bedeutsame Gefahr ab; Auswirkungen beschränken sich auf Packstück oder Arbeitsplatz; – Keine Entstehung von Sprengstücken gefährlicher Größe und Flugweite; – Brand bleibt ohne Explosionswirkung auf Packstück bzw. Explosivstoffe.
Gefahrgruppe 1.5	– Sehr unempfindliche massenexplosionsfähige Stoffe mit sehr geringer Wahrscheinlichkeit einer Zündung oder eines Übergangs in eine Detonation unter normalen Bedingungen; – Voraussetzung: keine Explosion bei Außenbrandversuch.
Gefahrgruppe 1.6	– Extrem unempfindliche Gegenstände ohne Massenexplosionsfähigkeit und mit einer vernachlässigbaren Wahrscheinlichkeit für eine unbeabsichtigte Zündung oder Explosionsfortpflanzung; – Risiko für Explosion eines einzigen Gegenstandes.

Für die Auswahl der Schutzmaßnahmen werden explosionsgefährliche Stoffe einer von vier Lagerklassen zugeordnet. Ebenso ist eine Zuweisung zu einer Verträglichkeitsgruppe vorgesehen. Im Unterschied zu den Gefahrgruppen wird die Zuordnung nicht durch das Unternehmen, sondern von der BAM vorgenommen. ◘ Tab. 5.16 listet die Lagergruppen für explosionsgefährliche Stoffe auf und nennt Stoffbeispiele.

◘ Tab. 5.16 Lagergruppen für explosionsgefährliche Stoffe und beispielhafte Zuordnung ausgewählter explosiver Stoffe (Anhang Nr. 2 zur 2. SprengV)

Lagergruppe	Definition	Stoffbeispiele
1.1	– Möglichkeit der Massenexplosion mit Gefährdung der Umgebung durch Druckwirkung, Flammen, Spreng- und Wurfstücken; – Zusätzliche Gefährdung durch schwere Sprengstücke bei starkmanteligen Gegenständen;	– Schwarzpulver; – Munition wie z. B. Geschosse, Bomben, Raketen etc. – Alle Explosivstoffe der Unterklasse 1.5.
1.2	– Keine Massenexplosionsfähigkeit; – Bei Brand zunächst Explosion einzelner Gegenstände und im weiteren Verlauf zunehmend gleichzeitige Explosion von Gegenständen; – Beschränkung der Druckwirkung auf unmittelbare Umgebung; Schadenshöhe allenfalls gering; – Gefährdung der weiteren Umgebung durch leichte Sprengstücke und Flugfeuer mit der Möglichkeit einer Explosion fortgeschleuderter Gegenstände bei Aufschlag; – Zusätzliche Gefährdung durch Sprengstücke bei starkmanteligen Gegenständen;	– Ausgewählte Munition; – Alle Explosivstoffe der Unterklasse 1.6
1.3	– Keine Massenexplosionsfähigkeit; – Heftiges Abbrennen bei starker Wärmeentwicklung und rasche Brandausbreitung; – Umgebungsgefährdung durch Flammen, Wärmestrahlung und Flugfeuer; – Möglichkeit zur Explosion von Gegenständen und zum Fortschleudern einzelner brennender Packstücke und Gegenstände; – Geringe Umgebungsgefährdung durch Sprengstücke; – Keine Gefährdung der umliegenden Bauten durch Druckwirkung.	– Brandmunition; – Größere Feuerwerkskörper; – Leucht- und Signalmunition; – Raketenmotore.
1.4	– Explosivstoffe brennen ohne bedeutsame Gefahr ab; – Möglichkeit der Explosion einzelner Gegenstände; – Auswirkungen beschränken sich auf Packstück; – Keine Entstehung von Sprengstücken gefährlicher Größe und Flugweite; – Brand bleibt ohne Explosionswirkung auf Packungsinhalt.	– Anzünder, Anzündschnur; – Handfeuermunition; – Feuerwerksartikel.

Ebenso wie bei den Gefahrgruppen bestimmen die Lagergruppen Art und Umfang der Schutzmaßnahmen. Zwischen den Gefahrgruppen nach DGUV Regel 113-017 und den Lagergruppen nach 2. SprengV bestehen inhaltliche Übereinstimmungen.

Zusätzliche Informationen zu den Schutzmaßnahmen enthalten die Sprengstofflager-Richtlinien, die als Technische Regeln das untergesetzliche Regelwerk bilden, von dem im Einzelfall abgewichen werden darf, solange das Schutzziel erreicht wird. Die für die Gefahrstofflogistik relevanten technischen Regeln für explosionsgefährliche Stoffe enthält ◘ Tab. 5.17.

Die strenge Reglementierung der Schutzmaßnahmen erfolgt nicht ohne Grund. Immer wieder berichten Medien über fatale Vorfälle im Zusammenhang mit Explosivstoffen, bei denen Menschen ihr Leben verlieren und enorme Sachwerte zerstört werden. Auch wenn es sich um seltene Ereignisse handelt, entsteht in der Öffentlichkeit der Eindruck, dass schwere Unfälle beim Umgang mit Explosivstoffen an der Tagesordnung sind. Eine Auswertung der Unfalldaten zeigt ein ganz anderes Bild.

Grundsätzlich sind alle Unfallereignisse, die sich im Zusammenhang mit Explosivstoffen ereignen, anzuzeigen. Dazu gibt es gleich mehrere, zum Teil sich überschneidende gesetzliche Forderungen. Dazu gehören

— Gesetz über explosionsgefährliche Stoffe (Sprengstoffgesetz)
  Unfälle, die im Zusammenhang mit Umgang und Verkehr explosionsgefährlicher Stoffe entstehen, sind der staatlichen Behörde und dem Träger der gesetzlichen Unfallversicherung anzuzeigen (§ 26 Abs. 2 SprengG). Zu den Unfällen zählen nicht nur Ereignisse mit Personenschäden, sondern auch Sachschäden (Nr. 26.2 Allgemeine Verwaltungsvorschrift zum Sprengstoffgesetz).

◘ **Tab. 5.17** Übersicht über die Sprengstofflager-Richtlinien (Stand: November 2024)

Kurzbezeichnung	Beschreibung
SprengLR 010	Richtlinie für das Zuordnen explosionsgefährlicher Stoffe zu Lagergruppen
SprengLR 011	Richtlinie für das Zuordnen sonstiger explosionsgefährlicher Stoffe zu Lagergruppen
SprengLR 210	Richtlinie Bauweise und Einrichtung der Lager für Sprengstoffe und Zündmittel
SprengLR 220	Richtlinie Bauweise und Einrichtung der Lager für pyrotechnische Sätze und Gegenstände
SprengLR 230	Richtlinie Diebstahlsicherung der Lager für Explosivstoffe und Gegenstände mit Explosivstoff
SprengLR 240	Lagerung von Airbag- und Gurtstraffer-Einheiten

- 12. Verordnung zur Durchführung des Bundesimmissionsschutzgesetzes (Störfallverordnung)

  Für Anlagenbetreiber besteht die Verpflichtung, Explosionen, Personen-, Sach- und Umweltschäden, die vorgegebenen Kriterien entsprechen und durch den Betrieb verursacht sind, anzuzeigen (12. BImSchV § 19).

- Verordnung über Sicherheit und Gesundheitsschutz bei der Verwendung von Arbeitsmitteln (Betriebssicherheitsverordnung – BetrSichV)

  Unfälle mit Personenschäden sowie Ereignisse, die auf das Versagen von Bauteilen oder von sicherheitstechnischen Einrichtungen zurückgehen, unterliegen der Meldepflicht des Arbeitgebers (§ 19 BetrSichV).

- Siebtes Buch Sozialgesetzbuch – Gesetzliche Unfallversicherung (SGB VII)

  Unternehmer sind verpflichtet, alle Unfälle, die tödlich enden oder bei denen Mitarbeitende gesundheitlich geschädigt werden, so dass sie länger als drei Tage arbeitsunfähig sind, dem zuständigen Unfallversicherungsträger anzuzeigen (§ 193 Abs. 1 SGB VII).

Trotz der umfangreichen Melde- und Anzeigepflichten fehlt es an einer zusammenfassenden Unfallstatistik für Explosivstoffe. Damit verzichtet man auf die Möglichkeit, aus den Erfahrungen zu lernen und neue Erkenntnisse abzuleiten.

Einen Eindruck über die Risiken beim Umgang mit Explosivstoffen gewinnt man durch Auswertung der Unfalldaten der gesetzlichen Unfallversicherungsträger. Unternehmen, die Explosivstoffe herstellen, sind im Allgemeinen bei der Berufsgenossenschaft Rohstoffe und chemische Industrie (BGRCI) versichert. Dort werden sie zwei verschiedenen Gefahrtarifstellen zugeordnet. Das sind

- Gefahrtarifstelle 18 „Betrieb der Explosivstoff- und Pyrotechnik-Industrie"
- Gefahrtarifstelle 19 „Betriebe der Munitions-, Zünd- und Anzündmittel-Industrie, pyrotechnische Gegenstände für technische Zwecke".

◘ Abb. 5.13 zeigt die Unfallentwicklung dieser Unternehmen im Vergleich zur Gesamtheit aller bei der BGRCI versicherten Unternehmen. Dargestellt sind die anzeigenpflichtigen Arbeitsunfälle bezogen auf 1000 Versicherte. ◘ Abb. 5.13 ist zu entnehmen, dass die Unfallhäufigkeit in der Explosivstoffindustrie seit 2021 überdurchschnittlich hoch ist. Lediglich in den beiden Jahren davor war die Unfallhäufigkeit geringer.

Weniger eindeutig ist die Situation beim Blick auf die Unfallschwere. Als Maß eignet sich die Kennzahl „Neue Unfallrente je 1000 Versicherte" (◘ Abb. 5.14). Darunter versteht man alle Unfallereignisse, die so schwer sind, dass eine Rentenleistung oder die Auszahlung von Sterbegeld erforderlich wird.

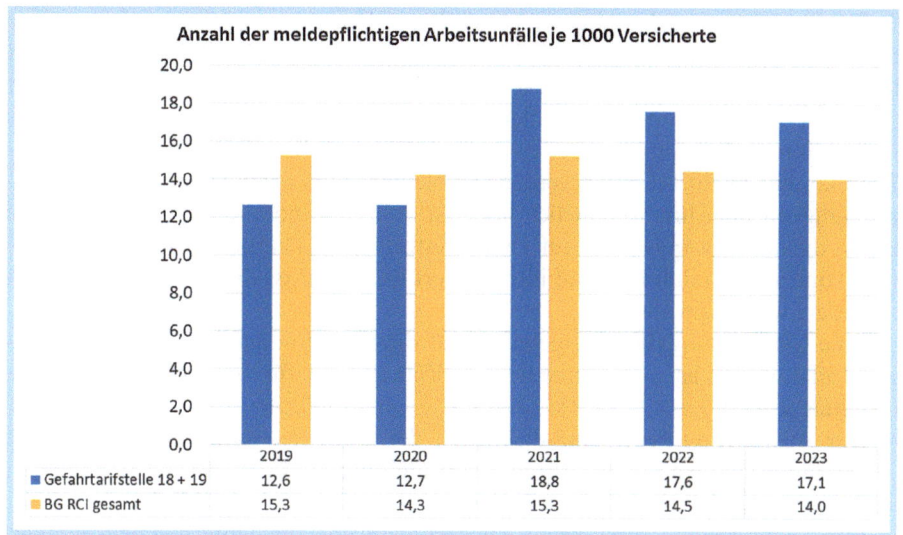

Abb. 5.13 Unfallhäufigkeit in der Explosivstoffindustrie im Vergleich zum Durchschnitt aller Unternehmen der Berufsgenossenschaft Rohstoffe und chemische Industrie. (Quelle: Eigene Darstellung nach Waskönig 2024)

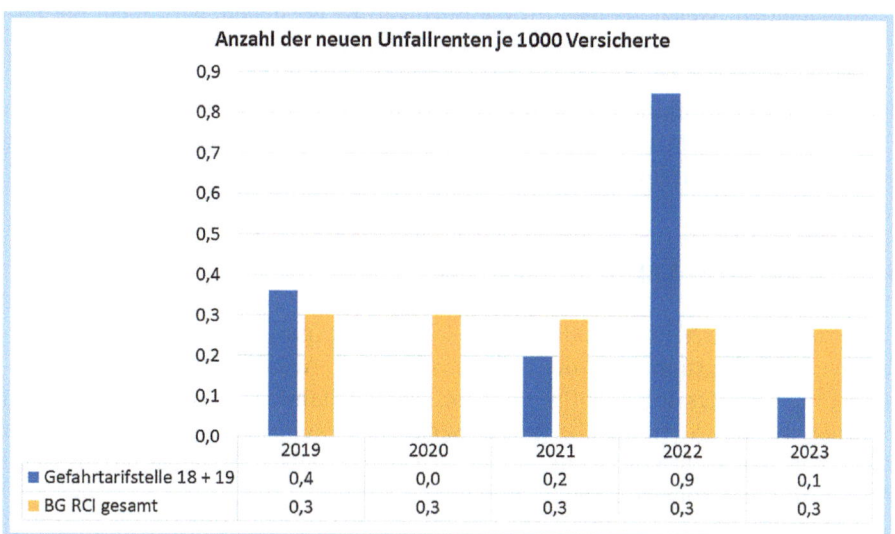

Abb. 5.14 Neue Unfallrenten in der Explosivstoffindustrie im Vergleich zum Durchschnitt aller Unternehmen der Berufsgenossenschaft Rohstoffe und chemische Industrie. (Quelle: Eigene Darstellung nach Waskönig 2024)

5

■ Abb. 5.14 zeigt, dass die neue Unfallrente bezogen auf 1000 Versicherte nur in den beiden Jahren 2019 und 2022 überdurchschnittlich hoch war. Damit liegt der Schluss nahe, dass die Schadenschwere in der Explosivstoffindustrie nicht größer ist als der Durchschnitt aller bei der BGRCI versicherten Unternehmen. Somit kann die Vermutung, dass es in der Explosivstoffindustrie zu schweren Unfällen kommt, nicht bestätigt werden. Es bleibt jedoch festzuhalten, dass die Unfallhäufigkeit überdurchschnittlich hoch ist. Dieses kann allerdings viele Gründe haben, die nicht zwangsläufig auf Explosivstoffe zurückzuführen sind. Die Ergebnisse können auch dahingehend interpretiert werden, dass die Schutzmaßnahmen besonders wirkungsvoll sind.

Eine Übertragung dieser Ergebnisse auf die Situation der Gefahrgut- und Gefahrstoff-Logistik ist nicht unbedingt zielführend. Dafür sind folgende Gründe ausschlaggebend:

— Der Auswertung liegen nur die Daten der BGRCI zugrunde. Die Mehrheit der Unternehmen der Gefahrgut- und Gefahrstoff-Logistik sind bei anderen Unfallversicherungsträgern versichert.

— Der Datenbestand lässt keine Rückschlüsse auf die Unternehmenstätigkeit zu. Auf Grund der Mitgliederstruktur der BGRCI ist davon auszugehen, dass es sich bei der Mehrzahl der Unternehmen um Produktionsbetriebe handelt, deren Risiken von denen in der Gefahrgut- und Gefahrstoff-Logistik abweichen.

— Nicht zuletzt berücksichtigt der Datenbestand ausschließlich die Mitarbeitenden. Welche Folgen für die Bevölkerung entstehen, wird nicht berücksichtigt.

Trotz aller Einschränkungen sind die Risiken bei Transport und Lagerung von Explosivstoffen nicht zu unterschätzen. Schutzmaßnahmen für die Verwendung von Explosivstoffen sind in jedem fall erforderlich.

5.4.2 Quartärer Explosionsschutz

Das gemeinsame Kriterium für die Zuordnung explosiver Stoffe zu den Gefahr- und Lagergruppen ist die Schadenswirkung. Aus Sicht der Gefährdungsbeurteilung ist das folgerichtig, denn schließlich handelt es sich dabei um ein zentrales Risikokriterium. Die größte Schadenswirkung der Explosivstoffe geht dabei von der Detonation aus, denn sie bewirkt neben Flammenbildung und Wärmestrahlung folgende weitere Effekte:

— Luftstoßwirkung
   In der Detonationszone bildet sich ein besonders hoher Druck, der auf die umgebende Luft trifft. Der enorme Druckunterschied führt zu einer Luftstoßwelle, die sich mit Überschallgeschwindigkeit in die Umgebung ausbreitet. Der Druck nimmt mit zunehmender Entfernung vom Detonationsort ab.

Für die Gefährdungsbeurteilung ist es hilfreich, den Zusammenhang zwischen der Druckwirkung und dem Schadensbild zu kennen. ■ Tab. 5.18 enthält Beispielwerte.

— Wirkung durch Spreng- und Wurfstücke
  Bei einer Detonation besteht das Risiko, dass feste Teile durch die Druckwelle mitgerissen und fortgeschleudert werden. Dabei handelt es sich in erster Linie um Bestandteile des Explosivstoffs, die als Sprengstücke bezeichnet werden. Aber auch Teile der Umgebung (z. B. Maschinen-, Anlagen-, Bauwerksteile) können fortgeschleudert werden und Schäden verursachen.
  Für die Abschätzung des Schadenspotenzials sind die Wurfweiten der mitgerissenen Elemente und die Widerstandfähigkeit der Umgebung entscheidende Parameter. Die Wurfweiten sind u. a. abhängig von der Gestalt, dem Material und der kinetischen Energie. Trifft ein Spreng- oder Wurfstück auf ein Hindernis, so hängt es vom Auftreffwinkel, der Auftreffgeschwindigkeit sowie der Widerstandfähigkeit des Hindernisses ab, ob es lediglich zu einem Kontakt oder aber zu einem Durchschlagen kommt. Für die Gefährdungsbeurteilung ist davon auszugehen, dass bei einer Detonation im Umkreis von mehreren hundert Meter Spreng- und Wurfstücke auftreten, die das Potenzial für schwere oder tödliche Verletzungen haben (Otto et al.).

— Boden- und Kraterwirkung
  Kommt es in unmittelbarer Nähe der Erdoberfläche zu einer Detonation, besteht das Risiko, dass ein Teil der Energie in den Boden eingeleitet wird und eine Bodenstoßwelle erzeugt. Mögliche Folgen sind Beschädigungen an Bauwerken mit Auswirkungen auf die Standfestigkeit. Es ist davon auszugehen, dass der Schaden bei Boden- und Kraterwirkung geringer ist als beim Luftstoß.

Grundsätzlich gelten für Explosivstoffe dieselben Schutzmaßnahmen wie für alle anderen explosionsfähigen Stoffe. Allerdings erfordern die besonderen Wirkungen zusätzliche Maßnahmen. Hierzu gehört insbesondere die Einhaltung von Abständen zwischen Detonationsort und der zu schützenden Umgebung. Maßnahmen, die auf die Abstandshaltung setzen, werden als quartäre Explosionsschutzmaßnahmen bezeichnet.

Grundlage für die Bemessung der Abstände ist ein empirisch hergeleiteter mathematischer Zusammenhang auf Basis der Nettoexplosivstoffmasse (NEM).

■ **Tab. 5.18** Zusammenhang zwischen Schadensbild und Druckstoß (Otto et al.)

Schadensbild	Überdruck in kPa
Fensterscheiben, Fensterrahmen, Türen – beschädigt bis zerstört	2,5–14
Ziegelsteinmauer – beschädigt bis zerstört	30–150
Lungenschäden (abhängig vom Luftimpuls)	50–100
Tod eines Menschen	ab 140

Unter NEM versteht man die Masse des Explosivstoffs ohne dessen Umhüllung oder mögliche Verpackungsbestandteile. Es gilt folgende Beziehung (▶ Gl. 5.19):

$$E = k \cdot \sqrt[3]{NEM} \tag{5.19}$$

mit E = Abstand vom Detonationsort in Meter
NEM = Nettoexplosivstoffmasse in kg
k = Proportionalitätsfaktor

Der Betrag des Proportionalitätsfaktors k bestimmt das Schutzniveau und ist in besonderer Weise von der Art des Umfelds abhängig. So ist beispielsweise zu Wohnbereichen im Vergleich zu Betriebsgebäuden ein größerer Abstand erforderlich, da davon auszugehen ist, dass Wohnhäuser eine geringere Widerstandsfähigkeit gegenüber der Detonationswirkung besitzen. Entsprechend wird zwischen Schutz- und Sicherheitsabstand unterschieden.

■ Tab. 5.19 enthält die Berechnungsgrundlagen für die Mindestabstände zur Wohnbebauung in der Nachbarschaft sowie zu öffentlichen Verkehrswegen. Lager zur Aufbewahrung von Explosivstoffen sind demnach so zu errichten, dass sie einen Mindestabstand zur Wohnbebauung in der Nachbarschaft sowie zu allen öffentlichen Verkehrswegen einhalten. Die Schutzabstände sind abhängig von der Gefahr- bzw. Lagergruppe.

Für die Bemessung der Sicherheitsabstände zu Betriebsgebäuden wird zwischen Donator und Akzeptor unterschieden. Donatoren umfassen Gebäude, von denen eine aktive Gefährdung durch Detonation ausgeht. Hierzu gehören z. B. Produktionsstätten und Lagerbereiche. Als Akzeptoren werden alle Betriebs-

■ **Tab. 5.19** Berechnung der Schutzabstände nach 2. SprengV Anlage 1 und DGUV Regel 113-017 Anhang 10

Lager-bzw. Gefahrgruppe	Wohnbereich	Verkehrsweg
1.1	$E = 22 \cdot \sqrt[3]{NEM}$, bei zusätzlicher Gefährdung durch Sprengstücke mindestens 275 m.	$E = 15 \cdot \sqrt[3]{NEM}$, bei zusätzlicher Gefährdung durch schwere Sprengstücke mindestens 180 m
1.2 Im Allgemeinen	$E = 58 \cdot \sqrt[6]{NEM}$, aber mindestens 90 m.	$E = 39 \cdot \sqrt[6]{NEM}$, aber mindestens 60 m.
1.2 bei zusätzlicher Gefährdung durch schwere Sprengstücke	$E = 76 \cdot \sqrt[6]{NEM}$, aber mindestens 135 m	$E = 51 \cdot \sqrt[6]{NEM}$, aber mindestens 60 m bzw. 90 m.
1.3	$E = 6{,}4 \cdot \sqrt[3]{NEM}$, aber mindestens 60 m	$E = 4{,}3 \cdot \sqrt[3]{NEM}$, aber mindestens 40 m
1.4	bis 100 kg NEM: kein Schutzabstand > 100 kg NEM: Schutzabstand ≥ 25 m	

gebäude bezeichnet, die von der Wirkung betroffen sind (z. B. Verwaltungsgebäude). Empfehlungen für die Bemessung der k-Faktoren enthält die DGUV Regel 113-017. Für die Aufbewahrung von Explosivstoffen trifft die 2. SprengV konkrete Festlegungen. In diesem Fall wird die Höhe der k-Faktoren von der Zugehörigkeit zur Gefahr- bzw. Lagergruppe sowie von der Bauweise der Donatoren und Akzeptoren bestimmt. Die Zahlenwerte schwanken zwischen 0,8 und 8,0 und sind damit grundsätzlich niedriger als die Werte, die für die Berechnung der Schutzabstände genutzt werden.

Übung „Anwendung der Lager- und Verträglichkeitsgruppe"

Es ist die Errichtung eines Lagers zur Aufbewahrung von 1000 kg RDX mit Wachs und 500 kg Airbag-Treibstoff-in Pulverform. Die Aufbewahrung erfolgt jeweils in den Versandverpackungen. Es ist zu ermitteln, ob eine Lagerung zulässig ist und welche Schutzabstände zu benachbarten Wohngebäuden und öffentlichen Verkehrswegen einzuhalten sind.

1. Ermittlung der Lagerklasse und Verträglichkeitsgruppe
   Der Explosivstoff RDX mit Wasser in Versandverpackung ist der Lagergruppe 1.1 und der Verträglichkeitsgruppe D zugeordnet. Airbag-Treibstoff gehört der Lagergruppe 1.3 und der Verträglichkeitsgruppe G an.

2. Prüfung der Zusammenlagerung
   Aus ◘ Tab. 5.20 ist zu entnehmen, dass eine Zusammenlagerung der beiden Explosivstoffe zulässig ist.

3. Bestimmung der Schutzabstände zu Wohngebäuden
   Da eine Zusammenlagerung von Explosivstoffen unterschiedlicher Lagergruppen vorgesehen ist, ist für die Berechnung die Summe der Nettoexplosivstoffmassen heranzuziehen (Nr. 2.2.2 Abs.4 Anhang 2. SprengV). Damit errechnen sich folgende Schutzabstände:
   - RDX mit Wachs: $E = 22 \cdot \sqrt[3]{NEM} = 22 \cdot \sqrt[3]{1500 \text{ kg}} = 22 \cdot 11{,}4 = 250{,}8 \text{ m} \triangleq 25$ 1 m
     Der errechnete Schutzabstand liegt unterhalb des Mindestabstandes von 275 m.
   - Airbag-Treibstoff: $E = 6{,}4 \cdot \sqrt[3]{NEM} = 6{,}4 \cdot \sqrt[3]{1500 \text{ kg}} = 6{,}4 \cdot 11{,}4 = 73 \text{ m}$
     Der errechnete Schutzabstand liegt oberhalb des Mindestabstandes von 60 m.

4. Berechnung des Schutzabstandes zu öffentlichen Verkehrswegen
   Für die Berechnung ist die Gesamtsumme der NEM zu berücksichtigen. Es gilt:
   - RDX mit Wachs: $E = 15 \cdot \sqrt[3]{NEM} = 15 \cdot \sqrt[3]{1500 \text{ kg}} = 15 \cdot 11{,}4 = 171 \text{ m}$
     Der errechnete Schutzabstand liegt unterhalb des Mindestabstandes von 180 m.
   - Airbag-Treibstoff: $E = 4{,}3 \cdot \sqrt[3]{NEM} = 4{,}3 \cdot \sqrt[3]{1500 \text{ kg}} = 4{,}3 \cdot 11{,}4 = 49{,}0$
     Der errechnete Schutzabstand liegt oberhalb des Mindestabstandes von 40 m.

Für die Bemessung des Schutzabstandes sind die Berechnungsgrundlagen heranzuziehen, die den größten Abstand erfordern. Damit gelten für das Beispiel folgende
Schutzabstände:

— Wohngebäude: Schutzabstand mindestens 275 m
— Verkehrswege: Schutzabstand mindestens 180 m.

Selbstverständlich dürfen sich die Explosionsschutzmaßnahmen bei Explosivstoffen nicht auf den quartären Explosionsschutz beschränken. Ebenso wie bei
allen anderen explosionsfähigen Stoffen gilt auch hier zunächst die Verpflichtung,
dafür zu sorgen, dass eine Explosion verhindert wird. Dieses Ziel wird durch
primäre und sekundäre Explosionsschutzmaßnahmen erreicht.

Für Explosivstoffe sind gefährliche Reaktionen durch Zusatz inerter Stoffe
oder Änderung der physikalischen Beschaffenheit verhindert.

Bei der Inertisierung ist das Ziel, die explosiven Partikel durch inerte
Schichten zu trennen, so dass eine Weiterleitung der Detonation innerhalb des
Stoffes ausgeschlossen ist. Eine einfache Möglichkeit ist das Befeuchten mit
Wasser. Allerdings hängt der Erfolg dieser Maßnahme von der Menge und der
Verteilung innerhalb des Explosivstoffs ab. Ebenso ist es notwendig, dass der
inerte Stoff im Explosivstoff verbleibt und nicht verdunstet. Neben Wasser ist der

◘ **Tab. 5.20** Zusammenlagerung von Explosivstoffen nach Anhang 2. SprengV

	A	B	C	D	E	F	G	H	J	L	N	S
A	X											
B		X										X
C			X	X	X		X				*	X
D			X	X	X		X				*	X
E			X	X	X		X				*	X
F						X						X
G			X	X	X		X					X
H								X				X
J									X			X
L										*		
N			*	*	*						*x	X
S		X	X	X	X	X	X	X	X		X	X

X = Eine Zusammenlagerung ist zulässig
*= Eine Zusammenlagerung ist nur unter besonderen Voraussetzungen zulässig (s. 2.7 Anhang
2. SprengV)

Zusatz von Wachsen oder Kunststoffen üblich. Beide haben gegenüber Wasser einen entscheidenden Vorteil: Durch ihre Formbarkeit sind sie in der Lage, „hot-spots" innerhalb des Explosivstoffs zu verschließen und damit die Wahrscheinlichkeit für eine Reaktion herabzusetzen (▶ Abschn. 5.2.1). Eine vergleichbare Wirkung wird durch Pressen erreicht.

Obwohl primäre Maßnahmen am wirksamsten sind, kommen sie für Explosivstoffe nur selten in Frage. Aber auch Maßnahmen des sekundären Explosionsschutzes sind nur eingeschränkt anwendbar. Ergänzend zu den äußeren Zündquellen sind bei Explosivstoffen mechanische Beanspruchungen zu berücksichtigen. Dabei besteht die Schwierigkeit, die tatsächlichen Beanspruchungen realitätsnah abzuschätzen. Die Ergebnisse der Prüfungen geben Hilfestellung. Sie gelten jedoch nur unter den jeweiligen spezifischen Prüfbedingungen.

Vollkommen anders verhält es sich mit tertiären Explosionsschutzmaßnahmen. Ziel ist es, ebenso wie bei den quartären Explosionsschutzmaßnahmen die Schadenswirkung zu minimieren. Allerdings stehen nicht die Abstände im Zentrum, sondern die Widerstandsfähigkeit der Bauwerke. Grundsätzlich ist es möglich, die Bauwerke detonationssicher zu konstruieren, so dass die Wirkung einer Detonation im Gebäudeinneren verbleibt. Der Aufwand für diese Maßnahme ist allerdings sehr hoch und damit wenig praktikabel. Einfacher ist es, die Bauweise anzupassen. Durch eine Erdüberdeckung wird beispielsweise eine Reduzierung des Stoßdruckes erreicht. Auch eine „Skelettbauweise" eignet sich als Schutzmaßnahme. In diesem Fall übernehmen die Wände keine statische Funktion, sondern dienen lediglich der Raumtrennung. Im Falle einer Explosion versagen die Wände, während das Gebäude standsicher bleibt. Eine dritte Möglichkeit besteht darin, die Detonationswirkung in eine vorgegebene Richtung zu lenken und damit gezielt abzuführen.

Die Aufzählung macht deutlich, dass der Aufwand für Festlegung und Umsetzung der Schutzmaßnahmen bei Explosivstoffen deutlich größer ist als bei anderen explosionsfähigen Stoffen. Es ist daher sinnvoll, die Planung auf den Einzelfall abzustellen und vom Ergebnis der Gefährdungsbeurteilung abhängig zu machen.

Grundsätzlich gilt das auch für die Aufbewahrung von Explosivstoffen. Allerdings unterliegt die Lagerung den spezifischen Vorschriften der 2. SprengV. Neben den Berechnungsgrundlagen für die Bemessung der Schutz- und Sicherheitsabstände werden die Anforderungen an die bauliche Gestaltung und die organisatorischen Abläufe für verschiedene Lagerarten festgelegt. Darüber hinaus sind folgende allgemeine Maßnahmen zu berücksichtigen (Anhang 2 SprengV):

- Brandschutz
  Die Temperatur der Explosivstoffe darf während der Lagerung 75 °C nicht überschreiten. Bei gleichzeitiger Aufbewahrung anderer entzündbarer oder brennbarer Stoffe ist ein Sicherheitsabstand von mindestens 25 m zu den Explosivstoffen einzuhalten.
- Schutz vor äußeren Einwirkungen
  Das Lager ist so zu gestalten, dass ein ausreichender Schutz gegen Diebstähle gegeben ist, um eine missbräuchliche Verwendung auszuschließen. Dazu ist auf den Einsatz von Fenstern zu verzichten, Türen und Gebäudeteile sind

widerstandsfähig auszurüsten und Arbeitsmittel, die zu Einbruchzwecken missbraucht werden können, unter Verschluss zu halten.
— Sichere Stapelung
Lagerung und Stapelung der Explosivstoffe sind so vorzunehmen, dass Verformung und Lageveränderung ausgeschlossen sind. Damit sollen Beanspruchungen verhindert werden, die möglicherweise zur Auslösung der Detonation führen.
— Zusammenlagerung
Die gemeinsame Aufbewahrung verschiedener Explosivstoffe kann zu einer Risikoerhöhung führen. Um diese auszuschließen, gibt es Festlegungen für die Zusammenlagerung, die sich an der Verträglichkeitsgruppe orientieren (▶ Abschn. 5.3.1). Welche Art der Zusammenlagerung zulässig ist, zeigt ☐ Tab. 5.20.

Die 2. SprengV liefert detaillierte Ergebnisse, die für die Lagerplanung genutzt werden können (Übung „Anwendung der Lager- und Verträglichkeitsgruppe").

5.5 Zusammenfassung

Explosivstoffe unterscheiden sich in vielerlei Hinsicht von anderen explosionsfähigen Stoffen. Zu den wesentlichen Unterscheidungsmerkmalen gehören die geringe Aktivierungsenergie sowie die enormen Gasmengen, die innerhalb kurzer Zeit freigesetzt werden. Auch wenn ein Abbrand oder eine Deflagration bei Explosivstoffen möglich sind, so ist das Besondere die Detonation. Sie geht mit einer Geräuschkulisse einher und löst eine Druckwelle aus, die sich mit Überschallgeschwindigkeit vorwärtsbewegt. Die hydrodynamische Theorie bildet das Fundament zum Verständnis des Detonationsvorgangs.

Das Besondere an den Explosivstoffen sind die sicherheitstechnischen Kenngrößen. Sauerstoffbilanz, das freigesetzte Gasvolumen und die Explosionswärme geben Aufschluss über das Reaktionsverhalten.

Auf Grund ihrer Vielfalt werden Explosivstoffe einer von sechs Unterklassen zugewiesen. In Ergänzung dazu erfolgt eine Zuordnung zu einer Verträglichkeitsgruppe, die den Explosivstoff beschreibt und für die Zusammenlagerung und das Zusammenpacken genutzt wird. Die Kriterien für die Klassifizierung und Einstufung sind identisch. Die Zuordnung zur Klasse der Explosivstoffe und einer Unterklasse erfolgt auf der Grundlage umfangreicher Prüfungen, die aus mehreren Prüfserien bestehen. Zu den charakteristischen Prüfungen gehören die Wärme-, die Fallhammer- und die Reibprüfung. Der Aufwand für die Klassifizierung und Einstufung ist hoch und erfordert spezielle Prüfapparaturen.

Angesichts der enormen Risiken kommt den Schutzmaßnahmen besondere Bedeutung zu. Im Rahmen der Beförderung konzentrieren sich die Maßnahmen auf die Verpackung und die Handhabung während des Beförderungsvorganges mit dem Ziel, ein Auslösen der Reaktion zu verhindern. Für die betriebliche Verwendung gilt die grundsätzliche Pflicht zur Durchführung einer Gefährdungsbeurteilung. Dazu sind die gesetzlichen Vorgaben des Sprengstoffrechts zu berücksichtigen. Insbesondere für die Aufbewahrung von Explosivstoffen gibt es detaillierte Regelungen. Grundlage für die Schutzmaßnahmen ist die Zuordnung zu Gefahren- und Lagergruppen. Sie entscheiden über quartäre Explosionsschutzmaßnahmen, zu denen Schutz- und Sicherheitsabstände gehören. Diese Maßnahmen ergänzen den erforderlichen primären, sekundären und tertiären Explosionsschutz.

5.6 Aufgaben und Fragen zur Vertiefung

1. Ein Stoff hat die Summenformel $C_4H_8N_4O_8$
   - Was deutet darauf hin, dass es sich um einen Explosivstoff handelt?
   - Welche Eigenschaften müssten sie überprüfen, um sicher zu sein?
2. Wodurch unterscheiden sich explosionsgefährliche Stoffe von explosionsfähigen Stoffen?
3. Welche Merkmale sind charakteristisch für Explosivstoffe?
4. Welche Unterschiede bestehen zwischen einer Deflagration und einer Detonation?
5. Welche Bedingungen begünstigen den Übergang von einer Deflagration zu einer Detonation (DDT)?
6. Wie kommt es zu einer Stoßwellenfront?
7. Erläutern Sie den Verlauf und die Bedeutung der Hugoniot-Kurve!
8. Bestimmen Sie die Reaktionsprodukte für den Explosivstoff RDX ($C_3H_6N_6O_6$) jeweils nach den Regeln von Kristiakowski-Wilson und Spring-all-Roberts und bestimmen Sie folgende Kenngrößen:
   - Sauerstoffbilanz;
   - freigesetztes Gasvolumen;
   - Explosionswärme.
9. Weisen Sie durch Rechnung nach, dass sich die Gesamtsauerstoffbilanz einer explosiven Stoffmischung bestehend aus 60 % RDX und 40 % TNT aus der Summe der Produkte aus Einzelsauerstoffbilanz und jeweiligem Anteil im Gemisch ergibt!
10. Welche Unterteilungen für die Klasse der Explosivstoffe gibt es? Nennen Sie die Unterschiede!
11. Welche Gründe sind ausschlaggebend dafür, dass Explosivstoffe der Unterklasse 1.1 von der Beförderung ausgeschlossen sind?
12. Explosivstoffe werden in Unterklassen unterteilt. Zusätzlich gibt es Gefahr- und Lagergruppen. Wozu dienen diese Unterscheidungen?
13. Welcher Unterschied besteht zwischen tertiären und quartären Explosionsschutzmaßnahmen?
14. In einem Lager sollen 500 kg eines Explosivstoffs der Lager- und Verträglichkeitsgruppe 1.3 C und 300 kg eines Explosivstoffs der Lager- und Verträglichkeitsgruppe 1.4 C aufbewahrt werden.
    - Ist eine Zusammenlagerung möglich?
    - Welche Schutz- und Sicherheitsabstände sind einzuhalten?
15. Was unterscheidet Sicherheits- von Schutzabständen?

Literatur

12. BImSchV. 2000. *Störfall-Verordnung in der Fassung der Bekanntmachung vom 15. März 2017 (BGBl. I S. 483), zuletzt geändert durch Artikel 7 des Gesetzes vom 3. Juli 2024 (BGBl. 2024 I Nr. 225).* 2000.

2. SprengV. 1977. Zweite Verordnung zum Sprengstoffgesetz (2. SprengV). *Zweite Verordnung zum Sprengstoffgesetz in der Fassung der Bekanntmachung vom 10. September 2002 (BGBl. I S. 3543), zuletzt geändert durch Artikel 111 des Gesetzes vom 29. März 2017 (BGBl. I S. 626).* 1977.

Akhavan, J. 2022. *The Chemistry of Explosion.* 4th Edition. London: Royal Society of Chemistry, 2022.

BetrSichV. 2015. *Betriebssicherheitsverordnung vom 3. Februar 2015 (BGBl. I S. 49), zuletzt geändert durch Artikel 7 des Gesetzes vom 27. Juli 2021 (BGBl. I S. 3146).* 2015.

Boileau, J., et al. 2012. Explosives. *Ullmann's Encyclopedia of Industrial Chemistry.* Weinheim: Wiley-VCH, 2012.

Cooper, P. W. 1998. Introduction to Detonation Physics. [Buchverf.] J. A. Zukas und W. P. Walters. *Explosive Effects and Application.* New York: Springer-Verlag, 1998.

Cooper, P. W. 1996. *Explosives Engineering.* New York: Wiley-VCH, 1996.

DGUV Regel 113-008. 2001. *Pyrotechnik.* [Online] April 2001. [Zitat vom: 04. Juli 2025.] ► https://publikationen.dguv.de/widgets/pdf/download/article/978.

DGUV Regel 113-017. 2017. *Tätigkeiten mit Explosivstoffen.* [Online] Februar 2017. [Zitat vom: 04. Juli 2025.] ► https://publikationen.dguv.de/widgets/pdf/download/article/2598.

Döring, W. 1943. Über den Detonationsvorgang in Gasen. *Annalen der Physik 5. Folge.* 1943, Bd. 43, S. 421-436.

Fricke, J. 1979. Sprengstoffe. *Physik in unserer Zeit.* 1979, S. 126-127.

Holzhäuser, J. und Ridder, K. 2025. *ADR 2025.* 1. Auflage. Landsberg am Lech: ecomed Sicherheit, 2025.

Kamlet, M. J. und Jacobs, S. J. 1968. Chemistry of Detonations. I. A. Simple Method for Calculating Detonating Properties of C-H-N-O-Explosives. *The Journal of Chemical Physics.* 48, 1968, 1, S. 23.

Keller, F. 2012. Von der Chemie zur Show Feuerwerk. *Chemie in unserer Zeit.* 46, 2012, S. 248-265.

Klapötke, Thomas M. 2022. *Chemistry of High-Energy Materials.* 6th Edition. Berlin/Boston: Walter de Gruyter GmbH, 2022.

Koch, E.-C. 2019. *Sprengstoffe, Treibmittel, Pyrotechnika.* 2. Auflage. Berlin/Boston: Walter de Gruyter GmbH, 2019.

Kuchling H. 2014. *Taschenbuch der Physik.* München: Carl Hanser Verlag, 2014.

Kundu, B., Senapati, B., Matsushita, A. et al. 2021. Atmospheric wave energy of the 2020 August 4 explosion in Beirut, Lebanon, from ionospheric disturbances. *Scientific reports.* 11:2793, 2021.

Lee, John H. S. 2008. *The Detonation Phenomenon.* Cambridge: Cambridge University Press, 2008.

Lee, P. R. 1998. Theories and Techniques of Initiation. [Buchverf.] J. A. Zukas und W. P. Walters. *Explosive Effects and Applications.* New York: Springer Verlag, 1998.

Leiber C. 2010. Explosivstoffe, RD-19-03484. *RÖMPP-Redaktion.* [Online] Georg Thieme Verlag, 2010. [Zitat vom: 20. November 2024.] ► https://roempp.thieme.de/lexicon/RD-19-03484.

Locking, P. M. 2011. *The Trouble with TNT Equivalence.* Miami, Florida: 26th International Symposium on Ballistics, 2011.

Matyás, R. und Pachmann, J. 2013. *Primary Explosives.* Berlin Heidelberg: Springer, 2013.

Meyer, R., Köhler, J. und Homburg, A. 2015. *Explosives.* 7th, completely revised and updated Edition. Weinheim: WILEY-VCH, 2015.

Michael-Schulz, H, et al. 2023. *Empfehlungen für die Beförderung gefährlicher Güter – Handbuch für Prüfungen und Kriterien.* [Online] 25. 04 2023. [Zitat vom: 04. Juli 2025.] ► https://opus4.kobv.de/opus4-bam/frontdoor/index/index/docId/57317.

Otto, J, et al. Explosivstoffe und pyrotechnische Gegenstände. *Art der Gefährdungen und Wirkungen.* [Online] Bundesanstalt für Arbeitsschutz und Arbeitsmedizin. [Zitat vom: 04. Juli 2025.] ► https://www.baua.de/DE/Themen/Arbeitsgestaltung/Gefaehrdungsbeurteilung/Handbuch-Gefaehrdungsbeurteilung/Expertenwissen/Gefahrstoffe/ExPyro/ExPyro_dossier?pos=1.

Richtlinie 2013/29/EU. 2013. *Richtlinie 2013/29/EU des Europäischen Parlaments und des Rates vom 12. Juni 2013 zur Harmonisierung der Rechtsvorschriften der Mitgliedstaaten über die Bereitstellung pyrotechnischer Gegenstände auf dem Markt.* 2013.

Richtlinie 2014/28/EU. 2014. *Richtlinie 2014/28/EU des Europäischen Parlaments und des Rates vom 26. Februar 2014 zur Harmonisierung der Rechtsvorschriften der Mitgliedstaaten über die Bereitstellung auf dem Markt und die Kontrolle von Explosivstoffen für zivile Zwecke.* 2014.

Schwedt, G. 2019. *Chemische Grundlagen der Pyrotechnik.* Berlin: Springer Spektrum, 2019.

SGB VII. 1996. *Das Siebte Buch Sozialgesetzbuch – Gesetzliche Unfallversicherung – (Artikel 1 des Gesetzes vom 7. August 1996, BGBl. I S. 1254), zuletzt geändert durch Artikel 66 des Gesetzes vom 23. Oktober 2024 (BGBl. 2024 I Nr. 323).* 1996.

SprengG. Gesetz über explosionsgefährliche Stoffe (Sprengstoffgesetz – SprengG). *Sprengstoffgesetz in der Fassung der Bekanntmachung vom 10. September 2002 (BGBl. I S. 3518), zuletzt geändert durch Artikel 11 des Gesetzes vom 2. März 2023 (BGBl. 2023 I Nr. 56)".*

UN I. 2023. Recommendations on the Transport of Dangerous Goods Model Regulations Volume I Twenty-third revised edition. *United Nations Economic Commission for Europe.* [Online] 2023. [Zitat vom: 02. Juli 2025.] ▶ https://unece.org/transport/documents/2023/08/standards/model-regulations-rev23-volume-i.

Venugopalan, S. 2015. *Demystifying Explosives: Concepts in High Energy Materials.* Amsterdam: Elsevier, 2015.

Verordnung (EG) Nr. 1272/2008. Verordnung (EG) Nr. 1272/2008 d. Europäischen Parlaments und d. Rates v. 16. Dezember 2008 über die Einstufung, Kennzeichnung u. Verpackung v. Stoffen u. Gemischen,. *z. Änderung u. Aufhebung d. Richtlinien 67/548/EWG u. 1999/45/EG u. zur Änderung d. Verordnung (EG) Nr. 1907/2006.* ABl. L 353 vom 31.12.2008, S. 1: s.n.

Waskönig, J. 2024. Berufsgenossenschaft Rohstoffe und chemische Industrie (BGRCI). *Unfallereignisse in Unternehmen der Gefahrtarifstellen 18 und 19.* [E-Mail]. Heidelberg: s.n., 25. 11 2024.

Weber, H. P. und Zahm, P. 2015. Sprengstoffgesetz – Einführung Rd. 3510. [Buchverf.] H. Schmatz und M. Nöthlichs. *Sicherheitstechnik Ergänzbare Sammlung der Vorschrifte nebst Erläuterungen für Unternehmen und Ingenieure.* Berlin: Erich Schmidt Verlag, 2015.

Serviceteil

Glossar

Brand Unter einem Brand versteht man eine negativ konnotierte Verbrennung. In der Norm DIN 14011 wird der Brand definiert als *„nicht bestimmungsgemäßes Brennen (z. B. Schadenfeuer), das sich unkontrolliert ausbreiten kann."* Im Unterschied dazu gibt es das Nutzfeuer (s. „Nutzfeuer").

Brandschutzkonzept Das Brandschutzkonzept enthält eine Zusammenstellung aller notwendigen *Brandschutzmaßnahmen*. Es ist insbesondere für die Errichtung und den Betrieb von Sonderbauten gefordert, zu denen u. a. Industriebauten gehören.

Brandschutzmaßnahmen Die Brandschutzmaßnahmen umfassen alle Vorkehrungen, die darauf ausgerichtet sind, Brände zu vermeiden oder deren Auswirkungen zu reduzieren. Sie werden unterteilt in den vorbeugenden und abwehrenden Brandschutz. Zum vorbeugenden Brandschutz zählen bauliche, anlagentechnische und organisatorische Maßnahmen.

Deflagration Bei einer Deflagration handelt es sich um eine Explosionsart, bei der sich die Flamme mit einer Geschwindigkeit unterhalb der Schallgeschwindigkeit ausbreitet. Der Druckanstieg ist im Allgemeinen gering. Ausgelöst wird die Deflagration durch eine Wärmeübertragung (Quelle: DIN 1401:2018-01).

Detonation Eine Detonation ist eine Explosion, die sich mit Überschallgeschwindigkeit in die Umgebung ausbreitet. Die Druckwirkung ist enorm. Zu einer Detonation kommt es durch eine Stoßwelle (Quelle: DIN 14011:2018-1).

Einstufung Die Einstufung beschreibt den Prozess der Zuordnung von Stoffen, Gemischen und Erzeugnissen zu den *Gefahrenklassen* gemäß den Regelungen der Verordnung (EG) Nr. 1272/2008.

Explosion Die Explosion ist eine besondere Erscheinungsform der Verbrennung, die durch einen plötzlichen Temperatur- und Druckanstieg gekennzeichnet ist. Sie tritt als *Deflagration* oder *Detonation* auf.

Explosionsschutzmaßnahmen Explosionsschutzmaßnahmen umfassen die Vorkehrungen, die zum Schutz vor Explosionen getroffen werden. Sie werden unterteilt in primäre, sekundäre, tertiäre und quartäre Explosionsschutzmaßnahmen.

Gefährdung Eine Gefährdung bezeichnet eine *„potenzielle Schadensquelle"* (DIN 820-12: 2014-06). Im Arbeitsschutz wird darunter auch das zeitliche und örtliche Zusammentreffen einer Person mit einer verletzungs- oder erkrankungsauslösenden Einwirkung verstanden.

Gefährdungsbeurteilung Die Gefährdungsbeurteilung bezeichnet ein spezifisches Verfahren der Risikobeurteilung. Es dient der Maßnahmenplanung zum Schutz der Beschäftigten.

Gefahrklasse Die Gefahrklasse ist die Sammelbezeichnung für die Klassen, denen gefährliche Güter nach dem Gefahrgutrecht zugeordnet werden. Die Gefahrklasse unterscheidet sich von der *Gefahrenklasse*.

Gefahrenklasse Die Gefahrenklasse beschreibt die *„Art der physikalischen Gefahr, der Gefahr für die menschliche Gesundheit oder der Gefahr für die Umwelt"* (Quelle: Verordnung (EG) Nr. 1272/2008 Artikel 2 Nr. 1). Der Begriff ist kennzeichnend für das Chemikalienrecht.

Klassifizierung Die Klassifizierung bezeichnet den Vorgang der Zuordnung gefährlicher Güter nach den *Gefahrklassen*. Der Begriff steht im Zusammenhang mit dem Gefahrgutrecht.

Nutzfeuer Das Nutzfeuer bezeichnet ein bestimmungsgemäßes Brennen (DIN 14011:2018-01).

Risiko Das Risiko bezeichnet die Kombination aus Schadensschwere und Wahrscheinlichkeit (Quelle: DIN 820-12: 2014-12). Es ist Gegenstand einer Bewertung.

Schutzmaßnahmen Schutzmaßnahmen umfassen alle Vorkehrungen, die eine Reduzierung der Risiken zum Ziel haben. Art und Rangfolge der Schutzmaßnahmen folgen dem STOP-Prinzip.

Sicherheitstechnische Kenngröße Sicherheitstechnische Kenngrößen beschreiben risikorelevante Aspekte eines gefährlichen Stoffes, Gemisches oder Erzeugnisses, die im Rahmen spezifischer Bestimmungsmethoden erhoben werden. Sie unterscheiden sich von physikalisch-chemischen Größen.

Sicherheit Sicherheit bezeichnet einen Zustand, der frei von unvertretbaren Risiken ist. Ob Sicherheit gegeben ist, ist Gegenstand eines Bewertungsverfahrens.

STOP-Prinzip STOP ist ein Akronym, das sich zusammensetzt aus S = Substitution (Ersatz), T = Technik, O = Organisation und P = Person. Persönlich. Das STOP-Prinzip ist ein gebotenes Gestaltungsprinzip im Arbeitsschutz, das gleichzeitig die Rangfolge der Gestaltungsanforderung wiedergibt.

Verbrennung Die Verbrennung bezeichnet eine chemische Reaktion, bei der ein entzündbarer Stoff oxidiert wird.

Verpuffung Die Verpuffung bezeichnet eine sehr schwache Deflagration. Ausbreitungsgeschwindigkeit und Drücke sind gering.